음식 고전

옛 책에서 한국 음식의 뿌리를 찾다

음식 고전

초판 1쇄 발행 2016년 10월 17일
초판 5쇄 발행 2022년 10월 20일

지은이   한복려, 한복진, 이소영

펴낸이   조미현
편집주간   김현림
디자인   여치 http://srladu.blog.me/

펴낸곳   (주)현암사
등록   1951년 12월 24일 제10-126호
주소   04029 서울시 마포구 동교로12안길 35
전화   02-365-5051
팩스   02-313-2729
전자우편   editor@hyeonamsa.com
홈페이지   www.hyeonamsa.com

ISBN 978-89-323-1821-9 (03590)

이 도서의 국립중앙도서관 출판예정도서목록(CIP)은
서지정보유통지원시스템 홈페이지(http://seoji.nl.go.kr)와
국가자료공동목록시스템(http://www.nl.go.kr/kolisnet)에서
이용하실 수 있습니다.(CIP제어번호: CIP2016023823)

음식 고전

옛 책에서 한국 음식의 뿌리를 찾다

한복려 · 한복진 · 이소영 지음

현암사

요즘처럼 음식 이야기가 넘쳐나는 때가 또 있었나 싶습니다. 거리에는 여러 종류의 음식점이 들어서 있고 방송에서는 연일 음식 관련 프로그램이 화제입니다. 음식과 관련된 일을 직업이나 취미로 삼고 그 궁금증을 끝도 없이 펼치려는 사람도 많습니다. 음식에 대한 관심은 즐기는 음식의 폭도 넓혔습니다. 예전에는 서양 음식 한 가지로 통칭되던 요리들이 이제는 프랑스 요리, 이탈리아 요리, 스페인 요리 등으로 세분화되었으며, 사람들은 이에 걸맞은 매너 또한 자연스럽게 익혔습니다. 외국인과 어울려 함께 살아가는 다문화 시대인 만큼 이국적인 음식 또한 익숙하게 받아들이는 것입니다.

　세계의 여러 민족은 오랜 세월을 두고 그들이 살고 있는 풍토에 맞추어 고유한 음식 문화를 형성했습니다. 함께 산다는 것은 고유의 음식을 음미하며 그 나라의 문화를 배우고 익힌다는 뜻도 되겠습니다. 우리의 음식 문화는 한반도의 자연환경 속에서 민족이 겪어온 사회적 변천에 영향을 받으며 오랜 세월 동안 자연스럽게 형성된 것입니다. 우리 민족의 역사가 담겼다 생각하면 한 그릇의 음식을 먹더라도 그 기원과 역사에 대한 궁금증이 일 것입니다. 음식에 얽힌 신화나 옛날이야기가 있을 거라 가정하고 알아내려는 사람도 많습니다. 이런 궁금증은 기록을 통해 해소됩니다. 하지만 한국 음식의 역사를 말해주는 기록물은 그리 많지 않습니다.

조선시대에는 성리학을 그대로 따르는 것이 사람의 본분이라 여겼기 때문에 의식주에 관한 시시콜콜한 일상을 글로 남겨야 할 필요성을 느끼지 못했습니다. 특히 매일 반복되는 밥 먹는 이야기는 글감이 될 수 없다 여겼으며, 부엌일같이 부녀자들이 하는 일은 더욱이 글로 남긴다는 생각조차 할 수 없었습니다.

조선 후기가 되어서야 실용 학문에 대한 관심이 높아지며 부인들에게 필요한 가정 백과전서인『규합총서』가 보급되고 양반가 음식이 발전하게 됩니다. 요리책다운 요리책의 시작은 한글을 자유롭게 쓸 수 있는 규방 부인들이 집안 음식법을 전수하기 위해 쓴 한글 조리서『최씨음식법』과『음식디미방』이 시작이라 하겠습니다. 지금의 요리책처럼 재료와 만드는 법을 나누어 쓰는 방식은 1900년대에 들어서 자리 잡았습니다. 일제강점기 때 학교의 요리 수업용 교재로 만들게 된 것이 최초이니 이제 100년 정도 흐른 것입니다. 완성된 음식의 모습이나 과정 사진이 들어간 요리책은 50년 정도의 역사를 가졌습니다.

지금은 우리 전통 음식에 다른 나라 음식을 접목하여 개발한 요리책이 화려한 사진과 함께 다양한 형태로 만들어지고 있습니다. 음식의 개발과 창조 또한 필요한 일이며, 새로운 음식이 정착되면 이것 또한 그 나라의 역사가 되고 전통으로 이어질 수 있습니다. 그러나 그러기 위해서는 우선 우리의 뿌리가 튼튼해야 합니다. 긴 세월 뿌리내리면서 가지를 쳐온 우리의 전통 음식에 대한 고찰이 뒷받침되어야 한다는 뜻입니다.

고조리서에 관한 연구는 1975년 황혜성이 몇 가지 옛 책을 발췌하여 해제한『한국요리 백과사전』을 시작으로, 2000년 원문을 해제하고 현대식 요리책처럼 만든『음식디미방』을 거치며 지금에 이르렀습니다. 학문적으로는 이성우 교수가 남긴『한국식경대전』이 큰 역할을 했습니다. 이렇게 전통 음식을 제대로 공부할 수 있도록 근본을 잡아준 책이 있었기에 이 책 또한 집필할 수 있었습니다.

지금까지 많은 학자와 전문 조리사들이 고조리서에 대한 책들을 내왔지만 대부분 연구집이나 단편적인 요리책 형태였습니다. 이제는 우리 조리서의 역사를 거시적으로 훑는 한편, 실제 음식까지 재현하여 레시피에 따라 조리해볼수 있는 종합적인 책이 필요하다고 생각합니다. 쉽지 않은 작업이 되리라는 것을 알고도 이 책을 집필하기로 마음먹은 데는 이러한 시대적인 필요가 큰 역할을 했습니다.

이 책은 현재까지 발견된 최초의 조리서인 1400년대『산가요록』부터 1950년대『이조궁정요리통고』까지 시대의 변천과 함께 달라진 식문화의 역사를 한 권 안에서 오롯이 느낄 수 있게 만들었습니다. 최대한 원문을 살리되 익숙한 현대어로 풀어내 충분히 이해할 수 있게 도왔으며, 뒤에 조리법을 실어 궁금한 음식을 실제로 만들 수 있도록 했습니다. 모쪼록 이 책이 우리 음식을 새롭게 인지하게 만드는 가치 있는 실용서로 자리매김했으면 하는 바람입니다.

책을 출간한다는 설렘과 함께 두려운 마음도 듭니다. 원문에 충실하게 해제하긴 했으나, 원문이 워낙 간단하게 설명된 터라 재현한 음식이 당시의 음식과 다를 가능성이 있기 때문입니다. 사진으로 보여주는 요리책이다 보니 더욱 걱정됩니다. 가능한 한 원문에 최대한 충실하려고 노력했지만 오류가 있을 수도 있으니 실수가 있다면 독자들께서 바른 가르침을 주시기 바랍니다.

이 책을 만들기까지 애써주신 분들께 고마운 마음을 전합니다. 열과 성을 다해 쓸모 있는 멋진 책으로 출간해주신 현암사 분들, 많은 참고를 하게 해준 선배 식문화학자를 비롯한 학계 고조리서 연구가 여러분, 요리 재현에 힘써준 궁중음식연구원 학예팀, 교육팀에게도 감사의 인사를 드립니다.

2016년 10월
대표 저자 한복려

2부_고증과 재현으로 만나는 우리 음식

1525년 구황청 설치.

1554년 구황서 보급.

1564년 제주 진상품 귤을 나누고 성균관 유생 시험 보는 황감제(黃柑劑) 첫 시행.

1400

음 식 문 화 사
고   서

1500

1450년경 **산가요록 (전순의)**
조리법이 기록된 가장 오래된 책. 세계 최초 온실 설계법 수록.

1460년 **식료찬요 (전순의)**
조선시대 최초 식이요법서.

1596년 **본초강목 (이시진)**
중국 명나라 본초학자가 쓴 약학서. 식재료 그림 수록.

1540년경 **수운잡방 (김유)**
안동 종가에서 전해 내려온 책. 당시 해당 지역에서 유행하던 술과 음식 조리법 수록. '침채'라는 표현 등장.

1554년 **구황촬요 (진휼청)**
기근에 대처하기 위한 곡식 대체 식품과 조리법 수록.

1554년 **고사촬요 (어숙권)**
사대부를 위한 외교 백과사전. 술에 대한 내용이 수록됨.

1554년 **계미서 (찬자 미상)**
140여종의 조리법 수록. '온반'이 기록상 처음 등장.

의관이 쓴 책
반가의 여성이 쓰거나 반가에 전해 내려온 책
실학자가 쓴 책
방신영이 쓴 책
세시기
구황서
궁중 음식을 실은 책
술 빚는 법을 실은 책
기행, 풍속을 실은 책
영문으로 소개된 우리 음식
국문으로 소개된 외국 음식

600년대 중국 남방으로부터 호박 유입.

613년 이전 중국을 통해 토마토 전래.

613년 일본을 통해 고추 전래.

670년 밀가루즙을 끼얹은 느르미 등장

1700년대 중국에 의해 옥수수 전래, 깨즙을 끼얹은 느르미와 '교의상화'라는 만두 등장.

1721년 장국을 끼얹은 느르미 등장

1740년 열구자탕(신선로)이 문헌에 첫 등장, 중국 및 일본 음식 조리법 수록.

1763년 일본 통신사로 간 조엄이 쓰시마에서 고구마(甘藷, 감저) 종자를 가져옴.

1766년 고추 재배와 고추장 담그는 법 소개, 김치에 고추 사용.

음 식 문 화 사

1600   고   서   **1700**

610년 **동의보감 (허준)**
약과 음식은 하나라는 사상을 강조하며 식재료와 음식 설명.

660년경 **최씨음식법 (해주 최씨)**
신창 맹씨 종가의 대물림 서적, 밝혀진 책 중 가장 오래된 한글 조리서.

670년경 **음식디미방 (장계향)**
정부인 안동 장씨가 한글로 쓴 조리서.

660년 **신간구황촬요 (신속)**
기근, 전쟁, 가뭄 때 먹을 수 있는 식재료 기록.

680년경 **요록 (찬자 미상)**
약이 되는 음식과 술 빚는 법 수록, 한문과 한글 병기.

690년경 **침주법 (찬자 미상)**
술과 누룩 만드는 법 수록.

600년대 말 **주방문 (하생원)**
술과 안주 조리법 수록, 책값이 표기된 유일한 고조리서.

611년 **도문대작 (허균)**
조선 팔도의 유명 음식과 식품 명산지 수록.

613년 **지봉유설 (이수광)**
우리나라 최초의 백과사전, 고추가 문헌상 처음 등장.

1720년 **소문사설 (이시필)**
임금에게 올린 음식, 해외 및 국내 유명 음식 수록.

1766년 **증보산림경제 (유중림)**
『산림경제』를 보완한 책, 조선 중·후기 대표 음식 수록.

1700년대 초 **음식보 (진주 정씨)**
숙부인 정씨가 쓴 호남 지역 한글 조리서.

1715년 산림경제 (홍만선)
종합 농서, 이후 다른 농서 및 종합서에 큰 영향을 끼치며 증보, 발췌됨.

1752년 민천집설 (두암)
35종의 술 빚는 법 수록.

1771년 고사신서 (서명응)
사대부를 위한 생활 백과, 음식과 술 빚는 법 소개.

1787년 고사십이집 (서명응)
농서, 음식과 약방 수록.

1700년대 말 경도잡지 (유득공)
서울 지역 세시 풍속 소개.

1700년대 술 만드는 법 (찬자 미상)
술과 안주 만드는 법 수록.

1700년대 후기 온주법 (찬자 미상)
술과 찬물, 식품 저장법 수록.

1700년대 초 현풍곽씨언간 (현풍 곽씨 가족)
편지글에 일상식과 손님상, 제사상 음식이 기록됨.

1721년 잡지 (찬자 미상)
조리법 27종 수록.

1809년 김치에 해물, 젓갈, 고추 등을 본격적으로 사용.

1824~1825년 관북에서 감자가 처음 들어옴.

1832년 영국 선교사가 씨감자 나눠주고 재배법 가르침.

1835년 당나복(唐蘿蔔)·호나복(胡蘿蔔)·홍나복(紅蘿蔔)이란 이름으로 『임원경제지』에 당근 등장.

1879년 선교사에 의해 서울 지역에 감자 유입.

1886년 윤치호, 이하영 자택에서 서양 요리 파티 개최.

1897년 여학교 가사 과목 중 요리 실습 교육 등장.

1890년 커피, 홍차가 궁중에 소개됨.

1800년대 말 『이씨음식법』에 초고추장 등장, 꼬치에 끼우는 누름적 형태의 느르미 소개.

1800년대 말 『시의전서』에 5·7·9첩 반상, 주안상, 입맷상 등 상차림 도식 소개, 비빔밥 처음 등장.

1900년대 초 인쇄본 요리책 등장.

1900년대 초 『부인필지』에 외식업(명월관) 음식 조리법 게재.

1902년 손탁호텔 개관.

1903년 조선요리옥 '명월루' 개관.

1906년 명월루를 증축한 '명월관' 개관.

1919년 사리원에 중국인이 당면 공장 설립.

1920년 강원도 난곡 농장에서 독일산 신품종 감자 도입.

1921년 『조선요리제법』에 당면이 들어간 잡채 등장.

1922년 일본식 간장 및 된장 공장 증가.

1924년 요리책에 컬러 도판(신선로와 식재료가 컬러로 그려진 표지) 등장, 외국 요리법 소개, 최초의 서양 요리책인 『선영대조서양요리제법』 출간.

1930년대 조선 요리 외국어 번역, 재료와 분량 및 만드는 법 등 계량과 조리법을 근대적인 방식으로 기술, 조리 과정에 삽화 등장, 조선 요리 강습회 성행.

1934년 화학조미료 사용, 화학조미료 아지노모토를 이용한 요리책 등장.

1800   음 식 문 화 사   1900
고   서

1815년 **규합총서** (빙허각 이씨)
한글로 쓴 가정생활 백과사전. 서울 지역 조리법 수록.

1854년 **윤씨음식법** (찬자 미상)
충남 지역 한글 조리서.

1800년대 중엽 **역주방문** (찬자 미상)
책력 뒤에 술과 조리법 기록.

1800년대 말 **주식시의** (연안 이씨)

1800년대 말 **이씨음식법** (찬자 미상)
초고추장이 등장하는 한글 조리서.

1891년 **음식방문니라** (숙부인 이씨)

1827년 임원경제지 (서유구)
농촌 경제 백과사전.

1800년대 초 세시기 (조수삼)

1816년 농가월령가 (정학유)

1819년 열양세시기 (김매순)

1849년 동국세시기 (홍석모)

1884년 세시풍요 (유만공)

1800년대 주찬 (찬자 미상)

1800년대 중엽 역주방문 (찬자 미상)
책력 뒤에 술과 조리법 기록.

1800년대 중엽 주방 (찬자 미상)

1800년대 말 술 빚는 법 (찬자 미상)

1800년대 말 우음제방 (찬자 미상)

1850년 오주연문장전산고 (이규경)

1800년대 전반 규곤요람 (찬자 미상)
고려대 소장본.

1814년 **자산어보** (정약전)
수산동식물을 실은 어류 백과사전.

1876년 **가기한중일월** (찬자 미상)
황장력 뒤에 조리법 기록.

1896년 **규곤요람** (찬자 미상)
연세대 소장본.

1800년대 말 **시의전서** (찬자 미상)

1800년대 말 **봉접요람** (찬자 미상)

1800년대 말 **언문후생록** (찬자 미상)

1913년 **반찬등속** (찬자 미상)
청주 지역 조리서.

1913년 **부인필지** (빙허각 이씨)

1939년 **조선요리법** (조자호)

1924년 동서양과자제조법 (방신영)

1956년 음식관리법 (방신영)

1957년 다른 나라 음식 만드는 법 (방신영)

1958년 고등요리실습 (방신영), 고등가사교본 (방신영)

《조선요리제법 시리즈》 (방신영)

1917년 조선요리제법, 1918년 만가필비 조선요리제법, 1931년 조선요리제법 증보, 1942년 증보개정 조선요리제법, 1946년 조선음식 만드는 법, 1954년 우리나라 음식 만드는 법

1948년 우리나라 세시기 (이윤희)

1950년 조선요리대략 (황혜성)

1957년 이조궁정요리통고 (황혜성 외)

1925년 해동죽지 (최영년)

1940년 조선요리학 (홍선표)

1947년 조선상식 (최남선)

1933년 Oriental Cuilinary Art

1943년 korean recipe

1924년 조선무쌍신식요리제법 (이용기)

1930년 선영대조 서양요리법 (경성양부인회)

1937년 서양요리제법 (해리엇 모리스)

1939년 가정주부필독 (이정규)

1940년 조선요리 (손정규)

1946년 조선가정요리 (손정규)

1948년 우리음식 (손정규)

1934년 **간편조선요리제법** (이석만)

1934년 **사계의 조선요리** (아지노모토)

일러두기

1. 맞춤법 및 외래어 표기는 국립국어원 외래어표기법을 따르되, 시대상이 반영된 표기와 관용적인 표기는 그대로 쓰기도 했다. 또한 본문에 자주 쓰이는 어구 중 '고(古)조리서', '조선시대'처럼 한 단어처럼 쓰이는 것은 사전에 복합명사로 등재되지 않았더라도 편의에 따라 붙여 썼다. 음식 이름은 한 단어로 보아 모두 붙여 썼다.

2. 덧붙이는 설명이나 언어는 소괄호('( )')를, 고유어에 대응하는 한자어나 한자어에 대응하는 고유어는 대괄호를('[ ]')를 사용했다. 그러나 표 안에서는 가독성을 높이기 위해 묶음표를 각각 설정하지 않고 모두 소괄호('( )')를 사용했다.

3. 고조리서의 음식 내용을 정리한 표는 현대어 번역문 위주로 실었으나 독자의 이해를 돕기 위해 필요한 경우 한자를 병기하기도 했다.

4. 조리법은 최대한 원문에 충실하게 재현하되, 현재의 식재료와 조리 도구를 사용하여 만들 수 있도록 현대화했다.

5. 조리법의 분량은 모두 4~5인분 기준이다. 단, 죽은 모두 1인분 기준이다.

1부

조선시대 조리서로 살펴보는
우리 음식 문화

1장

1400~1500년대 조리서

산가요록(山家要錄) · 식료찬요(食療纂要) · 수운잡방(需雲雜方) · 계미서
(癸未書)

산가요록山家要錄 1450년

우리나라에서 가장 오래된 요리 전문서는 2000년까지만 해도 『수운잡방(需雲雜方)』으로 알려져 있었다. 그런데 2001년 청계천8가 고서점 폐지 더미 속에서 『산가요록(山家要錄)』이 발견되면서 그 기록은 깨졌다. 폐지와 다름없던 이 책이 『수운잡방』보다 무려 80년이나 앞선 '우리나라 최초의 조리서'로 인정받게 된 것이다.

(사)우리문화가꾸기에서 입수한 이 책은 표지가 없으며 얇은 한지에 작은 한문체 글씨가 적혀 있는 형태였다. 이후 책의 표지를 만들고 배접하여 바로 책을 볼 수 있게 되었고 이로써 이 책이 세상에 널리 알려졌다. 2001년 말 국립민속박물관에서 산가요록의 실물을 전시하는 한편 다양한 고조리서를 보여주는 전시회를 열어 세간의 관심이 모이기도 했다.

2002년에는 궁중음식연구원에서 학문적으로 이 책을 연구할 기회를 얻게 되었고, 이를 토대로 농업사학회 논문집에 「『산가요록』의 분석 고찰을 통한 편찬 연대와 저자」라는 글을 발표하기도 했다. 지금도 궁중음식연구원에서는 고조리서 연구 과정을 운영하며 『산가요록』 해설본을 만들어 교육을 진행 중이다.

이 책은 가로 18cm, 세로 26cm의 크기에 31장의 저지(楮紙, 닥나무로 만든 종이)로 만들어졌으며 한문(漢文) 묵서(墨書) 반흘림체 필사본이다. 작물, 원예, 축산, 양잠, 식품 등을 총망라한 종합 농서로, 전반부는 훼손되었으며 남은 부분은 양잠, 재상, 과수, 죽목, 채소, 염료 작물, 가축(물고기, 꿀벌 포함) 등 28면, 식품 47면, 염색 2면 등 모두 77면이다. 면당 12행, 행당 40자 내외로 빽빽하게 기록되었다.

아주 낡아 앞뒤가 심하게 마몰되어 농업 부분이 기록된 앞부분과 문집으로 보이는 뒷부분 대부분이 훼손되었다. 그러나 가운데의 조리 부분만은 한 장의 낙장도 없이 230여 가지에 달하는 조리법이 온전하게 남아 있다.

집필 연대와 찬자의 의도가 드러나는 서문이 없어 정확한 편찬 연대와 의도를 파악할 수는 없으나, 염색 부분이 끝나는 곳에 "전순의 찬(全循義 撰) 산가요록 종(山家要錄 終) 최유준 초(崔有濬 抄)"라고 적힌 것으로 미루어 짐작할 수는

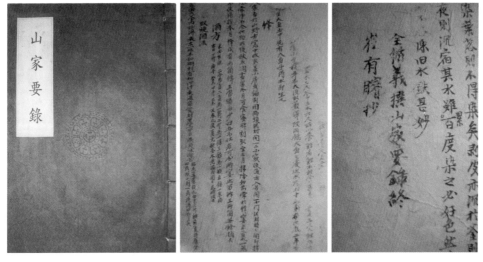

▲ 『산가요록』의 표지(왼쪽)와 조리 부분이 시작되는 부분(가운데). 책의 앞뒤 부분은 마몰이 심하지만 가운데 조리 부분만은 낙장 없이 온전하게 남았다. "전순의 찬(全循義 撰) 산가요록 종(山家要錄 終) 최유준 초(崔有濬 抄)"라고 적힌 부분(오른쪽). 지은이와 필사자를 확인할 수 있다.

있다. 이것은 책 이름과 지은이[撰者], 베낀이[抄者]를 기록한 부분이므로 이 책의 제작 연대를 규명할 결정적인 자료가 된다.

조선 초기의 명의가 쓴 평민을 위한 생활 안내서

이 책의 찬자인 전순의는 궁중에서 사용하는 의약의 공급과 임금이 내리는 의약에 관한 일을 맡아보던 전의감(典醫監)에서 의관을 지낸 인물이다. 당대 보통 중인 계급이 의관을 지낸 것에 비해 전순의는 그보다 낮은 계급이었다. 미천한 출신에도 불구하고 세종·문종·단종·세조에 걸쳐 의관을 지내고 세조 10년에는 정2품 자헌대부(資憲大夫), 즉 오늘날의 장관급 지위까지 이르렀으니 그가 입지전적인 인물임은 틀림없다. 조선시대 임금의 치료를 전담하던 의관들은 왕이 사망하면 질병을 잘못 다스렸다는 죄목으로 탄핵되는 것이 관례였지만 전순의는 다른 의관에 비해 관대한 처분을 받았다. 왕의 승하 이후 강등되긴 했으나 단종 때 복권되었으며 세조가 왕위에 오른 후에도 승진을 거듭하며 세조의 총애를 받았다.

그가 미천한 신분임에도 출세가도에 오를 수 있었던 것은 비상한 재능을 가졌기 때문이다. 단종 3년 신하들이 그를 극형에 처해야 한다고 성화를 부리자 전의감 제조가 전순의의 천재성을 설파하며 더 이상 그에 대한 처벌을 운운하지 말 것을 상소한 기록과, 성종 9년 '세조 때에 의술을 중요시한 전순의는 의관으로서 당상관에 올랐다'라는 기록을 보면 그는 당대의 뛰어난 명의로서 저술과 의술을 펼쳤으며 부귀영화와 명예를 누렸을 것으로 보인다. 그가 쓴 다른 저서로는 『식료찬요(食療纂要)』, 김의손(金義孫)과 함께 저술한 『침구택일편집(鍼灸擇日編集)』 등이 있다.

『산가요록』이라 함은 문자 그대로 산가(山家)에서 생활하는 데 필요한 여러 기술을 기록한 책이란 뜻이다. 산가란 산에 있는 집, 즉 산촌에 있는 집으로 알기 쉬우나, 사실은 평범한 서민층을 이르는 말이다. 재야에서 벼슬길에 오르지 않고 오로지 학문에만 정진하는 선비들을 산림처사(山林處士)라 부르는 것과 궤를 같이한다고 보면 된다.

제목이 의미하듯 이 책은 서민의 삶에 필요한 모든 기술을 총 망라한 종합 농서이다. 농업에 대한 내용은 고려의 『농상집요(農桑輯要)』와 상당 부분 일치하지만 내용 가운데 중국에만 있는 채소나 과일, 동물 기르는 법은 삭제되었고, 원래는 없던 양잠 부분이 추가된 것이 특징이다. 책은 크게 네 가지 분야로 나뉜다. 농업, 음식 조리 및 식품 저장, 염색법이 그것이며 나머지 한 편은 베긴 사람의 시(詩), 부(賦)등이 기록된 문집이다.

230여 가지의 방대한 조리법 및 저장법 수록

음식 부분 중 '주방(酒方)'이라고 제목을 붙인 양조법은 도량과 술 빚는 길일 1종, 소주 2종, 청주·탁주·감주 등 50종, 술 단속 하는 법 1종, 누룩 2종으로 총 56종을 소개했다. 장류는 시(豉) 1종, 메주 띄우는 법[末醬薰造] 1종, 합장법(合醬法) 1종 등 비롯하여 전시(全豉), 말장(末醬), 간장(艮醬), 청장(淸醬) 등을 포함한 12가지의 조장법(造醬法)과 네 가지의 장맛 고치는 법[治辛醬]이 기록되어 총 19종의 장 관련 기록이 있다. 식초(食醋)는 17종, 김치는 38종의 조리법이 있고, 과일 및 채소 저장법은 겨울철 채소 가꾸기[冬節養菜]까지 포함하여 17종, 어육(魚肉) 저장법은 10종, 죽은 6종, 떡은 10종이 수록되었다. 국수는 6종을 소개했는데 자화, 육면, 세면, 창면, 진주면 등 다양한 조리법을 알렸을 뿐 아

니라 국수 음식마다 반죽 및 모양내는 법, 특별한 도구 사용 등을 상세히 기록
했다. 만두는 2종, 수제비는 1종, 과자류 10종, 탕은 7종이 소개되었으며, 더덕,
표고, 참새 등으로 만드는 자반[佐飯] 4종, 생선, 양, 꿩, 도라지 등 다양한 식재
료로 담그는 식해(食醢) 7종, 탕은 '흑탕'이라 하여 고기를 삶고 육수 내는 법을
포함하여 7종, 달걀·닭·소머리를 삶는 법이 각 1종, 그리고 순두부를 만들어
끓이는 법 1종까지 총 230여 종류의 방대한 조리법이 기록되었다.

산가요록 음식 부분 조리별 분류 및 음식 종류

분류	세부 내용	음식명
술	도량, 술 빚는 길일	주방(酒方)
	소주	취소주법(取燒酒法)(2)
	각종 술 빚는 법	향료(香醪), 옥지춘(玉脂春), 이화주(梨花酒), 송화천로주(松花天露酒), 삼해주(三亥酒), 벽향주(碧香酒)(2), 아황주(鴉黃酒)(2), 녹파주(淥波酒), 유하주(流霞酒), 두강주(杜康酒), 죽엽주(竹葉酒), 여가주(呂家酒), 연화주(蓮花酒), 황금주(黃金酒), 진상주(進上酒), 유주(乳酒), 절주(節酒), 사두주(四斗酒), 오두주(五斗酒), 육두주(六斗酒), 구두주(九斗酒), 모미주(牟米酒), 삼일주(三日酒), 칠일주(七日酒)(2), 점주(粘酒), 무국주(無麯酒), 소국주(少麯酒), 신박주(辛薄酒), 하절삼일주(夏節三日酒), 하일절주(夏日節酒), 과하백주(過夏白酒), 손처사하일주(孫處士夏日酒), 하주불산주(夏酒不酸酒), 부의주(浮蟻酒), 급시청주(急時淸酒), 목맥주(木麥酒), 맥주(麥酒), 향온주조양식(香醞酒造釀式), 사시주(四時酒), 사절통용육두주(四節通用六斗酒), 상실주(橡實酒), 하숭사절주(河崇四節酒), 자주(煮酒), 예주(醴酒)(5), 삼미감향주(三味甘香酒), 감주(甘酒)(3), 점감주(粘甘酒)(2), 유감주(乳甘酒)(2), 과동감백주(過冬甘白酒), 목맥소주(木麥燒酒)
	술 단속 하는 법	수주불손훼(收酒不損毁), 기주법(起酒法)
	누룩	양국법(良麯法)(2), 조국법(造麯法)(2)

장	메주 띄우는 법	전시(全豉), 말장훈조(末醬薰造)
	장 담그는 법	합장법(合醬法), 간장(艮醬), 난장(卵醬), 기화청장(其火淸醬), 태각장(太殼醬), 청장(淸醬)(2) 청근장(菁根醬)(2), 상실장(橡實醬), 선용장(旋用醬), 천리장(千里醬), 치장(雉醬)
	장맛 고치는 법	치신장(治辛醬)(4)
초	초 만드는 법	진초(眞酢), 진맥초(眞麥酢), 대맥초(大麥酢), 창포초(菖蒲酢), 고리초(古里酢), 병정초(丙丁酢), 전자손초(傳子孫酢), 사절초(四節酢), 사시급초(四時急酢), 고리조법(古里造法)
	초맛 고치는 법	의초법(醫酢法)
김치	채소절임	즙저(汁菹)(4), 하일즙저(夏日汁菹), 하일장저(夏日醬菹), 하일가즙저(夏日假汁菹), 과저(苽菹)(5), 가자저(茄子菹)
	김치	청침채(菁沈菜)(2), 동침(凍沈), 나박(蘿蔔), 토읍침채(土邑沈菜)(2), 우침채(芋沈菜), 동과침채(冬苽沈菜), 동과랄채(冬苽辣菜), 침백채(沈白菜), 무염침채법(無鹽沈菜法), 선용침채(旋用沈菜), 생총침채(生蔥沈菜)(2), 침송이(沈松栮), 침강법(沈薑法), 침동과(沈冬苽), 침산(沈蒜), 침서과(沈西苽), 침청태(沈靑太), 침도(沈桃)(2), 침행(沈杏), 침궐(沈蕨)
재료 저장	채소, 과일 저장법	장생과(藏生果), 장가자(藏茄子)(2), 장궐(藏蕨), 장과(藏苽)(2), 장소(藏蔬), 장강우(藏薑芋), 장리(藏梨)(2), 장율(藏栗)
	채소 건조법	건죽순(乾竹筍), 건송이(乾松耳)(2), 건천초(乾川椒), 건순채(乾蓴菜), 건궐윤법(乾蕨潤法)
	고기, 생선 저장법	건소어법(乾小魚法), 침계란(浸鷄卵), 하일건육법(夏日乾肉法), 하일장육법(夏日藏肉法)(3), 과년건육법(過年乾肉法), 건포육법(乾脯肉法), 팽육(烹肉), 치미변육(治味變肉)
	겨울철 채소 재배법	동절양채(冬節養菜)
곡물 음식	죽, 밥	백죽(白粥), 사시신미죽(四時新米粥), 담죽(淡粥), 두죽(豆粥), 목맥반(木麥飯), 백자죽(柏子粥)
	국수와 기타 음식	소마(塑亇), 자화(刺花), 우자박(芋紫朴), 수자화(水刺花), 면법(麵法)(5), 계란면(鷄卵麵), 육면(肉麵), 세면(細麵), 창면(昌麵), 진주면(眞珠麵), 만이창면(漫伊昌麵), 토장(吐醬), 수고아(水羔兒), 어만두(魚饅頭), 생치저비(生雉煮飛)
	떡	백자병(柏子餠), 갈분전병(葛粉煎餠), 산삼병(山蔘餠), 송고병(松膏餠), 잡과병(雜果餠), 서여병(薯蕷餠), 잡병(雜餠)

과자	과자 만들기	건한과(乾漢果), 약과(藥果), 빙사과(氷沙果), 백산(白橵), 안동다식법(安東茶食法), 우무전과(牛毛煎果), 동과전과(冬苽煎果), 생강전과(生姜煎果), 앵두전과(櫻桃煎果), 무유청조과법(無油淸造果法)
자반		송자자반(松子佐飯), 산삼자반(山蔘佐飯), 표고자반(蔈古佐飯), 소작자반(小雀佐飯)
식해		어해(魚醢), 양해(膓醢), 저피식해(猪皮食醢), 길경식해(苦莄食醢), 생치식해(生雉食醢), 원미식해(元米食醢)
고기 음식 (탕, 찜, 구이)		흑탕(黑湯), 팽양(烹膁), 포계(炮鷄), 가두포(假豆泡), 증양(蒸膁)(2), 대구어피탕(大口魚皮湯), 장사탕(長沙湯), 진주탕(眞珠湯), 팽계란(烹鷄卵)(2), 팽계법(烹鷄法), 팽우두(烹牛頭)

※ 괄호 안의 숫자는 같은 요리를 만드는 방법의 수를 표기함
출처: 전순의 지음 · 한복려 옮김, 『다시 보고 배우는 산가요록』, 궁중음식연구원, 2007.

일정치 않은 액체 계량 단위에 대한 분량 제시

이 책의 특징 중 하나는 그동안 정확한 기준을 알 수 없었던 액체류의 계량 단위가 정확하게 제시되었다는 점이다. 조선시대에는 고대 중국에서 시작되어 전해 내려온 도량형 단위인 척관법(尺貫法)을 사용하였다. 길이를 재는 단위로는 자[尺] · 치[寸] · 푼[分] 등이 있고, 무게를 재는 단위에는 관(貫) · 근(斤) · 돈[錢] · 푼(分) · 냥(兩) 등이 사용되었다. 그리고 섬[石] · 말[斗] · 되[升] · 홉[合] · 작(勺) 등은 부피를 재는 단위로 쌀과 곡물을 잴 때 사용했다. 이렇게 대부분의 계량 단위는 그 기원부터 분량을 정확히 알 수 있었지만 물이나 술을 재는 단위는 그렇지 않았다. 액체는 일정한 표준 계량 단위 없이 잔(盞), 사발[沙鉢], 병(甁), 동이[東海], 대야[鑘]로 기록되어 있어 도무지 그 양이 얼마나 되는지 알 수 없었다. 그런데 『산가요록』의 양조 부분 첫머리에 그 계량 단위가 정확히 기재된 것이다.

〈酒方〉

二合爲一盞 二盞爲一爵 二升爲一鐥 三鐥爲一甁 五鐥爲一東海……

2홉이 1잔이 되고, 2잔이 1작이 되고, 2되가 1복자[鐥]가 되고, 3복자가 1병이 되고, 5복자가 1동이[東海]가 된다는 뜻이다. 또한 한 동이는 1말[斗]과 같은 분량이고, 1병(甁)은 6되[升]가 됨을 알 수 있다. 이는 모호한 계량 단위에 대한 배량 및 분량의 관계를 기록한 것으로, 그동안 막연히 알려진 동이, 대야, 병의 계량 단위를 정확히 제시한 것이다.

이 계량 단위가 찬자 전순의 가정만의 계량 단위였는지 그 시대 사회의 일정한 표준인지는 앞으로 더 많은 연구가 필요할 것으로 보이나, 계량 단위를 양조법의 첫머리에 기록하여 누구나 기록을 보고 그대로 응용할 수 있도록 한 찬자의 배려는 그가 탐구력과 사고력을 가진 매우 합리적인 사람이라는 것을 짐작하게 한다.

▲ 액체 계량의 기준이 되는 계량 도구. 왼쪽부터 잔, 작, 복자, 병, 동이.

『산가요록』의 계량 단위

계량 단위	양(量)	비교	유사 표현
1동해(東海)	5선(饍)=10승(升)=1말(斗)	50잔(盞)	동이, 분(盆)
1병(瓶)	3선(饍)=6승(升)	30잔(盞)	
1선(饍)	2승(升)	10잔(盞)	복자, 대야
1작(爵)	2잔(盞)=4홉(合)=0.4승(升)	2잔(盞)	
1잔(盞)	2홉(合)	1잔(盞)	
1종자(種子)			종지
1발(鉢)			사발
1국(掬)			움큼, 악(握), 부(抔)

세계 최초 온실 개발법 수록

이 책에서 가장 주목할 만한 부분은 온실 설계법이다. 겨울철 채소 기르기라는 뜻의 '동절양채'라는 항목에 온실 짓는 방법을 자세히 기록한 것이다.

> (온)실을 짓되 그 크고 작기는 임의대로 할 것이며, 삼면은 황토로 막고 온실 내의 벽은 종이를 발라 기름칠한다. 남쪽 면은 창문에 살창을 만들고 기름칠한 종이를 바른다. 구들을 놓고 흙을 덮는다. 굴뚝은 벽 밖에 만들고 가마솥은 벽 안쪽에 걸어놓는다. 봄 채소를 심고 나면 아침저녁으로 항상 따뜻하고 바람이 들어오지 않게 하며, 날씨가 추우면 거적을 두껍게 하여 창을 덮어주고, 날씨가 풀리면 즉시 치운다. 가마솥에 물을 끓여 수증기가 방안에 고루 퍼지게 하고 흙에도 물을 뿌려 항상 따뜻하고 촉촉하게 해야 한다.

▲ '동절양채' 온실 축조법에 따라 온실을 재현한 모습. 난방 온실의 시초로 널리 알려진 독일 하이델베르크 온실보다 무려 170년이나 앞선 세계 최초의 온실이다.

　　황토벽과 온돌로 보온하고, 기름 바른 한지를 붙인 창으로 통풍을 조절하면서 자연 채광으로 난방 효과를 높여 겨울철에 봄나물을 키워 먹을 수 있게 하였다. 온돌과 채광창을 이용한 독자적인 온실 설계는 선조의 우수한 영농 기술을 증명한다. 『산가요록』에 기록된 온실 기술은 1619년 독일 하이델베르크의 난로를 이용한 단순 난방 온실보다 170년이나 앞선 것으로, 세계 최초의 온실 개발이라 평가받고 있다.

식료찬요食療纂要 1460년

요즘은 의사가 음식이나 조리 관련 도서를 내는 일이 드물다. 혹여 내더라도 조리 파트에는 따로 요리 전문가를 두어 정리하는 등 간접적인 저술 형태를 유지하곤 한다. 그러나 불과 한 세기 전만 하더라도 '의식동원(醫食同源)', 즉 약과 음식이 같다는 말이 널리 통용될 정도로 의술은 음식과 늘 함께했으며, 의사들은 음식과 조리법에도 일가견이 있었다. 조선 초기 명의로 알려진 전순의 또한 그중 한 사람이었다.

『식료찬요(食療纂要)』는 『산가요록』을 쓴 전순의가 세조 6년(1460년)에 편찬한 우리나라 최초의 식의서(食醫書)이자 가장 오래된 식이요법서이다. '식료'는 음식으로 질병을 다스린다는 뜻으로 '식치(食治)'와 같은 개념이다. 이 책은 일상생활에서 쉽게 구할 수 있는 음식을 통하여 질병을 치료하는 방법을 담았다.

책의 크기는 가로 19.6cm, 세로 29cm이고 총 29장으로 이루어졌으며 한문으로 쓰였다. 전순의는 서문에서 『식의심감(食醫心鑑)』, 『식료본초(食療本草)』, 『대전본초(大全本草)』, 『보궐식료(補闕食療)』 등을 참고하였고, 일상적으로 쓰이는 음식 치료법 중 간편한 처방을 꼼꼼히 살펴보고 실용적인 조문 45가지를 뽑아 저술했다고 밝혔다. 세조가 이 책을 받고『식료찬요』라는 이름을 내려준 뒤 전순의에게 서문을 쓰라고 명했다고 한다.

전순의는 앞서『산가요록』에서 살펴보았듯 세종 때부터 문종, 단종, 세조에 이르기까지 전의감에서 활동한 의관이다. 그는『식료찬요』를 집필하기 이전에 세종 27년(1445년) 10월 27일에 왕명으로 편찬된 동양 최대의 의학 사전인『의방유취(醫方類聚)』365권의 편찬에 참여하기도 했다. 편찬 참여자를 열거하면서 의원으로는 전순의의 이름을 맨 앞에 기술한 것으로 보아 이 책의 편찬에 그의 역할이 컸을 것으로 짐작된다.

이 책은 경상도 감사(監司) 손순효(孫舜孝)가 판각한 상주 판본과 강원도 양양 판본 두 가지가 있다. 상주 판본에 대해서는 성종 18년(1487년) 4월 27일『조선왕조실록』에 그 기록이 남아 있다.

> 우찬성 손순효가『식료찬요』를 임금께 올렸다. 이 책은 의원 전순의가 편찬한 것으로 손순효가 일찍이 경상도 감사가 되었을 때 상주에서 간행하도록 한 것이다. 임금께서 전교하기를 이 책은 보기에 편리하게 되어 있어서 내가 매우 가상하게 여긴다고 하셨다.

개인 소장본인 상주 판본에 비해 양양 판본의 접근이 용이했기 때문에 대부분의 번역서들이 양양 판본을 참고하였다.

신체 증상별 식이요법을 제시하다

『식료찬요』는 증상별로 치료법을 제시하는 식이요법 책으로, 여러 가지 약재를 식재료와 함께 음식으로 섭취하여 병을 치료하는 방법과 함께 일상생활에서 쉽게 구할 수 있는 음식으로 질병을 치료하는 방법을 기록했다.

중풍을 치료하는 방법을 설명한 제풍(諸風)부터 감기를 뜻하는 상한(傷寒), 심복통(心腹痛)과 협통(脇痛), 해수(咳嗽)와 천식, 비위(脾胃)와 반위(反胃, 위장병), 제서(諸暑), 제열(諸熱)과 불면증, 구토, 황달, 부종, 갈증, 술병, 설사, 골절, 타박상, 뱀이나 벌레에 물린 제충상(諸虫傷), 임신과 산후, 낙태 등 부인질환, 소아병, 발작 등 모두 45가지 질병에 대한 식이요법을 풀었다.

『식료찬요』에 기록된 식재료, 양념 및 약재 명칭과 참고 사항

분류	종류	참고 사항
곡류	갱미(粳米), 도미(稻米), 백갱미(白粳米), 청량미(青梁米), 나미(糯米), 속미(粟米), 직미(稷米), 진름미(陳廩米), 서미(黍米), 양미(梁米), 대두(大豆), 흑두(黑豆), 흑지마(黑脂麻), 오마(烏麻), 호마(胡麻), 임자(荏子), 의이인(薏苡仁), 대맥(大麥), 소맥(小麥), 녹두(菉豆), 적소두(赤小豆), 진부맥(陳浮麥) 등	-주로 죽을 쑤어 먹거나 가루를 낸 다음 밀가루와 섞어 떡이나 만두 등을 빚고 육수에 넣어 끓여 먹음. -모든 음식의 기본이자 식이치료의 근본이면서 손쉽게 먹을 수 있는 치료제 역할을 함.
육류	저간(猪肝), 저신(猪腎), 저설(猪舌), 저두(猪肚), 저비(猪脾), 저제(猪蹄), 저포(猪胯), 저심(猪心), 저두(猪頭), 오웅계육(烏雄鷄肉), 오자계육(烏雌鷄肉), 황자계(黃雌鷄), 계비치(鷄肶胵), 웅계뇌(雄鷄腦), 계자청(鷄子淸), 오계(烏鷄), 오계간(烏鷄肝), 오계지(烏鷄脂), 백웅계(白雄鷄), 야계(野鷄), 치(雉), 우육(牛肉), 구육육(鴝鵒肉), 백압(白鴨), 청두압(靑頭鴨), 양육(羊肉), 휼위(鷸胃), 순육(鶉肉), 양신(羊腎), 청양간(靑羊肝), 황구육(黃狗肉), 토간(兎肝), 녹신(鹿腎), 녹육(鹿肉), 궤육(麂肉), 백아지(白鵝脂), 작육(雀肉), 견육(犬肉), 호육(狐肉), 호장두(狐腸肚), 단저육(猯猪肉), 리육(狸肉) 등	-특정한 장부에 문제가 있으면 동물들의 해당 장부를 요리하여 먹음으로써 특정 장부의 병증을 치료하기도 함. -처방된 음식 중에는 육류가 상당 부분을 차지하는데, 단백질을 섭취하여 몸의 기운을 북돋우면서 치료를 병행하려는 목적을 짐작할 수 있음.
어류	만려어(鰻鱺魚), 여어(蠡魚), 이어(鯉魚), 담채(淡菜), 감(蚶), 석수어(石首魚), 즉어(鯽魚), 치어(鯔魚), 모려(牡蠣), 정(蟶) 등	

채소	만청(蔓菁), 나복(蘿葍), 순채(蓴菜), 구(韭), 규채(葵菜), 숭채(菘菜) 등	버무리거나 국물 등에 넣어 조리함.
양념	총백(葱白), 강(薑), 초(椒), 산(蒜), 귤피(橘皮), 염(鹽), 장(醬), 시(豉), 초(醋), 사탕(沙糖) 등	병증과 재료에 따라 양념을 가감함.
약재	자소자(紫蘇子), 욱리인(郁李仁), 목과(木苽), 건시(乾柿), 갈분(葛粉), 대설리(大雪梨), 소리(消梨), 형개(荊芥), 우방근(牛蒡根), 맥문동(麥門冬), 개자(芥子), 인삼(人參), 귤피(橘皮), 국(麴), 맥부(麥麩), 조(棗), 정향(丁香), 건강(乾薑), 생강(生薑), 밀(蜜), 총자(葱子), 창이자(蒼耳子), 계두실(雞頭實), 만청자(蔓菁子), 눈연실(嫩蓮實), 계(桂), 복령(茯苓), 상백피(桑白皮), 계심(桂心), 용저두강(春杵頭糠), 마자인(麻子仁), 아교(阿膠), 황기(黃耆), 생지황(生地黃), 해백(薤白), 도인(桃仁), 납(蠟), 마치채(馬齒菜), 생율(生栗), 호두(胡桃), 방뇨(放尿), 면(麪), 양유(羊乳), 생백합(生百合), 호위(葫荽), 토사자(兎絲子) 등	식재료와 함께 다양한 조리법으로 복용함.

『식료찬요』에 기록된 각종 질병에 대한 음식 처방

병명	식재료	처방 및 효과
중풍	대두(콩)	콩을 삶은 다음 그 즙을 엿처럼 달여 먹거나 혹은 진하게 삶아 먹으면 중풍에 걸려 말을 하지 못하는 것이 완화된다.
	파	파를 잘게 잘라 달여 먹거나 국이나 죽을 만들어 먹으면 중풍에 걸려 부은 얼굴이 가라앉는다.
	가물치	회로 만들어 먹으면 풍기(風氣)를 치료할 수 있다.
	검은깨	볶아서 매일 먹으면 보행하는 것이 단정해지고 말이 어눌하지 않게 된다.
감기	파	파를 잘게 썰어 탕으로 끓여 먹거나 국이나 죽으로 먹으면 오한과 발열, 골절 증상을 치료할 수 있다.
	수박, 배	목이 마르는 증상을 치료하고 감기 뒤끝의 열을 없앤다.
천식	잉어	한 마리를 회로 만들어 생강과 식초를 넣어 먹으면 가슴이 답답하고 숨이 차거나 가래 끓는 현상이 완화된다.
	무	통째로 구워 삶거나 국으로 끓여 먹으면 폐위(肺痿)로 인한 토혈(吐血)을 치료한다.
	배	좋은 배를 골라 씨를 빼고 갈아 즙을 낸 다음 주전자에 산초 40개와 함께 넣고 한 번 끓인 뒤, 찌꺼기를 제거하고 검은엿 1대량(지금의 3량 분량)을 넣어 조금씩 삼키면 기침이 금방 낫는다.

위장병	붕어	붕어를 회로 만들어 끓는 된장 국물에 넣어 익힌 뒤 후추, 말린 생강, 귤껍질 가루를 넣고 숙회를 만들어 공복에 먹으면 소화불량에 좋다.
요통	검은깨	검은깨 1되를 향기가 나도록 볶고 절구에 찧은 다음 자루에 쳐서 하루에 1큰되(730*ml*)씩 먹으면 허리와 다리 아픈 것을 치료할 수 있다.
피부 미용	굴	방금 채취한 굴을 불 위에 놓고 끓도록 구운 다음 껍데기를 제거하고 먹으면 피부가 부드러워지고 안색이 좋아진다.
황달	밀	밀 3되에 물을 넣고 찧어 즙을 내고 5홉씩 먹으면 황달로 피부와 눈이 황금색이고 소변이 붉은 것을 치료할 수 있다.
소갈(消渴)	좁쌀	좁쌀로 밥을 지어 먹으면 소갈로 입이 마르는 것을 치료할 수 있다.
	율무	율무 삶은 물을 마시면 소갈을 치료할 수 있다.
	보리	보리로 국수를 만들어 먹으면 소갈을 그치게 할 수 있다.
술병	배추	배추 2근을 삶아 국을 만들어 마시면 숙취로 인한 갈증을 풀 수 있다.
설사	맵쌀	맵쌀로 밥이나 죽을 만들어 먹으면 설사가 그친다.
치질	붕어	붕어를 마늘에 버무려서 회로 먹으면 치질로 인한 하혈을 막을 수 있다.
젖이 안 나올 때	소 코(牛鼻)	소의 코 부분을 국으로 만들어 공복에 3~4번 복용하면 젖이 나오지 않는 것을 치료할 수 있다.
입덧	모과	모과 큰 것 1개를 썰고 꿀 1량을 탄 물에 모과 과육이 문드러지도록 삶는다. 삶은 모과를 사기그릇에 담아 곱게 갈고 밀가루 3량을 넣어 반죽하여 장기말 크기로 자른다. 이것을 오래 끓여 그 즙을 먹으면 임신 중의 입덧과 구역, 두통과 소화불량을 완화할 수 있다.
유산기가 있을 때	찹쌀·아교	아교 4분을 불에 굽고 빻아 분말로 만든다. 찹쌀 3홉으로 만든 죽에 아교 분말을 넣고 잘 저어 공복에 먹으면 임신 중 태동불안(胎動不安)을 치료할 수 있다.

출처: 전순의 지음·김종덕 옮김, 『우리나라 최초의 식이요법서 식료찬요』, 예스민, 2006.

식치의 중요성을 강조한 세조

이 책의 서문을 보면 식이요법의 중요성을 강조한 부분이 눈에 띈다.

옛사람은 처방을 내리는 데 있어서 먼저 식품으로 치료하는[食療] 것을 우
선하고 식품으로 치료되지 않으면 약으로 치료한다고 하였으며, 식품에서
얻는 힘이 약에서 얻는 것의 절반 이상이라고 하였다. 또 병을 치료하는
데 있어서 당연히 오곡(五穀), 오육(五肉), 오과(五果), 오채(五菜)로 다스려야
지, 어찌 마른 풀과 죽은 나무의 뿌리에 치료 방법이 있을 수 있겠는가. 이
것으로 옛사람이 병이 치료하는 데 있어서 반드시 식품으로 치료하는 것
을 우선하는 이유를 알 수 있다.

이 내용은 병을 치료함에 있어 식치의 중요성을 논한 것이자 전순의 의술
철학이 담긴 의약론이라 할 만한 글로, 그가 식료를 중시하는 의사였음을 뚜렷
이 보여준다. 아울러 이 책의 이름을 손수 짓고 전순의에게 서문을 쓰라 명한
세조 또한 평소 식치의 중요성을 강조해왔다는 것을 알 수 있다.

조선의 왕 중에서도 세조는 실용적인 학문을 중시했으며, 특히 의학과 의
관 교육에 깊은 관심을 가진 임금이었다. 1463년 12월에 반포한 『의약론(醫藥
論)』은 세조가 생각한 병의 원리와 의원의 자세를 적은 글인데, 의사의 자질과
자세를 여덟 가지로 나누어 설명한다. 그중에서도 식의(食醫)를 바람직한 의사
로 꼽는데, 여기서 말하는 식의란 음식을 처방하여 몸을 돌보는 의사이다. 음식
을 잘 먹으면 기운이 편안하고 잘 먹지 못하면 몸이 괴로워지니, 식의는 질병
치료에 앞서 예방을 강조하였고 특히 병에 걸렸을 때 적절한 음식을 섭취하여
치료를 돕는 것을 바람직하게 여겼다.

식료를 강조한 '식의' 전순의는 의학자이자 식품 전문가였다. 그가 쓴 『식
료찬요』나 『산가요록』은 의학 사상에 바탕을 둔 식품조리서로서 조선시대의
식치 음식을 볼 수 있는 자료로 남았다.

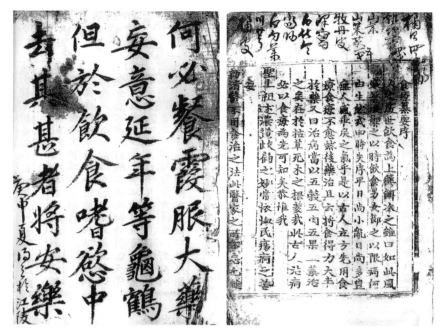

▲ 책의 첫 장(왼쪽)과 서문(오른쪽). 서문에는 세조가 직접 책의 이름을 하사한 뒤 서문을 쓰라 명했다는 내용과 함께 병은 무릇 식품으로 다스려야 한다는 기본 사상이 담겨 있다.

『식료찬요』는 약재와 식재료를 구분하지 않았으며, 수시로 약과 음식의 경계를 넘나든다. 특히 흔하게 나타나는 병증을 모아 구성한 데다 의서에 비해 일반인의 접근이 용이했으므로 일상에서 요긴하게 활용하는 필수 식이서였으리라 여겨진다. 재료 또한 대체로 주변에서 구하기 쉬운 것들로 구성되었다. 약과 음식이 서로 다르지 않다는 생각은 선조들의 식재료와 조리법 선택에 중요한 지침으로 작용했다. 향약재를 음식으로 활용한 다양한 조리법과 여러 음식 형태는 우리나라 식이요법과 민간요법의 발달을 잘 보여준다.

조선시대에 활용된 식료 의학서
『동의보감』, 『본초강목』, 『증류본초』

식치를 강조한 조선시대 의서는 비단 『식료찬요』만 있는 것이 아니다. 『식료찬요』를 필두로 여러 의서가 식재료와 함께 소개되었는데 그중 가장 잘 알려진 것으로는 『동의보감(東醫寶鑑)』이 있다.

『동의보감』은 1596년(선조 29년) 왕명으로 의관 허준(許浚, 1539~1615)이 1610년(광해군 2년)에 완성한 의학서이다. 이 책은 목차 2권, 의학 내용 23권으로 총 25권 25책으로 구성되어 있다. 『동의보감』에는 "식품은 약물의 근원과 같다"라는 말이 적혀 있는데 이는 매일 섭취하는 음식은 의약 못지않은 중요성을 가지고 있다는 뜻이다. 그래서 일부 질환은 음식으로도 치료할 수 있고, 치료를 보조하는 방편으로 음식을 사용할 수도 있다고 하였다. "몸을 건강하게 하는 기본은 음식물에 있고, 음식물을 적당히 먹을 줄 모르는 사람은 생명을 보존할 수 없다"라며 상당 부분을 식이요법 처방과 관련된 내용에 할애했는데, 특히 「탕액편(湯液篇)」에서 이러한 내용이 집중적으로 다루어진다. 총 3권으로 구성된 「탕액편」은 수부(水部) 35종, 토부(土部) 18종, 곡부(穀部) 107종 등으로 나누고, 곡식, 과실, 고기, 채소 등 다

▲ 총 25권 25책의 방대한 자료를 자랑하는 『동의보감』. (출처: 국가기록원)

양한 식품의 성질과 효과 및 활용을 상세하게 열거했다.

『본초강목(本草綱目)』은 중국 명나라의 본초학자 이시진(李時珍, 1518~1593)이 엮은 중국 의약서이다. 이 책은 곡류, 채소류, 수조육류의 약용 식품 성질과 감별 및 활용법을 소개하는데, 독특한 특징이 있다면 일부 식품을 매우 상세하고 정확하게 묘사하여 그렸다는 점이다. 이는 당시 식재료의 모습을 확인할 수 있는 홀륭한 자료가 된다. 이 책이 우리나라에 전해진 것은 선조 이후일 것으로 추측되며, 이 책

을 통해 약물 및 본초학에 관한 지식이 많이 확대되었다고 한다.

여러 의서 가운데 실제로 허준을 비롯한 많은 학자들이 자주 이용한 책은 중국 송나라 때 당신미(唐愼徽)가 쓴 『증류본초(證類本草)』이다. 이 책은 내용이 풍부하고 실용적인 가치가 있어 『본초강목』이 저술되기 전까지 조선에서도 한의서로 긴요하게 이용되었다. 『증류본초』는 '본초'라는 명칭으로 서유구의 『임원경제지(林園經濟志)』, 홍만선의 『산림경제(山林經濟)』 등 농서에서도 인용되었다.

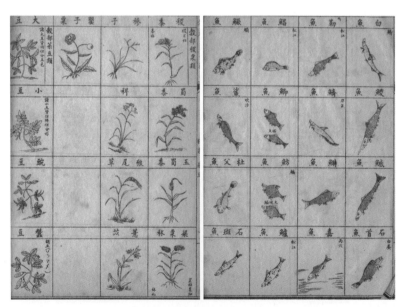

▲ 『본초강목』의 본문. 상세한 동식물 그림을 실었다.

수운잡방 需雲雜方

'구름이 하늘로 올라가는 때에 쓸 만한 갖가지 방법'이라는 운치 넘치는 이 제목
은 중국의 고전『역경(易經)』에서 따온 말이다. '구름이 하늘로 올라가니 비가 내
리기를 기다리는 동안 군자는 먹고 마시고 잔치하고 즐거워한다'라는 구절에서
유래한 '수운'은 격조 있는 음식 문화를 가리키는 말이다. 그 수운에 걸맞은 갖
가지 방법을 제시하였다는 의미로 '잡방'을 붙여『수운잡방(需雲雜方)』이다.

하지만 속표지 바로 다음 면에는 이런 구절도 있다.

少情寡欲 節聲色薄慈味
時有四不出大風大雨大暑大寒也

정에 치우지지 말고 욕심을 줄이고
음악과 여색을 절제하고 맛난 음식을 구하지 말아야 한다.
바깥출입을 삼가야 할 네 가지는
큰 바람, 큰비, 큰 더위, 큰 추위다.

품격과 취향에 따라 풍류를 즐길 줄 알아야 하지만 탐욕을 경계하라는 이야기이다. 역시 유학자답게 첫 장부터 과욕은 금물이라고 당부부터 하고 시작한다.

1500년대 초 안동 지역에 살았던 유학자 김유(金綏, 1491~1555)는 『수운잡방』을 통해 풍류를 알고 격조를 지닌 사람들에게 걸맞은 여러 조리법을 소개한다. 이 책은 1책 2권의 한문 필사본으로 가로 19.5cm, 세로 25.5cm의 크기에 닥나무로 만든 저지를 썼고, 표지 포함 25장으로 구성되어 있다. 일부분이 낡고 약간 갈색으로 바랬지만 전체적인 보존 상태는 양호한 편이다. 내용은 양반 가문에서 일상적으로 활용한 토착화된 조리법이 주를 이루며, 500년 전 안동 사림 계층의 식생활 형태를 살펴볼 수 있는 귀한 자료로 꼽힌다.

김유의 본관은 광산(廣山), 호는 탁청(濯淸)이다. 1525년(중종 20년) 생원시에 합격하였으나 과거시험을 포기하고 이후 집 근처에 탁청정을 짓고 안동 오천리(烏川里) 마을을 지나는 나그네를 정중하게 대접하였다고 전한다. 『선성지(宣城誌)』에 의하면 퇴계 이황은 김유가 타고난 재질은 빼어난데 시골에서 헛되이 늙어가니 슬프고 안타까운 일이라고 하였다 한다.

책의 곳곳에 '설월당(雪月堂)'이라는 인장이 날인되었는데 설월당은 김유의 셋째 아들인 김부륜의 호이다. 이 종가에서 책을 대대로 소장해오다가 2012년 경상북도 유형문화재 435호로 지정된 이후 한국국학진흥원에서 위탁 보관 중이다.

『수운잡방』은 필체나 표현의 차이에 따라 상하편으로 구분한다. 상편은 행서로 쓰였고, 속표지에 탁청공유묵(濯淸公遺墨)이라고 적혀 있다. 하편은 초서로 쓰였고, 계암선조유묵(溪巖先祖遺墨)이라고 적혀 있다. 이 문장을 풀어 해석하면 탁청공 김유에 의해 집필이 시작되어 손자인 계암 김령(金坽, 1577~1641)에 의해 뒷부분이 보완된 것으로 보인다. 계암 김령은 김유의 셋째 아들인 설월당

▲ 『수운잡방』의 표지(왼쪽)와 본문. 탁청공 김유가 편찬했다는 글귀(가운데)와 그의 손자 계암이 편찬했다는 글귀(오른쪽)가 기재되어 있다.

김부륜의 아들이며 저서 『계암집(溪巖集)』으로 잘 알려져 있다. 1612년(광해군 4년) 관직에 올랐지만 어지러운 정치를 비관하며 벼슬에서 물러나 학문에 몰두하였다 한다.

제사를 받들고 손님을 모시기 위한 음식

『수운잡방』에는 술과 음식 만드는 방법이 기록되어 있다. 상편에는 술, 식초, 김치, 장, 파종 및 채소 저장법, 한과, 찬물, 면, 두부와 타락 만드는 법이 있고, 하편에는 술, 김치, 한과, 탕, 찬물, 면 만드는 방법이 추가로 기록되어 있다. 삼오주, 백화주 등 몇몇 술을 제외하면 상하편의 내용이 겹치지 않아서 상편에서 빠진 술과 음식 조리법을 하편에서 보충한 것으로 보인다.

　『수운잡방』에는 우법(又法, 또 다른 방법)이라 하여 하나의 음식이라도 만드는 방법을 두세 가지로 설명하였는데, 이 우법을 포함하면 상하편 전체 121종의 조리법이 등장한다. 술이 61종, 식초류 6종, 채소 절임 및 침채류가 15종, 장류 11종, 한과류 5종, 찬물류 6종, 탕류 6종, 두부와 타락(우유) 1종씩, 주식에 해당하는 면류 2종, 채소와 과일의 파종 및 저장법 7종이다.

특히 술 담그는 법으로 삼해주(三亥酒), 녹파주(綠波酒), 호두주(胡桃酒), 포도주(葡萄酒), 이화주(梨花酒), 진상주(進上酒), 별주(別酒), 애주(艾酒), 예주(醴酒), 세신주(細辛酒), 진맥소주(眞麥燒酒) 등 다양한 종류의 술이 나온다. 이는 전체 조리법 중 절반에 해당하는 분량으로, 당시 제사를 받들고 손님을 모시는 봉제사 접빈객(奉祭祀 接賓客)의 문화 속에서 가양주(家釀酒)를 제조하는 것이 가장 중요한 일이었음을 알 수 있다.

중국 조리서를 참고한 내용과 토착화된 조리법이 동시 수록

서여탕(薯藇湯, 육수에 마와 계란을 넣어 끓은 탕), 분탕(粉湯, 청포묵국), 삼하탕(三下湯, 국수를 곁들인 고기완자탕), 황탕(黃湯, 갈비와 밥을 넣어 끓인 탕), 삼색어아탕(三色魚兒湯, 은어와 숭어, 대하와 삼색 녹두묵을 넣어 끓인 탕) 등 지금은 찾아볼 수 없는 독특한 탕 종류의 음식도 소개되었다.

이 책에 등장하는 음식 중에는 중국 조리서 『거가필용(居家必用)』이나 『식경(食經)』의 내용을 참고하여 작성된 것들이 많다. 그러나 우리만의 토착 조리법 또한 다수 존재한다. 예를 들어 벽향주의 오천양법(烏川釀法)은 광산 김씨 양반가 집성촌인 오천 지방의 술 만드는 법을 기록한 것이고, 고리 식초 만드는 법의 오천가법(烏川家法)은 광산 김씨 집안의 식초 만드는 법을 기록한 것이다. 이것 외에도 엿 제조법에 이르면 요즘 엿도가에서 쓰이는 엿 만드는 법[今飴家所用良法], 즉 유행하는 조리법까지 수록된 것을 볼 수 있다. 당시 광산 김씨 양반가나 안동을 중심으로 한 주변 민간의 속방(俗方)이나 세간의 인기를 끌던 조리법까지 아울러 소개한 것이다.

『수운잡방』에 기록된 음식 내용

분류	음식명
술	**[상편]** 삼해주, 삼오주, 사오주, 벽향주(3)(오천양법), 만전향주, 두강주, 칠두주, 소국주(2), 감향주(2), 백자주, 호두주, 상실주, 하일절주(2), 삼일주, 하일청주, 하일점주(3), 진맥소주, 녹파주, 일일주, 도인주, 백화주, 유하주, 오두주, 백출주, 정향주, 심일주, 동양주, 보경가주, 동하주, 남경주, 진상주, 별주, 이화주(2), 이화주조국법 **[하편]** 삼오주, 오정주, 송엽주, 포도주, 애주, 황국화주, 건주법, 지황주, 예주, 황금주, 세신주, 아황주, 도화주, 경장주, 칠두오승주, 오두오승주, 백화주, 향료방, 조곡법
초	**[상편]** 작고리법(고리 만드는 법, 오천가법), 조고리초법(고리초 만드는 법, 오천가법), 사절초, 병정초, 창포초, 목통초
채소 절임과 침채	**[상편]** 청교침채법, 침백채, 토란경침조, 침동과구장법(동아 오래 저장하는 법), 과저(2), 수과저, 노과저, 치저, 납조저, 침나박, 총침채, 토읍침채 **[하편]** 향과저, 과동개채침법(겨울 나는 갓김치)
장	**[상편]** 즙저(2), 조즙(즙장), 조장법(3), 청근장, 기화장, 전시, 봉리국전시방, 수장법
채소, 과일의 파종 및 저장	**[상편]** 소평종과법(소평의 오이 파종법), 종강(생강), 종백채, 종진과(참외), 종연(연근), 장생가자(생가지 저장법), 장리(배 저장법)
한과	**[상편]** 동아정과, 이당(엿 만들기, 현재 엿도가에서 사용하는 좋은 방법) **[하편]** 생강정과, 다식법, 전약법
두부	취포(두부 만들기)
타락	타락
찬물	**[상편]** 산삼좌반(더덕자반), 어식해법 **[하편]** 장육법, 모난이법, 전계아법, 전곽법
탕	**[하편]** 서여탕법, 전어탕법, 분탕, 삼하탕, 황탕, 삼색어아탕
면	**[상편]** 육면 **[하편]** 습면법

※괄호 안의 숫자는 같은 요리를 만드는 방법의 수를 표기함
출처: 김유 지음 · 윤숙경 옮김, 『수운잡방 주찬』, 신광출판사, 1998.

계미서 癸未書 1554년

우리 고조리서에 일가견이 있는 사람이라도 이 책은 낯설게 느껴질 것이다. 그도 그럴 것이 아직 발표되지 않은 '미공개 도서'이기 때문이다. 이 책은 궁중음식연구원이 소장하고 있는 조리서로, 이 책을 통해 처음으로 소개하는 책이며 앞으로 연구 발표를 해야 하는 숙제로 남은 책이다.

『계미서(癸未書)』는 1554년에 편찬된 작자 미상의 조리서로『산가요록』(1450년),『수운잡방』(1540년)과 함께 조선 전기 식생활사 연구를 위한 귀중한 자료이다. 그간 조선 전기 요리에 대한 연구는 활발히 진행할 수가 없었다. 조리서가 워낙 귀한 탓에 당대의 음식 문화를 비교할 수 없었기 때문이다. 그러나 『계미서』의 등장으로 조선 전기 식생활사를 확실하게 짐작할 수 있게 되었다.

가로 21cm, 세로 25cm 크기에 20장으로 된 한문 필사본이며, 책 제목은 따로 없지만 표지 중간에 적힌 '癸未書(계미서)'를 편의상 제목으로 삼는다. 표지에는 제작 시기 및 소장처를 확인할 수 있는 글귀가 적혀 있다. '조선개국 일백육십삼년 갑인 유월 십사일 계미 서 갑인후 삼백오십팔년 신해 십이월 이십오일 배부 장우옥지산방(朝鮮開國 一百六十三年 甲寅 六月 十四日 癸未 書 甲寅後

三百五十八年 辛亥 十二月 二十五日 褙付 藏于玉芝山房'. 이 한자를 풀이하면 조선개국 163년 갑인년, 즉 1554년(명종 9년) 6월 14일 계미일에 쓴 책으로 갑인년 이후 358년 신해년, 즉 1911년 12월 25일 종이를 덧대어 옥지산방에 보관한다는 뜻이다.

표지에는 이 글과 함께 '황우(黃牛)'라고 된 붉은색 낙관이 찍혔고, 첫 장에 처음 나오는 음식명 아래에도 같은 낙관이 찍혀 있다. 오래되지 않아 보이는 이 낙관은 1911년 계미서를 배접한 사람 또는 옥지산방과 연관이 있을 것으로 추정되나 아직까지 누구의 낙관인지 확인되지 않았다.

이 책의 편찬 연대를 추정할 수 있는 부분이 더 있다. '즙저(汁菹)'라는 음식 항목의 조리법 말미에는 글 쓴 시기로 보이는 기록을 찾을 수 있다. '가정 삼십삼년 갑인 유월 십사일 계미 필서(嘉靖 三十三年 甲寅 六月 十四日 癸未 畢書)'라는 글이 그것인데, 여기서 가정이란 명나라 세종의 연호이며 가정 33년은 1554년 갑인년을 말하므로 이 책은 1554년 6월 14일 계미일에 쓴 것이라 볼 수 있다. 또한 뒷부분 '즙저법(汁菹法)'의 말미에는 '을묘 오월 초파일 신축 서(乙卯 五月 初八日 辛丑 書)'라고 적혀 있다. 갑인년 이듬해인 을묘년, 즉 1555년 5월 초파일 신축일에 썼다는 기록이다. 따라서 이 책은 1554년에 편찬한 이후에도 1555년까지 내용을 추가하여 기록했다고 볼 수 있다. 맨 마지막 장 끝부분을 보면 '물오, 물파, 물실(勿汚 勿破 勿失)'이라고 하여 더럽히거나 망가뜨리거나 잃어버리지 말라는 당부도 적혀 있다.

옛 조리서를 연구하다 보면 연대 추정과 찬자 및 편찬 지역 등을 제대로 파악할 수 없다는 난제와 맞부딪친다. 그럴 때는 내용을 꼼꼼하게 들여다보고 다른 책과 비교하며 작은 단서를 끄집어내 연대를 추정하곤 한다. 그러나 비교적 정확하다고는 해도 추정 연대는 어디까지나 '추정'일뿐 확실하진 않으므로

▲ 『계미서』의 표지(왼쪽)와 본문. 음식이 기록된 첫 장의 음식명 아랫부분에 낙관이 찍혀 있다(가운데). 책의 마지막 장에는 깨끗이 간수하라는 당부가 적혀 있다(오른쪽).

늘 아쉬움이 남곤 했다. 그런데 이 책은 드물게 날짜가 기록된 고마운 책이다. 고마운 점은 또 있다. 1554년에 편찬된 이 책이 시간의 흐름에 따라 훼손되자 1911년 새롭게 장정한 것이다. 낡은 옛 책을 귀중히 여기고 깔끔하게 재단장한 점이 이 책의 가치를 더욱 높였다.

주식류 조리법을 상세히 수록, '온반'이 처음 등장하기도

이 책에 수록된 음식 조리법 및 식생활 관련 내용은 모두 144가지에 이른다. 장(醬)과 시(豉) 10종, 저(菹)·침채(沈菜)류 13종, 식초 9종, 두부 2종, 제염법 및 염장 2종, 자반과 식해 2종, 채소 저장 4종, 고기 음식 12종, 탕류 5종, 죽·밥·만두·면 등 주식류 10종, 생선 음식 2종, 떡과 과자류 4종, 술과 술 간수법 42종, 채소 음식 1종, 겨자즙 1종, 녹말 만드는 법 1종, 양봉법 1종, 무·마·밤·오곡 등 작물을 재배하거나 장 담그는 길흉일 등 23종이다.

　『계미서』에는 흑탕(黑湯), 산삼자반(山蔘佐飯), 치장(雉醬) 등과 같이 『산가요록』이나 『수운잡방』 등 1400~1500년대 조리서에서 공통적으로 볼 수 있는 음식들이 등장한다. 그러나 고기 음식, 탕류, 주식류 등의 음식 종류는 『산가요록』이나 『수운잡방』보다 『계미서』에 더 많이 기록되어 있다. 특히 고기 음식 중에는 원나라 초기의 생활 문화 백과사전 격의 『사림광기(事林廣記)』의 문헌을 인용하여 말고기 조리법을 소개하기도 했다. 족탕에는 털이 있는 짐승류의 손질법이 상세히 수록되었고, 양념한다는 의미로 '점약한다'라는 색다른 표현이 쓰이기도 했다. 그 외에도 두부를 말려서 쓰는 두부 가공법과 말린 은어를 불려 조리하는 방법도 소개되었다.

'온반(溫飯)'이라는 음식이 처음 소개된 것도 이 책이다. 밥에 따뜻한 육수를 붓고 꿩고기와 무청김치 가늘게 채친 것과 다시마전, 두부, 잣 등을 올려 따뜻하게 먹는 국밥인데, 지금의 온반과 크게 다를 바 없다. 온반이 500년 전의 음식이라고 생각하면 음식을 대하는 마음이 사뭇 달라진다.

『계미서』에 기록된 음식 내용

분류	음식명
장	말장(末醬), 합장(合醬), 묘장(卯醬), 청장(淸醬), 침장법(沈醬法), 수장침법(水醬沈法), 치장(雉醬), 전시법(專豉法), 향시(香豉), 전시(全豉)
저	가고저(茄苽菹), 고저법(苽菹法), 고저(苽菹), 납저(臘菹), 염나복저(鹽蘿葍菹), 즙저(汁菹)·조저법(造菹法), 가즙저법(茄汁菹法), 즙저법(汁菹法)
침채	진청침채(眞菁沈菜), 진청근침채(眞菁根沈菜), 나박침채(羅薄沈菜), 우침채(芋沈菜)
채소	개위채(芥胃菜)
양념	개즙(芥汁)
초	황의진초(黃衣眞醋), 황의법조(黃衣法造), 모초(麰醋), 사절초(四節酢), 병정초(丙丁酢), 파의초(巴衣酢), 창포초(菖蒲酢), 고시초(古是酢)·사절초법(四節酢法)

두부	건두포(乾豆泡), 취포(取泡)
제염 및 염장	치염(治鹽), 염강(鹽薑)
자반, 식해 채소 저장	산삼자반(山蔘佐飯), 장가(藏茄), 장과(藏苽), 청어장해(靑魚醬醢)
고기	우방연법(牛芳軟法), 편적(片炙), 난저두(爛猪頭), 마미육(馬尾肉), 치개미육(治改味肉), 육적(肉炙)·자우육법(煮牛肉法), 자마육법(煮馬肉法), 팽황구(烹黃狗), 진조(眞鳥), 계팽(鷄烹), 우팽계(又烹鷄)
탕	포탕(泡湯), 흑탕(黑湯), 별탕(鼈湯), 족탕(足湯)·흑탕법(黑湯法)
죽, 반, 만두, 면	기매죽(其邁粥), 담죽(淡粥), 백죽(白粥), 온반(溫飯), 수고아(水餻兒), 면(麵), 면시(麵豉), 진주분(眞珠粉)·별면법(別糆法), 조녹두말(造菉豆末), 작세면(作細糆)
생선	연전포(軟全鮑), 은어(銀魚)
병, 과자	빙자(氷煮), 동과정과(冬苽正果), 기증병(起蒸餠), 약과조법(藥果造法)
술	삼해주방(三亥酒方), 세신주(細辛酒), 삼두주(三斗酒), 벽향주(碧香酒), 오두주(五斗酒), 십두주(十斗酒), 하일불산주(夏日不酸酒), 열시주(熱時酒), 사절통용육두주(四節通用六斗酒), 하별조주(夏別造酒), 별세신주사절통용(別細辛酒四節通用), 두강주법(杜康酒法), 육두주사시통용(六斗酒四時通用), 이미주(二味酒), 예주법(禮酒法), 감주(甘酒), 삼일주(三日酒), 일일주(一日酒), 하일주(夏日酒), 삼일주(三日酒), 감주(甘酒), 과하주(過夏酒), 두강주(杜康酒), 정향주(丁香酒), 하양주(夏釀酒), 소주법(燒酒法), 혜향주(惠香酒), 하향주(荷香酒), 절주법(節酒法), 삼일주법(三日酒法), 녹파주(綠波酒), 구두주(九斗酒), 모주(酵酒), 수주(收酒), 벽향주(碧香酒), 이화주(梨花酒), 하일절주(夏日節酒), 조국길일(造麴吉日), 조주기일(造酒忌日), 조국법(造麴法), 하양좌청주(夏釀坐淸酒), 치개미주(治改味酒)
양봉	양밀봉방(養蜜蜂方)
작물 재배 및 장 담그는 길흉일	청종일(菁種日), 고종일(苽種日), 오곡종일(五穀種日), 도종일(稻種日), 속종일(粟種日), 잡채종일(雜菜種日), 마종일(麻種日), 마종(麻種), 속종(粟種), 청종(菁種), 범전종일(凡田種日), 서종(黍種), 우종(芋種), 고종(苽種), 교종(蕎種), 총(葱), 산종(蒜種), 청종충불식법(菁種虫不食法), 합장일(合醬日), 장길(醬吉), 세옹흉일(洗瓮凶日), 옹불동법(瓮不動法), 세옹기일(洗瓮忌日)

출처: 궁중음식연구원

우리 고조리서를 말할 때 빼놓을 수 없는 것이 중국 고서이다. 문화 전반에 걸쳐 가까운 중국의 영향을 많이 받다 보니 고서의 내용이나 집필 방법 또한 중국의 그것과 닮은 부분이 많다. 그러나 앞서 설명했듯, 우리 선조들은 중국의 책을 기본으로 집필하더라도 중국에서만 통용되는 내용을 삭제하고 우리 고유의 내용을 더하는 등 첨삭하여 새로운 책을 편찬했다. 또한 중국의 영향은 역사가 흐를수록 점차 줄어들어 근대에 이르러서는 우리 음식만의 요리책이 꾸려졌으며, 중국 요리가 '외국 요리'의 하나로 소개되기까지 했다. 우리 식문화에 영향을 끼친 중국의 고조리서를 살펴보자.

제민요술(齊民要術), 530~540년경

현존하는 가장 오래된 중국 종합 농서이다. '제민(齊民)'은 사마천의 『사기』에서 '귀천이 없는 백성'을 뜻하는 말이니, 이 책의 제목은 백성에게 필요한 농업 기술을 풀이한 것이라고 할 수 있다. 찬자인 가사협(賈思勰)은 북위(北魏)의 걸출

四部叢刊子部　齊民要術　九卷

女麴酒中爲佳　瓜菹法

搗越瓜刀子割摘取勿傷皮鹽揩偏日曝令皷先取四月白酒糟鹽和藏之數日又過著大酒糟中鹽和糟又藏之唯火佳又云不入白酒糟亦得又大酒糟出清用酢若一石與鹽三升女麴三升藏三片女麴令解渾用女麴者令有鹽味不須多合藏之甕泥瞇口軟而黃

餠炙　用生魚白魚最好鮎鱧不中用下魚片離脊助仰搦几上手按大頭以鈍刀向屬割取肉

色上黃用雞鴨翅毛刷之急手數轉緩則壞既熱渾脫去兩頭六寸斷之促眞二若不卽用以蘆荻苞之束兩頭布間可五分可經三五日不爾則壞與麵則味少酢多則難著矣

한 농업 과학자로 옛 책에서 가려낸 자료, 경험이 풍부한 노인의 가르침, 직접 농업 생산과 방목 활동에 종사하며 쌓은 경험과 분석을 바탕으로 이 책을 편찬했다. 농예, 원예, 수림, 양잠, 목축, 수의학, 종자 선택과 육종, 양조, 요리, 농산품 가공 및 저장, 흉년 대비책, 흉년 버티기 등 농업의 모든 범주를 망라하며 당시의 농업, 임업, 목축업, 어업 등의 경영 방식을 구비하였다. 이 책은 후대에 집필된 『농상집요(農桑輯要)』(1273년), 『왕정농서(王禎農書)』(1313년), 『수시통고(授時通考)』(1742년) 등에 영향을 주었을 뿐 아니라, 중국 외의 지역에도 다양한 영향을 미쳤는데, 특히 북위와 밀접한 관계에 있던 고구려에 큰 영향을 미친 것으로 보인다.

음선정요(飮膳正要), 1330년

중국 원나라 홀사혜(忽思慧)가 황제의 음식을 책임지는 한편 건강과 평안을 위해 노력한 결과를 기록한 책이다. 음식과 금기 식품, 보양 식품을 다룰 때 효능을 함께 언급하며 식치(食治)에 대한 지식을 전하는 한편, 다양한 양고기의 활용법 등 새로운 조리법을 기술하여 기존의 한족 요리 문화에 다양성을 더했다. 방대한 요리가 담겨 있을 뿐만 아니라 그 시대의 문화와 철학도 담겨 있는 책이다.

신은지(神隱志), 1400~1450년경

명나라 때 주권(朱權, 1378~1448)이 지은 책으로, 조선 숙종 때 실학자 홍만선이 엮은 농서 겸 가정생활서 『산림경제』와 조선 후기 실학자 서유구가 저술한 박물학서 『임원십육지(林園十六志)』, 18세기 후반 서호수가 편찬한 농업기술서 『해동농서(海東農書)』 등에 그 내용이 많이 인용되었다. 한국 고조리서 연구에 큰 의미가 있는 책이다.

거가필용(居家必用), 1560년

원 제목은 『거가필용사류전집(居家必用事類全集)』이며 원나라 전반기에 편찬된 찬자 미상의 종합 생활 백과전서이다. 원나라 당시의 원전은 남아 있지 않지만, 후대에 정밀하게 교정한 복각본이 전해지고 있다. 책의 내용은 제목 그대로인데, 보통 사람들이 일상의 가정에 거주하면서[居家], 생활 유지에 반드시 쓰이는 모든 것[必用]을, 사물 항목에 따라 분류하여 서술[事類]해둔 것이다. 갑을병정의 10천간 순서에 따라 모두 10집으로 구성되어 있으며, 음식에 관한 부분은 「제6 기집(己集)」, 「제7 경집(庚集)」, 「제9 임집(壬集)」에 수록되었다. 『거가필용』은 조리 전문서로서는 역사적으로 매우 앞선 시대에 편찬되어, 당시 수많

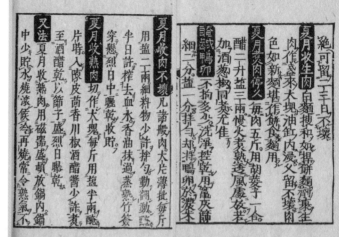

은 중국 요리와 함께 몽고풍 음식, 아랍 음식, 여진 음식 등 다양한 내용을 풍부
하게 담고 있다. 우리나라에도『산림경제』,『임원십육지』,『오주연문장전산고』
(1850년경) 등에『거가필용』의 음식편뿐만 아니라 주거, 치농, 구황, 벽충 등 다
른 내용까지 자주 인용되었다. 고려 말기 이후 조선시대 우리 생활에 아주 큰
영향을 미친 책이다.

준생팔전(遵生八牋), 1591년

명나라 말년, 고렴(高濂)이 편찬한 책이다. 여러 분야를 총 여덟 부분으로 나누
어 적었다 하여 '준생팔전(遵生八牋)'이라 하였다. 당시 신선사상의 영향으로 장
수와 건강을 추구하는 양생(養生) 문화가 발달했는데, 양생에 필요한 음식에 대
한 내용도 자세히 적었다. 우리 고조리서에서는 식치(食治)나 약선(藥膳)을 다루
는 분야의 서적으로 많이 언급된다. 개인적 경험과 도사들에게서 배운 것을 찬

자가 직접 고증과 실험을 거쳐 적은 내용이라 고대 도가 음식을 연구하는 데 좋은 자료가 된다.

수원식단(隨園食單), 1787년

원매(袁枚, 1716~1797)는 중국 청대의 시인으로 '수원(隨園)'이라는 정원에서 어머니를 모시고 살았기에 '수원 선생'이라 불렸다. 그가 40여 년간 풍류 생활을 하면서 먹고 마신 것을 적어둔 것이 『수원식단』이다. 『수원식단』에는 요리사가 꼭 알아야 할 20계명, 요리사가 해서는 안 될 14계명 외 360가지의 방대한 조리법뿐만 아니라 그 시대의 문화와 철학도 담겨 있다.

▲ 『수원식단』의 표지와 본문 및 저자 원매 초상화.

2장

1600~1700년대 조리서

도문대작(屠門大嚼) · 최씨음식법(子孫寶傳) · 신간구황촬요(新刊救荒撮要) ·
음식디미방(閨壼是議方) · 요록(要錄) · 주방문(酒方文) · 음식보(飮食譜) ·
소문사설(謏聞事說) · 잡지 · 증보산림경제(增補山林經濟)

도문대작屠門大嚼 1611년

'도문대작(屠門大嚼)'이란 도살장 문을 바라보며 입을 크게 벌려 씹으면서 고기 먹고 싶은 생각을 달랜다는 뜻으로, 흉내 내고 상상만 해도 유쾌하다는 의미를 담은 말이다. 중국 후한(後漢)의 환담(桓譚)이 『신론(新論)』에서 '고기 맛을 아는 사람들은 도살장 문을 바라보고 크게 씹어본다'라고 한 데서 비롯된 이 재미있는 말을 음식에 관련된 산문책의 제목으로 쓴 사람이 있으니 바로 홍길동의 작가 허균(許筠, 1569~1618)이다.

『도문대작』은 1611년 허균의 문집 『성소부부고(惺所覆瓿藁)』에 실린 것으로, 조리서라기보다는 조선 팔도의 명산 식품을 열거한 식품서이다. 성소(惺所)는 허균의 호(號) 중 하나로, 『성소부부고』라는 이름으로 유배 기간 중에 저술한 시와 산문을 직접 엮은 문집이 26권 12책으로 남아 있는데 마지막 책에 『도문대작』 편이 실려 있다.

『도문대작』의 서문에는 허균이 이런 제목으로 책을 쓰는 심정을 풀어놓았다. 몇몇 문장을 요약해보자면 이렇다.

아버지가 살아 계실 때 각 지방 토산품의 산해진미를 다 맛보았고, 피난 갔을 때 강릉 외가에서 기이한 음식도 맛보았으며, 과거에 급제하여 벼슬살이 할 때는 각 도의 소산품을 다 먹었던 것, 귀양살이 때는 바닷가에서 거친 음식을 먹었던 것 등이 생각난다.

내가 죄를 짓고 바닷가로 유배되어 살게 되니 지난날 먹었던 음식이 생각난다. 그래서 종류별로 나열하여 기록해놓고 가끔 읽어보면서 맛본 것과 같이 여기기로 했다.

당대의 문장가가 유배지에서 무료한 시간을 보내는 동안 식도락의 추억에 빠져서 긴 글을 남긴 것인데, 우리나라에서 음식을 주제로 쓴 가장 오래된 산문으로 여겨진다. 요즘에야 텔레비전이나 인터넷으로 얻은 수많은 정보를 가지고 전국의 이름난 음식을 찾아다니며 그 감상을 남긴 글을 쉽게 볼 수 있지

▲ 『성소부부고』 권26 『도문대작』 중 서문(왼쪽), 지역별 명물 음식 및 식품 명산지를 소개한 본문 첫 번째 장(오른쪽). (출처: 손낙범, 『한국고대할팽법』, 원문사, 1975.)

만, 사실 식도락이 대중화된 것은 그리 오랜 일이 아니다. 조선 팔도의 맛을 직접 경험에서 건져 올려 책으로 엮은 허균의 풍요로운 삶과 섬세한 감각은 400년이 지난 지금 보기에도 부러울 따름이다. 하지만 유배된 처지였던 그는 서문의 마지막 부분에서 먹는 것에 사치하고 절약할 줄 모르는 세속의 현달한 자들에게 부귀영화는 도문대작이라는 말처럼 무상할 뿐이라고 이른다.

직접 맛본 전국의 명물 음식들

허균은 자신이 직접 지역을 방문하여 맛본 음식을 회상하며 각지의 이름난 산물과 음식을 분류, 나열하고 명산지와 특징에 대해 간단한 설명을 덧붙였다. 병이지류(餠餌之類, 떡류) 19종, 과실지류(果實之類) 33종, 비주지류(飛走之類) 6종, 해수족지류(海水族之類) 52종, 소채지류(蔬菜之類) 38종, 기타 차, 술, 꿀, 기름, 약밥 등과 서울에서 계절에 따라 만들어 먹는 음식 34종을 기록하였다.

외가가 있는 강릉에서 2월에 이슬을 맞고 처음 돋아난 방풍 싹으로 끓인 방풍죽은 사흘이 지나도 단맛과 향이 가득하다고 칭찬했으며, 금강산 표훈사에서 단옷날 맛보았던 석이병은 다른 떡과 비교할 수 없이 훌륭하다고 했다. 박산(산자)은 전주, 다식은 안동, 밤다식은 밀양과 상주, 차수(유밀과의 일종)는 여주, 이(飴, 엿)는 개성, 큰 만두는 의주, 두부는 장의문, 들쭉정과는 갑산과 북청의 것이 제일이라 했다.

배, 감, 귤 등 과일의 품종과 각 명산지, 맛이나 향의 특징도 자세히 소개하였는데 이제는 볼 수 없는 과일 종류가 많이 등장한다. 배는 천사리(天賜梨, 하늘에서 내려준 배), 금색리(金色梨, 금색을 띤 배), 현리(玄梨, 검은 배), 홍리(紅梨, 붉은 배), 대숙리(大熟梨, 잘 익은 배) 등이 있고, 귤류는 제주에서 나는 금귤(金橘), 감귤

(甘橘), 청귤(青橘), 유감(柚柑), 감자(柑子), 유자(柚子) 등이, 감 종류로 조홍시(早紅柿, 일찍 딴 감), 각시(角柿), 수분이 적어 곶감으로 이용한다는 오시(烏柿, 먹감)가 있다고 했다.

들짐승과 날짐승을 이르는 비주지류로는 강원도 회양의 곰 발바닥과 사슴 혀, 양양의 표범 태, 전라도 부안의 사슴 꼬리, 평안도 양덕과 맹산의 꿩, 평안도 의주의 거위 등이 유명하다고 했는데 아쉽게도 요즘은 거의 찾아보기 힘든 식품들이다.

수산물도 지역 명물로 소개했다. 한성과 경기도는 숭어, 웅어, 뱅어, 복어, 곤쟁이, 쏘가리, 맛조개가, 강원도는 붕어, 열목어, 은어, 송어, 고래 고기가, 충청도는 뱅어, 조기가 유명하다고 했다. 경상도는 청어, 전복, 은어가, 전라도는 오징어, 큰 전복, 곤쟁이새우가 맛이 좋다고 소개했다. 황해도, 함경도, 평안도 등 북부 지역은 청어, 청각, 소라, 게, 굴, 송어, 청어, 언숭어, 새우알젓 등이 유명하다고 설명했다.

채소류는 한성과 경기도의 토란, 여뀌, 파, 부추, 달래, 고수 등이 질이 좋다고 하였고, 전라도의 순채, 생강, 무가 좋고, 경상도는 토란, 강원도는 표고, 평안도는 황화채(원추리꽃)가 유명하다고 했다. 고사리, 아욱, 콩잎, 부추, 미나리, 배추, 가지, 오이, 박 등의 채소류는 전국에서 나는 것이 다 좋다고 했으니 당시에 흔히 먹던 일반적인 채소로 볼 수 있겠다.

지금은 볼 수 없는 식품의 종류와 품종을 다양하게 소개하고 지역별 특산물의 특징을 언급한 덕에 조선 중기의 식품과 음식의 실상에 관한 세밀한 정보를 얻을 수 있다.

『도문대작』에 기록된 식재료와 음식 내용

분류		식품	음식
병이지류 (餅餌之類)		들쭉(豆乙粥)	방풍죽(防風粥), 석이병(石耳餅), 백산자(白散子), 다식(茶食), 밤다식(栗茶食), 차수(叉手), 엿(飴), 대만두(大饅頭), 두부(豆腐), 웅지정과(熊脂正果)
과실지류 (果實之類)		배(天賜梨, 金色梨, 玄梨, 紅梨, 大熟梨), 귤(金橘, 甘橘, 靑橘, 柚柑, 柑子, 柚子), 석류(甘類), 감(早紅枾, 角枾, 烏枾), 밤(栗), 죽실(竹實), 대추(大棗), 앵두(櫻桃), 살구(唐杏), 자두(紫桃), 오얏(綠李), 복숭아(黃桃, 盤桃, 僧桃), 포도(葡萄), 수박(西苽), 참외(甛苽), 모과(木苽), 산딸기(達覆盆)	
비주지류 (飛走之類)		웅장(熊掌), 표태(豹胎), 녹설(鹿舌), 녹미(鹿尾), 꿩(膏雉), 거위(鵝), 돼지(猪), 노루(麞), 꿩(雉), 닭(鷄)	
해수족지류 (海水族之類)	해수어	숭어(水魚), 웅어(葦魚), 황석어(黃石魚), 청어(靑魚), 복어(河豚), 방어(魴魚), 연어(鰱魚), 송어(松魚), 가자미(鰈魚), 광어(廣魚), 대구(大口魚), 정어리(丁魚), 도루묵(銀魚), 고등어(古刀魚), 민어(民魚), 조기(石首魚), 밴댕이(小魚), 준치(眞魚), 병어(甁魚)	
	담수어	붕어(鮒魚), 뱅어(白魚), 은어(銀口魚), 열목어(餘項魚), 쏘가리(錦鱗魚), 눌치(訥魚), 궐어(鱖魚), 황어(黃魚)	
	패류	맛조개(竹蛤), 소라(小螺), 대전복(大鰒魚), 화복(花鰒), 홍합(紅蛤), 작은 조개(齊穀), 꼬막(江瑤珠), 자합(紫蛤), 석화(石花), 윤화(輪花)	
	갑각류	게(蟹), 언 게(凍蟹), 왕새우(大蝦), 곤쟁이(紫蝦), 도하(桃蝦)	
	연체동물	오징어(烏賊魚), 낙지(絡締), 해양(海瀁), 문어(八帶魚), 해삼(海蔘)	

소채지류 (蔬菜之類)	채소류	황화채(黃花菜), 순채(蓴), 석순(石蓴), 무(蘿蔔), 거여목(苜蓿), 여뀌(蓼), 동아(冬苽), 토란(芋), 생강(薑), 겨자(芥), 파(蔥), 마늘(蒜), 고사리(蕨), 아욱(葵), 콩잎(藿), 부추(韭), 달래(小蒜), 고수(荽), 미나리(芹), 배추(菘), 가지(茄子), 오이(苽), 박(瓠蘆)	죽순절임(竹筍醯), 초시(椒豉), 삼포(蔘脯), 산갓김치(山芥菹)
	버섯류	송이(松栮), 표고(標高), 참버섯(眞菌)	
	해조류	홍채(紅菜), 황각(黃角), 청각(靑角), 참가사리(細毛), 우뭇가사리(牛毛), 곤포(昆布), 올미역(早藿), 감태(甘苔), 김(海衣)	
기타	기타	꿀(蜂蜜), 기름(油)	차(茶), 술(酒), 약반(藥飯), 소면(絲麵)
서울의 시절 음식 (時食)	봄		쑥떡(艾糕), 느티떡(槐葉餠), 두견전(杜鵑煎), 이화전(梨花煎)
	여름		장미전(薔薇煎), 수단(水團), 상화(雙花), 소만두(小饅頭)
	가을		두텁떡(瓊糕), 국화병(菊花餠), 시율나병(柿栗糯餠)
	겨울		떡국(湯餠)
	사계절		증편(蒸餠), 달떡(月餠), 삼병(蔘餠), 송기떡(松膏油), 밀병(蜜餠), 개피떡(舌餠), 자병(煮餠)
밀병(유밀과)			약과(藥果), 대계(大桂), 중박계(中朴桂), 백산자(白散子), 홍산자(紅散子), 빙과(氷果), 과과(苽果), 봉접과(蜂蝶果), 만두과(饅頭菓)

출처: 차경희, 『도문대작』을 통해 본 조선 중기 지역별 산출 식품과 향토음식」, 《한국식생활학회지》 제18권 제4호, 2003.

최씨음식법子孫寶傳

신창 맹씨 가문에는 자손에게 보전하여 교훈의 자료로 삼기 위해 가문의 여성들이 7대에 걸쳐 270년간의 기록을 모아 엮은 책이 남아 있다. 『자손보전(子孫寶傳)』이라는 이 책은 가로 29㎝, 세로 36.3㎝의 크기에 노비 명단, 편지, 잡기, 행장 등의 내용이 묶여 있는데, 이 책 1면부터 10면까지 음식 조리법도 기록되어 있다. 바로 정부인(貞夫人, 문무관 정2품 당상관의 아내에게 내린 작호) 해주 최씨 (1591~1660)가 한글로 쓴 것으로, 2015년 발굴된 이후 이것을 『최씨음식법』이라 부른다.

해주 최씨는 인조 때 성균관의 관직들을 거쳐 장흥부사 등을 역임했던 맹세형(孟世衡, 1588~1656)의 부인으로, 고려시대 문인인 최충(催冲, 984~1068)의 후손이다. 맹세형의 묘갈명(墓碣銘)에는 부인 최씨의 성품에 대한 기록이 있다.

▲ 최씨음식법이 기록된 『자손보전(子孫寶傳)』 표지.

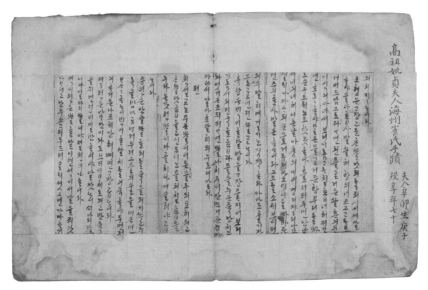

▲ 최씨음식법이 기록된 『자손보전(子孫寶傳)』의 음식이 수록된 부분. (출처: 숙명여자대학교 박물관)

성질이 단정하고 정숙하였으며 시어머니를 매우 공경하며 섬겼고 남편을 잘 내조하면서 근면과 검소로 집안을 유지하고 정성과 예절로 제사를 잘 받들었다.

음식법이 기록된 연도는 나와 있지 않지만 1600년대 조리서에서만 나타나는 조리법상의 특징과 해주 최씨의 생존 시기로 보아 1660년 이전에 쓰인 것으로 추정된다.

일상의 음식을 기록한 실용적 조리서

『최씨음식법』에는 모두 20종의 음식 조리법이 수록되어 있다. 조미당류로 조청과 흑탕(흑당) 2종, 면병과류로 정과 1종, 떡 5종, 만두 1종, 국수 1종, 발효음식류로 김치 6종과 젓갈 1종, 찜류 4종이 그것이다. 일상적으로 상에 올랐던 김치 종류가 많이 수록되었다. 백설기, 절편 등 다른 조리서에 자주 소개되지 않던 음식을 기록하면서 주재료인 쌀을 고르고 손질하는 과정을 자세하게 기록하는 등, 실용성을 갖추기도 했다.

『최씨음식법』에 기록된 음식 내용

분류		음식명
조미당류		조청(조청)
		흑당(흑탕)
면병과류	떡	백설기(흰셜교)
		증편
		절편(절편)
		석이편(셕이편)
	만두	교의상화
	국수	달걀국수(계란국슈)
	정과	앵두편(앵도편)
발효음식류	장	즙저, 집장(즙디히)
	김치	김치(딤채)
		파김치(파딤채)
		오이김치(외딤채)
		가지김치(가지딤채)
		토란김치(토란딤채)
	젓갈	게젓
찜류		붕어찜(붕어)
		양찜
		연계찜
		개고기찜(가쟝법)

출처: 박채린, 「신창 맹씨 종가 『자손보전』에 수록된 한글조리서 『최씨음식법』의 내용과 가치」, 《한국식생활문화학회지》 제30권 제2호, 2015.

1600년대 충청도 반가 요리를 만나다

『최씨음식법』은『음식디미방』과 함께 1600년대 여성이 직접 한글로 써서 남긴 드문 책으로 꼽힌다. 요리에 익숙한 여성이 집필했으므로 남성이 한문으로 집필한 조리서에서는 볼 수 없던 구체적이고 실용적인 내용이 많이 수록됐다.

늘 함께 거론되는『음식디미방』과 구별되는 특징은 아마도 김치 담그기에 있지 않나 싶다. 세 종류의 김치만을 다룬『음식디미방』과 달리 이 책에는 다양한 김치 담그는 법이 묘사되었다. 할미꽃을 넣는 김치와 토란김치, 파김치 등은 1500년대 조리서와 1700년대 조리서의 맥을 잇는 역할을 하며, 맨드라미를 첨가한 김치와 간장과 참깨로 버무려 만든 무김치 등의 독특한 김치도 있어 김치의 변천사를 살펴볼 수 있는 중요한 사료가 된다.

향신료로 형개(정가), 분디, 차조기 등이 사용되는데 이것은 고춧가루가 사용되기 이전인 1700년대 이전 조리서에 주로 나타나는 특징이다.『최씨음식법』의 발견으로 1600년대 조리법의 특징을 더 확실하게 파악할 수 있게 되었다.

이 책의 또 다른 의의는 충청도라는 지역성에 있다. 1700년 이전의 조리서인『수운잡방』,『음식디미방』,『온주법』등이 주로 경상도 지역에 집중된 터라 다른 지역의 식생활은 짐작하기 어려웠다. 게다가 현재 알려진 충청도 지역의 조리서는 1800년 이후에 집필된『주식시의』와『반찬등속』정도에 불과했으므로 1600년대 충청도 반가의 조리법을 담은『최씨음식법』은 지역성과 역사성 면에서 고루 가치를 지녔다 볼 수 있다.

신간구황촬요 新刊救荒撮要 1660년

조선시대까지 경제의 근간은 언제나 농업이었다. 백성이 굶지 않도록 농업을 발전시키기 위해 고려 때부터 중국의 농서가 들어왔지만 우리나라 실정에 맞는 농서의 필요성을 느낀 세종은 1429년 『농사직설(農事直說)』을 편찬하여 우리 풍토에 맞는 농사법을 처음으로 정리하였다. 이후 다양한 농서가 저술되고 보급되면서 새로운 농사 기술과 개선된 농기구를 통해 농산물 수확량도 크게 증가했다.

하지만 이런 노력에도 농사는 순조롭지 않았다. 가뭄과 홍수 같은 천재지변이나 전란, 민란이라도 일어나면 먹거리를 얻기 힘들었다. 백성들이 굶지 않도록 농서를 편찬한 것처럼 백성들이 굶주림에 빠졌을 때 구제할 수 있도록 세종은 구황서를 편찬, 보급토록 하였다. 세종의 명에 의해 각종 구황방을 수집하여 정리한 『구황벽곡방(救荒辟穀方)』이 간행되었다는 기록이 있으나 그 원본은 현재 남아 있지 않다. 이후 1554년(명종 9년)에 『구황촬요(救荒撮要)』가 편찬되었는데 이 책의 제목을 풀자면 곡식을 못 먹는 해에 굶주린 사람을 구할 요긴한 법을 모은 책이라는 뜻이다. 1660년(현종 원년)에는 신속(申洬, 1600~1661)이

『구황촬요』를 증보하여 『신간구황촬요(新刊救荒撮要)』를 간행하였다. 신속이 서원현감(西原縣監)으로 있을 때 전승되던 『구황촬요』의 언해 부분을 일부 수정하고, 책에서 누락된 구황 방법을 중국의 서적이나 민간에서 발굴하여 보완한 자신의 저서 『구황보유방(救荒補遺方)』을 합쳐 청주에서 목판으로 간행한 책이다. 책은 민간에 널리 보급되었고 이 책의 내용을 담은 구황서들이 이어서 편찬되었다. 뿐만 아니라 홍만선이 편찬한 『산림경제』, 서유구의 『임원경제지』 등 실학자들이 쓴 백과사전이나 종합 농서에도 구황에 관한 내용이 포함되기 시작했다. 이 책은 국립중앙도서관, 규장각, 장서각, 궁중음식연구원 등 여러 곳에 소장되었다.

　　궁중음식연구원 소장본의 경우 표지를 포함하여 24장으로 가로 19.5㎝, 세로 28.5㎝ 크기이다. 송시열의 『신간구황촬요』 서(序) 2장, 이택의 서문을 포

▲ 궁중음식연구원이 소장 중인 세 종류의 구황서 『신간구황촬요』, 『구황촬요』, 『구황벽곡방』. 병풍처럼 접힌 『구황벽곡방』은 휴대하기 편리하게 작은 크기로 만들었다.

함한 『구황촬요』가 6장, 『구황보유방』이 13장, 신속의 『신간구황촬요』 발(跋, 발문)이 1장이다. 끝에는 1686년(숙종 12년)에 무성(武城, 지금의 정읍과 영암 지역)에서 전이채(田以采)와 박치유(朴致維)가 재간행한 것이라 쓰여 있다. 궁중음식연구원 소장본은 규장각의 일사문고본과 같은 것으로 보인다.

구황 작물과 분량을 늘리는 조리법

처음에는 기아에 지쳐 영양실조로 위기에 처한 사람들을 위한 구급법이 나온다. 이어 솔잎, 소나무 껍질, 도라지, 칡뿌리, 토란, 느릅나무 껍질, 연뿌리, 연밥, 밤, 대추, 호두, 천문동, 소루쟁이 뿌리 등 농사를 짓지 못해도 산이나 들에서 얻을 수 있는 식품으로 음식을 만들어 먹는 방법이 적혀 있다. 중환자의 소생

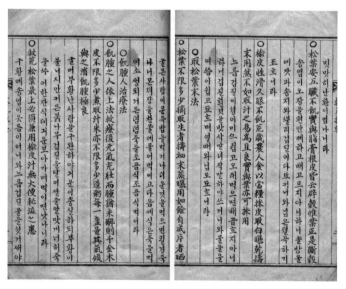

▲ 『구황촬요』의 본문. 굶주린 사람에게 음식을 주는 요령(왼쪽)과 송엽, 송기, 느릅나무 껍질 식용법(오른쪽)을 기록했다.

에 필요한 비상용 술로 천금주(붉나무술)를 담그는 법도 소개되었다. 솔잎죽 끓이는 법, 느릅나무 껍질로 즙이나 떡을 만드는 법, 곡물 가루 내는 법, 청장 등장 담그는 법 등은 모두 적은 양의 재료로 분량을 늘리는 방법이다. 죽이나 떡은 간단하고도 쉽게 포만감을 줄 수 있는 조리법으로 구황 음식을 만들 때 자주 사용되었다.

『신간구황촬요』에 기록된 음식 내용

분류	내용	
구황촬요	굶어 곤하여 곧 죽어가는 사람을 구하여 살리는 법, 굶어 부은 사람을 고치는 법, 솔잎 가루 만드는 법(取檾葉末法), 느릅물을 취하는 법(取楡皮汁法), 솔잎죽 쑤는 법(作松葉粥法), 느릅떡 만드는 법(作楡皮餠法), 미숫가루 만드는 법(作糗法), 붉나무 술 빚는 법(千金酒法), 곡식 가루 얻는 법(取穀末式), 장 담그는 법(沈醬式), 버무리 만드는 법(作糝法)	
구황보유방	여러 식물 먹는 법 (雜物食法)	솔잎, 도라지, 메밀, 칡뿌리, 마, 밤, 토란, 누런 밀랍(蜜蠟)과 볶은 찹쌀, 흰가루(白麵), 메밀가루, 송지(松脂), 살구씨, 대추, 검은콩, 콩가루, 말린 멥쌀, 찹쌀가루, 청량미(靑粱米), 순무(蔓菁)의 씨·줄기·잎·뿌리
	곡식을 먹지 않고 식량 절약하는 법(辟穀缺食方)	검은콩죽, 대마즙, 아욱(씨)차, 백복령, 구운 무
	추위를 이기는 법(不畏寒法)	천문동, 백문동 가루, 상수리나무 열매(상실), 송피, 팽나무 잎, 느티나무 잎, 쑥 잎
	청장 만드는 법(造淸醬法)	다섯 가지 방법(밀가루, 소금, 묵은 감장 / 콩, 밀가루, 소금 / 콩, 누룩, 소금 / 메주, 소금 / 콩잎, 소금)
	세속을 떠난 소주 만드는 법 (謫仙燒酒方)	두 가지 방법
	냉이죽, 삽주 뿌리의 환과 가루, 소루쟁이뿌리국, 토란, 고욤, 올방개, 들깨, 죽대 뿌리, 천문동 뿌리, 개나리 뿌리, 새박 뿌리, 연뿌리, 연밥, 검은깨, 참깨, 메 뿌리, 황률(말린 밤), 대추, 호두, 곶감, 검은콩, 회초미 뿌리, 둥굴레	

출처: 궁중음식연구원

구황서에서 얻은 건강 기능성 식품

구황서에 등장하는 식재료들은 한재나 수재 등 예측할 수 없는 기후 변화로 기근에 시달릴 때마다 매우 요긴하게 활용된 작물이다.

『경국대전』에는 백성들이 평소에 비축해두어야 할 구황 식품으로 청량미(靑粱米, 생동쌀), 상실(橡實, 상수리나무 열매), 황각(黃角, 청각과 같되 빛이 누런 해초), 황엽(黃葉, 은행나무 잎), 상엽(桑葉, 뽕나무 잎), 만청(蔓菁, 순무), 요화(蓼花, 여뀌꽃), 매홍실(梅紅實), 송엽(松葉, 솔잎), 송피(松皮, 소나무 껍질), 평실(萍實, 마름 열매), 목맥화(木麥花, 메밀꽃), 소채(蔬菜, 밭에서 가꾼 채소) 등이 소개되었다. 『구황촬요』에는 송엽, 송기(松肌, 소나무의 속껍질), 유피(楡皮, 느릅나무 껍질), 칡뿌리, 메밀꽃, 콩잎, 콩깍지, 토란, 마, 도토리, 도라지, 삽주 뿌리, 메 뿌리, 둥굴레, 천문동, 백문동, 백복령, 밀랍, 백합, 마름, 고욤, 개암, 쑥, 은행, 잣, 느티나무 잎, 소루쟁이, 팽나무 잎, 황률(말린 밤), 무, 순무 등의 구황 식품이 수록되었다.

조선시대에는 먹을 것이 없어 배고픔을 달래기 위해 먹었던 구황작물이 지금은 건강 기능성 식품으로 하나씩 재조명되고 있다. 구황작물은 굶주린 사람의 배만 채운 것이 아니라 굶주려 병들어간 사람의 병까지 치유했을지 모를 일이다.

음식디미방 閨壺是議方 1670년경

조선시대의 식품 조리서는 주로 남성에 의해 한문으로 쓰였고, 중국의 문헌을 그대로 옮겨놓은 경우도 많았다. 그런 상황에서 당대 여중군자(女中君子)로 불릴 정도로 덕망이 높은 여성이, 오랫동안 가정에서 실제로 만들어왔거나 외가에서 배운 조리법 백여 가지를 후손에게 전해주기 위해, 그것도 많은 여성들이 쉽게 읽고 사용할 수 있도록 한글로 정리한 책이 있었다. 1670년(현종 11년)경에 정부인 안동 장씨라 불리던 장계향(張桂香, 1598~1680)이 남긴 『음식디미방』이다.

가로 18㎝, 세로 26.5㎝ 크기 종이에 표지 포함 30장의 책으로, 표지에는 『閨壺是議方(규곤시의방)』이라는 한자 제목이 붙어 있고 본문 첫 줄에 한글로 '음식디미방'이라 적혔다. 『규곤시의방』이라는 제목은 추후 자손들이 격식을 갖추기 위해 붙인 것으로 추측되는데, 규곤(閨壺)은 여자들이 거처하는 안방을 이르니 '부녀자들의 길잡이' 정도로 풀이해볼 수 있겠다. '음식디미방(飮食知味方)'이라는 말은 찬자가 직접 지은 것으로, 음식의 맛을 아는 방법이란 뜻이다.

찬자인 안동 장씨는 조선 중기 학자인 경당 장흥효(敬堂 張興孝, 1564~1633)와 안동 권씨 사이에서 외동딸로 태어나 어릴 때부터 시와 서예, 문학에 뛰어

났다 한다. 13세에 지은 「학발시(鶴髮詩)」 등의 작품도 알려져 있다. 19세(1616년, 광해군 8년)에 석계 이시명(石溪 李時明)과 혼인하였고, 43세가 되던 1640년 지금의 재령 이씨 종가가 있는 경북 영양군 석보면으로 이주하였다. 슬하에 6남 2녀를 두었으며 그중 이휘일(李徽逸)과 이현일(李玄逸)을 학행으로 이름난 인물로 키워냈다. 이현일이 이조판서에 오르면서 안동 장씨는 정부인(貞夫人)이 되었다. 이현일이 쓴 『정부인 안동 장씨 실기(貞夫人 安東 張氏 實記)』에는 안동 장씨 평생의 자취를 적은 글과 작품이 수록되어 있다. 안동 장씨가 출가하여 64년 동안 공경으로 부모를 봉양하고 남편을 극진히 섬기며 존경하였고, 자손들을 훌륭하게 길러내었다며 그 공덕을 기렸다. 재령 이씨 문중에서는 후손들이 신위를 영구히 사당에 두고 지내는 불천지위(不遷之位) 제사를 모시고 있다.

『음식디미방』은 우리 옛 조리서에 대해 모르는 사람이라도 한 번쯤은 들어봤음직한 유명한 책이지만, 얼마 전까지도 찬자의 이름이 확실히 밝혀지지 않은 상태였다. 그러던 2002년, 안동 장씨 신위 뒷면에 '계향'이라는 이름이 적혀 있음이 밝혀졌고, 2012년 '장계향'이라는 이름이 공식적으로 인정되었다. 이후 학계에서 다양한 연구가 발표되며 삶이 재조명되었고 위대한 어머니이자 걸출한 여성 인물로 주목받게 되었다. 1997년에는 재령 이씨 후손인 소설가 이문열이 『선택』이라는 소설에 안동 장씨를 주인공으로 하여 그 시대 여성의 삶을 소개하기도 했다.

장계향의 당부

표지 안쪽에는 당나라 시인 왕건(王建)의 신가낭(新嫁娘, 새색시)이라는 시가 적혀 있다.

三日入廚下 洗手作羹湯

未諳姑食性 先遣小婦嘗

시집간 지 사흘 만에 부엌에 내려가

손을 씻고 국을 끓이네

아직 시모의 식성을 알 수 없으니

소부를 시켜 먼저 보내드려 맛보시게 하였다

조심스럽게 음식을 준비하는 며느리의 긴장감이 나타난 이 시를 통해 안동 장씨는 정성과 배려를 담아 음식을 준비하는 며느리의 몸과 마음가짐을 보여주려 했던 것으로 보인다.

또 뒤표지 안쪽에는 이 책을 다 쓴 후 자손들에게 전하는 당부의 글이 적혀 있다.

▲ 『음식디미방』 표지. 자손들이 격식을 갖추기 위해 '규곤시의방'이라는 제목을 붙였다(왼쪽). 표지 안쪽 면에 적힌 시. 며느리의 몸가짐과 마음가짐에 대해 적혀 있다(가운데). 책 맨 뒷부분에 책이 상하지 않게 보관하라는 당부의 글이 쓰여 있다(오른쪽). (출처: 경북대학교)

이 책을 이리 눈 어두운데 간신히 썼으니 이 뜻 잘 알아 이대로 시행하라.
딸자식들은 이 책을 베껴 가되 가져갈 생각을 말며
부디 상치 말게 간수하여 쉬이 떨어버리지 말라.

이런 당부의 말을 남긴 지혜와 또 삼백 년이 넘도록 그 말을 지킨 후손들 덕분에 지금 우리가 『음식디미방』을 펴볼 수 있게 되었다.

400년 전의 진귀한 음식 조리법 146가지

책의 개괄적인 구성은 면병류와 어육류를 포함한 전반부와 '주국방문'이라 하여 술과 식초를 다룬 후반부로 나눌 수 있다. 전반부와 후반부 뒷부분에 각각 아무것도 쓰지 않은 종이 3장씩을 두어서 쉽게 구분이 된다. 이 여분의 종이는 추가로 음식 조리법을 적으려고 남긴 것으로 보인다.

이 책에는 모두 146종의 음식 조리법이 수록되었다. 전반부에는 국수와 만두, 떡, 과자 등 곡물 음식이 포함된 면병류(麵餅類) 18종, 어육류로 분류한 음식 37종, 따로 분류한 용어는 없지만 채소 음식과 식품 저장법 20종과 맛질방문이라고 표기된 음식 17종이 있다. 후반부에는 51종의 술 양조법과 3종의 식초를 담그는 법이 기록되어 있다.

고려 말에 등장한 발효떡인 상화(霜花)의 구체적인 조리법이 문헌상 처음으로 설명되었다. 지금의 다식 만드는 법과 달리 오븐에 굽듯 기왓장에서 굽는 다식법도 소개되어 있다.

다양한 육류 조리법도 나오는데 개장꼬지느르미, 개장국느르미, 누런개 삶는 법, 개장 고는 법 등 다양한 개고기 조리법이 적혀 있고, 당시에도 귀했을 법

한 재료인 곰 발바닥을 이용하는 웅장 조리법과 훈연에 의한 고기 저장법도 소개되어 있다.

『음식디미방』에는 느르미로 대구껍질느르미, 개장꼬지느르미, 개장국느르미, 동아느르미, 가지느르미가 나온다. 이 시대의 느르미는 재료를 익혀 꼬치에 꽂고 밀가루즙을 걸쭉하게 만들어 끼얹는 조리법이었다. 1800년대부터는 이런 느르미가 사라지고 재료를 꼬치에 끼워 밀가루와 달걀 물로 옷을 입혀 지지는 누름적으로 바뀐다. 이 책에 수록된 잡채도 여러 가지 채소를 볶아 밀가루와 된장을 푼 즙에 버무리는 것으로, 지금의 당면이 들어가는 잡채와는 많이 다르다.

마른 해삼, 마른 전복, 자라, 꿩, 참새, 곰 발바닥 등 오늘날 흔히 쓰이지 않는 재료들의 손질법이나 조리법도 많이 등장한다. 고추가 식재료로서 본격적으로 사용되기 이전 시기여서 고추가 쓰이지 않았으며, 매운맛을 내는 조미료로 천초와 후추, 겨자 등이 사용되었다.

『음식디미방』에 기록된 음식 내용

분류	음식명
면병류	면, 만두법, 세면법, 토장법·녹도나화, 착면법, 상화법, 수교의법, 증편법, 석이편법, 섭산삼법, 전화(화전)법, 빈자법, 잡과편법, 밤설기법, 연약과법, 다식법, 박산법, 앵두편법
어육류	어전법, 어만두법, 해삼 다루는 법, 대합, 모시조개·가막조개, 생포 간수법, 게젓 담그는 법, 약게젓, 별탕(자라갱), 붕어찜, 대구껍질느르미, 대구껍질채, 생치침채법, 생치잔지히, 생치지히, 별미, 난탕법, 국에 타는 것, 소고기 삶는 법, 양숙, 양숙편, 족탕, 연계찜, 웅장, 야제육(멧돼지), 가제육(집돼지), 개장, 개장꼬지느르미, 개장국느르미, 개장찜, 누런 개 삶는 법, 개장 고는 법, 고기 말리는 법, 고기 말려 오래 두는 법, 해삼·전복, 연어란(연어알), 참새
저장법 및 기타 음식	복숭아 간수법, 건강(말린 생강)법, 수박·동아 간수법, 가지 간수법, 동아느르미, 동아선, 동아돈채, 동아적, 가지느르미, 가지찜·외쩜, 외화채, 연근채·적, 숙탕, 순탕, 산갓침채, 잡채, 동아 담는 법, 고사리 담는 법, 마늘 담는 법, 비시나물 쓰는 법

맛질방문	청어젓갈, 설류탕, 숭어만두, 수증계, 질긴 고기 삶는 법, 닭 굽는 법, 양 볶는 법, 계란탕, 난면법, 별착면법, 차면법, 세면법, 약과법, 중박계, 빙사과, 강정법, 인절미 굽는 법
주류 및 초류	주국(술과 누룩)방문, 순향주법(술독, 술 빚는 법, 주의해야 할 점, 술 빚어 놓고 주의해야 할 점), 삼해주(스무말비지), 삼해주(열말비지), 삼해주(2), 삼오주(2), 이화주누룩법, 이화주법(한말비지), 이화주법(다섯말비지), 이화주법(2), 점감청주, 감향주, 송화주, 죽엽주, 유화주, 향온주, 하절삼일주, 사시주, 소곡주, 일일주, 백화주, 동양주, 절주(2), 벽향주(2), 남성주, 녹파주, 칠일주, 두강주, 별주, 행화춘주, 하절주, 시급주, 과하주, 점주, 점감주, 하향주, 부의주, 약산춘, 황금주, 칠일주, 오가피주, 차주법, 소주(2), 밀소주, 찹쌀소주, 초 담그는 법, 초법, 매실초

※괄호 안의 숫자는 같은 요리를 만드는 방법의 수를 표기함

출처: 궁중음식연구원

어머니의 어머니에게서 내려온 비법, 맛질방문

본문 속에는 음식명 아래 '맛질방문'이라고 표시한 음식 17가지가 나온다. 맛질방문은 맛질 마을의 조리법을 말하는데 맛질이라는 이름을 가진 마을은 여러 곳이 있다. 그중 장계향과 연관이 있는 곳은 외가 안동 권씨 집성촌인 예천의 맛질과 봉화의 맛질인데, 장계향 부모의 족보나 행적을 추적해나가다 장계향의 외가가 봉화의 맛질(지금의 경북 봉화군 명호면 일대)에 자리 잡았다는 것이 확인되었다. 게다가 봉화의 맛질은 음식 맛이 좋은 고을이라는 뜻의 '미곡(味谷)'에 유래를 두고 있어 『음식디미방』에서 말한 맛질이었을 가능성이 높다. 음식 설명에 붙은 '맛질방문'이란 표시는 그녀의 외가나 친정어머니를 통해 알게 된 음식 조리법을 소개한 것이라 할 수 있다. 딸들에게 이 『음식디미방』의 내용을 베껴 가라고 당부했으니 어머니의 어머니에게서 내려온 비법은 아마 시집간 딸들에게도 이어졌을 것이다.

요록要錄

중요한 것을 기록하였다는 뜻의 '요록(要錄)'은 옛 책 제목에 자주 쓰이는 말이다. 산가에서 필요한 정보를 모은 것은 『산가요록』, 임신과 출산, 육아에 필요한 정보를 모은 것은 『태산요록』이라는 식으로, 책의 내용이나 목적을 덧붙여

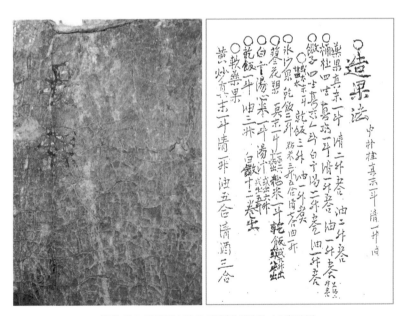

▲ 『요록』의 표지(왼쪽)와 본문 중 조리법이 시작되는 부분(오른쪽).

이름 짓는 것이다. 그런데 그중 목적에 대한 설명 없이 『요록』이라고만 쓰인 것이 있다.

『요록』은 가로 18.5cm, 세로 26cm의 크기에 34장으로 묶였다. 대부분 한문으로 적은 것이나 뒷부분 다섯 장은 한글로도 조리법이 적혀 있다. 책의 마지막 장에 왕의 계보가 나오는데, 금상 호(淏, 효종), 세자 연(棩, 현종), 세손 순(焞, 현종의 아들)까지 기록되어 있다. 현종까지 기록한 것으로 보아 그 다음 임금인 숙종 초기, 즉 1680년경에 쓰인 것으로 추정된다.

음식으로 병을 다스리고 치료하기 위한 요록

『요록』의 첫 부분 「약방(藥方)」이라는 항목에는 약으로 병을 치료하는 방법이 나오는데, 한약재가 아니라 약이 되는 음식이 주를 이룬다. 음식의 맛이 몸에 작용하는 원리를 설명하는 오미론(五味論), 부인이 젖이 나오지 않을 때 좋은 음식법 등이 소개되었다.

조리법을 설명하는 중에도 질병과 증상을 치료하는 음식 조리법이나 음식이나 술의 약용 가치에 대해 끊임없이 언급한다. 예를 들어 숨이 차고 기침이 날 때 증상을 가라앉히는 방법인 치천증(治喘症)을 소개하는 부분에서는 쌀과 검은콩, 창포 가루와 누룩을 섞어 술을 만들어 복용하라고 이른다. 또 가슴이 답답하고 체했을 때 다스리는 방법인 치담체번민(治痰滯煩悶) 부분에서는 용뇌계소환이라는 환약과 함께 대나무 진액과 토란탕을 먹으라 조언한다. 더불어 각각의 술은 복용 방법과 함께 어떤 병에 효험이 있는지 그 약용 가치에 대해서도 자세히 언급하였다. 음식을 약으로 생각하고 병을 다스리는 식치의 관점으로 편찬된 이 책은 질병을 음식으로 치료하는 식료(食療) 개념의 식품 조리서라 할 수 있다.

한문과 한글 조리법 중복 기재, 고조리서 번역의 자료

본격적인 조리법은 큰 글씨로 '조과법(造果法)'이라고 적힌 부분부터 시작된다. 조과법에는 약과, 산자, 다식 등 과자 만드는 방법이 나온다. 따로 구분하는 항목을 적지는 않았지만 떡류, 타락, 면류, 탕류, 적, 고기 음식, 식해, 침채류, 정과, 식품 저장법, 장류, 술, 조청 같은 부류의 음식들이 순서대로 적혀 있다. 그 외 염색과 오리, 토란, 마늘 등을 기르는 방법도 실려 있다.

약과(藥果), 중박계(中朴桂), 통계(桶桂, 중계와 비슷한 과자), 산자(饊子), 빙사과(氷沙果), 요화삭(蓼花槊)의 경우에는 재료와 분량만 제시하고 조리법은 생략했다. 아마 제조법이 비슷한 과자들이어서 음식 만드는 과정보다는 재료나 분량의 차이를 더욱 명료하게 보여주기 위한 것으로 보인다.

한글로 적힌 16가지 음식 중 팽계(닭 삶기), 납폐탕, 조청, 육면, 소마, 기마 등 일부 음식은 한문으로 적힌 부분과 중복이고, 조청약과, 즙저(汁菹, 즙디히), 이래탕(이릭탕법), 과제탕, 어름탕(어룸탕법), 점주, 오가피주의 술과 밀초 등 식초 두 가지는 한글 부분에만 있다. 같은 조리법이 한글과 한문으로 각각 수록된 것은 한문이 어떻게 번역되는지 확인할 수 있는 귀중한 자료가 되기도 한다.

『요록』에 기록된 내용

분류	내용
약방	짠맛은 혈(血)로 들어가니 많이 먹으면 갈증이 난다(醎走血 多食之令人渴), 매운맛은 기(氣)로 들어가니 많이 먹으면 심장이 빈 것 같이 느껴지며 땀이 난다(辛走氣 多食之令人洞心(謂汗出也), 부인의 젖이 나오지 않으면 소의 코로 국을 만들어 빈속에 먹으면 2~3일 지나지 않아 젖이 한없이 나온다(婦人無乳汁 取牛鼻作羹 空心食之 不過三兩日 汗下無限) 등.
조과법	중박계(中朴桂), 약과(藥果), 통계(桶桂), 산자(饊子), 빙사과(氷沙果), 요화삭(蓼花槊), 백간탕(白干湯), 백산(白饊), 연약과(軟藥果), 감로빈(甘露濱), 다식(茶食)(2), 달과(茶乙果), 차식조(車食造), 건반병(乾飯餠), 건알판(乾阿乙八叱), 백자병(柏子餠), 조청약과법

떡	산약병(山藥餠), 상화병(床花餠), 증병(蒸餠), 소병(燒餠), 송고병(松膏餠), 송병(松餠), 쇄백자(碎栢子), 경단병(敬丹餠), 산삼병(山蔘餠), 유병(油餠), 청병(靑餠), 수자(水煮)
만두	견전병(堅煎餠), 수고아(水糕兒)
우유	타락(駝酪)
면	토장(兎醬), 세면(細麵), 육면(肉麵), 태면(太麵), 소마(所亇), 기마(其亇), 진주면
탕	두탕(豆湯), 진주탕(眞珠湯), 해탕(蟹湯), 납폐탕(納肺湯), 연육탕(軟肉湯), 염포(鹽泡), 수포탕(水泡湯), 삼하탕(三下湯), 이리탕법, 과제탕법, 어름탕법, 납폐탕법
적	송이적(松茸炙), 송이팽숙(松茸烹熟)
어육류음식	노경육(老硬肉), 패육팽계법(敗肉烹鷄法), 조해포법(造蟹泡法), 전작(煎雀), 작자반(雀佐飯), 동월범육극미법(冬月凡肉極味法), 팽계법(烹鷄法), 삭육법(槊肉法), 증즉어(蒸鯽魚), 경구식해법(經久食醢法), 석화죽법(石花粥法), 어포법(魚脯法), 조해해(糟蟹醢), 가괄운(歌括云)
침채	산동과(蒜冬果), 동심(凍沈), 과동침채(過凍沈菜), 침백채(沈白菜), 과동고(過冬苽), 침동과(沈冬果), 산채(蒜菜), 침궐(沈蕨), 침청태(沈靑太), 무염침채(無鹽沈菜), 엄황고(淹黃苽)
양념	수염(修鹽), 조청(造淸方)(2)
정과	동과정과(冬果正果), 도행정과(桃杏正果), 전과(煎果)
음청	목과탕(木苽湯), 시험방(施驗方, 식혜법)
저장법	수율자장법(收栗子藏法)(2), 장서과(藏西果), 장리(藏梨), 장가자(藏茄子), 장도(藏桃), 장석류(藏石榴), 장무염생전복(藏無鹽生全鰒), 수임금(收林檎), 수고급가(收苽及茄)
장	청장법(淸醬法), 급장(急醬)(2), 집장
술	이화주(梨花酒), 감향주(甘香酒), 향온(香醞), 백자주(柏子酒), 삼해주(三亥酒), 자주(煮酒)(2), 벽향주(碧香酒), 소국주(小麴酒), 하향주(夏香酒), 하일주(夏日酒), 하일청주(夏日淸酒), 연해주(燕海酒), 무시주(無時酒), 칠일주(七日酒), 일일주(一日酒), 급주(急酒), 죽엽주(竹葉酒), 송자주(松子酒), 송엽주(松葉酒), 애주(艾酒), 오정주(五精酒), 황화주(黃花酒), 황금주(黃金酒), 출주(朮酒), 출전(朮煎), 국화주(菊花酒), 인동주(忍冬酒), 점주법, 오가피주
초	밀초방문, 세전 병정일에 담그는 초법

기타	자율자(煮栗子方), 은행(銀杏), 세어(洗魚), 자아(煮鵝), 취조육법(取棗肉法), 청전사방입길(菁田四方立吉), 호마(胡麻), 사리(土里), 귤자(橘子), 목맥(木麥), 토란(土卵), 황정(黃精), 창포(菖蒲), 국화(菊花), 인삼(人蔘), 천문동(天門冬), 천정론(泉井論)
양축, 재배	목불생충(木不生蟲), 양계(養鷄), 양압(養鴨), 양토란(養土卵), 양총(養葱), 양표(養瓢), 양산(養蒜), 양개(養芥)
염색, 먹, 종이	역청법(瀝靑法), 홍염법(紅染法), 자지염(紫芝染), 궤자피염(麂子皮染), 조묵법(造墨法), 조호정지(造蒿精紙)
증상	치천증(治喘症, 숨이 찰 때 다스리는 방법), 치담체번민(治痰滯煩悶, 가슴이 답답하고 체했을 때 다스리는 방법) 등

※괄호 안의 숫자는 같은 요리를 만드는 방법의 수를 표기함

출처: 궁중음식연구원

주방문 酒方文   1600년대 말~1700년대 초

옛 조리서를 보면 대부분 술을 중요하게 여겨 술 만드는 법에 많은 면을 할애하곤 한다. 아예 제목부터 술 만드는 법이라고 지은 조리서도 많다. 『주방문 (酒方文)』, 『역주방문(曆酒方文)』, 『침주법(侵酒法)』, 『온주법(蘊酒法)』, 『술 만드는 법』, 『주방(酒方)』 등은 모두 책 제목부터 술 만드는 법을 담았음을 드러내며 다양한 가양주 제조법을 전한다.

『주방문(酒方文)』은 책 제목이 '술 만드는 법'이지만 술 만드는 법 외에도 음식 조리와 가공법을 소개한 조리서이다. 가로 13.3㎝, 세로 23.3㎝ 크기이며 총 28장에 한글로 적혀 있다. 찬자와 편찬 연대는 확실히 알 수 없으나 이 책에 나오는 김치에 고추가 쓰이지 않은 점으로 미루어 보면 1600년대 말엽으로 보이고, 음운변화를 분석한 국어사 연구에 따르면 1700년대 초기로 간주된다. 책의 마지

▲ 『주방문』 표지. (출처: 규장각 한국학연구원)

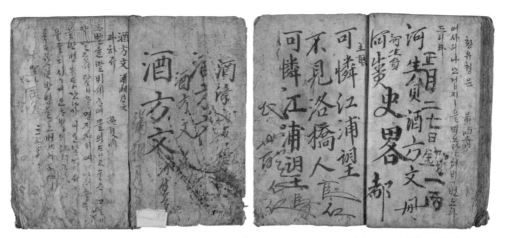

▲ 술 만드는 방법이 기록된 첫 번째 장(왼쪽)과 '전 1량'이라는 가격이 적힌 마지막 장(오른쪽). (출처: 규장각 한국학연구원)

막 면에는 '正月 二七日 錢 一兩 河生員 酒方文 冊(정월 27일 전 1량 하생원 주방문 책)'이라 적혀 있다. 하씨 성을 가진 선비, 하생원을 책의 편찬자로 볼 수도 있지만, 정월 27일에 1냥으로 이 책을 구입한 책의 소유주로 볼 수도 있다. 우리 고조리서 중 책값이 표시된 유일한 책이기도 하다. 당시 1냥의 가치는 현재의 화폐가치로 환산하면 5만 원 정도이므로 상당히 고가의 책이었던 것으로 보인다.

앞부분의 이면에는 「상사별곡」, 「춘면곡」, 「시주별곡」, 「천주가」 등 가사와 한시가 적혀 있는데, 이 문학작품들은 본문의 음식 조리서보다 훨씬 후대에 필사된 것으로 여겨진다.

주안상에 올릴 만한 술과 안주 소개

『주방문』에는 술에 관련된 것 28종, 음식 만드는 법 46종으로 모두 74종의 조리법이 기록되어 있고 염색법 4종이 포함되어 있다. 주방문이라는 제목에도 불구하고 술보다 음식 관련 조리법이 더 많이 수록되었다.

과하주, 벽향주, 감주, 이화주, 소주 등 여러 가지 술 담그는 방법뿐 아니라 누룩 만드는 법과 술맛이 변하지 않게 하는 법, 술맛이 변해 쉬었을 때 바로잡는 방법도 나와 있다.

기록된 음식을 조리법별로 분류해보면 면, 떡과 과자, 장과 식초, 식해, 회, 찜, 탕, 느르미, 김치, 전, 적, 선, 자반 등 찬물류와 채소 저장법으로 나뉜다. 장과 식초 등 저장 및 발효 음식과 채소 저장법을 제외한 나머지 음식은 안주로 삼을 수 있는 주안상의 찬품인 것을 보면, 술과 함께 주안상에 오를 만한 음식을 함께 수록한 것으로 보인다.

한자와 한글로 함께 표기된 음식명

이 책에는 음식명이 한자와 한글로 병기되어 있다. 이를 통해 고유한 음식명이 한자로 어떻게 불리고 쓰였는지 알 수 있고, 비슷한 시기의 한자로 쓴 조리서와 비교할 수 있는 자료가 된다. 유과의 한 종류인 강정은 한자의 음을 빌려 '羌淨(강정)'이라고 적었다. '우근겨'라는 음식은 한자어로는 '竹節(죽절)'로 표기했는데, 다른 책에서 볼 수 없는 음식이다. 그 재료와 만드는 법으로 보아 중박계나 산자와 비슷한 음식으로 추측된다.

석화느름(石花造泡)과 동아느름(東花造泡) 등 '느름'이란 이름으로 느르미도 등장하는데 '느르미'에 해당하는 한자어로 '造泡(조포)'를 쓴 점이 특이하다. 일반적으로 '조포(造泡)'는 두부를 이르는 말이기 때문이다.

『주방문』에 기록된 음식 내용

분류	음식명
주류	과하주(過夏酒), 백하주(白霞酒), 삼해주(三亥酒), 벽향주(碧香酒), 합주(合酒), 닥주(楮酒), 절주(節酒), 자주(煮酒), 소주, 점주(粘酒), 연엽주(蓮葉酒), 감주(甘酒), 급청주, 송령주(松鈴酒), 급시주(急時酒), 무국주(無麴酒), 이화주(梨花酒), 보리주(麰酒), 보리소주(麰燒酒), 일일주(一日酒), 서김법(酵法), 단술누룩법(甘酒麴造法), 술맛 그릇되지 않는 법(救酸酒法), 쉰 술 고치는 법, 소주별방(燒酒別方), 일해주(一亥酒), 하향주(荷香酒), 청명주(淸明酒)
과자류, 당류	약과(藥果), 연약과(軟藥果), 중박계(中朴桂), 우근겨(竹節), 산자(散子), 강정(羌淨), 조청(造淸)
면류	면(麵), 누면(漏麵), 토장(着麵)
초류	밀초(小麥醋), 보리초(麰醋), 차조초(粘粟醋), 그릇된 초 고치는 법(救惡醋法)
떡류	꽃전(花煎), 기증편(起蒸餠), 상화(霜花), 겸절병(兼節餠)
장류	쓴 장 고치는 법(救苦醬法), 집장(汁醬), 왜장(倭醬), 육장(肉醬), 급히 쓰는 장(易熟醬法)
찬물류	식해(食醢), 삼일식해(三日食醢), 연계찜(軟鷄蒸), 붕어찜(鮒魚蒸), 두텁증법(蟾蒸法), 섬증법(蟾蒸法), 숭어채(秀魚菜), 낙지채(絡蹄菜), 황육 삶는 법(烹牛肉法), 난적법(卵炙法), 게탕(蟹湯), 약게젓(藥蟹醢), 소천어탕(川魚湯), 석화느름(石花造泡), 약지히(藥沈菜), 동아느름(東花造泡), 동아전(東花煎), 오이가지선(苽茄菜,苽茄菁沈菜), 더덕자반(沙蔘佐飯), 양하적(蘘荷炙)
저장법	오이와 가지 저장법(藏苽茄法), 생강 절이는 법(沈薑法), 고사리 절이는 법(沈蕨法), 청태콩 절이는 법(沈靑太法)
염색	조다홍법(造丹紅法), 초록(草綠), 야청(鴉靑), 황유청(黃油靑)

출처: 우리음식지킴이회 옮김, 『주방문』, 교문사, 2013.

같은 이름의 다른 책,
『역주방문(曆酒方文)』

『역주방문』은 경신년인 1800년에 간행된 책력(册曆, 24절기와 간지 등을 적어둔 일종의 달력)의 종이를 뒤집어 술과 음식 조리법을 기록한 책이다. 가로 14.5㎝, 세로 29.8㎝의 크기에 본문은 26장이며 한글로 쓰여 있다. 책의 제목은 따로 없었으나, 술 빚는 방법이 주로 기록되었고 책력의 이면을 사용한 점에 착안하여 한양대학교 이성우 교수가 '책력에 적은 술 빚는 방법'이라는 의미의 『역주방문』이라는 가제를 붙였다.

책 끝부분에 찬자나 책의 주인이 기록한 것으로 보이는 '경신(庚申, 1800년 또는 1860년) 3월, 신유(辛酉, 1801년 또는 1861년) 2월, 임술(壬戌, 1802년 또는 1862년) 3월'이라고 쓰여 있는데, 이로 미루어볼 때 1800년대 초반이나 중엽에 편찬된 책으로 추정된다.

책의 말미에 여러 사람의 이름과 그들이 빌려간 곡물의 양과 이식(利息, 이자)의 양이 적혀 있다. 또 어떤 이에게 빌려준 돈을 받지 않았다는 말도 적힌 것을 보면 찬자나 책 주인은 아마 농민이나 평민에게 곡물을 대여하고 이득을 취하며 부유한 생활을 했던 사람이 아닐까 한다.

내용으로는 술 빚는 법 40종, 음식 조리법과 장, 기름 등의 제조법 37종이 실려 있다. 술 빚는 방법 중에는 '오가소양(吾家所釀)'이라 하여 찬자 집안 고유의 방법도 있다. 술 만드는 방법이 끝나고 첫 번째 음식으로 등장하는 '삼미음(三味飲)'은 술을 깨는 안주라는 소개글이 달려 있다. 그 다음에 등장하는 음식도 찜, 식해, 족편, 탕, 적, 느르미, 자반, 약과, 중박계, 정과, 다식 등의 과자류, 그리고 떡, 면 등 주로 주안상에 오르는 음식이다. 『주방문』처럼 이 책 역시 술 빚는 방법과 함께 술안주 음식을 소개한 것으로 보인다.

조선시대에는 술맛만 보면 그 집안의 음식 솜씨를 알 수 있다고 할 정도로 장, 식초, 김치 등의 저장 음식과 더불어 술 빚기가 조리의 기본 과제였다. 지역이나 가문, 빚는 사람의 솜씨에 따라 갖가지 방법과 기술이 발휘되었고, 집안의 특색을 살린 가양주가 대거 등장하기도 했다. 손님 출입이 잦은 사대부 집안에서는 접대할 때 음식과 함께 술을 대접하는 것이 예의와 도리였다. 술이 중요하기는 민가 또한 마찬가지였다. 혼례, 제사, 차례 등 가정의례와 설, 대보름, 단오 등 세시 행사에 늘 술이 이용되었기 때문이다. 술은 여러 용도로 자주 쓰였으므로, 명절이나 절기마다 어울리는 술을 따로 담그고 약용으로 사용할 약주도 마련하는 등, 아낙네들은 늘 여러 종류의 술을 구비해두려 노력했다.

실제로 1400~1800년대 고조리서의 대부분이 술 빚는 방법을 가장 먼저 소개하는데, 이는 그만큼 술 빚기가 중요했다는 뜻으로도 해석할 수 있다. 『수운잡방』(1540년경)의 경우, 기록된 조리법의 절반이 술 빚기일 정도이다. 한편 『주방문』, 『침주법(侵酒法)』, 『술 만드는 법』, 『술 빚는 법』, 『주방』, 『온주법(蘊酒法)』 등 술이 책 제목으로 쓰인 책도 상당히 많은데, 이런 책에는 술 빚는 법뿐 아니라 안주가 될 만한 음식 조리법도 함께 소개했다.

조선시대까지는 가양주 문화가 발달하여 조리서에 술 만드는 법을 많이 기록했지만 1900년대에 접어들면서는 상황이 표변했다. 일제 침탈과 광복을 거치며 주세법이 엄격해지고 밀주를 단속하는 통에 가양주 문화가 거의 사라진 것이다. 자연스럽게 요리책 또한 술 빚기에 할애하는 비중이 줄어들었으며 이러한 경향은 지금까지 이어지고 있다.

침주법(侵酒法)

『침주법』은 궁중음식연구원에서 소장 중인 작자 미상의 필사본으로, 아직 세상에 알려지지 않은 문헌이다. 중국 명나라 때 간행된 일명 『오호신방(五湖神方)』 또는 『치부기서(致富奇書)』라고 불리는 저서를 옮겨 쓴 서책 뒤에 부록으로 붙은 책이며, 종이의 질이나 한문과 한글의 글씨 형태 등을 볼 때 1690년대의 책으로 추정된다. 침주(侵酒)란 술을 담근다는 말의 이두식 표현이다. 이 시기에 흔히 '양주(釀酒)'나 '조주(造酒)'라는 단어를 썼음을 생각하면 조금 독특한 제목이라 할 수 있다.

주방문 49종과 주룩 1종 등 50여 종류의 조리법이 당시로서는 드물게 모두 순 한글로 적혀 있다. 찬자가 누구인지 확실치 않지만 허균일 것이라는 추측이 유력하다. 그러나 만약 허균이 실제 찬자라 하더라도 현재 소장 중인 책은 훗날 누군가가 베껴 쓴 필사본일 것이다.

이 시기 술 담그는 법과 관련된 내용을 순 한글로 적은 책은 드문 데다가 이렇게 많은 종류를 언급한 것도 거의 없으므로 식품사를 연구하는 사람들에게는 귀한 자료로 여겨진다. 1700년대 초기에 편찬된 한문으로 쓰인 『산림경제』보다 많은 내용이 실렸지만 비슷한 부분이 많다는 점에서 곧잘 비교가 되곤 한다.

『침주법』에 기록된 술 빚는 법 및 음식 내용

분류	음식명
주방문	삼일주, 세향주, 녹하주, 삼해주, 유감주, 세신주, 백화주, 남경주, 처하주(처화주), 저주(닥주), 구파주, 이화주(니화주)(3), 보리주법, 국화주, 적선소주, 송순주, 녹파주(2), 점미녹파주(찹쌀녹파주), 부점주, 삼일주(2), 칠일주, 일두주, 산주, 감주, 하향주, 삼칠주, 청하주, 송엽주, 애엽주, 소주, 유하주(뉴하주), 매속주(뫼속주), 부의주 진상주, 향온주, 홍소주, 백자주, 소주, 보리소주, 삼일주, 무시절주, 육두주, 삼두주, 청감주, 감주
누룩	누룩법

※괄호 안의 숫자는 같은 요리를 만드는 방법의 수를 표기함
출처: 궁중음식연구원

온주법(蘊酒法)

『온주법』은 작자 미상의 한글 조리서로 가로 32㎝, 세로 40㎝에 11장 22면으로 구성되었다. 앞부분은 글자가 분명하고 내용을 알기 쉬우나 뒷부분은 글자가 작고 심하게 흘려 썼으며 종이가 많이 낡아서 알아볼 수 없는 부분이 많다.

편찬 시기에 대해서는 여러 설이 있지만, 책의 마지막 부분에 '正宗 丙午(정종 병오)'가 기록된 것으로 보아 병오년인 1786년 이후에 쓰인 것이리라는 주장이 설득력을 얻고 있다.

이 책의 제목은 두 가지이다. 본문의 첫머리에 나타난 권두 서명은 『술법이라』이고, 장정한 겉표지에는 『蘊酒法(온주법)』이라고 적혔다. 이런 방식은 한글 필사본에서 자주 나타나는 특징인데, 다른 한글 필사본의 권두 서명이 명사형인 것과 달리 '술법이라'라는 설명형으로 쓰인 점이 독특하다. 『온주법』의 '온'은 '쌓다, 간직하다'라는 의미로, '술법을 모아놓은 책'으로 해석할 수 있다.

이 책에는 총 130종의 조리법이 나온다. 술법(양조법) 57종, 누룩 만드는 법(조국법) 3종, 장 4종, 병과류 14종, 반찬류 20종, 식품 저장법 12종이 기록되었고, 그 외에 여러 가지 약(환, 탕) 만드는 법 10종과 기타 의복 관리법 5종, 초 만드는 법 4종, 상 차리는 법 1종 등이 기록되었다. 참고로 술 만드는 법은 57개 항목이지만 소개된 술의 종류는 44가지이다. 같은 술을 다른 방법으로 만드는 법이 기록되었기 때문에 가짓수에서 차이가 나는 것이다.

『온주법』은 18세기 안동 지역 반가의 술 빚는 법이 자세하게 나와 있어 양조법의 계보를 이해하는 데 도움을 준다. 더불어 음식 조리법과 여러 가지 약 만드는 법, 염색법, 의복 관리법, 초 만드는 법, 상 차리는 법 등 광범위한 반가 음식 문화와 생활 문화를 잘 보여주기도 한다. 조리 과정만 건조하게 담은 것이 아니라 양반가에서 술을 빚을 때 가져야 할 마음가짐과 태도, 술맛과 술의 효용, 약의 효험까지 표현하는 등 다양한 시각에서 술과 음식 문화를 조명한 것도 특징이다.

『온주법』에 기록된 술 빚는 법 및 음식 내용

분류			음식명
술법	탁주 및 약주	단양주	급주, 하절삼일주, 향감주, 이화주(3), 녹미주
		중양주 이양주	녹파주, 정향극렬주, 청명주, 감점주(3), 하향주, 정향주, 석향주, 구가주, 청명불변주, 황금주, 소국주, 신방주, 오호주, 감향주, 사절주, 지주(旨酒), 삼해주 밥세향주, 전주
		삼양주	삼해주(2), 서왕모유옥경장주
		사양주	지주(地酒)
	약용약주 및 가향주		지황주, 천문동주, 오가피주, 소자주, 구기자주(4), 창출주, 안명주, 백자주(3), 송엽주, 계당주, 사미주, 국화주, 백화주, 연엽주(2), 포도주
	혼양주		과하주, 과하절미주
	소주		적선소주, 소주 많이 나는 법

누룩 만드는 법		이화국법(2), 조국법
장 만드는 법		즙장(3), 조국법
병과류		연약법, 약과법(5), 빙사과, 강정, 찰산자, 밤다식, 송화다식, 두텁떡(단자), 약밥, 수단
반찬류		**여러 가지 요리하는 방법** 동아채, 동아정과, 두부, 메밀침채, 숙채, 어육회, 변한 고기 손질법, 뼈 센 고기 연하게 하는 법, 늙은(질긴) 소고기 삶는 법, 복어 요리법, 강선탕, 누치 요리법, 표고진이탕, 토란탕, 열구자탕, 잣죽 끓이는 법, 해산과 초학에 좋지 않은 음식, 제육 장만하는 법, 국 끓이는 법, 돼지 태반 조리법, 불콩 이용법
		식품저장법 동아, 고지박, 고사리, 오이, 겨자, 파, 마늘 재배 및 마늘 저장법, 생강, 토란, 건시, 집장 보관법, 건어유
여러 가지 약(환, 탕) 만드는 법		신선천문동(환), 창출환, 주자독서환, 용안불로방, 총명탕, 회충흉복통, 제호탕, 여러 감창약 만드는 법, 창증약, 초학(학질)
기타	의복 관리법	의복의 기름 제거법, 먹 묻은 것 제거법, 기름 묻어 전 것 제거법, 비단 씻는 법, 곰팡이 핀 빨래법
	초 만드는 법	초 만드는 법
	상 차리는 법	큰잔상·소잔상 놓는 법

※괄호 안의 숫자는 같은 요리를 만드는 방법의 수를 표기함
출처: 안동시, 『온주법 : 의성 김씨 내앞 종가의 내림 술법』, 안동시, 2012.

술 만드는 법

『술 만드는 법』은 찬자 미상의 한글 필사본으로 1700년대 책으로 추정된다. 여성이 쓴 것으로 보이며, 크게 술 빚는 법 19종과 음식 만드는 법 29종의 두 가지로 나뉘어 적혔다. 기록된 술의 종류 중 이화주를 달게 빚는 법은 이 책에서만 볼 수 있다.

분류	음식명
술 빚는 법	사절주, 삼일주, 일일주, 사시통음주, 사절소곡주, 두견주, 두광주, 청명주, 오병주, 방문주, 여름디주, 이화주 달게 빚는 법, 부의주, 송영주, 삼선주, 청감주법, 벽향주, 감주법, 십일주
음식 만드는 법	석류탕, 족편법, 양편법, 제육편, 동아느르미, 게누름적, 변시만두, 초전병, 도미찜, 어채, 초계탕, 정과, 율란·조란, 메밀교자만두, 다식, 앵두편·살구편, 석이편, 통석이편, 잣편, 토란단자, 국화잎단자, 밤단자, 진주탕, 갈비찜, 붕어찜, 약과, 강정, 산자

『술 만드는 법』에 기록된 술 빚는 법 및 음식 내용

출처: 궁중음식연구원

주방(酒方)

『주방』은 찬자 미상의 한글 필사본으로, 본문에 고추와 고춧가루가 나오는 것이나 한글 표기법으로 보아 1800년대 중엽 책으로 추정된다. 형태는 흔히 생각하는 책 꼴이 아니라, 가로 129㎝ 세로 20.4㎝ 길이의 긴 한지의 앞뒤에 글을 적고 10.9㎝ 단위로 접어서 포갠 형태다.

전체 구성은 술 16종, 찬물류 5종, 떡과 한과류 11종과 가공 처리된 재료 5종 등, 총 37종으로 되어 있다. 그중 술 부분의 과하주, 찬물류의 양복기법과 약게젓법은 글자가 흐리거나 빠져 알아보기 어렵다. 찬물류에 사용된 재료는 모두 동물성으로 식물성 식품이 거의 사용되지 않았고, 조미료로 고춧가루가 사용되었다.

『주방』에 기록된 술 빚는 법 및 음식 내용

분류	음식명
술	일두주방문, 녹파주방문, 백화주방문, 벽향주방문, 소국주방문, 삼일주방문, 칠일주방문, 백일주방문, 이화주방문, 과하주방문, 백하주방문, 구기주방문, 별소주방문, 보리소주방문, 청감주법, 감주법
찬물	부어즙법, 약게젓법, 양편법, 양 볶는 법, 창 볶는 법
떡과 한과	증편기주법, 상화법, 강정법, 쌀과술법, 보도전과법, 죽순전과법, 순전과법, 생강전과법, 토란편법, 약과법(2)
가공 처리된 재료	착면법, 강반법, 백청법, 조청밀법, 조청법

※괄호 안의 숫자는 같은 요리를 만드는 방법의 수를 표기함

출처: 김성미·이성우, 「『주방(酒方)』의 조리가공에 관한 분석적 고찰」, 《한국식생활문화학회지》 제5권 제4호, 1990.

술 빚는 법

찬자 미상의 한글 필사본 조리서이다. 제목은 '술 빚는 법'으로 되어 있으나 음식 만드는 법도 함께 기록되어 있으며, 총 30종의 음식 중에서 술에 관한 것이 11종이다.

『술 빚는 법』에 기록된 술 빚는 법 및 음식 내용

분류	음식명
술에 관한 내용	과하주방문(2), 방문주(2), 백일주방문, 소국주방문, 두견주, 송절주, 송순주, 삼일주, 일일주
기타 부식류 및 병과류	장김치법, 완자탕, 우장탕, 우미탕, 제포찜, 송이찜, 김자반, 떡자반, 승검초단자, 석이병, 강정, 메밀산자, 건시단자, 밤주악, 산사편, 앵두전, 계강과, 생강과, 다식과

※괄호 안의 숫자는 같은 요리를 만드는 방법의 수를 표기함

출처: 궁중음식연구원

고조리서 중 술에 관련된 더 많은 문헌은 박록담(한국전통주연구소 소장)이 발간한 책 『한국의 전통주 주방문』 전집을 통해 살펴볼 수 있다. 이 책은 고문헌에 수록된 전통주 520여 종, 1,000여 가지의 주방문을 체계 정연하게 분류, 서술하였다.

음식보 飮食譜

기록을 중요시하는 유학이 발달한 영남권에서는 이미 여러 고조리서가 발견되었고 서울과 충청권에서 발굴된 고조리서도 적지 않다. 그러나 호남은 음식 문화가 발달한 것에 비해 아쉽게도 고조리서는 발견된 것이 거의 없다. 드물게 『음식보(飮食譜)』가 광주 지역에서 발견되었고 호남 양반가의 부인이 쓴 것으로 추정되지만 그나마 찬자가 확실하진 않고, 책의 상태도 좋지 않아 아쉬울 따름이다.

『음식보』는 순 한글로 쓰인 조리서이다. 편찬 시기는 정확히 알 수 없지만 책의 용지나 조리 내용, 기술 용어 등으로 미루어 보아 『주방문』, 『음식디미방』 등과 비슷한 연대에 집필되었거나 1700년 이후에 쓰인 것으로 보고 있다.

표지에 '음식보(飮食譜) 오복제(五服制) 합부(合部)'라고 적혀 있다. 오복제는 죽은 사람과의 관계에 따라 입어야 하는 상복의 종류와 입는 기간을 제도화한 것인데, 4장을 할애하여 상례와 관련된 내용을 서술하였다. 음식 내용은 9장 분량의 음식보 항목에 실려 있다.

표지에는 '석애선생 부인(石崖先生夫人) 숙부인(淑夫人, 문무관 정3품 당상관의

▲ 동아느르미 조리법(왼쪽)과 잡채병 조리법(오른쪽).

아내에게 내린 작호) 진주 정씨 수필(淑夫人 晋州鄭氏 手筆), 주은공 부인(酒隱公夫人) 숙부인 진원 오씨 수필(淑夫人 珍原吳氏 手筆)'이라고 적혀 있다. 석애선생은 문신인 홍봉주(洪鳳周, 1725~1796)로 여겨진다. 정3품 당상관에 해당하는 형조참의(刑曹參議)·동부승지(同副承旨) 벼슬에 올랐고, 시문이 뛰어나 '호남의 소동파'라는 뜻으로 남파(南坡)라 불렸다. 1904년 후손들이 시문집을 엮어 『석애선생문집(石崖先生文集)』을 간행하여 전해지고 있는데 『음식보』는 그의 부인인 숙부인 진주 정씨가 쓴 것으로 보인다. 원본은 오래되고 낡아서 내용 해독이 불가능한 부분이 많아 연구 자료로 활용하기에 다소 어려움이 있지만, 새로운 용어나 재료가 등장하는 것만으로도 중요한 사료가 된다. 또 『음식디미방』과 더불어 양반가의 부인이 한글로 쓴 조리서로서도 그 가치를 인정받고 있다.

다른 책에는 없던 새로운 요리

『음식보』의 내용은 주류 12종, 찬물류 9종, 침채류 3종, 만두와 상화(霜花) 3종, 병과류 8종이고, 내용 해독이 전혀 불가능한 상태로 제목만 알 수 있는 것이 1종(자점법) 있어 모두 36종으로 구성되었다.

느르미도 세 가지가 나오는데 『음식디미방』의 느르미는 밀가루즙을 끼얹는 반면 『음식보』의 느르미는 참깨를 갈아 만든 마지즙(麻脂汁)을 썼다. 난적(卵炙)이나 잡채에도 마지막에 마지즙을 썼는데, 난적의 경우 달걀을 익혀 두부같이 썰고 참버섯과 함께 기름, 간장을 발라 다시 구워 마지즙을 치라고 했다.

'교의상화'라 하여 밀가루로 반죽한 만두피에 꿩만두같이 소를 넣어 빚는 만두법도 소개하였다. 교의는 교자(餃子), 즉 만두를 이르는 말로, '수교의', '수고아(水羔兒)'로도 불렀다. 상화는 고려 때 원나라로부터 들어온 음식으로 밀가루를 술로 반죽하고 발효시켜 팥이나 나물 소를 넣은 찐빵이다. 다른 고조리서에서 음식명으로 교의나 상화 각각은 찾아볼 수 있지만 교의상화로 합쳐진 음식명은 좀처럼 찾기 어렵다. 이것 외에도 '잡채병', '소범' 등 색다른 음식 용어가 등장한다.

『음식보』에 기록된 음식 내용

분류	음식명
술	청명주, 진향주, 단점주, 오병주, 소국주, 두강주, 백병주, 칠일주, 백화주, 매화주, 삼해주, 과하주
찬물	삼일식해(2), 난적, 석화느르미, 소고기느르미, 동아느르미, 가지찜, 잡채병, 산삼자반(더덕좌반)
침채	가지약지히, 동치미, 침강(생강절임)
만두, 상화	겸절병, 소범법, 교의상화
떡, 과자	기증편, 잡과병, 메밀편, 모피편, 유화전, 생강정과, 동아정과, 모과정과

※괄호 안의 숫자는 같은 요리를 만드는 방법의 수를 표기함
출처: 궁중음식연구원

인쇄술이 발달하기 전의 필사본 책 중에는 발간을 염두에 둔 것이라기보다는 개인적인 내용을 공책에 정리한 듯한 것들이 있다. 잊지 않기 위해, 혹은 누군가에게 정보를 전달하기 위해 기록으로 남겨둔 이런 문서들은 자유로운 형식으로 개인적인 내용을 적은 것들이 많다. 그중 편지에 적은 조리법, 빌려 읽는 요리책 등 독특한 형태의 문헌을 만나보자.

가족 간의 음식 편지, 현풍곽씨언간(玄風郭氏諺簡)

『현풍곽씨언간』은 1989년 현풍 곽씨(玄風 郭氏) 12대 조모인 진주 하씨 묘를 이장하던 중 관 속에서 여러 유품과 함께 발견된 편지 모음이다. 진주 하씨는 현풍 곽씨 19세손인 곽주(郭澍, 1569~1617)의 둘째 부인이며, 편지는 17세기 초 경상도 현풍 소례마을에 살던 그녀의 가족들이 쓴 것이었다. 발견된 것은 총 172장이며 167장은 한글로, 나머지 5장은 한문으로 적혀 있다. 편지에는 곽주와 부인, 딸 등 그의 가족과 친지, 이웃, 노비 등 여러 사람들의 이야기가 등장

하는데, 이들의 생활상이 생생하고 다양하게 그려진 것이 특징이다.

편지에는 음식과 관련된 내용도 상당히 많다. 손님상, 자식의 관례 때 쓴 음식, 세시 음식, 상중에 이웃에게 부조로 받은 과일, 제사에 올린 음식, 선물로 보내온 음식 등 다양한 화제가 등장한다. 다음은 곽주가 하씨에게 아주버님이 집에 다녀가신다 하시니 진지와 다담상을 잘 차려내라는 당부를 남긴 내용이다.

다담상에 절육, 세실과, 모과, 정과, 홍시, 잡채, 수정과에는 석류를 띄우고, 곁상에는 율무죽과 녹두죽 두 가지를 쑤어 올리게 하소. 그 상에는 꿀을 종지에 담아 함께 놓게 하소. 안주로는 처음에 꿩고기를 구워 드리고, 두 번째는 대구를 구워 드리고, 세 번째는 청어를 구워 드리게 하소.

다담상에 오르는 음식과 곁상의 종지, 안주를 내는 순서까지 세세하게 당부한 덕에 오늘날 당시의 상차림을 선명하게 상상할 수 있다. 곽주가 쓴 편지에는 당시 제사 음식의 목록까지 나온다.

> 연한 고기, 양느르미, 꿩되탕, 해삼회, 전복회, 홍합볶음 등 제물 여섯 가지
> 와 안주로는 염통산적, 꿩구이, 전복구이 세 가지를 한 그릇에 곁들여 올리
> 게 하소.

출가한 딸이 하씨에게 보낸 편지에도 부모님의 안부를 물으며, 김과 자반, 생조기 등의 음식을 챙겨 보낸다는 내용이 나온다. 세세한 안부를 주고받으며 살뜰히 챙기는 가족 간의 편지에서 당시의 식생활을 선명하게 볼 수 있다.

대여용 책에 수록된 조리법, 언문후생록(諺文厚生錄)

18~19세기에는 『심청전』, 『춘향전』, 『구운몽』 등의 소설을 필사한 책을 여러 사람에게 빌려주는 세책점(貰冊店), 즉 조선시대식 책 대여점이 있었다. 대여용 으로 사용하기 위해 필사한 책을 세책본(貰冊本)이라 했는데, 이러한 세책본은 상류층 여성을 비롯해 양반, 평민, 노비를 아우르는 다양한 독자층을 형성했으 며 20세기 초까지 서울을 중심으로 왕성하게 유통되었다.

『언문후생록』은 『삼국지』, 『서유기』, 『사씨남정기』, 『춘향전』, 『홍길동전』 등 의 소설을 수록한 세책본으로 1800년대 중엽에 유통되었다. 41장 81면으로 구 성된 이 책에는 그러나 소설의 목차만 남아 있을 뿐 내용은 전무하다. 그 공간 을 채운 것은 특이하게도 여러 가지 음식과 술 만드는 법, 상차림 종류, 혼인 예 법 등이다. 아마도 당시 여성들이 빌려 보던 소설책의 뒷부분에 가정 살림에 관한 내용을 기록한 다음 돌려 보며 일종의 생활 백과처럼 활용한 듯하다.

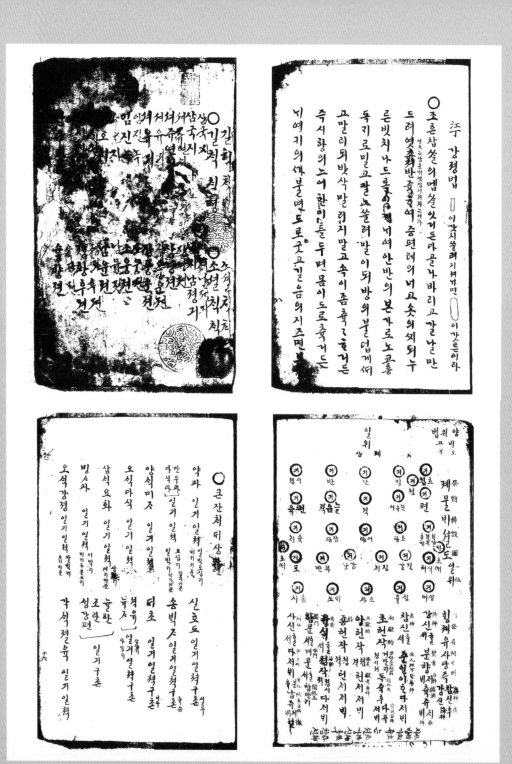

▲『언문후생록』은 원래 대여용 소설책이지만 소설은 목차만 남아 있고 본문은 조리법과 상차림 등의 음식 관련 내용이 담겼다.(출처: 한국학중앙연구원 장서각)

소주, 일연주, 약주 등의 술 빚는 방법, 기름 짜는 법, 녹말 등 가루 내는 법, 약과, 중계, 강정, 빙사과 등 유밀과류, 다식, 열구자탕, 초계탕 등의 음식 만드는 법과 국수비빔, 전골, 장김치, 갈비찜 등의 재료 목록이 실려 있다. 잔치 큰상, 기제사의 음식 목록과 노인이나 어린이 보신을 위한 반상, 산모의 조석 반찬과 자릿조반, 주효상(안주상)에 올리면 좋은 음식도 수록되었다. 특히 강정, 중계, 감사과, 강정, 빙사과는 써는 모양부터 완성 모양까지 그림으로 그려 넣어 상세하게 설명했다. 이 외에도 '남녀 혼인 예법'이라 하여 혼례에 쓰이는 물품 목록과 염색법 등을 기록했다.

소문사설 謏聞事說 1720년경

『소문사설(謏聞事說)』은 '들은 것은 적지만 그래도 아는 대로 말한다'라는 겸손한 제목을 가졌지만, 제목과는 달리 여러 가지 정보가 알알이 들어찬 책이다. 실학사상마저 이론에 치우치기 십상이던 시대에 실용적인 정보를 모으고 그림까지 덧붙여 설명했다는 점이 인상적이다.

조선 숙종, 경종 때 어의를 지낸 이시필(李時弼, 1657~1724)이 1720년경에 편찬한 책으로 온돌을 설치하는 법인 「전항식(甎炕式)」, 각종 기계와 기구 제작법인 「이기용편(利器用篇)」, 음식 조리법인 「식치방(食治方)」, 그리고 다양한 지식 정보인 「제법(諸法)」으로 구분되어 있다. 국립중앙도서관에 1종, 종로도서관에 2종이 소장되어 있는데, 판본마다 수록 내용에 조금씩 차이가 있다. 종로도서관 본 중 하나가 완전한 형태에 가까운 본으로, 가로 18cm, 세로 31.5cm에 65장으로 되어 있다. 그러나 국립중앙도서관 본에는 다른 판본에 보이지 않는 음식으로 식혜, 순창고추장, 깍두기, 백어탕, 가마보곶, 백숭여(배추겨자채)의 조리법이 더 실려 있다.

일본의 의학자인 미키 사카에(三木榮)가 저술한 『조선의서지(朝鮮醫書誌)』

를 근거로 오랫동안 『소문사설』을 역관(譯官, 통역 업무를 담당하는 관리) 이표(李杓, 1680~?)의 저작이라고 보았으나, 최근 찬자가 항목마다 다르다는 것이 확인되었다. 『소문사설』의 첫머리에 실린 온돌 만드는 법과 「이기용편」 일부분의 찬자가 이이명(李頤命, 1658~1722)임을 「전항식」 발문의 내용과 이이명의 증손자 이영유(李英裕)의 기록을 통하여 알아냈다. 이이명은 당시 내의원 도제조를 지내며 실용적 학문에 많은 관심을 가졌던 인물이다. 그리고 「이기용편」, 「식치방」, 「제법」의 저작자는 이시필임이 밝혀졌다. 이이명이 편찬한 「전항식」, 「이기용편」의 내용을 책머리에 옮겨 필사한 편찬자 역시 이시필로 보고 있다.

이시필은 내의원 의원으로서 내의원 도제조였던 이이명을 보좌하기도 하였으며, 후에 숙종의 어의에까지 올라 숙종의 병을 치료하고 음식 올리는 일을 맡았다. 병으로 입맛이 없는 숙종에게 맛있는 음식을 올리고자 하는 의도에서 비롯된 음식에 대한 관심과, 여러 차례의 중국 사행, 중국 서적의 열람을 통해 왕의 병을 치료하는 데 필요한 지식과 기술을 얻은 것이 『소문사설』에 집대성된 것이다.

중국과 일본, 창고지기와 노비에게까지 가서 물은 음식의 기록

음식 치료법이라는 의미의 「식치방」에는 28가지의 음식과 조리법이 있다. 조리법별로 보면 찜, 탕, 떡, 만두, 죽, 식혜, 장, 장아찌 등이다. 이 중에는 이시필이 궁중에서 일하는 숙수나 양반가의 노비에게 배운 음식도 있고, 중국을 다녀오면서 직접 맛본 음식이나 전해들은 일본 음식도 있다. 음식을 조리하고 함께 배웠던 이들에 대해서도 자세히 기록하였으니 이시필은 실용 정신이 대단한 인물이었던 듯하다.

동아찜, 송이찜, 목미외병(메밀떡), 우병(토란병)은 숙수 박이돌이 만들었는데 낙점을 받아 임금께 진상했다고 하였다. 이시필이 숙수 이돌이, 넉쇠[四金]와 함께 사옹원 창고지기 권타석(權擴石)에게 가서 황자계혼돈이라는 음식을 배우기도 했고, 사복시(司僕寺)라는 관아에서 말을 돌보던 지엇남이 만들었다는 붕어구이를 다른 이에게 전해 듣고 기록해놓기도 했다. 붕어찜과 모로계잡탕은 장악원 주부 민계수의 집 노비 차순이라는 사람이 직접 시연해보이며 알려준 것을 기록한 것이다. 도전복과 생치장은 낙동(駱洞, 지금의 회현과 명동 지역)에 사는 조상국이라는 자가 전해준 음식이고, 누군지 정확히 기억나지 않지만 어떤 이가 알려준 석화만두는 비리고 부드럽지 않았다며 음식 평도 하였다. 아울러 개성의 식혜법과 순창 고추장법 등 각 지방의 특색 있는 음식도 실었다.

신선로라는 이름으로 더 잘 알려진 열구자탕(熱口子湯)이 가장 처음 소개된 책이 바로 『소문사설』이다. 열구자탕을 끓이는 특별한 조리 도구인 신선로에 대한 설명과 먹는 방법, 풍속 등에 대해 자세하게 기록하였다.

초산(마늘 초절임), 연백당, 낙설, 증돈(돼지고기찜), 계단탕, 분탕, 우분죽(연근

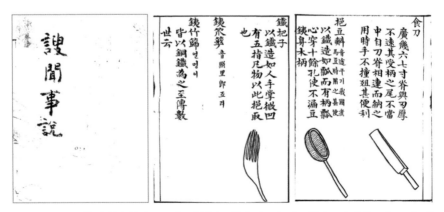

▲ 『소문사설』의 표지(왼쪽)와 「이기용편」 본문 일부분(가운데, 오른쪽). 칼, 국수 뜨는 쇠국자, 조리, 체 등 조리 도구의 그림과 설명을 덧붙였다.

▲ 「식치방」 본문 첫 장(왼쪽)과 일본에서 들어온 서국미를 소개하는 부분(가운데), 순창 고추장 만드는 방법을 서술한 부분(오른쪽)이다.

녹말죽), 장과법 등은 이시필이 중국에 가서 직접 먹어본 음식이다. 일본에서 동래로 들여 온 서국미와 함께 가마보곶(可麻甫串)도 소개했는데 이는 일본 어묵인 가마보코(蒲鉾, かまぼこ)를 설명한 것으로 보인다.

임금께 올리는 음식에서 시작된 실용 지식

「식치방」에는 낙점을 받아 임금께 올렸다거나, 단맛을 좋아하지 않는 임금께 몇 번 올렸다가 말았다는 내용도 있다. 이시필이 숙종의 건강을 위해 좋다는 음식을 찾아다니고, 여러 가지를 시도해보며 임금께 올릴 음식을 고민하였으니 「식치방」은 어의 시절 찾아낸 보양 음식의 기록이라고도 볼 수 있다.

음식에 관한 내용은 대부분 「식치방」에 있지만 다른 편에서도 식생활과 관련된 내용을 찾아볼 수 있다. 「이기용편」에 수록된 기기들 중에는 곡물 탈곡이나 저장 관련 기기, 술을 짜내고 남은 찌꺼기가 썩지 않도록 분리하는 술주자, 음식 조리에 사용하는 칼, 국수를 뜨는 쇠국자, 조리, 체 등 기구의 그림과 설명을 덧붙였다. 「제법」에는 고기를 연하게 하는 법, 두부 · 엿 · 타락죽 만드는 법, 가짜 꿀 가리는 법 등 식재료를 마련하는 방법이나 저장법, 기본 조리법이 실려 있다.

『소문사설』은 다른 한문 조리서처럼 중국의 조리서를 인용한 것이 아니라 당시의 솜씨 있는 여러 조리사의 비법이나 특이한 조리법, 찬자가 실제로 경험한 중국 및 일본 조리법까지 기록한 것이라 정보의 폭이 아주 넓다. 새로운 음식에 대한 관심으로 조리 기술과 맛이 전달되고 수용되는 과정이 자세히 언급되어 음식 문화가 변화되는 모습도 볼 수 있다.

『소문사설』 중 「식치방」에 기록된 음식 내용

음식명	설명
동과증(冬苽蒸)	숙수(熟手) 박이돌(朴二乭)이 만들었다. 상품(上品)은 맛이 좋아 낙점받아 임금께 올렸다.
송이증(松耳蒸)	숙수 박이돌이 만들었다.
목미외병(木米煨餅, 메밀떡)	숙수 박이돌이 만들었다. 민간에서 전해진 것보다 못하다.
우병(芋餅, 토란떡)	숙수 박이돌이 만들었다. 낙점받아 임금께 올렸다.
사삼병(沙蔘餅, 더덕떡)	영평(永平) 관노(官奴) 강천익(姜天益)이 만들었다.
외부어(煨鮒魚, 붕어구이)	강화(江華) 경력(經歷) 원명구(元命龜)가 사복시(司僕寺) 거딜(巨達) 지엇남(池莻男)이 만들었다고 전했다.
부어증(鮒魚蒸)	장악원(掌樂院) 주부(主簿) 민계수(閔啓洙)의 노(奴) 차순(次順)이 만들었다.
황자계혼돈(黃雌鷄餛飩, 닭만두)	사옹원(司饔院) 고성상(庫城上) 권타석(權朶石)이 와서 만들었다. 숙수 사금(四金), 이돌이(二乭伊)도 함께 배워 여러 날 임금께 올렸다.
석화만두(石花饅頭, 굴만두)	누군가 전해주었는데 비린내가 나고 부드럽지 않다.
모로계잡탕(母露鷄雜湯)	차순이 전해주고 만들었다.
생치장(生雉醬)	낙동(駱洞) 조상국(趙相國)이 전했다.
도전복(饀全鰒)	낙동 조상국이 전했다.
초산(醋蒜)	중국인이 전했다.
연백당(軟白糖)	심양(瀋陽) 장군(將軍) 송주(宋柱)의 집에서 대접해주었다.
낙설(酪屑)	제왕가(諸王家)의 집에서 먹었다.

증돈(蒸独)	심양(瀋陽) 부도통(副都統) 탁육(托六)이 대접해주었다.
조악전(造堊煎)	병부낭중(兵部郎中) 상수(常壽)의 처가 대접해주었다.
계단탕(鷄蛋湯)	북경에서 맛보았다. 북경의 음식은 모두 저유(豬油)로 볶는데, 향유는 담박한 저유만 못하다.
저두자(猪肚子, 돼지내장볶음)	-
분탕(粉湯, 녹말국수)	녹말로 가늘게 국수를 만들어 장탕에 넣는다. 맛이 꽤 좋다.
열구자탕(熱口子湯)	중국인이 좋아하는 음식. 야외에서 겨울밤에 모여서 술 마실 때 먹으면 매우 좋다.
우분죽(藕粉粥)	중국 음식. 선왕께서 단 음식을 좋아하지 않으셔서 몇 번 올리고 말았다.
서국미(西國米)	일본에서 생산되는 쌀.
부어죽(鮒魚粥)	경자년(1720년)에 임금께 올렸다.
두부피(豆腐皮)	콩물을 끓여 식혀 생긴 얇은 막을 말림. 음식을 만들면 계란부침과 비슷하고 맛이 담박하여 소찬이 될 만하다.
어장증(魚腸蒸)	대구 내장에 흰 살로 만든 소를 넣어 찐다.
면근(麵筋, 새알심)	밀기울이 섞인 밀가루를 물로 반죽하여 떡을 만든다.
이맥송병(耳麥松餅, 귀리송편)	면(麵)을 만들어도 좋다.
편두협작여법 (扁豆莢作茹法)	까치콩을 삶아 장과 섞어 채를 만든다.
장과법(醬苽法)	북경 사람의 집에서 먹었다.
즙장법(汁醬法)	소똥이나 말똥으로 감싸서 띄운다.
식해법(食醢法, 식혜)	송도(개성) 식혜. 음료로 대추, 밤, 잣, 배 등을 섞으면 그 맛이 매우 시원하고 달다.
순창고초장조법 (淳昌苦草醬造法)	꿀을 섞지 않으면 달지 않을 텐데 이 방법엔 실리지 않았으니 빠진 듯하다.
식해(食醢, 식혜)	어떤 벼슬아치 집 하인에게 전해 들었다. 음료로 유자를 통제로 넣으면 향기롭다.
청해(菁醢)	고초말(苦草末, 고춧가루)을 많이 섞으면 시간이 오래되어도 맛이 있고 많이 짜지 않다.
백어탕(白魚湯)	녹말을 반죽하여 물고기 모양을 만들고 후추를 두 눈처럼 박아 끓는 물에 데쳐 꿀물과 먹는다.
가마보곶(可麻甫串)	생선을 저며 한 층 깔고, 고기 · 버섯 소를 펴 한 층 깔고, 이를 번갈아 말아서 찐다. 썰면 태극 모양으로 오색이 아름답다.
백숭여(白崧茹)	흰 배추를 쪄서 겨자즙, 파, 마늘을 배추 사이사이에 재워 먹는다.

잡지

전통 음식을 하는 사람에게는 알려지지 않은 고조리서를 발굴하고 재현할 책임이 있다. 그러나 숨은 고조리서를 찾아낼 기회는 좀처럼 오지 않는다. 어렵게 새로운 책을 찾아낸다 해도 책의 상태가 좋으면서 형식과 내용까지 제대로 갖추어 보는 것만으로 바로 새로운 사실을 얻어내는 영화 같은 일은 드물다. 사대부가 쓴 유학서나 왕실의 의궤라도 되지 않는 이상, 누군가 일상의 기록으로 조리법을 적어둔 것이라면 형태나 보존 상태가 열악한 경우가 많다. 하지만 이런 일상의 기록은 요리에 관심이 있는 사람이 자신 있는 요리에 대해 자세히 기록한 경우가 많아서 다른 곳에서는 얻지 못하는 풍부한 지식을 얻을 수 있고 당시의 시대상까지 짐작할 수 있다.

궁중음식연구원에서 2001년 고문헌 전문가를 통해 구한 『잡지』는 1721년에 쓴 것으로 추정되는 찬자 미상의 한글 필사본이다. 가로 20.8*cm*, 세로 24.5*cm*의 정사각형에 가까운 모양새에, 본문은 98장으로 두꺼운 편이며 표지는 속지보다 두꺼운 유지이다. 한문체로 정교하게 쓴 책을 종이만 재사용하도록 갈라서 그 이면에 쓴 것인데, 한지가 얇다 보니 뒷면의 한문 글씨가 어른어

▲ 「잡지」 표지(왼쪽)와 집필 시기가 기재된 본문 앞부분(오른쪽). '신튝칠월이십일일'이라는 기록에서 편찬 시기를 짐작할 수 있다.

른 비친다. 표지에 책 제목이 적혀 있지만 표지면의 왼쪽 끝부분에는 글쓰기 연습을 한 듯한 '가가거겨'도 적혀 있다.

98장 전체가 음식 내용인 것도 아니다. 책의 앞부분에는 「원생몽유록(元生夢遊錄)」, 「적벽부(赤壁賦)」를 비롯한 4편의 다른 글이 실려 있고 뒷부분에 약과를 시작으로 27가지 음식 조리법이 실렸는데 총 분량이 9장 정도밖에 되지 않는다. 여러 가지 글을 대중없이 모아놓아서 『잡지』라는 이름을 붙였을 것이다.

찬자가 누구인지 알 수 없지만 책의 앞부분에 '신튝칠월이십일일필셔'라고 쓰인 것을 보면 신축(辛丑)년 7월 21일에 집필했음을 확인할 수 있다. 이 책에 쓰인 한글 흘림체가 1600년대 말부터 쓰이기 시작했다는 점, 1700년대 후반부터 등장하는 고추가 이 책에는 등장하지 않는다는 점, 느르미 조리법이 1800년대의 그것과 다르다는 점을 통해 이 책의 기록 시기를 1700년대 전반기의 신축년인 1721년으로 추정한다.

세밀하게 기록된 조리법

『잡지』는 『음식디미방』, 『주방문』과 비슷한 시기의 책이다. 음식 종류가 그다지 많은 것은 아니지만 소개된 음식에 대해서는 재료와 분량, 조리 절차, 조리 시 유의점, 맛과 모양 등이 세밀하게 기록되어 전통적인 조리법의 원형을 찾을 수 있다.

『잡지』에 기록된 음식은 약과, 중계, 만두과, 채수과, 전약방문, 앵두편, 백자편, 토란병, 진주면, 호두자반, 게산적, 우무정과, 동아정과, 엿 고는 법, 증계탕, 어름탕, 두부선, 금중탕, 석류탕, 창자찜, 가지찜, 두부느르미, 오이찜, 게느르미, 숭어주악, 양만두, 구기자술 등 모두 27종이다.

다른 고조리서에는 술 만드는 법이 많은 비중을 차지하는 반면 『잡지』에는 구기자술 1종류만 수록되어 있다. 내용은 크게 병과와 찬물로 나눠지는데 병과는 11종, 찬물은 25종으로, 찬물이 병과보다 많이 소개되긴 했어도 병과

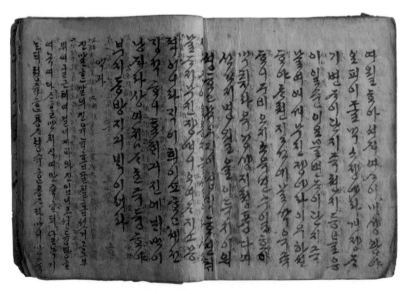

▲ 음식 관련 내용이 시작되는 부분. 첫 조리법으로 약과 만드는 방법이 나온다.

부분을 먼저 기록하여 비중을 둔 것으로 보인다.

다른 고조리서에서 찾기 어려운 음식으로 숭어주악과 어름탕이 있다. 숭어주악은 양념하여 다진 숭어 살을 갸름하고 둥글게 빚어 장국에 넣고 끓인 것이다. 주악은 소를 넣어 빚는 떡의 이름이지만, 숭어주악에는 소가 따로 들어가지는 않는다. 그저 주악 모양을 닮아 그리 이름을 붙인 것으로 보인다. 진주알 모양 국수인 진주면이나 석류 모양 만두를 넣은 석류탕처럼 음식의 모양으로 이름을 붙인 경우다. 어름탕은 숭어와 꿩 살을 저며 녹말을 묻히고 기름에 지져 장국에 넣고 냉이, 쑥, 버섯, 지단, 잣 등 채소와 고명을 얹은 음식이다. 1880년경의 『음식방문』에 나오는 어누름탕과 조리법이 비슷해서 어누름탕을 줄여 말한 것이 아닌지 추측해본다.

『잡지』에 소개된 약과는 특정 지역의 약과법이라고 따로 언급하지 않았지만 약과 반죽에 참깻가루와 계핏가루가 들어가는 것으로 보아 수원 지역 명물 음식인 수원 약과 만드는 방법으로 보인다.

육수는 닭이나 꿩으로, 느르미는 누름적이 되기 전 단계

『잡지』에 기록된 탕의 주재료가 모두 닭이나 꿩인 점도 독특하다. 요즘은 탕이나 육수를 내는 주재료가 소고기이므로 선뜻 색다르다 느낄 수 있다. 그러나 농경사회였던 조선시대에는 농업의 동력인 소를 함부로 고기로 쓰지 않았을 것이니 이해가 되는 부분이다.

느르미는 1700년대까지 재료를 찌거나 구워서 익힌 다음 밀가루나 녹말 등으로 걸쭉한 즙을 만들어 끼얹는 조리법이었다. 그런데 1800년대부터는 이런 느르미는 없어지고 누르미, 누름적 등으로 이름이 바뀌며 옷을 입혀서 지지는 오늘날의 누름적으로 바뀌었다. 『잡지』의 두부느르미와 게느르미는 익힌 재료에 장국을 끼얹는다고 기록되어 있는데 이는 밀가루즙을 끼얹는 느르미의 흔적이 남은 것으로 볼 수 있다. 이 책에는 느르미뿐 아니라 오이찜, 두부선에도 장국을 끼얹는 조리법을 썼는데, 이 시대에는 장국을 끼얹는 것이 찜이나 구이에 흔히 활용되는 조리법이었다.

『잡지』에 기록된 음식 내용

분류	음식명
병과	약과, 중계, 만두과, 채수과, 우무정과, 동아정과, 백자편, 앵두편, 토란병, 전약, 엿 고는 법
찬물	진주면, 증계탕, 금중탕, 어름탕, 창자찜, 가지찜, 오이찜, 두부선, 두부느르미, 게느르미, 계산적, 호두자반, 석류탕, 숭어주악, 양만두
술	구기자술

출처: 궁중음식연구원

※궁중음식연구원에서는 2016년 『가가호호요리책–잡지』라는 제목으로 『잡지』 원본을 영인하여 해설하고 음식을 재현한 책을 발간했다.

편찬 시기의 단서를 잡는
고추와 느르미

고조리서를 보다 보면 편찬 시기를 가늠하기 어려운 경우가 많다. 이럴 때는 고문 헌학자들이 종이의 재질이나 서체 등을 확인하여 편찬 시기를 가늠하지만, 기록된 음식 내용을 보고도 시기를 판단해볼 수 있다. 이때 가장 많이 적용되는 것이 고추의 사용 여부와 느르미 조리법이다.

고추는 임진왜란(1592년)을 전후하여 일본에서 우리나라로 전래되었다고 알려졌다. 이수광이 집필한 『지봉유설(芝峰類說)』(1613년)에 고추를 '남만초(南蠻椒)'라고 소개하면서 일본에서 온 독이 있는 식물이라며 '왜겨자[倭芥子]'라 부르기도 했다고 기록되어 있다. 주막에서는 소주와 함께 팔았는데, 이것을 먹고 목숨을 잃은 자가 적지 않았다는 설명으로 보아, 지금처럼 식품으로 이용되지는 않았을 듯하다. 1766년에 유중림이 쓴 『증보산림경제(增補山林經濟)』에는 고추 재배와 고추장 담그는 법이 나와 고추가 조리에 본격적으로 이용되었음을 알 수 있다. 이것을 근거로 편찬 연대를 알 수 없는 고조리서에 고추가 사용되면 1700년대 후반 이후의 조리서임을 유추해볼 수 있다.

느르미는 『음식디미방』(1670년)에 나타난 대구껍질느르미, 동아느르미 등에서 볼 수 있듯이 1700년대까지는 재료를 찌거나 구워서 익힌 다음 밀가루나 녹말 등으로 즙을 걸쭉하게 만들어 끼얹는 조리법을 뜻했다. 1800년대부터는 이런 느르미는 없어지고 누르미, 누름적 등의 이름으로 불리며, 익힌 재료를 꼬치에 끼우거나 그것에 옷을 입혀서 지지는 오늘날의 누름적으로 바뀌었다. 이것을 근거로 느르미라는 음식이 밀가루즙이나 장국을 끼얹는 방법으로 소개되어 있으면 그 책의 편찬 시기를 1800년대 이전으로 추정한다.

증보산림경제 增補山林經濟　　　1766년

우리 음식 발달에 큰 영향을 미친 것 중 하나가 실학(實學)이다. 실학은 실생활
에 도움이 되는 실용적인 학문으로 18세기 이후 성리학의 관념적인 이론과 예
법을 비판하며 인간의 실제 생활을 중시하는 학풍으로 등장했다. 백성들의 삶
이 풍족하고 쓰임이 이롭도록 정치, 경제, 사회 등 여러 분야에 걸쳐 개혁을 주
장한 실학파의 주요 관심은 무엇보다도 농업이었다. 먹고살기 위해 짓는 농사
는 백성들의 삶에 중요한 부분을 차지하였기에 많은 실학자들은 과수, 축산, 원
예 등에 중점을 둔 농서의 저술에 힘썼고 식품의 조리나 가공 및 저장에 관한
내용까지도 기록하였다. 음식사 연구의 귀중한 자료인 『산림경제』를 쓴 홍만
선이나 『임원십육지』를 쓴 서유구도 실학자들로, 실학사상은 조선 후기 다양한
조리서가 나타나는 배경이 되었다. 전통적으로 음식을 만드는 일은 주로 여성
들이 담당해왔지만 전통 음식의 전모를 기록한 남성 실학자들도 우리 음식의
발달에 중요한 역할을 했다.

　　조선 숙종 때 실학자 유암 홍만선(洪萬選, 1643~1715)이 농업과 일상생활에
관한 사항을 기술한 『산림경제』는 18세기에 세간에 전해지면서 여러 사람에

의해 『산림경제보(山林經濟補)』, 『증보산림경제(增補山林經齊)』, 『산림경제초(山林經齊抄)』, 『산림경제촬요(山林經齊撮要)』, 『산림경제보설山林經齊補說)』 등으로 증보, 발췌되었다.

그중 『증보산림경제』는 1766년(영조 42년)에 유중림(柳重臨, 1705~1771)이 『산림경제』를 증보하여 엮은 책이다. 유중림은 안산 출신의 의관이다. 두창(痘瘡, 천연두) 치료로 이름이 높았던 의관 유상(柳瑺)의 아들로 아버지의 의술을 이어받아 영조 때 내의(內醫)를 지냈고 군의관으로도 활동했다.

우리 실정에 맞는 실용적인 증보판으로

『증보산림경제』는 『산림경제』를 증보하여 내용은 배가 되었으나 어떤 내용이 새롭게 들어갔는지 표시하지 않았으며 원문을 바꾼 부분도 있다. 또 여러 본 사이에도 권수나 책수, 표기의 차이가 많다. 무엇보다도 인용한 문헌을 삭제했기 때문에 연구 자료로서의 가치는 『산림경제』보다 못하다고 평가받는다. 그러나 『농가집성(農家集成)』 등의 우리 문헌을 보다 많이 인용했고, 민간에서 전해지는 속방(俗方)을 많이 기록했으며 우리 실정에 맞지 않는 것은 기술하지 않았

◀ 홍만선의 『산림경제』(왼쪽)와 유중림의 『증보산림경제』 표지(오른쪽). 『증보산림경제』는 『산림경제』를 바탕으로 하되 우리 실정과 맞지 않는 내용은 과감히 삭제하고 새롭게 알려진 내용을 보강하여 기록했다.

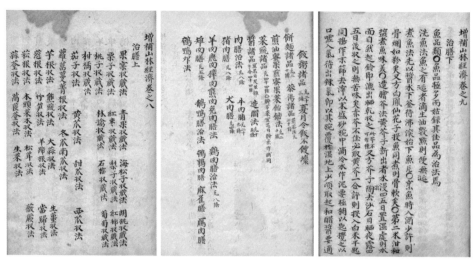

▲ 음식 조리법이 수록된 「치선」 상편의 목차(왼쪽, 가운데)와 하편의 원문(오른쪽).

다. 학문적 자료로서의 가치는 떨어졌으나 실용적으로는 발전한 셈이다.

그는 서문에 『산림경제』의 찬자나 시기도 모른 채 읽다가 내용이 빈약하고 조목이 고르지 못하며 누락된 것이 많은 게 아쉬워 잘못된 부분을 수정하고 12~13항의 새로운 항목을 증보하여 원래 책의 두 배나 되는 16편 28항목에 이르는 책을 완성했다고 밝혔다.

가장 내용이 풍부하다고 여겨지는 규장각 소장본의 경우 16권 12책이다. 그중 「치선(治膳)」에는 과일과 채소 저장법, 밥, 죽, 떡, 면, 차와 탕 등 음료, 유밀과, 다식, 과편, 정과, 숙실과, 엿, 조청 등 조과와 당류, 채소 음식, 고기 음식, 어패류 음식, 장, 식초, 술 제조법, 그리고 먹어서는 안 되는 금기 음식이 기록되었다. 뒷부분에는 앞서 나온 내용 중 빠진 것이나 다양한 종류의 기름을 내는 법, 두부와 녹말 만드는 법이 수록되었다.

이 책에는 고구마와 고추를 다룬 부분도 있으며, 한자 음식명 외에도 한글 이름이 첨부되어 민간에서 불리는 음식명을 가늠할 수 있다.

『증보산림경제』 중 「치선」에 기록된 음식 관련 내용

항목	내용
과실 저장법	청과 저장법(靑苽收藏法), 해송자 저장법(海松子收藏法), 호두 저장법(胡桃收藏法), 밤 저장법(栗子收藏法), 대추 저장법(紅棗收藏法), 배 저장법(梨子收藏法), 홍시 저장법(紅柿收藏法), 복숭아 저장법(桃子收藏法), 능금 저장법(林檎收藏法), 석류 저장법(石榴收藏法), 포도 저장법(葡萄收藏法), 감귤 저장법(柑橘收藏法)
채소 저장법	가지 저장법(茄子收藏法), 오이 저장법(黃苽收藏法), 참외 저장법(甛苽收藏法), 수박 저장법(西苽收藏法), 무·순무 뿌리 저장법(蘿葍蔓菁根收藏法), 동아·호박 저장법(冬苽南苽收藏法), 토란 뿌리 저장법(芋根收藏法), 곰취잎 저장법(熊蔬), 마늘 저장법(大蒜收藏法), 생강 저장법(生薑收藏法), 파뿌리 저장법(蔥根收藏法), 죽순 저장법(竹笋收藏法), 소루쟁이 뿌리 저장법(羊蹄根收藏法), 당귀 뿌리 저장법(當歸根收藏法), 배추 뿌리 저장법(菘根收藏法), 두릅 저장법(大頭菜木收藏法), 송이 저장법(松茸收藏法), 고비·고사리 저장법(薇蕨收藏法), 마늘종 저장법(蒜薹收藏法), 상치대 저장법(萵苣薹收藏法), 생채 저장법(生菜收藏法)
밥, 죽	약밥(藥飯), 흰죽(白粥), 우유죽(牛乳粥內局法), 잣죽(海松子粥), 푸른콩죽(靑太粥), 박죽(瓠粥), 방풍죽(防風粥), 아욱죽(葵菜粥), 보리죽(麥粥), 닭죽(鷄粥), 우낭죽(牛囊粥), 붕어죽(鯽魚粥), 석화죽(石花粥), 율무죽(薏苡粥), 연뿌리가루죽(藕粉粥), 연실죽(蓮子粥), 마죽(薯芋粥), 감인죽(芡仁粥), 마름열매죽(菱角粥), 갈분죽(葛粉粥), 말린 밤죽(乾栗粥), 전복·홍합·소고기죽(全鰒·紅蛤·牛肉粥), 여름철 밥이 쉬지 않게 하는 방법(夏月令飯不餿壞法)
떡, 국수	석이병(石茸餠法), 잡과(참쌀)병(雜果粘餠法), 잡과떡(雜果糕法), 인절미(引絶餠法), 밤떡(栗糕法), 쑥경단(香艾團子法), 두견화전, 장미화전, 국화전(杜鵑花煎, 薔薇花煎, 菊花煎法), 살구떡·복숭아떡(杏餠桃餠法), 화병(火餠法), 보리떡(大麥餠法), 송피병(松皮餠法), 시루떡(凡蒸甑餠法), 메밀국수(木麥麵法), 갈분국수(葛粉麵法), 창면법(昌麵法), 실국수(絲麵法), 마국수(山薯麵法), 풍악석이병(楓岳石茸餠法), 혼돈병(餛飩餠法), 참밀국수(小麥麵)
차, 탕	기국차(杞菊茶法), 구기차(枸杞茶法), 온조탕(溫棗湯法), 수지탕(水芝湯法), 행락탕(杏酪湯法), 봉수탕(鳳髓湯法), 청천백석차(淸泉白石茶), 매화차(梅花茶法), 국화차(菊花茶法), 유자차(柚子茶法), 포도차(葡萄茶法), 산사차(山查茶法), 강죽차(薑竹茶法), 강귤차(薑橘茶法), 당귀차(當歸茶法), 순채차(蓴茶法), 형개차(荊芥茶法), 차조기차(紫蘇茶法), 녹두차(菉豆茶法), 매실차(梅子茶法)

조과류	전유밀약과법(煎油蜜藥果法), 만두과법(饅頭果法), 건율다식법(乾栗茶食法), 송화다식법(松花茶食法), 참깨다식법(胡麻茶食法), 잡과다식법(雜果茶食法), 살구전법(杏煎法), 복숭아전법(桃煎法), 앵두전법(櫻桃煎方), 모과전법(木果煎法), 연우전법(蓮藕煎法), 생강전법(生薑煎法), 동아정과법(冬果正果法), 죽순전법(竹笋煎法), 도라지전법(桔梗煎法), 산포도전법(山葡萄煎法), 다래전법(獼猴桃煎法), 들쭉전법(莳杖子煎法), 조란법(棗爛法)·율란법(栗爛法), 조이당법(造飴糖法), 조청법(造淸法)
채소 음식	죽순(竹笋-자신순법, 찜, 초, 산적), 포순(蒲笋-초법), 우초(藕梢-초법), 담복(薝蔔), 가지(茄子-산가법, 장가법, 가난법, 침동월가저법, 하월침가저법, 조가법), 동아(冬苽-동과산법, 동과전, 동과갱법, 동과저), 배추(菘-침저법, 숭개법), 오이(黃苽-황과산법, 황과란법, 황과담저법, 용인담과저법, 황과함저, 황과숙저법, 황과개채법, 조황과법), 생강(醋薑-초강, 조강, 강수저법), 순무(蔓菁-만청저, 만청증), 무(蘿-나복동침저법, 침나복함저법, 나복숙채법, 나복황아저), 파(蔥), 부추(韮-엄구채법, 엄화법, 구채), 마늘(蒜-초산법, 조산, 산강적법), 토란(芋), 우경본(데저비, 우엽, 우란), 향포(香蒲-포황묘초법), 산갓 김치 담그는 법(山芥葅法), 와거대채법(萵苣薹菜法), 박(匏-채법), 자총(紫蔥), 미나리(芹-근갱, 근저), 갓김치(芥葅), 아욱(冬葵), 쑥갓나물(艾芥菜), 거여목나물(苜蓿菜), 당귀 줄기(當歸莖), 소루쟁이 잎(羊蹄菜), 두릅나물(木頭菜), 원추리(萱), 황화채(黃花菜), 삽주 싹(尤芽), 구기(枸杞), 국화(菊), 송이(松茸), 진이(眞茸), 버섯(菌蕈), 더덕·도라지자반(沙參桔梗佐飯法), 청각자반(靑角佐飯法), 조홍화자법(造紅花子法), 살구씨를 연하게 만드는 법(酥杏仁法), 호두를 자반으로 만들어 먹는 법(胡桃佐飯法), 천초 튀기는 법(煎川椒法), 마른 나물 삶는 법(蒸乾菜法), 야외에서 송이를 익혀 먹는 법(遊山蒸松茸方), 야외에서 고사리를 익혀 먹는 법(遊山蒸蕨方)
장 제조법	장 담그는 길일(造醬吉日), 장 담글 때 벌레가 생기지 않게 하는 법(造醬無蟲方), 항아리를 준비하는 법(備甕), 도료를 바르는 법(塗法), 물 고르는 법(擇水), 소금의 품질(鹽品), 메주 띄우는 법(造豉法-속칭 말장, 훈조, 머조), 별장법(別醬法), 침장법(沈醬法), 장 담글 때 여러 재료를 섞는 법(沈醬時物料雜法), 장 담글 때 피해야 할 점(醬忌), 장독을 잘 두는 법(安甕), 맑은 장을 뜨는 법(取淸醬法), 장이 맛을 잃었을 때 되살리는 법(救醬失味法), 생선과 고기를 넣어 장 담그는 법(沈魚肉醬法), 생황장법(生黃醬法), 숙황장법(熟黃醬法), 메밀로 장 담그는 법(麴醬法), 보리로 장 담그는 법(大麥醬法), 느릅나무 열매로 장 담그는 법(楡仁醬法), 팥으로 장 담그는 법(小豆醬法), 청태콩으로 장 담그는 법(靑太醬法), 장을 빨리 만드는 법(急造醬法), 맑은 장 빨리 만드는 법(急造淸醬法), 고추장 만드는 법(造蠻椒醬法), 고추장 빨리 만드는 법(急造蠻椒醬法), 즙장의 메주를 만드는 법(造汁醬麴法), 여름철에 즙장 담그는 법(夏節汁醬法), 전시장을 만드는 법(造煎豉醬法), 청태전시장법(靑太煎豉醬法), 수시장법(水豉醬法), 달걀장법(鷄卵醬法), 장을 볶는 법(炒醬法), 장을 달이는 법(炙醬法), 장떡 만드는 법(醬餠法), 담수장법(淡水醬法), 천리장법(千里醬法)

초 제조법	길일(吉日), 초 항아리를 잘 두는 법(安醋甕法), 초의 맛이 변했을 때 되살리는 법(治醋味乖法), 초를 뜨는 법(收醋法), 쌀로 초를 만드는 법(米醋法), 밀로 초를 만드는 법(小麥醋法), 보리로 초를 만드는 법(大麥醋法), 가을보리로 초를 만드는 법(秋麰醋法), 감으로 초를 만드는 법(柿醋法), 대추로 초를 만드는 법(大棗醋法), 창포로 초를 만드는 법(菖蒲醋法), 도라지로 초를 만드는 법(桔梗醋法), 천리초법(千里醋法), 민간에서 초 만드는 법(俗醋法)
고기 음식 조리법	딱딱한 고기를 삶는 법(煮硬肉法), 소고기 조리법(牛肉膳-우육선, 설야멱방, 잡산적방, 장산적방, 조미포법, 우협증방, 우심증방, 우장증방(우두양)), 돼지고기 조리법(猪肉膳-저육선, 조납육법, 사시납육법, 숙저육작편, 적아저방, 아저증법, 저피수정회법), 개(犬-적고증건법, 증견육법), 양(羊), 사슴(鹿-자녹육법, 요작갱법, 적법), 노루(獐), 곰(熊), 토끼(兎-자육법, 적법), 닭(鷄-초계법, 칠향계법, 총계탕방, 팽계방, 적계법, 연계증법, 자노웅계법, 계란탕법, 조연포갱법), 꿩(雉-치적, 동치법), 아압록법(鵝鴨爐法), 메추리(鶉鶉), 참새(麻雀), 기러기(鴈-엄압란법)
어품류	생선 씻는 법(洗魚法), 생선 끓이는 법(煮魚法), 회 겨자즙 만드는 법(造膾芥法), 생선회 뜨는 법(膾生魚法), 술과 누룩에 생선 절이는 법(酒麴魚法), 생선 굽는 법(炙魚法), 완자탕 만드는 법(造椀子湯法), 잉어(鯉), 치어(鯔魚), 어만두 만드는 방법(魚饅頭法), 숭어알 말리는 법(乾鯔卵法), 농어(鱸魚), 도미(道味魚), 광어(廣魚), 홍어(洪魚), 눌어(訥魚), 궐어(鱖魚), 은어(銀口魚), 대구(大口魚), 준치(眞魚), 시어(鰣魚), 밴댕이(蘇魚), 청어(靑魚), 회어(鮰魚), 조기(石首魚), 참조기(黃石首魚), 붕어(鯽魚), 메기(鮎魚), 복어(河豚), 뱅어(白魚), 문어(大八梢魚), 전어(箭魚), 고등어(古刀魚), 소팔초어(小八梢魚), 오징어(烏賊魚), 전복(鰒魚), 소라(海螺), 담채(淡菜), 해삼(海參), 대합(大蛤), 모시조개(黃蛤), 굴(石花), 토화(土花), 새우(蝦), 곤쟁이(紫蝦), 게(蟹)
술 제조법	누룩 만드는 길일(造麴吉日), 누룩 만드는 방법(造麴方), 술 만드는 길일(造酒吉日), 물의 선택(擇水), 중국인의 좋은 술 만드는 법(中原人作好酒法), 밑술 만드는 법(作酒腐本方), 백하주법(白霞酒法), 삼해주법(三亥酒法), 도화주법(桃花酒法), 연엽주법(蓮葉酒法), 소국주법(少麴酒法), 약산춘법(藥山春法), 경면녹파주법(鏡面綠波酒法), 방문주 별법(方文酒 別法), 벽향주법(碧香酒法), 동동주 만드는 법(浮蟻酒法), 지주법(地酒法), 일일주법(一日酒法), 삼일주법(三日酒法), 칠일주법(七日酒法), 사절칠일주방(四節七日酒方), 잡곡주법(雜穀酒法), 송순주방(松筍酒法), 과하주법(過夏酒法), 노주 2말 만드는 법(露酒二斗方), 소주를 많이 뽑는 방법(燒酒多出方), 밀소주 만드는 방법(小麥燒酒法), 노주의 독성을 없애는 방법(露酒消毒方), 하향주법(荷香酒法), 절주방(節酒方), 이화주법(梨花酒法), 청감주법(淸甘酒法), 포도주법(葡萄酒法), 감주법(甘酒法), 하엽주법(荷葉酒法), 추모주법(秋麰酒法), 모미주법(麰米酒法), 백자주법(栢子酒法), 호두주법(胡桃酒法), 와송주법(臥松酒法), 죽통주법(竹筒酒法), 소자주법(蘇子酒法), 죽력고법(竹瀝膏法), 이강고법(梨薑膏法), 백화주법(百花酒法), 화향입주방(花香入酒方), 술에 약 담그는 법(酒中漬藥法), 괴지 않는 술 되살리는 법(救酒不沸方), 막걸리를 청주로 만드는 법(變濁酒爲淸酒法), 여러 종류의 술을 함께 보관하는 법(收雜酒法), 맛이 시어진 술을 되살리는 법(救酸酒法), 여름에 물속에 술 담그는 법(夏月水中釀酒法), 술을 마셔 병을 예방하는 법(飮酒防病法)

음식의 금기	과일 먹을 때의 금기(食果忌), 버섯 먹을 때의 금기(食菌忌), 생선 먹을 때의 금기(食魚忌), 조수 먹을 때의 금기(食鳥獸忌)
빠진 것 보충	증편 만드는 법(造蒸餅法), 진면다식 만드는 법(造眞麵茶食法), 동아정과 만드는 법(冬苽正果法), 모과 달이는 법(木苽煎法), 두강주방(杜康酒方), 소맥부장법(小麥麩醬法), 사절초법(四節醋法), 닭 찌는 법(蒸鷄方), 석화침채방(石花沉菜方), 백자주법(栢子酒法), 양념 만드는 법(造物料法), 섣달 술지게미 보관하는 법(收臘糟法), 참기름 거두는 법(收芝麻油法), 수박씨기름(西苽子油), 봉숭아씨기름(鳳仙花子油), 붉은차조기씨기름(紫蘇子油), 순무씨기름(蔓菁子油), 참기름을 급히 마련하는 법(急取麻油法), 들기름(荏子油), 들기름을 급히 취하는 법(急取荏子油法), 피마자기름 취하는 법(取蓖麻油法), 머귀나무씨기름 거두는 법(收食茱萸油法), 두부 만드는 법(造豆腐法), 녹말 만드는 법(造菉末法), 여름철에 어육 보관하는 법(夏月收魚肉法), 상만염 만드는 법(造常滿鹽法), 엿기름 만드는 법(造麥芽法), 전복김치 담그는 법(鰒菹方)

출처: 한식재단 한식아카이브

집안 음식의 맛을
좌우하는 장 담그기

우리 음식 특유의 맛은 간을 맞추고 풍미를 더하는 간장, 된장, 고추장에서 나온다고 해도 과언이 아니다. 한 해 동안 먹을 음식의 맛을 좌우하는 장 담그기는 무척이나 중요한 일이었기에 고조리서에도 장의 중요성이 곧잘 강조된다. 『증보산림경제』에도 장 담그는 방법을 자세히 설명하면서 장의 중요성을 설파한 부분이 있다.

> 장(醬)은 장(將)이다. 모든 맛의 으뜸이다. 인가의 장맛이 좋지 않으면 비록 좋은 채소나 맛있는 고기가 있어도 좋은 요리가 될 수 없다. 촌야(村野) 사람들이 고기를 쉽게 얻지 못하더라도 여러 가지 좋은 장이 있으면 아무런 반찬 걱정이 없다. 집안의 어른은 당연히 장 담그기에 뜻을 두고 오랫동안 묵혀 좋은 장을 얻도록 해야 할 것이다.

이처럼 중요하게 여겼기에 담그는 데에도 온갖 정성을 다했다. 먼저 장 담그기 좋은 날을 정하고 고사를 지낸다. 장 담그기 좋은 날은 병인(丙寅)·정묘(丁卯)·제길신일(諸吉神日)·정일(正日)·우수일(雨水日)·입동일(立冬日)·황도일(黃道日, 춘분)이고, 삼복에 장을 담그면 벌레가 꾀지 않는다고 했다. 장 담그는 사람은 외출도 삼가고 부정 타지 않도록 몸가짐을 조심해야 한다. 장을 담근 후의 관리도 중요하다. 장맛이 변하는 것은 집안에 불길한 일이 생길 징조라고까지 여겼기에 장독대 관리에 정성을 다했다. 장독에 금줄을 치거나 고추와 숯을 장 속에 띄우는 것도 액을 쫓기 위한 관리다.

『증보산림경제』에는 메주 쑤기부터 택일, 장독이나 소금, 물을 고르는 방법, 장 담글 때의 금기 사항과 장독 관리 방법, 메밀, 보리, 팥 등 다양한 재료로 장 담그는 방법과 급히 장 담그는 법, 변한 장맛을 고치는 방법 등 장에 관한 내용이 상세하게 설명되었다.

3장

1800년대 조리서

규합총서(閨閤叢書) · 임원경제지(林園經濟志) · 동국세시기(東國歲時記) · 윤씨음식법(饌法) · 음식방문(飮食方文) · 가기한중일월(可記閑中日月) · 음식방문니라 · 규곤요람(閨壺要覽) · 주식시의(酒食是義) · 이씨음식법(飮食法) · 시의전서(是議全書)

규합총서 閨閤叢書　　　　　　　1809년

1800년대부터 언제 누가 지었는지도 모르는 채 필사본이나 목판본으로 전해 내려오던 가정생활 백과사전이 있었다. 가정에서 부녀자들이 알아야 할 항목들이 상세하고 풍부하게 기록되어 많은 여성 독자가 이를 보고 세상살이와 살림에 대한 지혜와 슬기를 배울 수 있었다. 이후 이 책의 내용이 추려지거나 시대에 맞추어 수정한 필사본이 나오기도 할 만큼 파급력이 컸다. 이 책의 이름은 바로 『규합총서(閨閤叢書)』이다.

1939년 『빙허각전서(憑虛閣全書)』가 발견된 후에야 이 책이 1809년(순조 9년) 빙허각 이씨(憑虛閣 李氏, 1759~1824)가 쓴 것이라는 게 세상에 알려졌다. 『규합총서』는 총 3부 11책으로 구성된 『빙허각전서』의 일부다. 『빙허각전서』는 『규합총서』, 『청규박물지(清閨博物誌)』, 『빙허각고(憑虛閣稿)』의 3부로 구성된 책이다.

규합(閨閤)은 아녀자들이 거처하는 공간인 규방(閨房)으로, 일상생활에서 요긴한 생활의 슬기를 적어 모은 책이라는 것을 알 수 있다. 찬자는 서문에서 이렇게 말한다.

이 모두가 양생하는 선무(先務, 먼저 힘써야 할 것)요, 치가(治家, 집안을 다스리는 것)하는 요법이라 진실로 일용 생활에 없어서는 안 될 것이요, 부녀가 마땅히 강구해야 할 것이다.

빙허각 이씨는 명망 있는 소론 가문에서 아버지 이창수(李昌壽), 어머니 문화 유씨(文化柳氏) 사이의 막내딸로 태어나 서울에서 자랐고 15세에 서유본(徐有本, 1762~1822)에게 시집갔다. 남편인 서유본의 집안 역시 유교적 학문을 바탕에 두고 실용을 중시하는 실학자 집안이었다. 시아버지 서호수(1736~1799)는 『해동농서』 등을 저술한 대학자이고, 조선 후기 최고의 실용서로 알려진 『임원경제지(林園經濟志)』를 쓴 서유구(徐有榘, 1764~1845)는 서유본의 동생이다.

조선시대 여성이 쓴 요리책

서유본의 집안이 옥사에 연루되며 큰 어려움에 처하고 경제적으로 곤궁해지면서 빙허각 이씨는 차밭을 일구며 생활하였다. 그때부터 그녀는 집안 살림을 경영한 자신의 경험과 생활 지식은 물론, 실학서의 내용까지 모아 51세의 나이에 가정생활 백과사전이라 할 만한 『규합총서』를 편찬했다. 서유본은 아내가 저술한 책에 '규합총서'라는 제목을 붙여주고 축하하는 시를 지어줄 정도로 자신보다 여러 면에서 뛰어났던 아내를 예우하였다. 『규합총서』는 한글 필사본으로 이리저리 흘러가 규방에서 많이 읽혔는데, 음식 관련 내용만 간추려 1869년(고종 6년)에 목판본으로 『간본(刊本) 규합총서』가 나왔고, 1915년에는 가정생활에 필요한 내용만 추리고 시대의 변천에 맞추어 새로운 내용을 추가한 필사본 『부인필지(夫人必知)』란 책도 나왔다.

『규합총서』는 「주사의(酒食議)」, 「봉임칙(縫紝則)」, 「산가락(山家樂)」, 「청낭결(靑囊訣)」, 「술수략(術數略)」 등 5권으로 나뉘어 기록되었다. 「주사의」에는 장 담그는 법, 술 빚는 법, 밥과 떡, 반찬의 제조와 조리법이 기록되었고, 「봉임칙」에는 누에치기, 길쌈, 염색, 수놓기, 옷을 만들고 수선하는 바느질 방법 등과 그릇 때우는 법, 불 켜는 법 등의 모든 잡방이 수록되었다. 「산가락」에는 논밭을 일구는 법, 꽃과 대나무의 관리, 가축 사육법 등 농가 생활에 필요한 모든 내용이 수록되었고, 「청낭결」에는 아이를 기르는 요령, 구급법, 약 복용 시 주의 사항 등 가족의 건강 문제에 관한 내용이 수록되었으며, 「술수략」에는 집의 방향에 따른 길흉, 재액막이와 더불어 무당에게 속지 않는 방법 등이 적혀 있다.

이렇게 풍부한 내용을 담을 수 있었던 것은 빙허각 이씨의 살림살이 경험뿐만 아니라 『본초강목』, 『예기(禮記)』, 『산림경제』, 『동의보감』 등 여러 가지 책을 인용하였기 때문이다. 인용한 책 이름은 작은 글씨로 따로 표기하였고 자신의 의견과 경험 및 결과도 부가하며 자세하게 서술하였다.

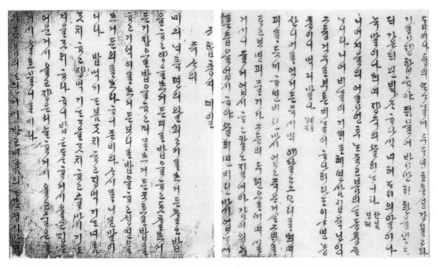

▲ 『규합총서』 필사본 중 「주사의」 시작 부분(왼쪽)과 인용 출처를 밝힌 부분(오른쪽). 『본초강목』, 『산림경제』 등 출처가 적혀 있다.

음양오행의 원리를 실천한 한국음식

「주사의」 서두에는 중국의 고대 유교 경전인 『예기』 「내칙(內則)」 편의 내용을 인용한 글이 나온다.

> 밥 먹기는 봄같이 하고, 국 먹기는 여름같이 하며, 장 먹기는 가을같이 하며, 술 먹기는 겨울같이 하라 하니, 밥은 따뜻한 것이 옳고, 국은 더운 것이 옳고, 장은 서늘한 것이 옳고, 술은 찬 것이 옳음을 말한 것이다.
>
> 무릇 봄에는 신 것이 많고, 여름에는 쓴 것이 많고, 가을에는 매운 것이 많고, 겨울에는 짠 것이 많으니 맛을 고르게 하면 미끄럽고 달다 하였으니, 이 네 가지 맛이 목(木), 화(火), 금(金), 수(水)에 해당하는 바라. 그때 맛으로써 기운을 기르는 것이니, 사시(四時, 계절)를 다 고르게 한즉 달고 미끄러움은 토(土)를 상징하는데 비위(脾胃) 빛인 고로 비위를 열게 함이다.

밥과 국은 우리 음식을 대표하고, 장은 반찬의 바탕이자 우리 식생활의 주요한 단백질 공급원이다. 술은 제사나 혼례 등 의례에는 꼭 빠지지 않는다. 이렇게 우리 식생활의 바탕이 되는 음식의 맛을 제대로 내려면 음식마다 온도를 잘 맞추고 유지해야 한다는 뜻이다. 또 이 부분은 음식의 온도 등 성질과 계절이나 맛의 조화로움, 즉 음양오행 사상도 강조한 것이다. 동양에서 음양오행설은 중요한 철학이어서 음식에서도 음양오행의 원리를 실천하고자 했다. 신맛, 쓴맛, 단맛, 매운맛, 짠맛이라는 오미의 어우러짐과 계절의 조화까지 고려해 음식을 섭취해야 건강할 수 있다고 본 것이다.

젓갈과 고추를 넣은 김치의 등장

이 책에 등장하는 김치에는 해물, 젓갈, 고추 등이 본격적으로 사용된다. 섞박지는 무와 배추를 절여 독에 담고 가지, 동아, 젓갈, 고추, 양념, 해물 등을 켜켜이 올린 뒤 조기젓국, 굴젓국으로 맛낸 김칫국을 넉넉히 부어서 우거지를 덮어 익힌다. 어육김치는 절인 오이나 가지에 청각, 마늘, 파, 생강, 고추를 켜켜이 넣어 소고기, 대구, 민어, 북어 등의 머리나 껍질을 끓인 육수를 부어 익힌다. 이전의 김치는 대부분 채소류를 소금에 절이거나 후추, 천초 등을 넣었는데, 이 책의 김치는 해물을 사용하고 젓갈과 고추, 양념을 풍부하게 이용하여 숙성시킨다. 이를 통해 조선시대의 김치가 오늘날 우리가 흔히 먹는 김치로 점차 발전되는 과정을 엿볼 수 있다.

동치미는 무뿐 아니라 오이, 배, 유자, 파, 씨를 뺀 고추 등의 양념을 넣고 익힌다고 나오는데 이는 궁중과 사대부가의 대표적인 동치미 조리법이다. 평생 서울에서 살아온 빙허각 이씨의 요리책은 서울의 음식 문화를 눈여겨볼 수 있는 자료라 하겠다.

『규합총서』 중 「주사의」에 기록된 음식 내용

분류	내용
예기팔진(禮記·八珍), 천자(天子)가 먹는 여덟 가지 음식	순오(淳熬), 순모(淳母), 포돈(炮豚), 포양(炮牂), 도진(擣珍), 자(漬), 오(熬), 간요(肝膋)
후세팔진(後世八珍)	용간(龍肝, 용의 간), 봉수(鳳髓, 봉의 부리), 표태(豹胎, 표범 태), 성순(猩脣, 성성이 입술), 웅장(熊掌, 곰 발바닥), 타봉(駝峰, 약대 등마루에 난 길마살, 낙타 혹), 이미(鯉尾, 잉어 꼬리), 효적(梟炙, 올빼미 구이, 부엉이 구이)

중국 명절 음식명 (中原四時名節所食之名)	원앙난-원일, 유화명주-상원, 옥반·육일채-인일, 날반도-이월 보름, 수리행주-상사, 동릉죽-한식, 지천준담-사월 팔일, 여의원-중오, 녹하포자-복일, 날계연-이사일의 밥, 나후라반-칠석, 완월갱-중추, 우란병담-중원, 미금-중양절 떡, 의반-동지, 훤초면-납일, 법왕료두-납팔
음식명	신치월화반(새로 다스린 달빛 밥), 비란회(난이 나는 회), 향취순갱(향기 나고 푸른 메추라기국), 천일장(일천 날 장), 용수적(용의 수염 구이), 춘향범탕(봄 향기가 뜨는 탕), 천금대향병(천금으로 빻은 향기로운 떡), 연주기육(구슬을 연하듯이 일어나는 고기), 탕장부평면(부평을 꾸며 끓인 국수)
별미	귀비홍(붉은 타락의 맛을 더한 것), 준순장(고기와 양의 채로 만든 것), 옥로단(타락으로 만든 것), 광명하적(생새우로 만든 적), 금은협화평절(깨를 곱게 빻아 조각조각 만든 것), 봉황대(잡고기 흰 살로 만든 것), 백용구(쏘가리 고기로 다스린 것), 통화연우장(양의 골과 소를 넣어 만든 것), 승평적(양과 사슴의 혀 삼백 개를 베어 만든 것), 홍양지장(양의 네 발굽 위를 베어 만든 것), 견풍욕(기름을 끼얹은 떡), 서강요(도라지를 가르고 두드려 만든 것), 한궁기(능인 꽃으로 지진 것)
사대부 음식 먹을 때 다섯 가지를 생각하라 (士大夫 食時五觀)	1. 공부의 다소를 헤아리고 저것이 어디서 왔는가 생각해보라. 2. 대덕을 헤아려 섬기기를 다할 것이다. 3. 마음에 과하고 탐내는 것을 막아 법을 삼아라. 4. 좋은 약으로 알아 형상의 괴로운 것을 고치게 하라. 5. 도업을 이루어놓고서야 이 음식을 받아먹을 것.
먹지 말 것(不食)	자라의 새끼, 개의 비위, 돼지의 머리 골, 생선의 乙자 모양 뼈, 자라의 똥집, 꿩의 짧은 꼬리, 닭의 간, 푸른 기러기, 죽지 깃이 푸른 물오리, 솔개의 간, 사슴의 비위와 간, 여우의 머리, 삶의 등마루, 토끼의 골에 붙은 것
여러 나라 술 이름 (諸國酒名)	오손국, 천축국-수타락(반야탕), 진랍국, 돈손국, 섬라국, 대원국, 중산-천일주, 구루국-선장주, 계양-정향주, 서량-준순주, 유리국-미인주
옛 후비가(后妃家)에서 만든 술 이름	고태황태후-향천(향샘), 조태후-영옥·영취옥, 정황후-곤의(서해도), 장온성황후-영록(맑고 아름다운 술), 향태후-천순(하늘의 순전한 것), 유명달황후-요지(구슬못), 주태비-경소(구슬타락)

술 이름 사기(酒小史)	춘추적-초장주(후추장술), 고우-오가피주(약재술), 안성-의춘주(봄에 마땅한 술), 서경-금장료(금장의 술), 장안-신풍주(유명한 술), 노주-진주홍(진주같이 붉은 술), 항성-추로백(가을이슬로 담가 순전하고 맵더라), 관중-상락주(뽕이 떨어질 때 빚는 술), 처주-금반로(금반의 이슬), 상주-쇄옥(옥을 빻은 것), 비현-비통주(대통으로 빚은 술), 회남-예록춘(녹두로 빚은 술), 계주-의인주(율무씨 술), 운안-국미주(누룩쌀술), 정주-사가춘(사가의 붉은 것), 건창-마고주(마고의 방문술), 서역-포도주(기운을 보하나 성이 뜨거워 북인은 좋고 남인은 해롭다), 오손국-청전주, 안정군왕-동정춘색(동정의 봄빛), 남만-빈랑주(약재로 한 술), 호주-옥정추향(이태백이 먹던 술), 소동파-나부춘(나부산 봄), 육사형-송료(솔잎 술), 왕공권-여지록(여지 푸른 것), 송덕용-월파(달 물결), 한무-백미지주(일백 가지 맛의 술), 위징-영록취도(맑고 아름다운 푸른 물결), 송유후-옥유(옥 기름), 유습유-옥로춘(옥, 이슬, 봄 같은 술), 이태백-옥부량(이 술을 이태백이 즐겼다)
술잔 이름 기록한 것	주잔-경배(구슬잔), 남창국-대모분, 주 무왕-상만배(늘 가득한 잔), 진시황-적옥옹(붉은 옥독), 한 무제-옥배, 당무덕-파려배, 내고의 잔-자란배(스스로 덮는 잔), 위후-마노합·옥술잔, 고려국-자하배(붉은 노을잔), 계빈국-수정배, 발해국-앵우(나무혹바리), 파지국-문라치(무늬 있는 소라잔), 서융-주배등, 산마한아국(계빈국)-조세배(세상을 비추는 보배)
술 마시는 이야기(飮論)	
약주	구기주, 오가피주, 술 빚는 좋은 날, 술 못 빚는 날, 화향입주방, 도화주, 연엽주, 두견주, 소국주, 과하주, 백화주, 감향주(자제신증), 송절주, 송순주, 한산춘, 삼일주, 일일주, 방문주, 녹파주, 오종주방문, 술이 시거든, 술이 더디 괴거든, 소주 고을 때, 술의 독이 치아에 들기 때문에, 양정수 생주가, 음주금기(음주 후 먹어서는 안 될 것), 성주불취(술이 깨고 취하지 않는 법), 단주방(술 끊는 방법), 모든 술이 깨고 병 안 들게 하는 약법-신선불취단·만배불취단 등, 취향보설, 유황배법, 자하배법, 어아주
장 제조법	장 담그는 길일, 꺼리는 날, 장 담그는 물, 어육장, 청태장, 급히 청장 만드는 법, 고추장, 청육장, 즙지히, 즙장
초	초 빚는 길일, 꺼리는 날
밥, 죽	팥물밥, 오곡반, 약식, 타락, 우분죽, 구선왕도고 의이, 삼합미음, 진자죽, 의이죽, 호두죽, 갈분의이
다(차)품	다백희, 계장, 귀계장, 매화차, 포도차, 매자차, 국화차

반찬	(침채), 섞박지, 어육침채, 동과섞박지, 동침이, 동가침채, 동지, 용인과지법, 산갓침채, 장짠지(2), 전복침채
어품류	세어법, 자어법(끓이는 법), 생선 굽는 법, 완자탕, 잉어(2), 분골니법(잉어 뼈 무르게 만드는 법), 진어, 진어 뼈 없이 하는 법, 부어 굽는 법, 부어찜, 석수어(조기)(2), 하돈 끓이는 법, 수어, 궐어, 은구어, 오적어, 청어젓, 교침해, 백어, 노어, 문어, 송어, 민어, 점어(머역기), 현어(가물치), 홍합, 해삼, 생복, 대구어, 별(자라), 위어, 해(게), 맹선의 음식본초, 게 오래 두는 법, 주초해법, 염해법, 장해법, 게 굽는 법, 게찜, 물고기 상극류
육품제수	편포, 약포, 진주좌반, 장볶이, 설하멱, 족편, 쇠창자방, 쇠꼬리, 개고기, 증구법, 녹육, 양육, 저육, 증돈, 저피수정회법, 제육새끼집, 아저찜, 제육 굽는 법
치계(꿩 · 닭)류	봉총찜, 순조(메추라기), 진초(참새, 잣나무새), 연계찜, 열구자, 승기악탕, 변시만두, 칠향계, 금육유독(새 고기 독 있는 것)
–	전유어, 조화계란법
채소류	송이찜, 죽순채, 신감초, 동과선, 월과채, 임자자반, 다사마자반, 섥자반
병과류	복령조화고, 복령병, 백설고, 권전병, 유자단자, 원소병, 또 원소병 한법, 신감초단자, 석탄병, 도행병, 신과병, 혼돈병, 토란병, 남방감저병, 잡과편, 증편, 석이병, 두텁떡, 기단가오, 서여향병, 송고병, 상화, 무떡, 백설기, 빙자, 대추주악, 화전, 송편, 인절미, 화면, 난면, 왜면, 유밀과, 강정, 매화산자, 밥풀산자, 묘화산자, 메밀산자, 감사과, 연사, 연사라교, 계강과, 생강과, 건시단자, 밤주악, 황률다식, 흑임다식, 용안다식, 녹말다식, 산사편, 쪽정과, 앵두편, 복분자편, 모과 거른 정과, 모과쪽정과, 살구편 · 벗편, 유자정과, 감자정과, 전동과정과, 선동과정과, 천문동(정과), 생강(정과), 왜감자(정과), 향설고, 유리류정과, 순정과, 준시 만드는 법, 황률 말리는 법, 밤 구울 때 타지 않게 하는 법
실과 수장법	생률, 배, 능금, 홍시, 연시 만드는 법, 생감, 석류, 감자 · 귤, 복숭아, 포도, 수박, 참외
제채 수장법	나복(무) · 만청(순무), 동과 · 월과(호박), 황화(오이) · 가지, 마른 송이, 목두채(두릅), 배추 뿌리, 신감초, 고사리, 양제자(소루쟁이), 죽순, 마늘, 고추

제과유독	복숭아나 살구의 씨가 둘 있는 것, 은행 많이 먹지 말 것, 감은 술이나 무와 같이 먹지 말 것, 감과 배와 게를 같이 먹지 말 것, 땅에 떨어진 지 오래된 실과에는 개미가 꼬이니 먹지 말 것, 먼저 익어 떨어진 실과는 독한 벌레가 숨어 있으니 먹지 말 것, 물에 잠기는 참외는 먹지 말 것, 행인죽에 밀가루 들어가면 사람을 죽임
제채유독	9월 서리 맞은 외, 버섯(털 있는 것 · 아래 무늬 없는 것 · 삶아도 익지 않는 것 · 곪아도 벌레가 없는 것 · 삶은 물에 비출 때 그림자 보이지 않는 것 · 빛이 붉고 머리가 뒤틀린 것 · 단풍버섯)
수제유법	마자(참깨), 서과 씨(수박씨), 봉선화 씨, 소자(차조기), 순무 씨, 급히 기름내는 법(2), 임자유(들기름), 급히 들기름 짜는 법, 피마자유, 수유기름, 길패해유(면화씨)
–	조청법
부방(덧붙임)	광주백당법, 연안식해법, 현호선의 조상만염법, 자해청색법(게 푸르게 찌는 법), 쇄하불변홍색법(새우 말려 붉은빛 변치 않게 하는 법)
보유(빠진 것을 보탬) 신증	서과(수박), 제호탕, 전약, 전청매 · 청행(살구), 오매성주법(오매로 술 깨는 법), 유자청, 제호탕, 중계

※괄호 안의 숫자는 같은 요리를 만드는 방법의 수를 표기함

출처: 한식재단 한식아카이브

긴요한 내용을 간추려 엮은
간본 규합총서

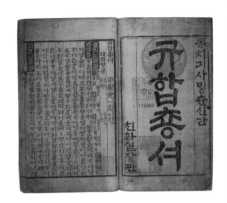

한글 필사본인 『규합총서』의 음식과
염색 부분 내용을 간추려 고종 6년
(1869년)에 친화실에서 목판본으로
인쇄한 책이다. 음식이 기록된 「주사
의」 부분에서도 중요하고 자주 활용
되는 것들을 가려 뽑은 것으로 보인
다. 간추린 내용은 다음과 같다.

약주방문
술 빚는 길일, 연엽주, 화향입주법, 두견주, 일년주, 약주, 과하주, 소주, 술 신
맛 구하는 법

장초법
장 담그는 길일, 장 담그는 법, 두부장, 집메주콩, 초 빚는 길일, 초법

반찬
섞박지, 동아섞박지, 설하멱적, 석이병, 송편, 증편, 잡과편, 빙자떡, 강정, 빙
사과, 매화산자, 밥풀산자, 묘화산자, 약과법, 중계법, 앵두편, 향설고, 계강
과, 건시단자

잡음식
약식, 동과증, 도랏병, 식혜

음식 외에도 여러 가지 색깔의 염색법, 비단 색에 따른 다듬이질 방법, 빨래하는
법, 옷과 비단의 좀 없애는 법 등을 수록했다.

임원경제지 林園經濟志

1827년

조선 후기에는 실학자들에 의해 실생활에 이용할 수 있는 백과사전식 농업 관련 책이 많이 발간되었다. 이런 책에는 작물 경작, 묘목과 화초 가꾸기, 가축 사육, 주택의 위치 선정과 건축, 응급처지, 구황 식품, 길흉일, 식품 저장, 조리 가공법 등의 실용적인 정보가 다양하게 수록되었다. 홍만선의 『산림경제』와 뒤를 이은 유중림의 『증보산림경제』, 서유구의 『임원경제지(林園經濟志)』 등이 대표적인 책이다.

『임원경제지』는 조선 후기 실학자인 서유구(徐有榘, 1764~1845)가 1827년 편찬한 책으로, 실생활에 필요한 기술과 지식을 담았다. 이 책은 곡식 경작을 다룬 「본리지(本利志)」, 채소 농사 관련 「관휴지(灌畦志)」, 화훼 농사 관련 「예원지(藝畹志)」, 과일과 나무 관련 「만학지(晚學志)」, 의복 제작을 다룬 「전공지(展功志)」, 날씨 예측에 관한 「위선지(魏鮮志)」, 가축 사육과 사냥법을 다룬 「전어지(佃漁志)」, 음식 관련 「정조지(鼎俎志)」, 집짓기 관련 「섬용지(贍用志)」, 건강하게 사는 법을 다룬 「보양지(保養志)」, 치료법 전반에 관한 「인제지(仁濟志)」, 지방의 관혼상제 등 의식을 다룬 「향례지(鄕禮志)」, 음악 등 각종 기예를 풀이한 「유예지(遊藝志)」, 선비들의 취미 생활을 서술한 「이운지(怡雲志)」, 우리나라 지리 전반을 살펴본 「상택지(相宅志)」, 상업적 활동을 다룬 「예규지(倪圭志)」로 나뉜다. 농업뿐 아니라 전원생활을 하는 선비에게 필요한 지식과 기술, 그리고 기예와 취미 등 일상생활에서 필요한 요소를 모두 다루었다. 16가지 분야[志]로 나뉘어 있어 이 책을 『임원십육지(林園十六志)』라고도 한다.

『임원경제지』는 113권 52책으로 방대한 분량이며, 인용한 책만 해도 한국과 중국, 일본의 저서와 자신이 저술한 책 7종을 포함하여 모두 893여 종에 달한다. 크기는 가로 18.8㎝, 세로 26.4㎝이고, 한문 필사본 형태로 남아 있으며 활자나 목판으로 간행된 적은 없다.

서유구는 집안 학문의 전통을 이은 인물이다. 할아버지는 대제학을 지내고 『고사신서(攷事新書)』를 쓴 서명응(徐命膺)이고, 형은 서유본, 형수는 『규합총서』를 쓴 빙허각 이씨다. 『해동농서』를 지은 아버지 서호수의 영향을 받아 농업 분야에 깊은 관심을 가지고 농업 기술과 농지 경영을 서술한 『행포지(杏浦志)』, 농업 경영과 유통 경제에 초점을 둔 『금화경독기(金華耕讀記)』 등을 저술하여 농민의 생활 향상에 일조하였다.

1834년에 전라감사로 있으면서 흉년을 맞은 농민의 구황을 위해 『종저보(種藷譜)』를 편찬하였고 『난호어목지(蘭湖漁牧志)』, 『누판고(鏤板考)』 등도 저술했다. 나이가 들어서는 벼슬에서 물러나 그간의 글들을 모으고 다듬고 덧붙여 엄청난 분량의 『임원경제지』를 완성하였다.

조리법에 따라 분류된 음식들

음식에 관한 내용은 16가지 분야 중 「정조지(鼎俎志)」(권41~47)에 체계적으로 서술되었다. 여기서 '정(鼎)'은 발이 세 개 달리고 양쪽에 귀가 있는 솥을 뜻하는 글자이며, '조(俎)'는 제향에 쓰는 희생물을 담는 제기로, 도마를 뜻한다. '정조'는 솥과 도마로 음식을 만들고 차려내는 데 중요한 기물이다. 정조를 부엌으로 해석하기도 하는데, 비슷한 발음의 정주(鼎廚), 정지(鼎地) 등은 강원, 경상, 전라, 충북 지역에서 부엌을 이르는 말이다.

「정조지」의 식감촬요(食鑑撮要)에는 수류(水類), 곡류(穀類), 채류(菜類), 과류(菓類), 수류(獸類), 금류(禽類), 어류(魚類), 미류(味類) 여덟 가지로 세분하여 식재료를 설명하였다.

그 다음에는 취류지류(炊餾之類), 전오지류(煎熬之類), 구면지류(糗麪之類), 음청지류(飮淸之類), 과정지류(菓飣之類), 교여지류(咬茹之類), 할팽지류(割烹之類), 미료지류(味料之類), 온배지류(醞醅之類)라 하여 조리법별로 음식을 분류했고 조

▲ 『임원경제지』 중 음식 부분을 다룬 「정조지」의 표지(왼쪽)와 본문 중 식감촬요 부분(오른쪽)
(출처: 고려대학교 해외한국학자료센터)

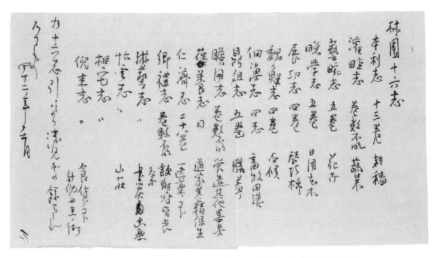

▲ 목차 부분. 1991년 복제한 영인본이다. (출처: 고려대학교 해외한국학자료센터)

리법을 설명하기에 앞서 먼저 총론을 서술했다. 마지막으로 절식지류(節食之類)에는 1월 정조부터 12월 납평에 이르기까지 절기에 쓰이는 음식이 나온다.

1900년대 초에 나온 조리서 『조선무쌍신식요리제법(朝鮮無雙新式料理製法)』에 「정조지」의 일부 내용이 번역되어 실리기도 했다.

「정조지」는 중국 문헌을 많이 인용한 까닭에 수록된 음식들이 실제 한국 음식의 모습이 아닌 것이 많다. 또한 조선 후기 대부분의 조리서는 술이나 장, 식초 등 저장식을 맨 처음에 기록하고 밥은 거의 다루지 않았는데, 「정조지」는 밥으로 시작하여 양념, 술 제조법, 시절 음식으로 마감한다. 1800년대 말부터 근대의 조리서들이 「정조지」의 음식 분류 방식 및 순서를 비슷하게 따른 것을 보면 이 책이 음식을 조리법으로 구분하는 분류 체계의 기틀을 마련한 셈이 아닌가 한다.

『임원경제지』 중 「정조지」에 기록된 음식 내용

분류	음식명
수류(水類)	정수(井水), 유수(流水), 산엄천수(山嚴泉水), 음지류천(陰地流泉), 택중정수(澤中停水), 사하중수(沙河中水), 양산협수(兩山夾水), 온천수(溫泉水), 유혈수(乳穴水), 우수(雨水), 하빙(夏冰)
곡류(穀類)	갱미(稉米), 나미(糯米), 속미(粟米), 출미(秫米), 황량미(黃粱米), 백량미(白粱米), 청량미(靑粱米), 직미(稷米), 서미(黍米), 촉서(蜀黍), 옥촉서(玉蜀黍), 삼자(穄子), 패미(稗米), 고채(菰菜), 인미(茵米), 봉초미(蓬艸米), 사초미(籭艸米), 앙미미(狼尾米), 의이미(薏苡米), 비미(粃米), 소맥(小麥), 대맥(大麥), 교맥(蕎麥), 작맥(雀麥), 흑대두(黑大豆), 황대두(黃大豆), 적소두(赤小豆), 녹두(綠豆), 완두(豌豆), 잠두(蠶豆), 강두(豇豆), 변두(藊豆), 도두(刀豆), 여두(黎豆), 호마(胡麻), 백유마(白油麻), 임자(荏子)
채류(菜類)	총(葱), 소산(小蒜), 대산(大蒜), 해(薤), 운대(蕓薹), 강(薑), 개(芥), 번초(番椒), 만청(蔓菁), 라복(蘿葍), 동호(同蒿), 호유(胡荽), 사호(邪蒿), 회향(茴香), 라륵(羅勒), 한(蔊), 파릉(菠薐), 옹채(蕹菜), 군달(莙薘), 제(薺), 석명(菥蓂), 번루(繁縷), 원장초(鷄腸草), 목숙(苜蓿), 현(莧), 마치현(馬齒莧), 고거(苦苣), 백거(白苣), 와거(萵苣), 즙(蕺), 궐(蕨), 미(薇), 교요(翹搖), 녹곽(鹿藿), 회조(灰藋), 려(藜), 간(芉), 감로자(甘露子), 죽순(竹筍), 양제(羊蹄), 규(葵), 망우채(忘憂菜), 우방(牛蒡), 가(茄), 호(瓠), 동과(冬苽), 남과(南苽), 호과(胡苽), 사과(絲苽), 왕과(王苽), 월과(越苽), 목이(木耳), 삼균(杉菌), 향심(香蕈), 송심(松蕈), 갈화채(葛花菜), 마고(蘑菰), 토균(土菌), 석이(石耳), 지이(地耳), 자채(紫菜), 녹각채(鹿角菜), 해조(海藻), 해온(海蘊), 해대(海帶), 곤포(昆布), 건태(乾苔), 순(蓴), 수조(水藻), 부채(荂菜), 빈(蘋), 평봉초(萍蓬草)
과류(菓類)	이(李), 행(杏), 매(梅), 도(桃), 율(栗), 조(棗), 리(梨), 목과(木苽), 산사(山樝), 내(柰), 임금(林檎), 시(柿), 군천자(君遷子), 석류(石榴), 감(柑), 유(柚), 앵두(櫻桃), 은행(銀杏), 호두(胡桃), 진(榛), 상(橡), 여지(荔枝), 용안(龍眼), 비자(榧子), 해송자(海松子), 촉초(蜀椒), 호초(胡椒), 식수유(食茱萸), 명(茗), 사당(沙糖), 첨과(甜苽), 서과(西苽), 포도(葡萄), 감저(甘藷), 서여(薯蕷), 백합(百合), 황정(黃精), 오미자(五味子), 복분자(覆盆子), 영욱(蘡薁), 선후도(獼猴桃), 연자(蓮子), 우(藕,) 기실(芰實), 검실(芡實), 오우(烏芋), 자고(慈姑)
수류(獸類)	우(牛), 저(猪), 구(狗), 양(羊), 야저(野猪), 웅(熊), 산양(山羊), 녹(鹿), 미(麋), 장(麞), 토(兔)
금류(禽類)	계(雞), 치(雉), 순(鶉), 합(鴿), 작(雀), 호작(蒿雀), 반구(斑鳩), 아(鵝), 가압(家鴨), 야압(野鴨)

	어류(魚類)	이(鯉), 즉(鯽), 치(鯔), 궐(鱖), 로(鱸), 시(鰣), 예(鱧), 점(鮎), 석수어(石首魚), 하돈(河豚), 사어(沙魚), 오적어(烏賊魚), 장어(章魚), 석거(石距), 만려어(鰻鱺魚), 북고어(北薧魚), 화어(魻魚), 송어(松魚), 연어(鰱魚), 백어(白魚), 추어(鰍魚), 접어(鰈魚), 분어(鱝魚), 대홍하(大紅鰕), 하(鰕), 별(鼈), 해(蟹), 모려(牡蠣), 합리(蛤蜊), 문합(文蛤), 정(蟶), 담채(淡菜), 라(螺), 해삼(海蔘)
	미류(味類)	염(鹽), 장(醬), 초(醋), 마유(麻油), 봉밀(蜂蜜), 주(酒), 이당(飴餹), 소(酥)

『임원경제지』 중 「정조지」에 기록된 조리법 분류 체계

대분류	소분류	설명
취류지류 (炊餾之類)	반(飯, 밥)	한 번 찐 쌀은 분(餴), 밥에 김이 오르는 것은 류(餾)『설문해자』, 잡곡밥은 유(粗), 물에 말은 밥은 손(飱),『집운』, 국에 말은 밥은 찬(饡)이라 한다.『석명』.
	병이 (餅餌, 떡)	떡은 고(餻), 이(餌), 자(瓷), 탁(飥)으로 표현한다. 쌀가루를 쪄서 가루 낸 것은 이(餌), 밥을 지어서 푹 익힌 다음 찧은 것은 자(瓷)이다. 기름에 지진 것은 유병(油餅), 꿀을 바른 것을 당궤(餹饋)라고 한다.
전오지류 (煎熬之類)	죽(鬻)	된 죽을 전(饘), 묽은 죽을 죽(鬻), 빽빽한 죽을 미(糜), 물이 많은 것을 죽(鬻), 맑은 죽을 이(酏)라고 한다.
	이당 (飴餳, 엿)	묽은 엿을 이(飴), 진한 엿을 당(餳), 단단해진 당을 석(錫), 탁한 것을 포(鋪)라고 한다.『석명』. 우리나라 사람들은 엿을 흑당(黑糖), 당을 백당(白糖)이라 한다.
구면지류 (糗麪之類)	초(麨), 미숫가루	초(麨, 미숫가루)는 초(炒, 볶는다)의 뜻에서 이름 붙여졌으며, 볶은 향이 있으므로 구(糗)라고도 한다.
	면(麪)	우리나라에서는 마른 것(시루나 대그릇에 찐 것)을 병(餅)이라고 하고 젖은 것(끓여 삶거나 수인(水引, 물에 담갔다 쓰는 국수)과 같은 종류)을 면(麪)이라고 한다.
	만두(饅頭)	만두는 훈채와 채소, 마른 것과 습한 것의 만드는 법이 다르다. 『옹희잡지』.

음청지류 (飮淸之類)	탕(湯)	『주례』의 육음육청(六飮六淸)이 탕(湯)과 장(漿)의 시초이며 후세에는 향약(香藥)을 끓여서 마시는 것을 탕이라고 하였다.
	장(漿)	장은 마시면 시원하거나 따뜻하여 몸 상태에 잘 맞는다고 하였다. 『석명』, 주정(酒正)의 사음지물(四飮之物) 중 세 번째가 장(漿)이라고 하였다. 『주례』.
	차(茶)	몸에 이로운 잎이나 꽃 등을 달여 마시는 것을 차(茶)라고 부르는데, 원래는 차가 아닌 탕(湯)이나 장(漿) 종류에 속한다. 『고사십이집』.
	갈수(渴水)	목마를 때 마시는 물을 말하며, 향약이나 과일을 설탕에 절인 것이다. 갈수도 탕(湯)이나 장(漿) 종류에 속한다. 『옹희잡지』.
	숙수(熟水)	향약을 달여서 만든 것으로 송나라 사람들은 자소숙수(紫蘇熟水)를 제일로 쳤다. 『거가필용』.
과정지류 (菓飣之類)	밀전과 (蜜煎果)	과(菓)와 라(蓏)는 열매를 꿀에 조린 것으로 우리나라에서는 정과(正果)라고 부른다. 『옹희잡지』.
	당전과 (餹纏菓)	사탕수수를 활용하여 만든 것 중 여러 가지 색깔의 과라(菓蓏)를 넣어 만든 것을 당전(餹煎)이라고 한다.
	부(附)- 첨식(甜食)	중국 사람들은 당로(糖滷)를 밀가루로 반죽한 것을 첨식(甜食)이라 부른다. 과자류에 속하는 것을 모아 당정과 아래 항목으로 분류한다.
	포과(脯菓)	말린 고기나 말린 과일을 모두 포(脯)라고 부르는데, 말려서 가루를 낸 것을 과유(菓油) 또는 과면(菓麵)이라 하고 그 가루를 꿀에 반죽해 찍어낸 것을 과병(菓餠)이라 한다. 우리나라에서는 다식(茶食)이라고도 한다. 『옹희잡지』.
	외과(煨菓)	과(菓)와 라(蓏)는 오곡을 돕는 것이지만 너무 많이 먹으면 몸에 좋지 않다. 구워서 익혀 만드는 것으로 소금이나 시(豉)를 넣지 않는다. 『옹희잡지』.
	법제과 (法製果)	과일이나 채소도 날것은 찬 성질이 있거나 독이 있을 수 있는데, 약을 만들 때 이것들을 써서 굽거나 섞어 물에 담가 치우친 성질을 바로잡고 독을 제거한다. 『옹희잡지』.
	첨과(黏菓)	밀가루에 꿀을 넣어 반죽한 후에 기름에 지진 것을 이(餌)라 하는데, 우리나라 사람들은 유밀과(油蜜果)라고도 하며 지금의 산자를 이른다. 『옹희잡지』.

교여지류 (咬茹之類)	엄장채 (醃藏菜)	엄(醃)은 절인다는 뜻으로 절여서 저장하는 것을 말하는데, 겨울이 되어 채소를 재배할 수 없을 때 소금으로 절이는 저장법을 사용했다. 절일 때는 소금, 술지게미, 향료 등을 사용한다.『옹희잡지』.
	건채(乾菜)	생채소를 말려 포(脯)로 만든 것으로, 편으로 썰거나 길게 썰어 말리기도 하고 향약에 절여 말리기도 한다. 엄장채와 같이 겨울 대비용 채소 저장법이다.『옹희잡지』.
	식향채 (食香菜)	식향은 식품 재료와 향약을 겸하여 쓰는 것으로 회향, 시라, 자소, 계피, 천초 등이 있다. 이것들을 다른 채소와 함께 섞어서 사용하면 맛과 향이 더하다.『옹희잡지』.
	자채(鮓菜)	자(鮓)는 생선을 저장하는 것을 이르는 말인데, 소금과 쌀로 생선 살을 발효시킨다. 후세에는 쌀, 누룩, 소금, 기름 등으로 채소를 발효시킨 것도 자(鮓)라고 했다.『고사십이집』.
	제채(齏菜)	『석명』에서는 소금과 쌀로 생선을 발효시키는 방법은 제(齏)와 자(鮓)가 비슷하다 했다. 그러나 제는 자와는 달리 소금, 장, 생강, 마늘과 짜고 매운 것을 섞는다는 점에서 차이가 난다.『옹희잡지』.
	저채(菹菜)	저채는 날것을 발효시킨 것으로, 다른 말로 엄채(醃菜), 제채(齏菜)라 부른다. 저(菹)는 한 번 익으면 바로 먹을 수 있고, 엄채는 다시 한 번 씻어 먹어야 하며, 제는 저와는 달리 잘게 잘라 발효시킨다.『옹희잡지』.
할팽지류 (割烹之類)	갱확(羹臛)	갱(羹)은 죽(粥)으로, 조육류나 수육류, 어패류 등을 넣어 끓인 죽을 모두 갱이라 부른다. 갱이 전체적인 이름이라면, 그중 고기가 들어간 것은 확(臛)이라 한다.『설문해자』,『소전』,『예기』,『옹희잡지』.
	번적(燔炙)	번(燔)과 적(炙)은 모두 고기를 굽는다는 뜻인데 가까운 불에 구워 먹는 것을 번, 먼 불에 굽는 것을 적이라 한다.
	회생(膾生)	생선이나 고기를 잘게 자르는 것을 회(膾)라 하며 날것을 쓴다.『석명』,『옹희잡지』.
	포석(脯腊)	얇게 떠서 말린 것을 포(脯)라고 하고, 작은 것을 통째로 말린 것을 석(腊)이라 한다.『옹희잡지』.
	해자(醢鮓)	생선 살에 소금과 쌀죽을 섞어 발효시킨 것을 해(醢)라 하는데, 자(鮓) 또한 소금과 쌀죽을 뜻한다. 날짐승, 들짐승, 생선, 조개류, 갑각류 등의 고기는 모두 절여서 발효시켜 만들 수 있다.『옹희잡지』.
	엄장어육 (醃藏魚肉)	어육을 절여서 저장하는 것으로, 소금이나 술지게미에 담가 오래 두어도 상하지 않게 하는 방법이다.『옹희잡지』.
	임육잡법 (飪肉雜法)	고기를 익히는 방법이다.

미료지류 (味料之類)	염(鹽)	염(鹽)이라는 글자는 그릇 속에 소금을 넣고 달이는 모양을 형상화한 것이다. 중국에는 소금 종류가 다양하나, 우리나라는 삼면이 바다로 둘러싸여 있어 바닷소금 외에는 다른 종류가 없다. 『옹희잡지』.
	장(醬)	중국에서는 콩류, 밀, 보리, 삼(麻), 녹말, 느릅나무 열매 등으로 만든 장 등 다양한 장이 있지만 우리나라에서는 오직 대두(大豆)로 만든 두장(豆醬)만을 쓴다. 『옹희잡지』.
	시(豉)	시(豉)는 기(嗜)라고도 하는데, 오미의 조화에는 반드시 필요한 것이며 진정한 단맛을 즐길 수 있게 된다. 『옹희잡지』.
	초(醋)	쌀, 보리, 쌀겨, 술지게미, 과일, 줄 등으로 식초를 빚는데, 식물의 독을 다스리는 효능이 있다.
	유락(油酪)	기름과 타락을 말한다. 유(油)는 곡물과 채소의 씨에서 짜낸 것이고 낙(酪)은 소와 양의 젖을 달인 것이다. 『옹희잡지』.
	부(附)- 취유제종 (取油諸種)	여러 종류의 씨에서 기름 짜는 법으로, 유락 아래에 붙여서 적는다.
	국얼(麴糵)	누룩과 엿기름. 누룩은 보리 띄운 것을 말하고 엿기름은 싹 튼 곡물을 말한다. 누룩은 술을 빚을 때 반드시 필요한 것이고 엿기름은 단맛을 내는 재료이다. 『옹희잡지』.
	임료(飪料)	양념. 단맛, 매운맛, 향기로운 것, 유제품 등 음식을 맛있게 하는 재료로 꼭 필요한 것이다.
온배지류 (醞醅之類)		양조잡법(釀造雜法), 이류(酏類), 주류(酎類), 시양류(時釀類, 계절의 기운을 빌려 빚는 술), 향양류(香釀類, 꽃, 잎, 향료를 넣어 빚는 술), 과라양류(菓蓏釀類), 이양류(異釀類), 순내양류(旬內釀類), 재차류(醱醝類), 앙료류(醠醪類), 예류(醴類), 소로류(燒露類), 의주제법(醫酒諸法), 수주의기(收酒宜忌) 부약양제품(附藥釀諸品), 상음잡법(觴飮雜法)
절식지류 (節食之類)		원조절식(元朝節食), 입춘절식(立春節食), 상원절식(上元節食), 중화절절식(中和節節食), 중삼절식(重三節食), 등석절식(燈夕節食), 단오절식(端五節食), 유두절식(流頭節食), 삼복절식(三伏節食), 중구절식(重九節食), 동지절식(冬至節食), 납평절식(臘平節食), 부절식보유(附節食補遺)

출처: 궁중음식연구원

동국세시기 東國歲時記

1849년

우리는 계절에 구애받지 않고 다양한 음식을 즐기는 풍요로운 시대에 살고 있다. 겨울에도 오이, 호박, 수박 등 신선한 채소과 과일을 구할 수 있어 이제는 계절 구분이 무색하게 여겨진다. 그러나 똑같은 작물이라도 제철에 나온 채소나 과일이 영양이 우수하고 건강에 좋다는 연구 결과가 많다. 계절의 흐름에 맞추어 살아온 선조들에게는 굳이 인식할 필요도 없는 당연한 사실이었을지 모르겠다.

해마다 절기나 달, 계절에 맞추어 의례를 행하는 세시 풍속은 농경사회에서 중요한 절차였다. 세시 풍속에는 무엇보다 음식과 관련된 행사가 많다. 제철에 나는 재료를 때에 맞게 조리해 먹거나 명절을 맞아 그 뜻을 기리면서 만들어 먹었다. 절기별로 고유한 풍속과 더불어 다양한 음식이 발달했는데 이런 음식을 시절식(時節食)이라 한다.

조선시대의 세시 풍속은 『동국세시기(東國歲時記)』를 비롯한 『경도잡지(京都雜誌)』, 『열양세시기(洌陽歲時記)』, 『한양세시기(漢陽歲時記)』, 『농가월령가(農家月令歌)』 등에 기록이 남아 있는데 절기마다 우리 선조들이 즐겼던 시절식도 잘 나타난다.

『동국세시기』는 조선 후기 문인 홍석모(洪錫謨, 1781~1857)가 한양부터 변방에 이르기까지 당대 조선 전국의 풍속을 정리하고 설명한 세시 풍속서이다. 가로 20.5cm, 세로 31cm 크기에 1책 42장이다.

이 책의 서문이 1849년(헌종 15년) 9월 13일에 쓰인 점으로 보아서 1849년에 편찬된 것으로 추정된다. 1911년 광문회(光文會)에서 이 필사본을 김매순(金邁淳, 1776~1840)의 『열양세시기』, 유득공(柳得恭, 1748~1807)의 『경도잡지』와 합본하여 1책의 활자본으로 발행했다. 여러 곳에서 인쇄된 이 합본은 우리나라 세시 풍속 연구의 중요한 문헌으로 활용되고 있다.

찬자인 홍석모는 홍문관 대제학을 지낸 홍양호(洪良浩, 1724~1802)의 손자로, 조부에게 학문을 배웠다. 아버지 홍희준(洪羲俊, 1761~1841)은 이조판서와 홍문관 제학을 지냈고 홍석모는 1826년(순조 26년) 동지정사(冬至正使)에 임명된 아버지를 따라 연행(燕行)을 다녀오기도 했다. 『동국세시기』의 서문에서 이자유(李子有, 1786~?)는 당시 홍석모의 재주를 아무도 알아주지 않아 그가 말단 관리에 머물렀고, 무료함을 달래느라 시문(詩文)을 썼다고 하였다. 젊어서부터 조선 팔도를 다니지 않은 곳이 없을 정도로 여행을 많이 했다는데 이때의 경험이 전국의 풍속을 널리 채집해 풍속서를 쓰는 데 밑거름이 되었을 것이다.

날짜별, 지역별로 기록된 세시 풍속과 시절식

『동국세시기』는 1월부터 12월까지 1년간의 세시 풍속을 월별로 정연하게 기록하였다. 단오나 추석처럼 날짜가 명확한 것들은 항목을 별도로 설정하여 설명했고, 날짜가 분명하지 않은 풍속들은 월내(月內)라는 항목 안에 몰아서 기

▲ 『동국세시기』 1911년 합본판 표지(위 왼쪽)와 서문(위 오른쪽), 정월 풍속(아래 왼쪽)과 시월 풍속(아래 오른쪽)을 다룬 본문.

술했다. 각 절기에 따른 시절 음식의 명칭과 재료를 자세하게 소개했는데 특히 정월과 3월, 6월, 10월, 11월의 시절 음식과 관련된 내용이 풍부하다.

조선 후기의 다른 세시기가 서울 지방의 풍속에 집중된 반면 『동국세시기』는 광주, 안동, 삼척, 춘천, 경주, 양서, 호남 등지의 지방 풍속을 다양하게 실은 것이 특징이다.

『동국세시기』에 기록된 절기별 음식 내용

월별	절기	음식명
정월	원일(元日)	세찬(歲饌), 세주(歲酒), 미분(米粉), 장고병(長股餅), 백병(白餅), 장수(醬水), 우치육(牛雉肉), 번초설(番椒屑), 병탕(餅湯), 습면(濕麪), 적두(赤豆), 나미분(糯米粉), 증병(甑餅), 미(米), 어(魚), 염(鹽)
	입춘(立春)	총아(蔥芽), 산개(山芥), 신감채(辛甘菜), 초장(醋醬), 당귀(當歸), 봉밀(蜂蜜)
	인일(人日)	관련 내용 없음.
	상해상자일(上亥上子日)	관련 내용 없음.
	묘일사일(卯日巳日)	관련 내용 없음.
	상원(上元)	나미(糯米), 조(棗), 율(栗), 유(油), 밀(蜜), 장(醬), 해송자(海松子), 약반(藥飯), 적소두죽(赤小豆粥), 생율(生栗), 호두(胡桃), 은행피(銀杏皮), 백자(栢子), 만청근(蔓菁根), 이당(飴糖), 청주(淸酒), 유농주(臞聾酒), 포(匏), 과(苽), 표심(蔈蕈), 대두황권(大豆黃卷), 만청(蔓菁), 나복(蘿蔔), 진채(陳菜), 과로(苽顱), 가피(茄皮), 만청엽(蔓菁葉), 채엽(菜葉), 해의(海衣), 복과(福裹), 오곡잡반(五穀雜飯)
	월내(月內)	관련 내용 없음.
이월	삭일(朔日)	백병(白餅), 두(豆), 송엽(松葉), 향유(香油), 송병(松餅), 적두(赤豆), 흑두(黑豆), 청두(靑豆), 밀(蜜), 조(棗), 근(芹)
	월내(月內)	관련 내용 없음.

삼월	삼일(三日)	두견화(杜鵑花), 나미분(糯米粉), 향유(香油), 화전(花煎)·오병(熬餠), 녹두분(菉豆粉), 오미자수(五味子水), 밀(蜜), 해송자(海松子), 화면(花麪), 녹두설(菉豆屑), 녹두면(菉豆麵), 밀수(蜜水), 수면(水麪)
	청명(淸明)	관련 내용 없음.
	한식(寒食)	주(酒), 과(果), 포(脯), 해(醢), 병(餠), 면(麵), 확(臛), 적(炙)
	월내(月內)	녹두포(菉豆泡), 저육(豬肉), 근묘(芹苗), 해의(海衣), 초장(醋醬), 탕평채(蕩平菜), 계자(鷄子), 수란(水卵), 황저합(黃苧蛤), 석수어(石首魚), 소어(蘇魚), 제어(鮆魚), 위어(葦魚), 하돈(河豚), 청근(靑芹), 유장(油醬), 독미어(禿尾魚), 서여(薯蕷), 밀(蜜), 과하주(過夏酒), 소국주(少麯酒), 두견주(杜鵑酒), 도화주(桃花酒), 송순주(松筍酒), 소주(燒酒), 삼해주(三亥酒), 감홍로(甘紅露), 벽향주(碧香酒), 이강고(梨薑膏), 죽력고(竹瀝膏), 계당주(桂當酒), 노산춘(魯山春), 갱미(粳米), 두(豆), 산병(饊餠), 송피(松皮), 청호(靑蒿), 환병(環餠), 마제병(馬蹄餠), 나미(糯米), 조육(棗肉), 증병(甑餠), 사마주(四馬酒), 송근(松根), 만청(蔓菁), 주육(酒肉)
사월	팔일(八日)	석남엽증병(石楠葉甑餠), 흑두(黑豆), 근채(芹菜)
	월내(月內)	나미분(糯米粉), 주(酒), 두(豆), 밀(蜜), 조육(棗肉), 증병(蒸餠), 당귀엽설(當歸葉屑), 황장미화(黃薔薇花), 어선(魚鮮), 고채(苽菜), 국엽(菊葉), 총아(葱芽), 석이(石耳), 숙복(熟鰒), 계란(鷄卵), 어채(魚菜), 육(肉), 어만두(魚饅頭), 초장(醋醬), 근(芹), 총(葱), 초장(椒醬)
오월	단오(端午)	애엽(艾葉), 갱미분(粳米粉), 고(餻)
	월내(月內)	대맥(大麥), 소맥(小麥), 고자(苽子), 두(豆), 염(鹽), 장(醬)
유월	유두(流頭)	갱미분(粳米粉), 장고단병(長股團餠), 밀수(蜜水), 수단(水團), 건단(乾團), 나미분(糯米粉), 소맥면(小麥麵), 두(豆), 임(荏), 밀(蜜), 상화병(霜花餠), 면(麵), 고(苽), 연병(連餠), 초장(醋醬)
	삼복(三伏)	구(狗), 총(葱), 구장(狗醬), 계(鷄), 순(笋), 번초설(番椒屑), 백반(白飯), 적소두죽(赤小豆粥)
	월내(月內)	직(稷), 서(黍), 율(栗), 도(稻), 소맥(小麥), 청과(靑苽), 계육(鷄肉), 백마자탕(白麻子湯), 감곽탕(甘藿湯), 면(麵), 남고(南苽), 저육(豬肉), 백병(白餠), 건면어두(乾鮸魚頭), 소맥면(小麥麵), 첨과(甜苽), 서과(西苽), 채과(菜果), 어선(魚鮮)

칠월	칠석(七夕)	관련 내용 없음.
	중원(中元)	소(蔬), 과(果), 주(酒), 반(飯)
	월내(月內)	조도(早稻)
팔월	추석(秋夕)	황계(黃鷄), 백주(白酒)
	월내(月內)	신도주(新稻酒), 조도송병(早稻松餠), 청근(菁根), 남과(南苽), 증병(甑餠), 나미분(糯米粉), 흑두분(黑豆粉), 황두분(黃豆粉), 지마분(芝麻粉), 인병(引餠), 자고(粢餻), 율육(栗肉), 밀(蜜), 율단자(栗團子), 토연단자(土蓮團子)
구월	구일(九日)	황국화(黃菊花), 나미고(糯米餻), 화전(花煎), 생리(生梨), 유자(柚子), 석류(石榴), 해송자(海松子), 밀수(蜜水), 화채(花菜), 동애(冬艾), 우육(牛肉), 애탕(艾湯), 나미분(糯米粉), 두분(豆粉)
시월	오일(午日)	적두증병(赤豆甑餠)
	월내(月內)	우유락(牛乳酪), 병(餠), 과(果), 적우육(炙牛肉), 유(油), 장(醬), 계란(鷄卵), 총(蔥), 산(蒜), 번초설(番椒屑), 난로회(煖爐會), 난난회(煖暖會), 우(牛), 저육(豬肉), 청과(菁苽), 훈채(葷菜), 장탕(醬湯), 열구자(悅口子)·신선로(神仙爐), 교맥면(蕎麥麪), 만두(饅頭)·증병(蒸餠)·농병(籠餠), 소총(蔬蔥), 계육(鷄肉), 두부(豆腐), 소맥면(小麥麪), 변씨만두(卞氏饅頭), 갱병(粳餠), 치육(雉肉), 저채만두(菹菜饅頭), 연포(軟泡), 밀(蜜), 애단자(艾團子), 밀단고(蜜團餻), 주(酒), 백마자(白麻子), 흑마자(黑麻子), 황두(黃豆), 청두분(靑豆粉), 이(飴), 건정(乾飣), 오색건정(五色乾飣), 해송자(海松子), 송자건정(松子乾飣), 나도(糯稻), 매화건정(梅花乾飣), 만청(蔓菁), 숭(菘)산(蒜), 초(椒), 염(鹽), 침저(沈菹), 동저(冬菹)
십일월	동지(冬至)	적두죽(赤豆粥), 나미분(糯米粉), 밀(蜜)
	월내(月內)	청어(靑魚), 갑생복(甲生鰒), 대구어(大口魚), 귤(橘), 유(柚), 감자(柑子), 교맥면(蕎麥麪), 침청저(沈菁菹), 숭저(菘菹), 저육(豬肉), 냉면(冷麪), 잡채(雜菜), 리(梨), 율(栗), 우(牛), 저육(豬肉), 유장(油醬), 면(麪), 골동면(骨董麪)·잡면(雜麪), 만청근(蔓菁根), 동침(冬沈), 건시(乾枾), 생강(生薑), 해송자(海松子), 수정과(水正果), 하염즙(鰕鹽汁), 만청(蔓菁), 숭(菘), 산(蒜), 강(薑), 초(椒), 청각(靑角), 복(鰒), 나(螺), 석화(石花), 석수어(石首魚), 염(鹽), 근(芹), 장(醬), 저(菹)
십이월	납(臘)	저(豬), 토(兎), 황작(黃雀)
	제석(除夕)	세육(歲肉)
	월내(月內)	세찬(歲饌), 생치(生雉), 건시(乾枾)
윤달		관련 내용 없음.

출처: 한식재단 한식아카이브

경도잡지(京都雜志)

조선 후기 실학자이자 시인인 유득공이 쓴
세시 풍속지이다. 1책 2권으로 구성된 한
문 필사본이며 정조 때 편찬한 것으로 추
정된다. 1권에는 의복, 음식, 주택, 시화(詩
畵) 등 한양의 문물제도를 19항목으로 나
누어 소개했고 2권에는 한양의 세시 풍속
을 19항목으로 나누어 기술했는데, 세시
부분은 『동국세시기』와 거의 같은 방식으
로 쓰였다. 한양의 문물제도와 풍속, 연중
행사가 자세히 기록되어 조선 후기 서울의
문화 및 세시 음식을 확인할 수 있다.

열양세시기(洌陽歲時記)

1819년(순조 19년) 김매순이 서울의 세시 풍속을 기록하여 엮은 책이다. 제목에 쓰인 '열양(洌陽)'은 한양, 즉 지금의 서울을 뜻한다. 중국 북송의 여시강(呂侍講)이 역양(歷陽)에 있을 때 절일(節日)이 되면 학생들과 둘러앉아 술을 마시며 한 해의 세시 풍속을 적었는데, 이를 본받아 한양의 세시 풍속을 생각나는 대로 적은 것이라고 발문에 쓰였다.

농가월령가(農家月令歌)

 1843년(헌종 9년) 다산 정약용의 둘째 아들인 정학유(丁學遊, 1786~1855)가 지은 것으로, 농가에서 한 해 동안 해야 할 농사에 관한 일과 세시 풍속을 달에 따라 읊은 월령체(月令體, 달거리)의 우리말 노래이다. 머리 노래에 이어 정월령부터 12월령까지 모두 13연으로 구성되었다. 정월령에는 송국주, 화전, 약밥, 귀밝이술, 2월령에는 들나물, 달래김치, 냉이국, 3월령은 장 담그기, 고추장, 두부장, 4월령에는 느티떡, 천렵(川獵), 5월령에는 보리밥, 파찬국, 상추쌈, 6월령에는 보리단술, 국수, 호박나물, 가지김치, 풋고추, 김쌈, 7월령에는 박, 오이, 호박, 가지짠지, 8월령에는 조기젓, 신도주, 오려송편, 박나물, 토란국, 9월령에는 닭국, 새우젓, 달걀찌개, 배춧국, 무나물, 고춧잎장아찌, 10월령에는 젓국지, 단자, 메밀국수, 11월령에는 메주 쑤기, 팥죽, 12월령에는 두부, 만두, 강정, 곶감, 떡 등, 달마다 농가에서 즐긴 시절 음식과 음식 관련 풍속을 소개했다.

도애시집(陶厓詩集)의 도하세시기속시(都下歲時紀俗詩)

『동국세시기』를 쓴 홍석모가 한양의 세시 풍속을 7언 절구로 표현한 한시집이다. 「도하세시기속시」는 1847년 편찬된 『도애시집』 권20에 실렸다. 한양의 세시 풍속은 정월부터 12월, 그리고 윤달까지 모두 126수이다. 정월에 관한 시가 61수로 가장 많고, 그다음은 12월에 관한 시 12수, 4~5월에 관한 시 각 10수로 분포되었다. 음식에 관한 시는 세주(歲酒), 세육(歲肉), 세찬(歲饌), 병탕(餠湯), 사미(賜米), 재미(齋米), 환병(換餠), 채반(菜盤), 상원약반(上元藥飯), 유롱주(臟罊酒), 두죽(豆粥), 오곡반(五穀飯), 복과(福과), 진채(陳菜), 백가반(百家飯), 송병(松餠), 화전(花煎), 한식(寒食), 제호탕(醍醐湯), 애고(艾糕), 수단(水團), 삼복구갱(三伏拘羹), 두죽(豆粥), 증병(甑餠), 우락죽(牛酪粥), 만두(饅頭), 강정[乾飣], 두죽(豆粥), 전약(煎藥), 납육(臘肉), 매월삭망증병(每月朔望甑餠) 등이다.

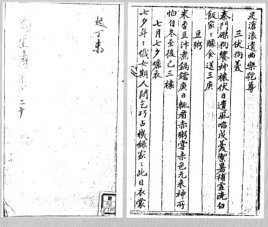

▲ 『도애시집』 권20에 실린 「도하세시기속시」의 표지와 본문. (출처: 국립중앙도서관)

윤씨음식법 饌法 1854년

1961년 개봉한 〈삼등과장〉이라는 영화에는 남편의 승진을 위해 부인이 상사 집에 음식 선물을 보내는 장면이 나온다. 부인은 딸에게 잉어 두 마리가 담긴 물동이를 건네며, 잉어가 죽기 전에 얼른 가져다드리라고 한다. 살아 있는 잉어를 선물로 보낸다는 것이 지금 시선으로 보자면 그저 놀라울 뿐이다. 그렇다면 조선시대에는 어떤 음식 선물이 오갔을까? 이에 대한 답은 식문화학자 윤서석 교수가 소장 중인 『윤씨음식법』에서 찾아볼 수 있다.

◀ 『윤씨음식법』 표지(왼쪽)와 본문 마지막 부분(오른쪽). 책의 끝부분에 책을 쓴 이유와 함께 편찬한 날을 기록했다. (출처: 윤서석)

『윤씨음식법』은 조선 후기 한 가정에서 필사하여 혼인하는 손녀에게 내려준 조리서로, 충남 부여에 거주하는 조씨 가문의 후손이 9대째 보관해왔다. 원래 제목은 『음식법[饌法]』이나, 같은 이름의 다른 책과 구분하기 위해 처음 발견하여 고찰한 이의 성씨를 붙인 것이다.

가로 20cm, 세로 31cm의 크기에 75장으로 된 한글 필사본으로, 표지는 한지를 배접하였고 본문은 한문으로 작성된 종이의 이면에 기록했다. 표지 다음에 한지 한 장을 간지로 끼우고 한지를 꼬아 만든 끈으로 묶었다.

책의 마지막 부분에 책을 쓴 이유와 상황이 적혀 있다.

> 급하게 써놓았으니 대를 이어 전하도록 하고, 아들딸 선선히 낳아 길러 성혼시킬 때나 벼슬에 등과하고 외지에 부임하여 큰손님을 대접할 때는 이대로 하고, 회갑연, 회혼례 같은 큰 잔치를 할 때의 음식도 이만큼만 하여라. 갑인 오월 초순에 쓰기 시작하여 10여 일에 끝낸다. 삼대의 글씨가 고르지 못하여 좋지 않다.

갑인년에 썼다고 하니 1854년이나 1914년으로 추측할 수 있는데, 조리법이나 종이의 질로 보아 1854년에 쓰인 것으로 추정한다.

당부의 말에 따르면 이 책은 가정에서 잔치 음식을 만들어 선물하거나 손님을 대접할 때 필요한 음식 예의범절에 대해서 쓴 지침서라 할 수 있다. 앞부분에는 조리에 앞서 재료를 고르거나 다룰 때 유의할 점인 「제과유독」, 「제채유독」, 「음식금기」의 내용을 조목조목 적었고, 조리법은 「효도찬합음식」과 「손님상차림 음식」으로 나누어 설명하였다.

「효도찬합음식」에는 찬합에 담는 음식의 품목과 만드는 방법, 찬합에 음식

효도찬합음식 옥
찬합
황눌 다식기

만두다
던사라고
던사
드리라
홍빅기비 화살
원잣산주
흑빅새산주
잣방산

뇽화 다식기
흑빅긔ㅐ 다식
홍빅긔녹 발 다식
잣 다식
잡ᅡ라 다식
상실 당식
당져 다식기
농안육 다식기

조란
눌님
성강편
긔강과
밤쵸복
황눌ᄅ독ᄃ던것
대쵸편
운서란것
바단조

전복반두
던복다식
화복
대하
분어유화
강요쥭
블넙어포
건치다식
져육다식
랑어다식
포육다식

▲ 「효도찬합음식」이 시작되는 부분(위)에 찬합에 들어가는 음식명이 나란히 실렸다. 찬합의 종류에 따라 담는 음식이 다르다는 내용(아래 왼쪽)과 소반찬 조리법(아래 오른쪽)을 실은 부분이다.

을 담을 때 유의할 점, 계절별로 음식을 선정하는 요령 등을 상세하게 설명했다. 「손님상차림 음식」은 열구자탕(신선로)을 중심으로 하며, '작은 음식'이라는 이름 아래 몇 가지 술안주 음식을 함께 차리는 상차림과 음식 만드는 법, 대접하는 순서를 제시하였다. 또 고기, 생선 등을 사용하지 않고 채소, 버섯, 해조류만으로 만든 음식을 총칭하는 '소반찬'의 종류와 담는 방법도 있다.

선물하기 좋은 찬합 음식

여러 그릇을 층층이 포개어 운반하기 쉽도록 만든 찬합은 보통 멀리 외출해서 출출할 때 요기할 음식을 넣거나 음식 선물을 보낼 때 사용했다. 궁중 연회에서는 약과나 절육 등을 담은 찬합을 참석한 주빈에게 올려 연회가 끝난 후 가져갈 수 있도록 하였다.

이 책에는 찬합에 담는 음식으로 한과 42가지, 마른안주 16가지, 떡 25가지를 소개하고 그 조리법을 일러두었다. 유밀과, 다식, 정과, 마른안주 등은 모두 오래 보관할 수 있는 음식이다. 덧붙여 계절에 맞추어 음식을 선별하는 법과 함께 보내는 곳이 가까운지 먼지 따져본 연후에 분수를 헤아려 담으라는 충고도 잊지 않았다. 가는 동안 음식이 상하지 않도록 계절과 거리를

염두에 두라는 것이다. 찬합에 음식을 담을 때는 각 층에 담을 음식을 살펴 서로 섞이지 않도록 간지(間紙)를 세우고 정갈하게 담으라고 했다.

음식의 종류에 따라 사용하는 찬합의 재질도 달랐다. 목기로 된 왜찬합(倭饌盒)에는 유밀과, 사기찬합에는 정과, 놋대합에는 다식과, 화분자(華盆子, 푼주)에는 수정과, 화대접에는 생과일, 화원첩(華圓貼, 원형 접시)에는 찜이나 부침을 담으라고 했다.

정성껏 차린 찬합을 선물로 받으면 누구든 매우 기뻐하며 나누고 싶었을 것이다. 그 때문인지 찬합 음식을 선물받은 다음 함께 나누어 먹는 풍습도 있었다고 한다.

「효도찬합음식」에 기록된 찬합에 담기 좋은 음식

분류	음식명
과자류	만두과, 연사라교, 타래과, 연사, 홍백매화산자, 왼잣산자, 흑백깨산자, 잣박산, 황률다식, 송화다식, 흑백깨다식, 잣다식, 잡과다식, 상실다식, 당귀다식, 용안육다식, 조란, 율란, 생강편, 계강과, 밤조악, 황률 두드린 것, 대추편, 준시단자. 마단자
마른안주류	전복만두, 전복다식, 화복, 전복매화, 문어구화, 건치만두, 건치다식, 제육다식, 광어다식, 포육다식, 추포, 해포, 대하, 강요주, 불염어포
정과류	동아정과, 연근정과, 생강정과, 유자정과, 감자정과, 맥문동정과, 순정과, 산사쪽정과, 모과쪽정과, 들쭉정과
과편 · 전약	산사편, 모과편, 앵두편, 복분자편, 벚편, 전약
음청류	향설고, 유리류, 배숙
떡류	시루떡, 당귀떡, 메꿀떡, 석이떡, 당귀단자, 쑥단자, 석이단자, 잡과편, 토란단자, 소꿀찰떡, 두텁떡, 당귀주악, 대추주악, 생강산승, 당귀잎산승, 화전, 수란떡, 송편, 증편, 소깨인절미

출처: 윤서석 외 옮김, 「음식법」, 아쉐뜨아인스미디어, 2008.

음식방문 飮食方文 1880년경

옛 요리책 제목으로 자주 등장하는 단어들이 있다. 여성의 공간을 의미하는 '규곤(閨壼)' 또는 '규합(閨閤)'은 가정 살림을 도맡은 여성이 쓰거나 관련 내용이 있는 경우에 쓰였다. 또 술과 음식이라는 뜻의 '주식(酒食)', 마땅히 해야 한다는 의미를 지닌 '시의(是議)'도 자주 나온다. '음식법'도 많이 나오므로 『이씨음식법』, 『윤씨음식법』 등으로 구분하여 부른다. 같은 제목의 다른 책들이 많다 보니 편의상 조금씩 변경하여 부르는 것이다.

'음식방문'도 흔한 제목이다. 음식을 만드는 방법을 기록했다는 의미이니 요리책 제목으로 잘 어울린다. '음식방문'이라는 이름의 고조리서는 지금까지 세 권이 전해진다. 하나는 안동 김씨 가문에서 내려온 책, 또 하나는 동국대학교에서 소장하고 있는 책, 그리고 1800년대 후반에 저술되어 정영혜가 소장한 책이다. 여기서 다루려는 것은 맨 마지막 책이다.

이 책은 정확히 누가 썼는지는 알 수 없지만 끝부분에 '경진(庚辰) 오월 이십삼에 종서(終書)하노라'라는 기록을 토대로 볼 때 1880년에 쓴 것으로 추정된다. 원본 소장자가 시어머니에게 물려받았다는 『음식방문(飮食方文)』은 『술방문』과 짝을 이루고 있다. 『술방문』은 『음식방문』에서 제외된 술 제조법과 강정, 약과, 별약과, 약식, 두죽, 진자죽, 두텁떡, 대추주악, 화전, 송편, 화면에 대한 기록이 있다. 은진 송씨 동춘길(同春堂) 가문에서 음식이 주를 이루는 『주식시의(酒食是儀)』와 주조법만 기록된 『우음제방(禹飮諸方)』이 함께 전해진 것과 비슷하다.

필요할 때마다 계속 살을 덧붙여 써 내려가다

『음식방문』은 가로 20cm, 세로 21cm의 크기에 36장으로 구성된 한글 필사본이다. 이 책은 규방 생활에 필요한 내용을 기록한 것으로, 순서를 보면 80여 종의 조리법과 조리 시 유의 사항이 먼저 서술되었고, 중간중간 염색법과 세탁법, 등불 밝히는 법, 얼룩 제거법 등이 기록되었으며, 마지막에 음식에 관련된 내용이 다시 나온다.

글씨체를 보아선 한 사람이 쓴 것으로 보이는데 처음부터 내용을 정해놓고 단번에 쓴 것이 아니라 계속 덧붙여 써나간 것으로 보인다. 책의 맨 뒷부분에는 글을 마친 날짜와 함께 '외즈가 만흐니 줄 보옵'이라 하여 틀린 글자가 있을 수 있으니 보는 사람이 잘 새겨보라는 당부도 있다.

음식에 관한 내용은 주식류 7종(죽 4종, 국수 1종, 만두 2종), 찬물류 56종(국 7종, 찌개 1종, 전골 2종, 찜 13종, 구이 · 적 10종, 느르미 1종, 채 1종, 선 1종, 회 1종, 족편 1종, 젓갈 · 식해 4종, 마른찬 9종, 침채 6종), 떡류 13종(찐 떡 6종, 친 떡 4종, 지진 떡 3종), 과정류 5종(유밀과 1종, 숙실과 1종, 과편 2종, 전약 1종), 음청류 6종(차 3종, 밀수 1종, 수정과 2종, 화채 1종)이 있고, 양념류 5종(장 3종, 식초 2종)의 92종이 있다.

당시 제철이 아닌 계절에는 식품을 수급하는 일이 쉽지 않았기 때문에 준

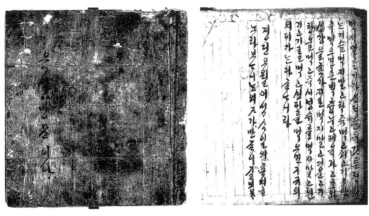

▲ 『음식방문』 표지(왼쪽)와 본문 맨 마지막 쪽(오른쪽). 편찬 시기와 함께 틀린 글자가 많으니 잘 살펴보라
는 당부가 적혀 있다. (출처: 한국학중앙연구원 장서각)

시나 황률 만드는 법, 과일이나 채소를 보관하는 법, 포육 말리는 법, 생선을 씻
고 저장하는 법 등 식품 가공 저장법 17종이 기록되었고, 식품의 성질과 효능,
식품의 독, 섭취 시 금기사항, 장이나 식초를 담그는 길일 등에 대한 기록이 11종
있다.

『음식방문』에서만 볼 수 있는 되조미탕과 양찜

기록된 음식 내용은 대부분 『규합총서』나 『주식시의』와 비슷하지만 『음식방
문』에서만 볼 수 있는 독특한 음식도 있다. 바로 되조미탕과 양찜이다.

되조미탕은 좋은 고기에 기름을 치고 살짝 볶아 장국을 알맞게 맞추고 잣
가루와 후춧가루를 넣는 음식으로, 늦봄에는 깻국으로도 한다고 하였다. 이 음
식은 이름도 생소하지만 조리법의 앞부분이 많이 생략된 것으로 보여 탕이라
는 것 말고는 어떤 음식인지 가늠하기가 어렵다. 양찜은 양깃머리를 얇게 저미
고 소를 넣어 싸서 밀가루와 달걀물을 묻혀 지진 후 가루즙을 푼 음식으로 양

속에 넣는 소나 가루즙은 해삼찜과 같은 것을 사용하면 된다고 했다. 다른 조리서에도 양찜이 있지만 보통은 쪄서 초장을 찍어 먹는 형태로, 이처럼 가루즙을 사용하지는 않았다.

『음식방문』에 기록된 음식 내용

분류			음식명
주식류	죽	죽	호두죽
		미음	삼합미음
		응이	율무의이, 갈분의이
	국수		냉면
	만두		변씨만두, 준치 뼈 없이 하는 법(준치만두)
찬물류	국		완자탕, 왕배탕(자라탕), 되조미탕, 메기탕, 회돈(복어탕), 추포깻국탕, 잉어 끓이는 법
	찌개		어물 지지는 법
	전골		열구자탕, 승기악탕
	찜		증돈법, 돼지새끼집찜, 아저찜, 생선찜(붕어찜), 게찜, 송이찜, 양찜, 봉총찜, 증구법, 칠향게, 닭, 메추리찜, 게 찌는 법
	구이/적		붕어 굽는 법, 봉총구이, 설하멱, 생선 굽는 법, 고기 굽는 법, 생치구이, 제육구이, 게 굽는 법, 신검채, 참새고기
	느르미		제육느르미
	채		죽순채
	선		동아선
	회		위어회
	족편		족편
	젓갈/식해		게젓, 염해법, 청어젓, 연안식해
	마른찬	포	진주자반, 편포, 약포, 민어포, 전복다식
		자반	임자자반, 파래 · 감태자반, 미역자반
		튀각	다시마튀각
	김치		동치미, 꿩김치, 동아섞박지, 장김치, 섞박지, 전복김치

떡류	찐 떡	혼돈병, 감저병, 복령조화고, 백설고, 석탄병, 증편
	친 떡	잡과병, 석이병, 유자단자, 승검초단자
	삶은 떡	–
	지진 떡	토란병, 권전병, 국화전
과정류	유밀과	만두과법
	숙실과	생강편
	과편	앵두편, 살구편
	전약	전약
음청류	차	매화차, 국화차, 포도차
	밀수	원소병
	수정과	향설고, 수정과
	화채	두견화책면
주류		–
양념류		고추장(2), 청태장, 급히 청장 담그는 법, 사절초, 식초(2)
가공 및 저장법		포육 말리는 법, 썩은 고기 삶는 법, 잉어 뼈 부드럽게 만드는 법, 생선 씻는 법, 금린어, 석수어 끓이는 법, 문어, 준시 만드는 법, 황률 만드는 법, 밥 굽는 법, 과일 수장법, 송이, 죽순, 고사리, 고춧잎
기타		즉어, 농어, 개고기, 사슴고기, 돼지고기, 오골계, 장 담그는 길일, 초 빚는 길일, 과일 독, 물고기 상극, 상극
의생활 관련		잇물 들이는 법, 지초 들이는 법, 회색(잿빛) 들이는 법, 타색 들이는 법, 도침법, 옥색 들이는 법, 보라색 들이는 법, 모시 풀 먹이는 법, 세의법, 의복 불충법, 반물 들이는 법, 양잠상, 의복 먹물 빼는 법, 의복 쇳물 빼는 법, 의복 곰팡이 없애는 법, 의복 과실물 빼는법, 의복 핏물 빼는 법
주생활 관련		짐승 기름과 피마자 기름, 등잔불 밝히는 법, 등 심지 만드는 법, 방구들 놓는 법(2), 방 도배하는 법

※괄호 안의 숫자는 같은 것을 만드는 방법의 수를 표기함
출처: 우리음식지킴이회 옮김, 『음식방문』, 교문사, 2014.

가기한중일월 可記閑中日月 1886년경

궁중음식연구원이 소장하고 있는 고조리서 중에는 1400~1500년대의 『계미서』 외에도 아직 잘 알려지지 않은 책들이 있다. 『가기한중일월』도 그중 하나다. 2001년 국립민속박물관에서 〈옛 음식책이 있는 풍경전〉 전시를 진행하며 이 책의 원본을 공개한 적은 있지만 내용의 전모를 공개하는 것은 이번이 처음이다.

『가기한중일월(可記閑中日月)』은 1886년경 쓰인 것으로 추정되는 찬자 미상의 한글 필사본이다. '가기(可記)'란 기록해둘 만한 것이라는 뜻이고, '한중(閑中)'은 한가한 생활을, '일월(日月)'은 세월을 뜻한다. 뜻을 종합하자면 산림에 묻혀 한가롭게 세월을 살아갈 때 꼭 적어둘 만한 기록이란 뜻이다. 어찌 보면 『산가요록』, 『산림경제』라는 제목과 같은 의미인 셈이다.

이 책은 가로 17.4cm, 세로 31.2cm 크기이며, 구멍을 뚫어 엮은 일반적인 책 형태가 아니라 병풍처럼 접힌 독특한 형태이다. 궁중에서 왕족이나 벼슬아치에게 동지 때 내리는 책력인 황장력(黃粧曆)의 이면에 한지를 배접하여 기록한 것으로, 표제 부분에 갈매색 천을 붙이고 여기에 '可記閑中日月(가기한중일

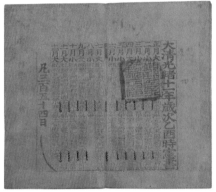

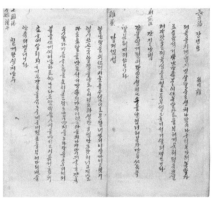

◀ 「가기한중일월」 표지(왼쪽). 조리법이 적힌 면의 뒷면에 적힌 황장력을 보면 이 책이 종이를 재활용하여 만들었다는 점을 확인할 수 있다(아래 왼쪽). 장방탕, 닭찜, 칠계탕 등 만드는 법 등이 실린 부분(아래 오른쪽). 장방탕은 그간 조리법 없이 이름만 알려졌으나 이 책에 조리법이 기재된 덕분에 재현이 가능해졌다.

월'이라 적었다. 좀 더 자세히 들여다보면, 책력에 책의(冊衣, 책 앞뒤의 겉장)를 덧댄 다음 앞뒤 표지를 붉은 바탕에 용과 구름무늬가 찍힌 능화판(菱花板)으로 꾸미고 가장자리는 한지로 쌌다.

책력을 보면 '대청 광서 십일년 세차 을유 시헌서(大淸 光緖 十一年 歲次 乙酉 時憲書)'라는 기록이 있다. 이는 중국 청나라 광서(光緖) 11년, 즉 1885년(고종 22년)의 달력이란 뜻이니 이 책에 음식을 기록한 때는 적어도 1885년 이후일 것이며, 빠르면 1886년경으로 추정된다. 이렇게 책력의 이면지를 쓴 다른 책으로는 『역주방문(曆酒方文)』이 있다.

황장력에 쓴 것으로 보아 궁중과 밀접한 관련이 있는 집안에서 만든 것으로 추측된다. 표지 뒤 안쪽 면에는 후손이나 다른 후세 사람이 쓴 것으로 보이는 한글 쪽지가 붙어 있다. 여기에는 돌아가신 부모님 두 분에 대한 기제사 축문과 두 부모님의 기일이 적혀 있는데 아버지가 종2품 벼슬에 해당하는 가선대부(嘉善大夫) 부군(府君)을 지낸 인물로 기록되었다.

재료만 알았던 궁중음식 장방탕의 조리법을 만나다

『가기한중일월』에는 모두 44종의 항목이 기록되었다. 술은 황금주법 두 종류 등 19종, 초 1종, 탕 3종, 전유어 3종, 찜 2종, 느르미 4종, 선 2종, 김치 4종, 어채 1종, 자반 1종, 만두 3종, 정과 1종, 그리고 소루쟁이 뿌리인 양제근(羊蹄根)으로 국 끓이는 방법이 소개되었다.

이 책에 등장하는 느르미는 즙을 끼얹는 형태의 조리법이다. 1800년대 후반 조리서에는 대부분 꼬치에 끼워 굽는 누름적의 형태로 나타나는데, 이 책에서는 특이하게도 1700년대에 주로 보이던 느르미 조리법이 실렸다.

식재료 중에는 동아를 이용한 음식이 많아, 동아느르미와 동아선, 동아정과를 만드는 법이 기록되었다.

탕, 전유어, 만두의 경우 음식이 세 가지씩 소개되었다. 탕은 장방탕, 칠계탕, 순탕(숭어탕), 전유어는 간전, 게전, 참새나 메추라기 등 조류를 이용한 전, 만두는 꿩만두, 어만두, 천엽만두이다. 육류, 조류, 어류의 세 가지 재료를 쓴 음식을 세 가지씩 기록한 것이 특이하다.

장방탕(長方湯)의 경우, 궁중 연회식 의궤에 '저육장방탕(豬肉醬方湯)'이라는 이름으로 재료만 나타나 있고 조리법이 알려지지 않았는데, 이 책에 한자는 다르지만 이름은 같은 장방탕의 조리법이 등장한다. 예전에는 한자의 음만 빌려서 쓰는 경우가 많았기 때문에 한자가 다르더라도 같은 음식으로 볼 수 있다. 이로서 이 책은 궁중 음식의 실제를 알 수 있는 사료로서의 가치도 지니게 되었다.

『가기한중일월』에 기록된 음식 내용

분류	음식명
술	호산춘(湖山春), 두견주(杜鵑酒), 려주(麗酒), 사절주(四節酒), 삼일주(三日酒), 백화주(白花酒), 소주 많이 나는 법, 절주(節酒), 황금주(黃金酒)(2), 방문주(芳文酒), 팔병주(八兵酒), 일연주(一年酒), 송절주(松節酒), 송순주(松筍酒), 무술주(戊戌酒), 부의주(浮蟻酒), 칠일주(七日酒), 석임방문(石壬方文)
초	초방문(醋方文)
탕	장방탕(長方湯), 칠계탕(七雞湯), 순탕법(秀魚湯)
전유어	간 지지는 법(肝煎), 게전법(蟹煎), 새전법(鳥肉煎)
찜	닭찜(雞蒸), 붕어찜(鮒魚蒸),
느르미	난느르미(雞卵), 석화느르미(石花), 묵느르미(黃布), 동아느르미(東苽)
선	동아백선(東苽白膳), 동아선(東苽選)
침채	굴김치(屈沈菜), 파김치(葱沈菜), 무김치(菁沈菜), 섞박지
어채	숭어채(秀魚菜)
좌반	더덕자반(沙蔘)
만두	꿩만두(生雉漫斗), 어만두(漁漫斗), 천엽만두(千葉漫斗)
정과	동아정과(東苽正果)
나물	양제근(羊蹄根, 소루쟁이 뿌리), 부추(韭)

※괄호 안의 숫자는 같은 요리를 만드는 방법의 수를 표기함
출처: 궁중음식연구원

음식방문니라 1891년

『음식디미방』, 『주식시의』 등은 지역의 종가에서 전해 내려오는 대표적인 조리서이다. 종가에는 문중 단위로 제사가 있고 제례에 쓰이는 음식과 술이 필요하다 보니 종가마다 특별하고 고유한 음식이 있게 마련이다. 고유한 음식을 기록한 종가의 조리서는 음식을 직접 장만하는 여성에 의해 한글로 집필된 책이 대부분이다.

2013년 양주 조씨 종가에서 내려오는 요리책 한 권이 세상에 새롭게 알려졌다. 바로 『음식방문니라』라는 한글 조리서이다. 이 책을 소장하고 있던 조환웅 씨에 따르면 이 책은 증조할머니인 숙부인 전의 이씨가 기록한 것으로, 시어머니를 거쳐 며느리로 대를 이어 보관했다고 한다. 2015년 궁중음식연구원에서 고택을 방문하여 『음식방문니라』 원본을 볼 수 있는 행운을 가졌다.

'음식을 만드는 방법이니라'

『음식방문니라』는 한글 필사본으로 16장 32면 분량이다. 음식을 만드는 방법이라는 음식방문에 '~이다'를 뜻하는 '니라'를 붙인 것이니, 풀이하자면 '음식을 만드는 방법이니라'라는 뜻이다.

책의 표지 오른쪽에 '음식방문니라', 왼쪽에 '辛卯二月 日 文洞'이라 썼고 책의 맨 끝에는 '신묘니월초사일등셔필 문동'이라 썼다. 이 기록을 통해 신묘년 2월 4일에 필사가 완료되었음을 알 수 있는데, 책의 내용이나 표기법으로 볼 때 1891년에 문동(文洞)이라는 호(號) 또는 택호(宅號)를 가졌던 숙부인 전의 이씨가 필사한 것으로 보인다. 숙부인 전의 이씨는 비서원 승지를 지낸 조용호(趙龍鎬)의 부인이다.

▲ 사운고택 전경. (출처: 조응식 가의 사운고택)

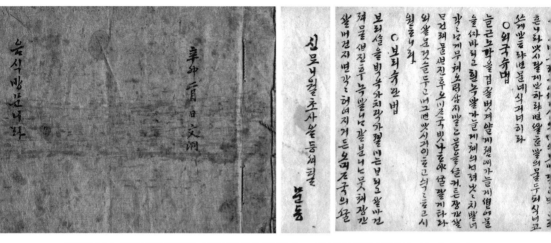

▲ 『음식방문니라』 표지(왼쪽)와 편찬일이 기재된 책의 맨 끝 면(가운데). 조리법 본문(오른쪽). 본문에 외국수(노각국수) 만드는 법이 기록되었다.

어문학적으로 볼 때 무수(무), 빗츠(배추) 등 충청도 방언이 보이며 19세기 말의 한글 표기법이 나타나는 것이 특징이다.

달콤한 오미자국에 탄 노각국수

이 책에는 71종의 조리법이 실렸다. 술 빚는 방법을 설명한 항목이 15종이며, 약과 · 떡 · 병류 만드는 방법을 설명한 항목이 21종이다. 반찬류 만드는 방법을 설명한 항목은 23종으로 생선 굽는 법, 찜 하는 법, 젓갈 담그는 법, 동치미 등 김치 담그는 법 등 다양한 반찬 조리법이 등장한다. 죽, 만두, 국수 등 주식류는 11종, 음청류는 1종이 실렸다.

음식 항목은 『규합총서』 필사본의 내용과 상당 부분 일치한다. 사대부가의 부인 등 여러 독자를 지녔던 『규합총서』를 보고 필자가 필요한 항목만 골라 필사했을 가능성도 있다.

특이한 음식은 외국수, 즉 오이국수이다. 『음식디미방』의 외화채(오이화채)와 『임원십육지』의 외면방(苽麪方, 오이국수 만드는 법)처럼 오이를 가늘게 썰어 녹말을 묻히고 데쳤다가 간이 있는 국물에 넣어 먹는 음식이기는 하지만, 이 책의 오이국수는 노각을 이용하며 오미자국에 꿀을 달게 타는 독특한 방법을 쓴다.

『음식방문니라』에 기록된 음식 내용

분류		음식명
술		화향입주, 두견주, 소국주, 감향주, 송절주, 송순주, 과하주, 삼일주, 삼칠주, 팔선주, 삼오주, 녹타주, 선표향, 매화주, 감절주
약과 · 떡		약과, 별약과, 약밥, 두텁떡, 대추조악, 화전, 실과병, 혼차병(혼돈병), 토란병, 감자병, 잡과병, 석이병, 복령도화고, 백설고, 진천병법과 송풍병법, 유자단자, 원소병, 신감채단자, 석탄병, 증편
반찬		진주자반연, 붕어 굽는 법, 붕어찜, 열구자탕, 승기악탕, 편포, 약포, 전복김치, 게젓, 소금게젓, 게 굽는 법, 게찜 만드는 법, 봉통찜, 완자탕, 족편, 증구(개찜), 칠향계, 송이찜, 다시마튀각(다시마자반), 동아선, 동치미, 동아섞박지, 장김치
주식류	죽, 응이	두죽, 진자죽, 잣죽, 갈분의이, 삼합미음, 율무의이
	면	화면, 난면, 왜면, 오이국수
	만두	변시만두
음청류	보리수단	

출처: 전의 이씨 지음 · 송철의 옮김, 『음식방문니라』, 선우, 2013.

규곤요람 閨壺要覽　1896년(연세대 소장본)

조선 후기 문신인 우암 송시열(尤庵 宋時烈, 1607~1689)이 혼인하는 딸에게 지어
준 『계녀서(戒女書)』에는 '손님 대접하는 도리'라 하여 집에 오는 손님은 누구라
도 음식을 잘 마련하여 대접하고 과일, 술도 되는 대로 잘 차리라고 하였다. 조
선시대에는 손님을 극진하게 대접하는 것이 안주인의 도리였던 만큼 손님 대
접을 위한 술과 안주를 잘 차려야 했고 그러려면 음식 솜씨가 필요했다. 특히
명절이나 축하연이 있어 손님이 많이 찾아오면 교자상, 장국상 또는 주안상을
마련해야 하는데, 여럿이 둘러앉아 먹는 교자상에는 도대체 어떤 음식을 채워
야 할지 고민이 많았을 것이다. 1896년에 쓰인 『규곤요람(閨壺要覽)』은 이 고민
에 해답을 제시한다.

같은 이름, 그러나 조금 다른 내용의 두 가지 소장본
『규곤요람』은 부녀자에게 중요한 내용을 엮은 것이라는 제목의 친자 미상의
책이다. 이 책은 고려대학교 신암문고 소장본과 연세대학교 학술정보원 소장

본의 두 가지 본이 전해지는데 제목은 같으나 서지 사항과 내용은 다르다.

우선 고려대 소장본은 가로 18.4cm, 세로 31.1cm 크기의 한 권짜리 한글 필사본이다. 고문서를 뒤집어 이면에 기록했으며, 앞뒤 몇 장이 탈락되어 모두 18장이다. 호적 작성을 위해 가족 사항을 기록하여 제출하는 호구단자의 이면지를 재사용한 것인데, 호구단자에 '건륭(乾隆) 60년(1795년) 8월'이라고 적혔으니 1795년(정조 19년) 이후에 편찬된 것이라 짐작할 수 있다. 아마 1800년대 초

▲ 고려대 소장본 『규곤요람』의 표지(위). (출처: 고려대학교 신암문고)
   연세대 소장본 『규곤요람』의 표지(아래 왼쪽)와 본문(아래 오른쪽). (출처: 연세대학교 중앙도서관)

엽이나 중엽에 쓰인 것으로 추측된다.

책의 내용을 크게 나누자면 술 빚는 방법을 중심으로 음식을 수록한 「주식방」 부분과 여성이 알아야 할 아기 이름 짓는 법, 산모의 민간요법, 토정비결 등이 수록되었다. 「주식방」에는 주류 24종, 찬물류 17종, 병과류 17종, 수정과 1종, 그리고 장이나 양념류를 만들 때 지켜야 할 사항과 동아를 재배하고, 동아씨를 저장하는 법이 소개되었다.

연세대 소장본은 가로 13.8cm, 세로 20.5cm의 크기에 한 권짜리 한글 필사본이다. 본문 첫 면에 '건양 원년 오월 초육일 광서 병신 정월'이라고 기록되었으니 1896년에 필사되었음을 알 수 있다. 그 면 끝부분에는 '음식록(飮食錄)'이라 적혔고, 그 다음 면에는 '규곤요람. 음식 하여 먹는 방법'이라고 적혀 있다. 연세대 소장본에는 술 1종, 가루 내는 법 2종, 정과법 4종류와 담는 법, 떡류 3종, 숙실과 1종, 주식류 5종, 찬물류 13종, 음청류 4종, 고추장 담그는 법과 교자상 꾸미는 음식이 소개되었다. 고려대 소장본에 비해 술 제조법은 빈약하지만 대신 주식류, 음청류, 고추장법 등 풍부한 조리법이 기록되었으며, 특히 교자상을 차리는 방법에 대한 설명이 있는 것이 특징이다.

섬세하게 만들고 자세하게 일러주는 조리법

연세대 소장본의 경우, 음식 이름이 칸 위에 한자로도 적혀 있다. 그러나 이는 한자의 뜻에 상관없이 음이 맞는 한자를 골라 적은 것이다. 숭어찜에는 '壽魚(수어)'라는 한자를, 전골 같은 음식에는 '汁法(즙법)', 강회는 '康鱠(강회)'로 쓰고 그 옆에 '酒肴(주효)'라 하여 술안주라는 표시를 했다. '炭平采黙法(탄평채 묵법)', '糆局水法(면국수법)'도 있다. 집안에 새로운 음식이 만들어지면 한자의 음만 빌려 쓴 예가 많이 보인다.

동시대의 다른 조리서와 비교하면 찬자가 실제 요리를 섬세하게 만들고 그 조리법을 아주 자세히 일러두었음이 드러난다. 풀이만 잘 한다면 지금 당장 그대로 만들 수 있을 정도이다. 구자탕(신선로) 만들기에는 "칠푼 기장, 서푼 너비만큼씩 썰고", "담을 때 각기 오색으로 담은 걸 남기고 나머지는 섞어 담고"라고 소개했고, 고명으로 올리는 고기완자, 알쌈 만드는 방법도 상세히 설명했다. 음식을 조심스럽게 간수하길 당부하는 대목에서는 "노인 대접하듯 불한불열하게 할 것이며"라는 수식어도 나온다. 찬자의 섬세한 표현력도 돋보이지만 한편으로는 여성의 살림살이 중 노인 봉양이 으뜸이었음을 유추할 수 있다.

연세대 소장본에는 '봄의 화채'라는 제목으로 오미자국물에 녹말국수를 건지로 하거나 진달래꽃을 띄운 화채가 소개되었다. 떡볶이에 들어가는 떡은 작은 호패 크기로 썰면 좋다고 했다. 모과, 연근, 산사, 생강 등 정과를 만들어 접시에 담을 때는 옆옆이 담고 그 위에 행인(살구씨), 청매당(매실) 등을 꿀에 버무려 웃기로 올리라고 했다. 만드는 법 외에도 잘 차리는 모습까지 상세히 일러두었다.

교자상을 꾸미는 음식

명절, 축하 연회 등에는 많은 사람이 함께 모여 식사를 할 수는 교자상(交子床)을 차린다. 연세대 소장본 『규곤요람』에는 교자를 꾸미는 음식록, 즉 교자상에 올리는 식단이 적혀 있다. 구성 음식으로는 신선로, 실과, 정과, 숙실과, 회, 잡느르미(잡누름적), 떡볶이, 잡채, 양지머리(편육), 전유어, 배숙, 찜, 만두, 편(떡), 약밥, 화채가 있다. 궁중의 연회에 올라가는 대표적인 음식 열구자탕도 신선로로 명칭이 바뀌어 기재되었고, 고기 음식인 편육과 찜, 기름에 지진 누름적과 전, 회, 떡, 과일, 단음식인 정과 등이 골고루 쓰였다. 교자상에 언급된 음식의 조리법은 거의 앞부분에 제시되었고 화채는 좀 더 설명을 덧붙였다. 2~3월에는 참꽃(진달래)화채, 4~5월에는 앵두화채, 6~7월에는 복사화채, 8~9월에는 국화꽃 꽃잎을 띄운 식혜, 동지와 섣달에는 배숙, 정이월에는 수정과를 쓰라고 하여 계절에 어울리는 화채를 권했다.

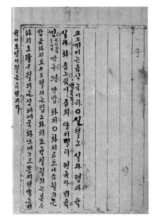

▲ 교자상에 올리는 음식을 설명한 '교자를 꾸미는 음식록' 원문.

궁중 음식이 양반가로 전해지면서 반가 음식을 집안의 자랑으로 여기며 전하려는 노력이 엿보인다. 당시 안주인들은 손님을 접대할 때 교자상에 어떤 음식을 올려야 할지 고민이 많았을 것이다. 그때마다 기록으로 남겨놓은 선대의 흔적을 통해 손쉽게 손님상을 마련하지 않았을까.

고려대 소장본 『규곤요람』에 기록된 음식 내용

분류	음식명
주류	황감행곡주, 소국주, 과하주, 백일주, 부의주, 부텁주, 소주, 보리술, 일일주, 국화주, 송국주, 청주, 백화주, 호산춘, 삼해주, 삼칠일주, 삼대적, 소자주, 사절주, 연엽주, 칠일주(2), 벽향주, 백향주법, 별향주, 노산춘, 과하주, 감향주, 술 담글 때 주의할 점
찬물류	두부장, 더덕자반, 동아선, 붕어찜, 육전, 더덕적, 전동아, 약장, 가지김치, 개장찜, 초계, 칠향계, 화영느르미, 전유어, 잡탕, 산적, 잡채
양념 및 채소 재배, 저장	조미료와 장, 양념 만들 때의 원칙, 동아 재배법과 동아 씨 보관법

병과류	증편, 찰시루떡, 인절미, 주악, 송편, 권모, 녹두떡, 설기떡, 상차림
	홍백산자, 빙사과, 잣박산, 약과, 다식, 생률, 대추초, 조란, 율란
음청류	수정과
가정생활 비상책	갓난아기 이름 짓는 법, 원행 시 주의할 점, 추위 이기는 법, 산후조리법, 가정용 · 여성용 토정비결 29괘 해설

※괄호 안의 숫자는 같은 요리를 만드는 방법의 수를 표기함
출처: 궁중음식연구원

연세대 소장본 『규곤요람』에 기록된 음식 내용

분류	음식명
주류	천일주 만드는 법(초수법(初水法), 후수법(后水法), 삼수법(三水法), 양주시 (釀酒時))
가루 내는 법	녹말(綠豆作末), 메밀가루(木麥作末法)
병과류	정과 만드는 법(모과(木果), 산사(山査), 생강(生畺), 연근(蓮根)), 생강병(生 畺餠法), 곱장떡(固醬餠法), 백설기(白雪餠法), 약밥(藥飯法)
주식류	면국수(糆局水法), 숙면(熟糆法), 냉면(冷糆法), 장국밥(醬局飯), 만두(饅頭 法)
찬물류	전복숙장아찌(全腹熟醬法), 길령장아찌, 강회(康膾法), 어채(魚菜), 숭어찜(鯭 魚), 탕평채(炭平朵黙法), 잡느르미(雜種各熟法), 잡채(雜朵法), 어육회(魚肉 膾法), 마른안주(乾酒餠法), 열구자탕(黃肉內腷具仔湯法, 神仙炉本種), 육개 장, 떡볶이(餠炙法)
음청류	봄의 화채(春日花朵法, 창면 또는 진달래화채), 배숙(梨熟法), 식해(食醢法), 수정과(水精果法)
장류	고추장(枯椒醬法)
교자상 꾸미 는 음식	신선로, 실과, 정과, 숙실과, 회, 잡느르미, 떡볶이, 잡채, 양지머리, 전유어, 배 숙, 찜, 만두, 편, 약밥, 화채(진달래화채-2~3월, 앵두화채-4~5월, 복사화 채-6~7월, 국화 띄운 식혜-8~9월, 배숙-동지 · 섣달, 수정과-12월)

출처: 궁중음식연구원

안주인의 솜씨가 고스란히 드러나는
교자상차림

교자상에는 술과 안주를 주로 올리는 건교자상과 여러 가지 반찬과 면, 떡, 과일
등을 골고루 차린 식교자상, 식교자와 건교자를 섞어서 차린 얼교자상이 있다. 주
식으로는 주로 온면이나 냉면 등의 국수를 쓰지만, 떡국이나 만둣국 등 명절에 따
라 어울리는 주식을 선택하기도 한다. 교자상은 대개 주식과 부식의 구분이 없이
여러 가지 음식으로 구성한다. 음식은 신선로나 전골, 찜류, 전류, 편육류, 회, 숙
채, 생채, 마른반찬, 떡, 숙과류, 생과류, 화채류 등이며, 초대한 손님의 식성, 계절,
색채, 시간이나 예산 등을 고려하여 준비한다.

▲ '교자를 꾸미는 음식록' 기록에 따라 차린 손님상차림. 신선로, 찜, 전유어, 편육, 떡, 실과, 정과, 마른안주, 화채
등의 음식이 상에 올랐다.

주식시의 酒食是義 1800년대 말

『주식시의(酒食是義)』는 은진 송씨 동춘당 송준길(同春堂 宋浚吉)가의 후손들에 의해 전해지는 한글 필사본이다. 책의 크기는 가로 14.5cm, 세로 25cm로 전체 40장 분량이다. 책에 필사기나 서문, 필사자에 관한 기록은 전혀 나타나 있지 않다. 내부 서체는 단정한 한글 민체와 약간 거친 필기체가 섞였다. 책에 남은 필체로 보아 적어도 세 사람 이상이 기록한 것으로 추측되며 여러 대에 거쳐 가필하여 기록, 정리한 것으로 보인다. 이 책의 제목인 '주식시의(酒食是義)'는 '마시는 것과 먹는 것의 바른 의례'라는 의미로 공자의 『시경(詩經)』편에 나와 있는 문구에서 가져왔다.

은진 송씨 집안에 전해오는 『주식시의』와 술 제조법만 따로 모아 정리한 『우음제방(禹飮諸方)』은 2007년 대전선사박물관에 기탁되어, 2010년 박물관에서 개최한 〈은진 송씨 송준길가 기탁 유물특별전 동춘당뎐〉에서 소개되었다.

송준길의 후손인 지돈령부사(知敦寧府事) 송영로(宋永老, 1803~1881)의 부인 연안 이씨(1804~1860)가 처음 기록하였으며 1800년대 중후반에 이 책을 쓰기 시작한 것으로 보인다. 사어(司馭, 궁중의 말이나 가마 관련 업무를 맡은 관리) 이현웅

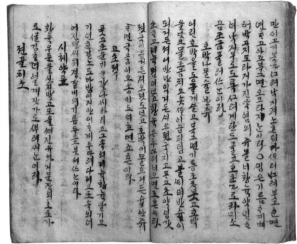

▲ 『주식시의』 표지와 본문. (출처: 대전선사박물관)

(李顯應)의 딸인 연안 이씨는 소대헌 종가에 시집와서 시댁 음식을 하나씩 익혀 가며 이 책을 기록한 것으로 보인다. 그 뒤 후손들이 전수받은 음식 솜씨를 이 책에 하나둘 덧붙여 실었다.

　　은진 송씨 고택은 현재 대전광역시 대덕구 송촌동에 위치하며, 문화재로 보물 제209호인 동춘당이 있다. 동춘당은 인조 21년(1643년) 지어진 목조 건물로, 조선시대 별당 건축의 표본으로 알려져 있다. 매년 4월 말 동춘당 일원에서는 동춘당 송준길 선생의 학품과 인격을 재조명하는 동춘당문화재가 열린다.

화려하게 차린 호박나물과 맑고 깨끗한 향의 송순주

『주식시의』에는 주식류, 부식류, 병과류와 음청류, 주류, 장류 등 음식을 만들고 재료를 다루는 법이 96가지 기록되었다. 게다가 낙지 볶기에는 낙지찜을 하는

▲ 동춘당 고택(위)과 송시열이 쓴 현판(아래). 『주식시의』는 이곳에 살던 송씨 집안 며느리들이 대대로 물려받고 새로이 기록하며 완성해간 책이다.

법이, 동김치에는 이를 활용하는 꿩김치나 냉면 만드는 법이, 약과 만드는 법에는 만두과와 다식과가, 앵두편에는 복분자편이 덧붙여져 총 100여 가지 방법이 수록되었다.

주식류는 모두 12종으로 죽 5종, 국수 3종, 만두 4종이다. 부식류는 모두 43종인데, 그중 찜이 8종으로 가장 많고, 김치와 채소 요리가 각 7종, 탕과 전골, 볶음과 초가 각 4종, 어채와 회 3종, 달걀 조리법 3종, 포 2종, 젓갈 1종, 제육 요리 1종 그리고 생선, 고기, 꿩 굽는 방법이 1종씩 기록되었다. 병과와 음청류는 모두 19종으로 떡 14종, 과자 3종, 음청류 2종이며, 장(醬)은 집장, 고추장, 청국장, 즙장으로 모두 4종이고, 고추장을 볶아서 이용하는 법과 장 담그는 길일에 대한 기록도 있다. 보통 옛 조리서에서 볼 수 있는 식초 제조법, 채소나 과일 저장법은 실리지 않았다.

이 책에는 전골 채소, 도라지찜, 요기떡, 소반찬, 외상문채, 물만두 등 다른 조리서에서는 볼 수 없는 음식이 등장한다. 또한 늘 보던 음식을 새롭고 화려하게 차린 것도 있다. 술안주로 이용하는 호박나물이 그러한데, 새우젓으로 간하는 것까지는 다른 조리서와 같으나 애호박 외에 소고기, 송이, 표고, 고추 등을 넣어 화려하고 고급스럽게 만드는 방법은 이 책에서만 확인할 수 있다.

가양주 제조법은 7종이 실렸는데, 그중 송순주(松筍酒) 제조법을 전수받은 은진 송씨 종가의 종부는 2000년 2월 대전무형문화재 제9호로 지정받기도 했다. 소나무의 새순으로 빚는 송순주는 솔잎 특유의 맑고 깨끗한 향이 일품이라 반가의 선비들이 반주와 약주로 애용했는데, 그중에서도 특히 이 책에 실린 조리법은 맛과 향이 탁월한 것으로 알려졌다.

조리법 외에도 게 오래 두는 법, 생선 씻는 법, 뼈 가는 법, 고깃국을 끓이거나 고기를 삶는 방법, 상한 고기를 잘 삶는 법, 황구와 흑구를 가려 쓰는 방법 등 손질 방법이나 재료를 씻고 다루고 저장할 때 유의할 점을 기록하였다. 또한 산모에게 필요한 민간요법, 염색법과 탈색법 등도 수록했다.

『주식시의』에 기록된 음식 내용

분류	음식명
주식류	잣죽, 호두죽, 흑임죽, 흰죽, 삼합미음(2), 난면, 화면, 비빔국수, 물만두, 수교의, 만두, 변씨만두
부식류	떡찜, 숭어찜, 붕어찜, 도라지찜, 묵찜, 송이찜, 갈비찜, 영계찜, 열구자탕(2), 승기약탕, 완자탕, 전골채소, 떡볶이, 동아초, 묵초, 낙지볶음, 어채, 화채법, 웅어회, 소반찬, 동아선, 외상문채, 죽순채, 호박나물, 즙느르미, 고추적, 생선 굽는 법, 고기 굽는 법, 꿩 굽는 법, 장김치, 동치미, 섞박지, 동아섞박지, 동아김치, 용인오이지, 게장, 제육편, 별약포, 시체약포, 달걀쌈, 조화계란, 달걀 삶는 법(달걀에 글자나 문양 새겨 삶는 법)
병과류	약식, 율강병, 소합떡, 두텁떡, 갖은 두텁떡, 섭화전, 석이편, 승검초단자, 토란단자, 감자단자, 석탄병, 잡과편, 증편, 요기떡, 약과, 앵두편, 전약
음청류	매화차, 식혜
주류	구기자주, 감향주, 별별약주, 두견주, 점감주, 송순주, 화향입주
장류	집장, 고추장, 청국장, 즙장, 장 담그는 길일, 장 볶기
재료 다루는 법	세어법(생선 씻는 법), 게 오래 두는 법, 분골니법(잉어 뼈 분처럼 만드는 법), 상한 고기 삶는 법, 고기 삶는 법, 고기 끓이는 법, 황흑구 쓰는 법

※괄호 안의 숫자는 같은 요리를 만드는 방법의 수를 표기함
출처: 대전역사박물관 옮김, 『조선 사대부가의 상차림』, 대전역사박물관, 2012.

충청도 지역에 기반을 둔 사대부가의 음식 문화를 엿보다

집안 대대로 내려오던 살림 비법과 함께 조선시대 여성의 삶을 문자로 기록하고 보존한 귀중한 자료 『주식시의』는 조선시대 음식 문화 연구에 두 가지 큰 의미를 지닌다.

첫 번째는 현재 전해지는 대부분의 조리서가 경북 안동과 영양, 상주 일대를 기반으로 영남 지역에 집중하는 데 반해 이 책은 충청도 지역을 기반으로 하는 사대부가의 기록이라는 것이다. 16세기 음식 문화를 대표하는『수운잡방』, 여성이 쓴 최초의 한글 조리서『음식디미방』, 사대부가의 높은 가양주 제조 기술을 볼 수 있는『온주법』, 19세기 말 한식 상차림을 그림을 통해 설명하는『시의전서(是議全書)』등이 모두 영남 지역의 기록인데,『주식시의』는 대전을 기반으로 한 은진 송씨 가문의 책으로 청주 지역에서 발견된『반찬등속』, 충남 홍성의 조응식 종가에 전해 내려온『음식방문니라』등과 함께 충청도 지역의 음식 문화를 살펴볼 수 있는 귀중한 자료이다.

두 번째는 왕비를 배출한 사대부가와 궁중 음식의 교류를 살펴볼 수 있다는 점이다. 동춘당 송준길은 조선 후기의 왕비들이 대부분 그의 외손이라 할 정도로 왕실과 관련이 깊다. 숙종의 비인 인현왕후 민씨가 동춘당의 외손녀이고, 고종의 비인 명성황후와 순종의 비인 순명효황후 민씨도 이 집안 후손이다. 동춘당의 증손녀가 장원급제한 김제겸(金濟謙, 1680~1722)에게 시집갔는데, 그의 후손 가운데 순조의 비인 순원왕후, 헌종의 비인 효현왕후, 철종의 비인 철인왕후가 나왔다. 그러니 송준길 집안과 궁중은 계속 교류가 있었으며, 궁중 음식 가운데 일부분이 종가 음식으로 계속 전수되었을 것으로 추측된다. 한 나라에서 가장 정교하고 화려한 음식이 궁중 음식일 텐데 그 궁중 음식과 비슷한 수준이라 할 수 있는 세력가 집안의 음식 솜씨가 손끝으로만 전해진 것이 아니라『주식시의』라는 기록으로 전해진 것이다.

이씨음식법 飮食法

현존하는 가장 오래된 한글 조리서인 『최씨음식법』은 원래 『자손보전』이란 기록의 일부인데 찬자인 최씨 부인의 성씨에 '음식법'을 붙인 경우다. 『윤씨음식법』은 조씨 가문에서 내려오던 것으로 『찬법』이란 한자 제목에 『음식법』이란 한글 제목이 붙은 책인데, 다른 책들과 구분하기 위해 발견자의 성씨를 붙여 이름 지었다. 같은 제목의 『음식법』이란 책이 또 있는데 이씨 가문에서 소장해 온 것이라 하여 『이씨음식법』이라 부른다.

▲ 왼쪽부터 『이씨음식법』 본문 시작 부분과 육면, 골동면, 국화채, 도미찜 등의 조리법 소개 부분.

『이씨음식법』의 정확한 편찬 시기와 찬자는 알 수 없지만 열구자탕에 고추를 사용하고 도미찜에 초고추장이 등장하는 것, 또 개화기의 괘지에 필사해 둔 것으로 보아 1800년대 말엽에 지어진 것으로 추정한다. 24장으로 된 한글 필사본이며 음식에 관한 내용은 모두 53종으로 그중 술에 관한 것이 15종, 국수 4종, 찬물류 14종, 병과류 18종, 화채와 차(茶)가 2종이다.

일반적이지 않은 음식의 이름

『이씨음식법』의 음식은 그 명칭이 일반적인 조리법과 맞지 않거나 조리법이 중간중간 생략된 것이 꽤 많다. 한 예로 육전은 이름만 보면 고기전유어로 예상되지만, 실제로는 고기를 풀잎같이 썰고 녹말을 묻혀 잠깐 끓여낸 뒤 꿩고기를 꾸미로 얹은 것으로, 『산가요록』에 등장하는 육면과 같은 방법이다. 난전 역시 달걀전유어가 아닌, 달걀을 풀어 중탕하여 찐 달걀찜이다.

금중탕은 돼지고기로 전을 만드는 방법만 기록하였다. 비슷한 시기인 1800년대 중엽에 편찬된 『음식방문』에는 금중탕이 살찐 닭을 무와 박고지와 함께 오래 고은 것으로 기록되었는데, 이 책의 금중탕 항목에는 제육전을 부치는 방법만 나와 있다. 아마 자세한 설명이 누락되었거나 일부 조리법을 생략하고 특이 사항만 적어놓은 것으로 보이며, 금중탕은 제육전을 넣고 끓인 탕이었을 것으로 추측한다.

국화채와 초고추장의 등장

이 책에서만 볼 수 있는 특별한 음식이 있다면 바로 골동면과 국화채이다. 골동면은 비빔국수를 뜻하며 여러 고조리서에서 나오지만 이 책의 골동면은 조금 다르다. 면부터 물 없이 달걀로 반죽한 난면을 사용하고 꿩고기, 닭고기, 버섯 볶은 것에 잣, 밤, 배, 유자 껍질 등을 고명으로 얹어 화려하면서도 상큼한 비빔국수를 만든다.

국화채는 연한 국화잎을 잠깐 데쳤다가 두드려 만두소같이 만든 다음 녹말을 묻히고 다시 잠깐 데쳐서 초장에 찍어 먹는 것이라 했다. 내용 그대로만 보자면 국화잎을 다져 넣은 굴림만두 형태인데, 나물에 쓰이는 '채'라는 용어를 사용한 점이 특이하다.

알느르미, 잡느르미, 동아느르미 등의 느르미도 나온다. 그러나 『음식디미방』에 기록된 것처럼 전분즙을 끼얹어 만드는 방법이 아니라 구워서 꼬치에 끼우는 것으로, 점차 누름적의 형태로 변화되고 있음을 확인할 수 있다.

도미찜에 쓰인 초고추장은 이 책에서 처음으로 등장한다. 이후 1901년의 『진찬의궤』에 식초와 고추장, 꿀을 합한 초홍장(醋紅醬)이 기록되었고, 1900년 이후 근대 조리서에서는 초고추장의 활용이 훨씬 더 많아진다.

『이씨음식법』에 기록된 음식 내용

분류	음식명
주류	신도주, 송순주, 두견주, 이화주, 일년주, 소국주, 상원주, 감향주, 송절주, 오가피주, 창출주, 구술주(황구), 절 통소주, 동파주, 청향주(새로운 방법)
병과류	약식법, 두텁떡법, 증편법, 석이병법, 권전병, 혼찰병, 추절병, 소함병, 신검초단자, 약과법, 별약과법, 강정법, 율강편, 생강편, 백자병, 앵두편, 녹말편, 전약법
음청류	원소병, 제호탕법
면류	난면법, 화면, 골동면(난면을 활용), 육전(육면)
찬물류	열고자법, 금중탕, 게장편, 도미찜, 국화채, 난전(달걀찜), 게전, 알느르미, 잡느르미(잡느림이), 동아느르미, 제육편, 붕어탕, 승가기탕(승기기탕), 완자탕

출처: 궁중음식연구원

시의전서是議全書 1800년대 말

한식의 가장 큰 특징은 밥을 주식으로 두고 여러 가지 반찬을 구성하여 함께 먹는다는 점이다. 예부터 우리는 밥을 먹기 위해 늘 반찬을 필요로 했다. 반찬으로는 고기, 어패류로 만든 젓갈이나 구이, 찜, 항상 저장해두고 꺼내어 먹을 수 있는 밑반찬인 장, 장아찌, 김치 등 곡물 이외 식품으로 구성되었다. 밥과 반찬으로 구성된 상차림은 삼국시대에 주식과 부식이 나뉜 이후 기본 일상식으로 이어져 조선시대에는 반찬의 배합에 원칙을 세우고 체계적인 상차림 형태를 제시하였다.

반상차림의 원칙은 이렇다. 밥, 국이나 찌개, 김치를 기본 음식으로 하고 반찬을 첩이라 하여 가짓수에 따라 3첩, 5첩, 7첩, 9첩이라 하는 것이다. 첩에 해당하는 반찬은 재료나 조리법이 중복되지 않도록 하는 것이 원칙이었다.

1900년대 들어와 『우리음식』(1948년), 『우리나라 음식 만드는 법』(1954년) 등 근대 조리서에는 너나할 것 없이 반상차림의 원칙을 명문화했고, 밥 이외에 국수나 만두를 주식으로 하는 장국상이나 교자상, 주안상 등 식단 구성까지 제시하였다.

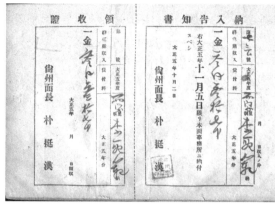
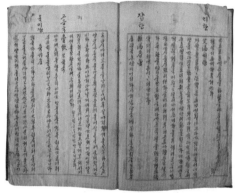

▲ 『시의전서』 표지(위 왼쪽)와 궁중음식연구원 소장인 다른 판본의 경우, 상주군청에서 발행한 납입고지서 영수증의 이면을 활용(위 오른쪽). 조리법을 적은 부분(아래 왼쪽)과 여러 가지 젓갈, 자반, 건어물, 생선 종류를 표기한 부분(아래 오른쪽).

반상차림 같은 전통적인 상차림의 원칙이 언제부터 성립되었는지 정확히 밝혀지진 않았지만 이런 상차림의 형태와 구성이 문자화된 것은 『시의전서(是議全書)』가 최초다.

『시의전서』는 1800년대 말엽에 지어진 찬자 미상의 책이며 현존하는 것은 1919년의 한글 필사본이다. 심환진(沈晥鎭)이 상주군수로 재직 중에 반가에 소장되었던 음식책을 빌려 상주군청의 괘지에 필사한 것으로 출판사 탐구당

(探求堂)의 사장 홍석우(洪錫禹)의 고모인 홍정(洪貞) 여사에게 전해져 소장되었다. 표지 서명이 '시의전서(是議全書)'이고, 책 머리에 표시된 서명인 권수제(卷首題)는 '음식방문'이다. 사본 상하 2편 1책이고, 크기는 가로 17cm, 세로 24.7cm, 분량은 77장이다. 면당 12행, 행당 약 22자가 적혔다. 용지 왼쪽 아래에 '大邱印刷合資會社印行(대구인쇄합자회사인행)'이, 판심(版心, 옛 책의 중앙선 접힌 부분) 아랫부분에는 '尙州郡廳(상주군청)'이 인쇄된 단면의 붉은색 유선 공책지이다.

422가지 방대한 음식의 기록

음식명은 한자와 한글을 병기했고 부수적인 설명도 기록했으며 조리법별로 구체적으로 분류하여 음식을 정리했다. 실린 음식의 가짓수도 아주 많고 만드는 법도 비교적 상세히 기록된 편이다. 경상도 사투리가 두드러진 것으로 보아 당시의 유력한 경상도 지역 양반집의 음식법으로 짐작할 수 있다.

이 책에는 모두 422가지의 음식이 소개되었다. 상권에는 장, 김치, 밥, 미음, 원미, 죽, 의이, 찜, 선, 탕, 신선로, 회, 면, 만두, 전골, 간납, 구이, 포, 장육, 나물, 조치, 잡법, 약식, 화채로 구분하여 226가지의 음식 조리법을 수록했다. 하권의 조리법은 196가지로 정과, 편, 조과, 생실과, 당속, 약주, 마른안주, 제물(祭物), 두부, 묵, 나물, 쌈, 엿, 감주, 찬합 넣는 법, 젓갈, 자반, 건어류, 생선류, 천어 잔생선 조리법, 채소, 염색, 서답법, 반상식도로 분류하여 기록하였다.

많은 종류의 식품이 수록되어서 식품 연구는 물론 조선 후기의 한국 음식을 한눈에 살펴볼 수 있는 귀중한 자료로 평가받고 있다.

『시의전서』 상권에 기록된 음식 내용

분류	음식명
장	간장(艮醬), 진장(眞醬), 약고추장, 즙장(汁醬), 담북장(淡北醬), 청탕장(淸湯醬), 청국장)
침채	어육침채(魚肉沉菜), 동치미(冬沉伊), 섞박지, 동고침채(冬苽沉菜), 향개침채(香芥沉菜), 숭침채(菘沉菜), 장침채(醬沉菜), 장김치, 호과침채(胡苽沉菜), 오이김치, 포침채(匏沉菜, 박김치), 젓국지, 젓무, 속대장아찌, 오이장아찌, 무숙장아찌, 장짠지
밥, 미음	탕반(湯飯), 골동반(汨董飯), 삼합미음(三合米飲)
원미	장탕원미(醬湯元味, 장국원미), 소주원미(燒酒元味)
죽	백자죽(栢子粥), 흑임죽(黑荏粥), 진자죽(榛子粥), 장국죽
의이	갈분의이(葛粉薏苡)
찜	송이찜(松耳), 죽순찜, 붕어찜(鮒魚), 게찜(蟹), 돼지태반찜(猪胞), 아저찜(兒猪), 메추라기찜(鶉), 봉통찜, 갈비찜, 연계(軟雞), 속대찜, 떡볶이, 숭어찜(鱸魚)
선	배추선(菘), 동아선(冬苽), 호박선(南苽), 오이선, 고추선(苦草)
탕	연포탕(軟泡湯), 일과, 우미탕(牛尾湯), 열구자탕(悅口子湯), 완자탕, 게탕(蟹湯), 애탕(艾湯), 잡탕(雜湯), 고음(膏飮), 육개장
회	육회(肉膾), 잡회, 어회(魚膾), 작은 생선의 회, 조개회, 낙지회, 굴회, 미나리강회, 세파강회
면	온면(溫麵), 냉면(冷麵), 골동면(汨董麵), 장국냉면, 밀국수, 깨국국수, 시면, 창면
만두	만두, 어만두, 밀만두, 수교의
전골	전골
간납	어채, 전복숙(全鰒熟), 족편, 홍합초(紅蛤炒), 게간납(蟹), 참새전유어, 느르미, 어육각색간랍(전유어), 해삼쌈(海蔘), 수란, 건수란, 어교(魚膠), 돼지순대, 숙육(熟肉)
구이(적)	해적(蟹炙), 붕어적(鮒魚炙), 생선적(生鮮炙), 생치적(生雉炙), 계적(鷄炙), 갈비구이, 염통구이, 족구이, 사삼적(沙蔘炙, 더덕구이), 파산적, 염통산적, 육산적, 떡산적, 너비아니, 약산적
포	편포, 약포(藥脯), 산포(散脯), 장포(醬脯), 어포(魚脯)
장육(자반)	장조림법, 약산적조림, 꿩(生雉), 장볶이, 콩자반, 해의(海衣), 천리찬(千里饌), 만나지법
나물(생숙채)	탕평채, 파나물, 도라지나물, 고비, 고사리나물, 오이나물, 호박나물, 호박문주, 곰취쌈(杜蘅), 깻잎쌈, 도라지생채, 오이생채, 무생채, 갓채(童芥菜)

조치	묵볶이, 천엽조치, 골조치, 생선조치
잡법	양즙 내는 법, 오이지 담그는 법, 꿀 만드는 법, 초 앉히는 법, 겨자 만드는 법, 고추장윤즙법, 숭어, 조기 끓일 때, 게젓 담글 때, 청어젓 담그는 법, 마른 송이, 죽순, 게 오래 두는 법, 밤, 은행 삶을 때, 약식법, 전약
화채(수정과)	수정과, 배숙, 장미화채, 두견화채, 배화채, 앵두화채, 복분자화채, 복숭아화채, 밀수 타는 법, 생감 침하는 법
장아찌	고추장에 장아찌 박는 물종, 마늘장아찌

『시의전서』 하권에 기록된 음식 내용

분류	음식명
열두 달 절기 음식	정조-탕병, 상원-약식, 삼일-송편 · 화전 · 탄평채 · 왜각탕, 한식-송편 · 밤단자 · 쑥구리, 단오-증편 · 깨인절미, 유두-수단 · 골무편 · 연계탕 · 외무름탕, 추석-송편, 구일-무시루편 · 화전 · 밤단자 · 무왁저지, 동지-팥죽 · 전약 · 인절미 · 탕평채 · 무왁저지
정과	산사편(山査), 모과 거른 정과(木瓜), 쪽정과, 앵두편(櫻桃), 복분자편(覆盆子), 살구편(杏子), 녹말편(菉末), 들죽편, 생강정과(生薑), 유자정과(柚子), 감자정과(柑子), 연근정과(蓮根), 도라지정과(吉梗), 인삼정과(人蔘), 행인정과(唐杏仁), 청매정과(靑梅)
편(각색 편, 각색 웃기)	시루편 안치는 법, 팥편, 녹두편, 녹두찰편, 팥찰편, 꿀찰편, 깨찰편, 꿀편, 승검초편, 백편, 시루편, 갖은 웃기, 흰주악, 치자주악, 대추주악, 귤병단자, 밤단자, 밤주악, 건시단자, 석이단자(石耳), 승검초단자(當歸葉), 잡과편(雜果餠), 계강과(桂干果), 두텁떡, 화전(花煎), 생산승, 율란(栗卵), 조란(棗卵), 생강편, 무떡, 송편(松餠), 쑥송편, 어름소편, 증편(蒸餠), 대추인절미(大棗粘餠), 쑥인절미, 깨인절미, 쑥절편, 감저병(甘藷), 적복령편(赤茯苓), 상실편(橡案), 개피떡, 꼽장떡, 골무편, 경단, 마구설기, 호박떡
조과	수단, 보리수단, 식혜(食醢), 밤숙, 강정(江丁), 매화산자, 메밀산자, 감사과, 연사, 석류과, 매화세반, 산자밥풀, 잔치에 쓰는 강정, 약과(藥果), 다식과, 만두과, 중계(中桂), 매작과, 빙사과, 흑임자다식(茶食), 송화다식, 황률다식, 갈분다식, 녹말다식, 강분다식
생실과 · 당속	생률, 대추, 배, 연시, 유자, 감자, 석류, 호두, 잣, 은행, 황률, 건시, 참외, 수박, 오얏, 살구, 앵두, 복분자, 자두, 사과, 능금, 포도, 당속, 사탕, 옥춘당, 오화당, 용안, 여지, 귤병, 당대추

약주	소국주, 과하주, 방문주, 벽향주(碧香酒), 녹파주(綠波酒), 성탄향(聖嘆香), 황감주(黃柑酒), 신상주, 두견주(杜鵑酒), 송순주(松筍酒), 두강주(杜康酒), 삼일주(三日酒), 삼해주(三亥酒), 회산춘(回山春), 일연주(一年酒), 과하주(過夏酒), 청감주, 술 빚기 피하는 날, 신 술 고치는 법
마른안주	전복쌈, 문어오림, 광어, 대구, 강요주, 홍합, 대하, 오징어포, 게포, 약포, 어포, 산포, 꼴뚜기, 뱅어포
–	두부전골
제물(제사 음식)	편, 송편 증편, 무시루떡, 개피떡, 면, 탕, 갈비탕, 족탕, 생치탕, 닭탕, 어탕, 홍합탕, 해삼탕, 게탕, 소탕, 포, 적, 육적, 갈비적, 족적, 어적, 생치적, 닭적, 젓갈, 회, 제사 김치, 자반, 실과 곁들여 담는 법, 두부 만드는 법, 제물묵, 엿기름 기르는 법, 메밀묵, 녹말 수비법, 동부수비법, 팥 수비법, 송화 수비법, 갈분 수비법, 수수 수비법, 율무 수비법, 호박전, (호박)초나물, 가지나물, 쑥갓나물, 박나물, 여물나물, 미나리장아찌, 세파장아찌, 속대짠지, 고춧잎장아찌, 가지짠지, 두부조림, 고추조림, 풋고추조림, 북어무침, 두릅장아찌, 김쌈, 상추쌈, 낭화, 엿 고는 법, 수수엿, 감주 하는 법, 찬합 넣는 법
젓갈	조기젓, 낫젓, 명란, 조개젓, 굴젓, 청어젓, 소라젓, 전복젓, 준치젓, 해우젓, 민어젓, 황석어젓, 아가미젓, 밴댕이젓, 오징어젓, 꼴뚜기젓, 곤쟁이젓, 낙지젓, 교침젓, 세하젓, 난새어젓, 하란젓, 대합젓, 게젓, 도미젓, 방게젓, 가리맛젓
자반, 건어류	자반민어, 자반조기, 굴비, 자반청어, 자반준치, 자반밴댕이, 자반갈치, 고등어, 염미어, 건도미, 자반병어, 방어, 전어, 송어, 마른 멸치, 마른 가자미, 마른 가오리, 마른 연어, 마른 상어, 오징어포, 보리새우, 꼴뚜기, 뱅어포, 문어오림, 조갯살, 홍합, 전복, 해삼, 대하, 관합, 광어, 대구, 강요주, 게포, 관목어, 건낙지, 건도루묵, 북어
생선	청어, 조기, 도미, 준치, 민어, 병어, 붕어, 방어, 광어, 대구, 오징어, 가오리, 가자미, 숭어, 위어, 뱅어, 까나리, 꼴뚜기, 도루묵, 톳명태, 농어, 은어, 잉어, 누치, 쏘가리, 여메기, 동누리, 꽃게, 방게, 대합, 목조개, 게알, 꽃게, 생복, 홍합, 해삼, 문어, 낙지, 소라, 강요주, 대하
해조류	다시마, 곤포, 미역, 감태, 청각, 해의, 타래, 광대김, 시루밋, 가사리, 말
–	천어 잔생선 조리법, 굴김치
채소	콩나물, 숙주, 미나리, 무, 배추, 오이, 호박, 고추, 가지, 박, 파, 마늘, 토란, 순무, 밋갓, 갓, 아욱, 상추, 쑥갓, 향갓, 시금치, 근대, 당근, 동아, 곰취, 더덕, 도라지, 고비, 고사리, 두릅, 참나물, 삽주싹, 석이, 느타리, 표고, 능이, 송이

출처: 한식재단 한식아카이브

전통 상차림의 모습 제시

『시의전서』 뒷부분에 '반상식도'라 하여 3면에 걸쳐 구첩반상, 칠첩반상, 오첩반상, 술상, 곁상, 신선로상, 입맷상이 그려져 있다. 이런 상차림의 형태와 구성은 문헌상 처음 제시된 것으로, 당대의 상차림을 짐작할 수 있으며 조선 말엽 양반가의 식생활 모습을 살펴볼 수 있다.

반상차림

반상은 밥을 중심으로 차린 밥상을 말한다. 반상에서 첩은 쟁첩에 담는 반찬을 의미하며, 반찬 수를 헤아려 3첩, 5첩, 7첩, 9첩으로 나눈다.

반상의 배치를 보여주는 반배도를 보면 원반에 차린 구첩반상에는 우선 반(밥), 갱(국)과 가운데 생선조치, 양조치, 맑은 조치의 조치 세 가지가 있다. 작은

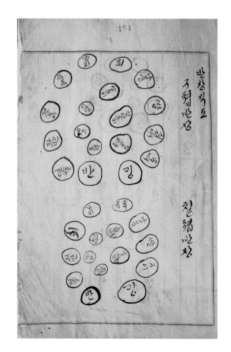

▶ 그림과 함께 상차림을 설명한 부분. 왼쪽부터 구첩, 칠첩, 오첩, 삼첩반상 및 신선로상, 입맷상을 차례로 소개했다.

종지에는 지렁(간장), 겨자, 초장의 세 가지 장이 놓였다. 찬품으로는 육구이, 생선구이, 쌈, 나물, 회, 수육, 전유어, 자반, 젓갈의 아홉 가지 찬과 김치가 놓였다. 칠첩반상의 내용은 구첩반상에서 조치 한 가지와 찬품에서 구이 한 가지, 전유어가 빠진 것이다. 오첩반상은 칠첩에서 조치 한 가지와 쌈과 회 두 가지 찬과 겨자가 빠진 차림이다. 즉, 밥, 국, 조치, 김치, 종지에 담긴 장은 첩수에 들지 않는다. 이 상차림 도식은 전통적인 반상차림의 원칙을 잘 보여준다.

술상차림

술상에는 마른안주와 진안주, 김치가 오르고, 정과와 생실과는 왼쪽에 놓인다. 곁상인 전골상은 상 옆 화로 위에 전골틀을 올려서 직접 끓여 먹는 국물 음식이므로 전골의 재료가 되는 나물, 날달걀, 기름종지와 장국 등을 올렸다.

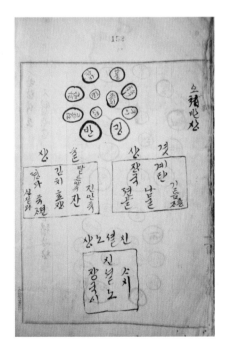

전골은 소고기나 낙지 또는 두부 등으로 바뀔 수도 있으니 전골이라고만 기입했고, 나물은 전골에 넣는 채소를 의미한다. 신선로상을 곁상으로 둘 때는 작은 상에 신선로와 장국을 뜰 국자(장국시)와 떠먹기 위한 사시(沙匙, 자루가 짧은 사기 숟가락)가 놓였다.

입맷상차림

혼례 또는 회갑 잔치에는 과일과 떡, 과자 등을 높이 고인 고배상(高拜床)이나 큰상을 차려서 술잔을 올리고 축하드리는데, 이 상에 오른 음식은 먹지 않고 바라만 본다고 하여 망상(望床)이라 부른다. 큰상은 잔치가 끝난 후에 이웃이나 친척에 두루 나누어주는 것이 옛 풍습이었다. 잔치가 진행되는 동안 축하받는 당사자들이 시장하지 않도록 따로 국수장국상을 마련하여 올리는데, 이를 입맷상이라고 한다. 보통 입맷상은 국수가 주식이며 찬품으로 수육, 전유어, 수란, 탕평채를 올리고 찜과 장김치, 초장을 곁들인다. 이 책의 입맷상에는 국물이 있는 김치, 전유어, 수육, 그리고 정과, 생실과, 수정과 세 가지가 함께 차려졌다.

▲ 『시의전서』 본문 내용에 맞추어 궁중음식연구원에서 재현한 상차림. 왼쪽 위부터 좌우 차례로 구첩 · 칠첩 · 오첩반상, 술상 및 곁상, 신선로상, 입맷상이다.

4장

1900년대 조리서

반찬등속(饌膳繕册)·부인필지(夫人必知)·조선무쌍신식요리제법(朝鮮無
雙新式料理製法)·조선요리제법(朝鮮料理製法)·해동죽지(海東竹枝)·간편
조선요리제법(簡便朝鮮料理製法)·사계의 조선요리(四季의 朝鮮料理)·조
선요리법(朝鮮料理法)·가정주부필독(家庭主婦必讀)·조선요리학(朝鮮料
理學)·우리음식·이조궁정요리통고(李朝宮廷料理通考)

반찬등속 饌膳繕冊　　1913년

『반찬등속[饌膳繕冊]』은 청주 지역의 진주 강씨 집안에서 전해 내려오는 요리책이다. 겉표지에는 '반춘ᄒᆞ는등속'이라고 한글로 적혀 있고, 그 옆에 나란히 한자로 '饌膳繕冊(찬선선책)'이라고 쓰여 있다. 앞표지에 '계축 납월 이십사일'이라는 필사 기록으로 보아 1913년 12월 24일 필사가 완료된 것으로 추정된다.

뒤표지에는 '청주서강내일상신리(淸州西江內壹上新里)'라는 지명이 표기되었는데, 당시 이 마을은 진주 강씨 집성촌이었다. 강희명의 13대손인 강귀흠(姜貴欽, 1835~1897)의 부인 밀양 손씨(1841~1909)가 쓰고 1913년 손자 강규형(姜圭馨, 1893~1962)이 재정리한 것으로 조사됐다. 20세기 초 충청도 지역의 음식과 조리법을 살펴볼 수 있어 이 지역 식생활 연구의 기본 자료로 활용된다.

짠지, 화병, 염주떡 등 독특한 충청도식 조리법

『반찬등속』은 평소 집에서 즐겨 먹는 반찬의 조리법을 수록하였다. 김치 9종, 짠지 8종, 찬물 7종, 만두 1종, 병과 14종, 술 3종, 음료 2종, 그리고 흰떡을 오래 보관하는 법과 고추장 맛있게 먹는 법도 실었다.

특히 짠지의 종류와 조리법을 자세히 기록한 점이 눈에 띈다. 짠지[菹]는 재료를 소금으로 짜게 절여 오래 두고 먹는 김치의 일종이다. 충청도 지역에서는 짜게 해서 먹는 장아찌나 조림도 통칭하여 짠지라 했다. 마늘짠지에 홍합, 파짠지에 문어, 고춧잎짠지에 소고기도 함께 사용하였다. 이 책에 기록된 짠지류는 채소와 해산물을 두루 사용하는 것이 특징이다.

화병이나 염주떡은 다른 책에서 쉽게 찾아볼 수 없는 음식이다. 화병은 달걀지단과 실고추 고명을 한 꽃처럼 화려한 떡이며, 염주떡은 색색으로 밤톨 크기의 떡을 만들어 염주처럼 실에 꿰어 높이 괸 떡이다. 이 책에는 평소 해 먹는 반찬 외에도 의례나 잔치, 손님 접대용 음식 또한 기록되었다.

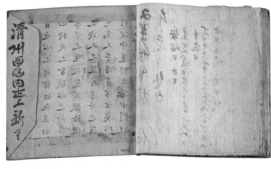
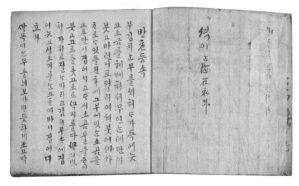

◀ 『반찬등속』 앞표지(위 왼쪽)와 뒤표지 안쪽 면(위 오른쪽). 표지 부분은 다른 종이로 단단하게 한 번 더 감쌌다. 무김치, 깍두기 조리법이 기재된 부분(아래). 이 책에는 김치 및 짠지 종류 조리법이 다수 수록되었다. (출처: 국립민속박물관 아카이브)

『반찬등속』에 기록된 음식 내용

분류	음식명
김치	무김치, 깍두기(깍독이), 오이김치, 고춧잎김치, 깍두기(갓데기), 오이김치, 짠지, 배추김치
짠지	무말랭이짠지, 고춧잎짠지, 마늘짠지, 북어짠지, 파짠지, 박짠지, 전복짠지, 콩짠지
안주와 술	북어부침, 오리탕, 전골지짐, 참죽나무 순·토란 줄거리, 북어 대가리, 육회, 가물치회, 과주, 약주, 연잎술
과자와 음료	산자, 약과, 정과, 중박계, 주악, 박고지정과, 수정과, 식혜
떡과 만두	약밥, 화병, 염주떡, 증편, 백편, 꿀떡, 송편, 곶감떡, 만두
기타	흰떡 오래 두는 법, 고추장 맛나게 먹는 법

출처: 밀양 손씨 지음·권선영 옮김, 『『반찬등속』 중 조리서의 내용 소개』, 휴먼컬처아리랑, 2014.

부인필지 夫人必知 1900년대 초

1900년대 초, 조선왕조가 500여 년의 역사를 뒤로 하고 막을 내렸다. 궁궐 또한 유명무실해졌으니 궁궐의 연회나 식사를 담당하던 관리나 숙수들도 일자리를 잃고 궐 밖으로 나갈 수밖에 없었다. 출궁한 이들이 모인 곳은 술과 음식, 연회를 벌일 수 있는 조선 요리옥 명월관(明月館)이었다. 최초의 조선 요리옥은 1890년대에 개업한 혜천관(惠泉館)이긴 하나, 명성이 높았던 요리옥은 1903년 명월루(明月樓)로 시작하여 1906년 9월에 증축하여 개점한 명월관이다. 명월관의 창립자인 안순환(安淳煥, 1871~1942)은 궁중의 연향 음식을 책임지던 전선사(典膳司)의 최고직 관리였다. 그는 음식을 잘 만드는 남성 요리사 숙수(熟手)와 술을 잘 담그는 궁중 나인을 데려오고 유명한 기생까지 영입하여 신문에 광고를 했다. 명월관은 궁중 음식과 연회를 즐길 수 있는 곳으로 유명세를 얻으며 성행했다. 그때 명월관에서 맛볼 수 있던 음식은 어떤 모습이었을까? 1900년대 초에 나온 『부인필지(夫人必知)』에는 명월관의 음식이 소개되었다.

『부인필지』는 음식과 의복을 다루는 법 등 생활에서 필히 알아두어야 할 것을 순 한글로 기록한 책이다. 빙허각 이씨 원저의 『규합총서』가 『간본규합총

▲ 궁중 연회 음식 책임자를 지내다 명월관을 세운 안순환(왼쪽)과 당시 인기몰이한 요리옥 명월관의 모습(오른쪽).

서』라는 요약본으로 편찬되었고, 이것이 다시 『부인필지』로 필사된 것으로 전해진다. 가로 16.5㎝, 세로 25.5㎝ 크기에 32장으로 된 한글 필사본이며, 표지에는 '부녀필지단(婦女必知單)'이라 쓰여 있고, 목차에는 한글로 '부인필지', 한자로 '夫人必知'와 '婦人弼支'가 같이 쓰여 있다.

『부인필지』는 1915년에 쓰인 것으로 알려져 있었지만 1908년 6월 황성신문에 이 책에 대한 작은 광고 기사가 몇 차례 나온 것이 확인되어 현재는 1900년대 초반에 제작 및 판매된 것으로 유추하고 있다.

조선 요리옥 명월관의 냉면 소개

1책 2권으로 상하권이 있는데 상권에는 음식, 하권에는 의복, 실뽑기, 누에치기, 다듬이질 하는 법, 빨래하는 법, 옷 좀먹지 않게 하는 법, 수놓는 법 등 일상 생활에 필요한 내용이 서술되었다.

상권에는 음식 총론을 시작으로 음식에 대한 내용을 12장으로 분류해 실었다. 약주, 장과 초, 밥과 죽, 다품, 침채, 어육품, 상극류, 채소류, 병과류 등의 만드는 법과 조리 과정의 주의점 등 모두 115종이 기록되었다. 과일과 채소 저장법, 독 있는 과일, 기름 짜는 법 등 조리법은 물론 식품을 조리하거나 섭취할 때 주의 사항이나 식품에 관한 정보도 수록하였다.

『부인필지』는 주로 『규합총서』의 내용을 발췌한 것이지만, 당시 유명한 요리옥의 음식을 추가하기도 했다. 바로 앞서 소개한 명월관의 음식이다. 그중에서도 명월관 냉면은 따로 조리법을 두어 설명했는데, 동치미를 설명하던 중에 시원한 동치미에 국수를 말아 차갑게 먹는 명월관 냉면이 등장한다. 무에 배를 많이 넣고 유자도 넣어 동치미를 만들고 그 국물에 국수를 말아 무, 배, 유자를 저며 넣고, 돼지고기 편육, 달걀, 배, 잣을 고명으로 얹는 법이라 했다. 명월관의

◀ 『부인필지』 표지. 왼쪽은 궁중음식연구원이 소장 중인 1969년 상문각 영인본이고 오른쪽은 서울대학교 규장각 소장본이다. 내용 중 '음식 총론, 약주, 장, 초, 밥, 죽' 항목에 해당하는 앞부분 몇 장은 소실되었다.

▼ 『부인필지』의 목차(왼쪽, 가운데)와 조리법이 실린 부분(오른쪽). 떡볶이, 국수비빔, 광주백당(흰엿) 등의 조리법이 실렸다.

음식으로 소개되었지만 당시 명월관의 조리 담당이 궁중 숙수와 나인임을 미루어볼 때 이 또한 궁중 음식에서 전파된 것으로 볼 수 있다.

『부인필지』 상권에 기록된 음식 내용

분류		음식명
주식류	밥	팥물밥, 약밥
	죽	타락죽, 팥죽
	국수	명월관 냉면, 국수비빔
찬물류	탕	완자탕, 잉어탕, 복어탕, 개고기국, 열구자탕
	찌개	청국장찌개
	찜	붕어찜, 게찜, 송이찜
	선	동아선
	구이	생선구이, 생치구이, 참새구이
	젓갈	청어젓, 게젓, 연안식해법
	포	편포, 약포, 전복포
	나물	죽순채, 월과채
	전	전유화, 게장부침
	볶음	떡볶이
	숙회	화채(어채)
	순대	소고기순대
	족편	족편, 제피수정
	마른찬	전복다식, 똑도기자반, 고추장볶음, 다시마부각, 메밀전병
	김치	동치미(2), 김장 후 동지저, 용인오이지법, 장짠지, 명월생치채, 전복침채
	기타	준치 뼈 없이 만드는 법(준치, 녹말, 파, 기름장)
		복어 독 없애기(복어, 곤쟁이젓)
		조기 끓일 때 주의점(조기)
		소고기 삶는 법(소고기, 닥나무 열매)
		닭 무르게 삶는 법(닭고기, 앵두나무 가지, 굴뚝 밑 기와)
떡류	찐 떡	도행병, 두텁떡, 복령병, 석탄병, 송편, 잡과편, 감자병, 나복병, 증편, 상화
	친 떡	유자단자, 도행단자, 신검초단자, 대추인절미
	지진 떡	토란병, 화전, 밤주악, 대추주악

과정류	유밀과	유밀과	
	다식	용안육다식, 흑임다식, 녹말다식	
	정과	쪽정과, 생강정과, 연근정과	
	과편	앵두편, 복분자편, 모과편, 살구편, 벗편	
	엿	광주백당법, 흑당	
음청류	차	오매차, 국화차, 매화차, 포도차	
	밀수	향설고, 원소병	
	수정과	수정과	
	화채	화채국	
주류	순곡주	와송주, 소국주, 감향주, 일일주, 삼일주	
	혼양곡주	약용곡주	구기주
		가향곡주	연엽주(2), 두견주, 도화주, 국화주, 매화주, 귤주, 송절주, 황국송절주, 두견송절주, 유자송절주
		혼성주	과하주
	순곡증류수	소주	
양념류	장	간장, 어육장, 청태장, 급히 장 만드는 법, 고추장, 즙장, 청국장	
	초	초	
	기름	참기름, 들기름, 수박씨기름, 봉선화씨기름, 콩기름, 면화씨기름	
저장식품	과일	생률, 임금, 배, 홍시, 생감, 포도, 석류, 귤, 복숭아, 수박, 참외, 마른 실과	
	채소	순무, 무, 동아, 호박, 오이, 가지, 송이, 두릅, 배추 뿌리, 고사리, 소루쟁이, 움파	

※괄호 안의 숫자는 같은 요리를 만드는 방법의 수를 표기함

출처: 빙허각 이씨 지음 · 이효지 옮김, 「부인필지」, 교문사, 2010.

조선무쌍신식요리제법朝鮮無雙新式料理製法 1924년

1900년대에 들어서면서 인쇄술의 발달과 함께 손으로 써서 베낀 필사본 조리서는 점차 줄어들고 한글 신활자로 출판되는 책이 나오기 시작했다. 1900~1920년대까지는 활자로 인쇄되기는 하지만 이전의 조리서처럼 단순하게 음식명과 조리법만 기록된 책이 많았다. 또 맞춤법과 띄어쓰기도 지금과는 사뭇 달라 어떻게 읽어야 할지, 어디서 끊어야 할지 모를 정도다. 1930년대부터는 긴 설명 문장이 재료와 분량, 만드는 법으로 나뉘었고, 조리 과정도 번호를 붙여 정리하기 시작했다. 복잡한 조리 과정이나 완성 음식을 그림으로 그려 넣기도 했다. 1924년에는 표지에 그림을 넣어 채색한 음식책이 최초로 등장했다. 조선에 둘도 없는 최신 요리책이란 뜻을 가진 『조선무쌍신식요리제법(朝鮮無雙新式料理製法)』이 그것이다.

『조선무쌍신식요리제법』은 위관 이용기(韋觀 李用基, 1870~1933?)가 쓴 요리책이다. 이용기는 잘 알려진 역사 속 인물은 아니지만 구전되던 조선 가요 1,400여 편을 집대성한 『악부(樂府)』를 편찬한 당대 지식인이었다. 날건달, 바람둥이라는 소문도 있었지만 풍류를 좋아하고 미식에 대한 관심도 남달랐던

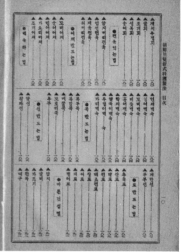

▲ 『조선무쌍신식요리제법』 1924년 초판 표지(왼쪽)와 목차(오른쪽). 표지는 컬러 일러스트로 식재료와 신선로를 재미있게 표현했다. 목차는 구성안을 한눈에 가늠할 수 있도록 '자반 만드는 법' '조림 만드는 법' 등의 큰 제목을 따로 빼두었다.

것으로 보인다. 그는 당시 최고의 요리책으로 손꼽히던 방신영이 쓴 『조선요리제법』(1921년, 3판)의 서문을 쓰기도 했다.

이 책은 1924년 한흥서림(韓興書林)에서 처음 출간된 이후 1930년 재판했으며, 1936년에는 영창서관(永昌書館)으로 출판사를 옮겨 서양 요리와 일본 요리를 보충한 증보판이 나오고, 이후 1943년까지 4판이 나올 정도로 인기를 끌었다.

초판본은 사륙판 활자본이다. 서문은 따로 없고 속표지, 목차, 판권, 출판사 책 광고를 포함하여 316면에 이른다. 표지의 앞면만 컬러 도판인데 신선로와 함께 배추, 오이, 죽순, 사과, 배, 게, 조개, 꿩, 달걀 등 여러 가지 식재료가 컬러로 그려져 당시 식탁에 자주 올랐던 식재료가 무엇인지 엿볼 수 있다.

저장식에서 서양 요리까지 790여 가지 조리법 소개

권두에 손님 대접하는 법 등 5항이 나오고, 본문에 술·초·장·젓 담그는 법과 조리법별로 나누어 밥, 국, 창국, 김치, 장아찌, 떡, 국수, 만두, 나물, 생채, 부침, 찌개, 찜, 적, 구이, 회, 편육, 어채, 백숙, 묵, 선, 포, 마른찬, 자반, 볶음, 조림, 무침, 쌈, 죽, 미음, 응이, 암죽, 차, 청량음료, 기름, 타락, 두부, 화채, 숙실과, 유밀과, 다식, 편, 당전과, 정과, 점과, 강정, 미시, 엿이 나온다. 후반부에 잡록과 부록, 양념, 가루 만들기, 소금이 순서대로 등장하고, 마지막 부분에 서양 요리, 중국 요리, 일본 요리 만드는 법이 소개되었다. 총 68항목 790여 종의 조리법이 실렸다.

『조선무쌍신식요리제법』은 남성이 쓴 조리서로, 『임원십육지』의 「정조지」를 바탕으로 전통 조리법에 새로운 조리법을 보태어 쓰고, 음식의 유래나 풍속, 외국인의 관점에서 본 한국 음식과 외국 음식의 수용 등을 기록했다. 근대로 접어든 우리 음식의 변화 양상을 살필 수 있는 조리사 자료이다.

스토리텔링을 담은 음식

이 책은 『임원십육지』의 「정조지」를 바탕으로 했으나 음식에 조예가 깊은 찬자가 음식의 유래를 설명하거나 다른 지역의 음식과 비교하고, 달라지고 있는 음식의 양상에 대한 자신의 견해를 분명히 밝히는 등 독자적인 부분 또한 존재한다.

보만두(褓饅頭)는 복주머니처럼 생긴 큰 만두 안에 작은 만두가 알알이 든 음식이다. 보만두를 만드는 집에서는 속에 들어가는 작은 만두에 색을 들이고 물고기나 조개 모양의 다식판에 박아 앙증맞게 만들어 큰 만두로 감싼 다음 국물과 함께 담아 손님에게 대접했다. 이를 두고 찬자는 만두를 먹으려고 수저를

▲ '백숙하는 법'이라는 항목 아래 닭 외에도 잉어, 도미, 청어, 낙지, 우렁이, 갈비, 꼴뚜기, 홍어 등 다양한 재료를 이용한 백숙 조리법을 소개했다.

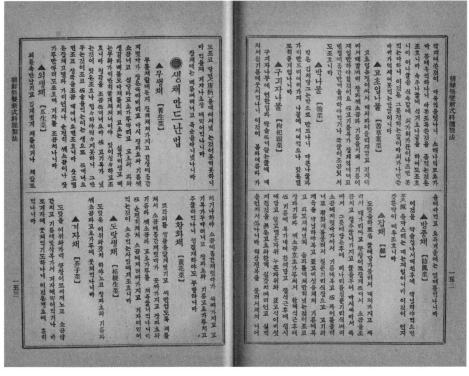

▲ 잡채 만드는 법이 나오는 부분. 이 시기에는 이미 잡채에 당면이 들어가기 시작했으나 이 책은 당면 없는 잡채를 소개했다.

대고 헤치면 마치 물고기가 물에서 튀어나오는 것 같다는 절묘한 표현을 했다.

보만두나 보쌈, 김쌈 등 쌈은 '복과(福裹)'라 부르는데, 복을 싼다는 의미이다. 정월대보름에 복을 가져다준다 하여 나물과 밥을 싸서 먹는 등 우리에겐 쌈을 즐기는 문화가 있었다. 그런데 이 책의 찬자는 쌈을 비웃는 글을 남겼다.

> 맛은 있어 보이나 이렇게 거추장스럽고 창피한 음식은 없다. 손바닥에 상추를 날것으로 놓고 밥덩이를 올리고 고추장을 얹고 주춧돌만치 뭉쳐서 작은 입에 넣기 위해 눈을 부릅뜨고 씩씩거리며 땀을 흘린다. 먹는 모습이 끔찍하고 위태롭다. 무슨 맛이 그토록 깊어 알아서 먹는지.

이렇게 입을 크게 벌리고 음식을 먹는 모습이 흉이 된다고 조선시대 양반들도 쌈을 비난하는 글을 많이 남긴 것을 보면 쌈은 종종 논쟁의 대상이 된 모양이다.

또 조선시대 잡채는 『음식디미방』에도 나와 있듯 여러 가지 채소를 볶아 된장을 푼 밀가루즙이나 겨자에 버무려 먹는 음식이었다. 지금처럼 당면이 들어간 것은 1920년대부터로 이 시기 요리책에 많이 나타난다. 하지만 이 책에서는 잡채에 당면을 데쳐 넣는 것은 좋지 못하고 겨자나 초장을 곁들여 먹으라고 했다. 잡채 고유의 모습은 당면을 넣은 것이 아님을 시사한다.

『조선무쌍신식요리제법』(1936년 증보판)에 기록된 음식 내용

분류	음식명
손님 대접하는 법 과 상 차리는 법	
밥 짓는 법	흰밥(白飯, 玉食), 중등밥(赤豆軟飯), 송이밥(松栮飯), 팥밥(赤豆飯), 조밥(粟飯, 黃梁飯), 콩밥(豆飯), 보리밥(麥飯), 밤밥(栗飯), 감자밥, 굴밥(石花飯), 별밥(別飯)
장 담그는 법	장의 본질(간장, 醬汁, 醬油, 淸醬, 甘醬, 法醬), 장맛이 변한 것을 고치는 법(醫醬失味), 메주 만드는 법(末醬, 燻造), 장 담글 때 조심할 일, 장 담글 때 넣는 물건, 장 담그는 데 꺼리는 일, 장 담그는 날, 콩장(大豆醬), 팥장(小豆醬), 대맥장(大麥醬), 대맥면장(大麥麵醬), 집장(汁醬), 가집장(假汁醬), 물장(淡水醬), 어장(魚醬), 육장(肉醬), 청태장(靑太醬), 장 담가 속히 되는 법(旬日醬), 급히 청장을 만드는 법(淸醬, 逡巡醬)
고추장 담그는 법	급히 고추장 만드는 법, 팥고추장(小豆苦草醬), 벼락장, 두부장(豆腐醬), 비지장(批之醬), 잡장(雜醬)
된장 만드는 법	싱거운 된장(潭醬), 짠 된장(鹹醬)
초 담그는 법	초론(醋論), 초본방(醋本方), 초속방(醋俗方), 초별방(醋別方), 쌀초(米醋), 메좁쌀초(粟米醋, 小米醋), 보리초(大麥醋), 밀초(小麥醋), 사절초(四節醋, 四節丙午醋), 매초(梅醋), 감초(柿醋), 잘못된 술로 초를 만드는 법(敗酒作醋法), 초에 곰팡이가 안 나는 법(醋不生黴法)
술 담그는 법	술밑 만드는 법, 술 담글 때 알아둘 일, 술 담그는 날과 기피하는 날, 국미주(麴米酒, 麴米酒), 송순주(松筍酒), 백로주(白露酒, 白酒, 方文酒), 삼해주(三亥酒), 이화주(梨花酒, 白雪香), 도화주(桃花酒), 연엽양(蓮葉釀, 天下白玉醴), 호산춘(壺山春), 경액춘(瓊液春), 동정춘(洞庭春), 봉래춘(蓬萊春), 송화주(松花酒), 죽엽춘(竹葉春), 죽통주(竹筒酒), 집성향(集聖香, 四節酒), 석탄향(惜呑香), 하삼청(夏三淸), 청서주(淸暑酒), 자주(煮酒), 매화주(梅花酒), 연화주(蓮花酒), 유자주(柚子酒), 포도주(葡萄酒), 두견주(杜鵑酒), 과하주(過夏酒), 향설주(香雪酒), 도원주(武陵桃源酒), 동파주(東坡酒), 법주(法酒), 송자주(松子酒), 감저주(甘藷酒), 칠일주(七日酒), 백료주(白醪酒), 부의주(浮蟻酒), 잡곡주(雜穀酒), 신도주(新稻酒), 백화주(白花酒, 白花釀), 삼일주(三日酒), 혼돈주(混沌酒), 청주(淸酒), 탁주(濁酒), 합주(合酒), 모주(母酒, 재강), 감주(甘酒), 능금술(林檎酒), 계피주(桂皮酒), 생강주(生薑酒)
소주 내리는 법	소주특방(燒酒特方), 수수소주(秫燒酒), 옥수수소주(玉蜀黍燒酒), 감홍로(甘紅露), 이강고(梨薑膏), 죽력고(竹瀝膏), 우담소주(牛膽燒酒), 상심소주(桑椹燒酒), 관서홍로주(關西紅露酒)

국 끓이는 법	육개장, 곰국, 잡탕(雜湯), 골탕(髓湯), 대구탕(大口湯), 도밋국(道尾湯, 鯛湯), 민엇국(民魚湯), 완자탕, 애탕(艾湯), 맑은장국, 파장국, 외무름국(仙濃湯), 추포탕(복중음식), 승기악탕(勝妓樂湯), 도미국수, 신선로(神仙爐), 전골(煎骨), 벙거지골(戰笠骨, 氈笠套, 煎骨), 넙칫국, 준칫국, 조깃국, 겟국(蟹湯), 토장국(술국, 된장국, 해장국, 土醬汁), 와가탕(조개탕, 蛤湯, 芋蛤湯), 추탕(鰌湯), 별추탕(別鰌湯), 족탕(足湯), 주저탕(蹄蹯湯, 족보기), 명태국(明太湯, 北魚湯), 곤포탕(昆布湯), 용봉탕(龍鳳湯), 닭국(鷄湯), 자라탕(鼈湯), 복국(河豚湯), 개장(地羊湯), 갈비탕(脅湯), 이리탕(白子湯), 고사릿국(薇湯), 버섯국(木耳湯, 능타데국), 청국장(戰國醬), 삼태탕(콩나물국, 三太湯), 선짓국(牛血湯), 순댓국(猪熟湯), 토란국(土卵湯, 芋湯), 팟국(蔥湯), 멧나물국(山菜羹湯), 아욱국(葵湯), 냉잇국(薺湯), 소루쟁잇국(大黃根湯, 羊蹄根湯), 배추속댓국(菘心湯), 우거짓국(시래깃국, 菁莖湯), 소탕(素湯, 精進湯), 박국(匏湯), 근댓국(芋莖湯), 오복탕(五福湯), 총계탕(葱鷄湯), 연봇국(軟泡湯), 달걀탕(鷄卵湯), 홍합탕(淡菜湯, 紅蛤湯)
찬국 만드는 법	김찬국(海衣冷湯), 외찬국(苽冷湯), 미역찬국(藿冷湯)
누룩 만드는 법	보리누룩(麥麴), 밀누룩(小麥麴), 흰 누룩(白麴), 쌀 누룩(米麴), 홍국(紅麴)
김치 담그는 법	통김치(筩菹), 동치미(冬菹, 冬沈), 무김치(蘿蔔鹹菹), 지레김치, 얼갈이김치(초김치), 열무김치(細菁菹), 젓국지(醯菹), 섞박지, 풋김치(靑菹), 나박김치(蘿蔔淡荣), 장김치(醬菹), 갓김치(芥菹), 굴김치(石花菹), 닭김치(鷄菹), 동아김치(冬苽菹), 박김치(匏菹), 산겨자김치(山芥菹, 산갓김치), 돌나물김치, 파김치(葱菹), 오이김치(苽菹), 오이소김치(오이소박이), 오이지(苽鹹漬), 오이짠지, 짠지(蘿蔔鹹菹), 깍두기, 오이깍두기, 햇깍두기, 채깍두기, 숙깍두기
장아찌 만드는 법	젓무, 무장아찌(무말랭이장아찌), 열무장아찌, 파장아찌, 토란장아찌, 감자장아찌(北甘藷), 고춧잎장아찌, 풋고추장아찌, 전복장아찌, 홍합장아찌, 굴장아찌, 족장아찌, 두부장아찌, 오이장아찌, 계란장아찌, 숙장아찌, 달래장아찌, 부추장아찌, 미나리장아찌, 머위장아찌

떡 만드는 법	시루떡(甑餅, 葉鎌, 揻鎌), 팥떡(小豆餅), 무떡(蕪菁餅), 호박떡(南苽餅), 느티떡(楡葉餅), 생치떡(萵苣餅), 쑥떡(蓬糕糕), 녹두떡(綠豆餅), 거피팥떡(去皮豆餅), 찰떡, 깨떡(胡麻餅), 두텁떡(厚餅), 백설기(白雪糕), 흰무리, 꿀떡(꿀설기, 蜜糕), 귤병떡(橘餅糕), 신감초떡(辛甘草餅, 當歸葉餅), 잡과병(雜果餅), 귀이리떡(耳麥餅), 개떡(나깨떡), 밀개떡, 석탄병(惜呑餅), 감떡(柿糕), 밤떡(栗糕), 토련병(土蓮餅), 감자병(甘藷餅), 백합떡(百合餅), 옥수수떡(玉葛泰餅), 송편(松餅, 葉餑), 재증병(再蒸餅), 북떡(垺餅), 흰떡(白餅), 골무떡, 절편(切餅), 인절미(引切餅), 청인절미(쑥인절미), 조인절미(지장조인절미), 청정미인절미(靑精米引切餅), 대추인절미, 동부인절미, 가피떡(加皮餅), 산병(散餅, 셋붙이), 꼽장떡(曲餅), 송기떡(松皮餅), 주악(糙角餅), 대추주악(棗糙角餅), 차전병(糯米煎餅, 대추전병), 찰전병, 돈전병, 돈전병(錢煎餅), 대추전병(大棗煎餅), 두견전병(杜鵑煎餅), 밀전병(小麥煎餅), 수수전병(蜀黍煎餅), 빈대떡(貧者餅), 북꾀미, 밀쌈(小麥包), 꽃전(花煎), 화전(花煎), 석류(石榴), 국화전(菊花煎), 고려밤떡(高麗栗糕), 신선부귀병(神仙富貴餅), 혼돈자(餛飩瓷), 단자(團瓷), 팥단자(小豆團瓷), 밤단자(栗團瓷), 잣단자(海松子團瓷), 석이단자(石耳團瓷), 생단자(生幕團瓷), 생편, 경단(瓊團, 콩경단), 팥경단(小豆瓊團), 밤경단(栗瓊團), 쑥굴리(艾瓊團), 수수거멀제비(蜀黍瓊團), 증편(蒸餅, 징편), 방울증편(鈴蒸餅), 떡에 곰팡이 안 나는 법(餅不生黴法)
국수 만드는 법	국수장국(溫麪), 어복장국, 숙면(熟麪), 교맥면(蕎麥麪), 겨울냉면(冬冷麪), 여름냉면(夏冷麪), 국수비빔(麪骨董), 밀국수(小麥麪), 사면(絲麪, 水麪, 細麪, 시면, 창면
만두 만드는 법	시체만두(流行饅頭), 배추만두, 어만두(魚饅頭), 보만두(袱饅頭, 보쌈만두), 지진만두(煮饅頭), 편수(水角兒, 苽綠兜)
전유어 지지는 법	생선전유어(生鮮煎油魚), 골전유어, 양전유어, 천엽전유어, 간전유어, 간무침, 조개전유어(蛤煎油魚), 낙지전유어 (石距煎油魚), 호박전(南苽煎), 고추전유어(苦草袱), 대구전유어(大口煎油魚), 잉어전유어(鯉魚煎油魚), 숭어전유어(秀魚煎油魚), 민어전유어(民魚煎油魚), 도미전유어(銅盆魚, 煎油魚), 밴댕이전유어(蘇魚煎油魚), 북어전유어(北魚煎油魚), 새우전유어(蝦煎油魚), 뱅어전유어(白魚煎油魚), 이리전유어(白子煎油魚), 웅어전유어(葦魚煎油魚), 고기전유어(肉煎油魚), 제육전유어(猪肉煎油魚), 굴전유어(牡煎油魚), 선지전유어(牛血煎油魚), 배추전유어(白荣煎油魚), 버섯전유어(木耳煎油魚), 석이전유어(石耳煎油魚), 비빔밥전유어(骨董飯煎油魚), 게전유어(蟹煎油魚), 청어전유어(靑魚煎油魚)

나물 볶는 법	무나물(菁菜, 蘿蔔菜), 무김치나물, 콩나물(菽芽菜), 시래기나물(菁莖菜), 숙주나물(菉豆芽菜), 쑥갓나물, 가지나물(茄子菜 紫苽菜), 미나리나물(芹菜), 물쑥나물(蔞蒿菜), 고비나물(微菜), 황화채(黃花兒菜), 도라지나물(桔梗菜), 호박나물(南苽菜), 오이나물(苽菜), 멧나물(산나물, 풋나물, 山菜, 靑菜), 죽순채(竹筍菜), 월과채(月苽菜), 파나물(怱菜), 순채나물(蓴菜), 심나물, 표고나물(票古菜), 버섯나물(木耳菜), 능이나물(能栮菜), 석이나물(石耳菜), 취나물(羊蹄菜), 두릅나물(木頭菜), 씀바귀나물(茶菜), 고춧잎나물(苦草葉菜), 박나물(匏菜), 구기자나물(拘杞頭菜), 방풍채(防風菜), 잡채(雜菜)
생채 만드는 법	무생채(菁生菜), 오이생채(苽生菜), 황화채(黃花菜, 노각생채), 도라지생채(桔梗生菜), 겨자채(芥子菜), 초나물(醋菜), 묵청포(蕩平菜, 淸泡)
지짐이 만드는 법	잉어지짐이(발갱이지짐이), 여메기지짐이(鮎魚), 민어지짐이, 쏘가리지짐이(鱖魚), 자가사리지짐이, 게지짐이, 암치뼈지짐이(무새우젓지짐이), 미역지짐이, 멧나물지짐이, 무지짐이, 호박지짐이, 청어지짐이, 병어지짐이
찌개 만드는 법	된장찌개, 생선찌개, 자반찌개, 두부찌개, 무새우젓찌개, 방어찌개, 고등어찌개, 북어찌개, 명란젓찌개, 연어알찌개, 알찌개(달걀찌개), 웅어찌개, 자반준치찌개, 도루묵찌개, 새우찌개, 조개찌개, 곤쟁이젓찌개, 무장찌개, 송이찌개, 우거지찌개, 고락찌개, 선지피찌개
찜 만드는 법	갈비찜(脅蒸), 연계찜(軟鷄蒸), 생선찜(生鮮蒸), 게찜(蟹蒸), 배추찜(白菜蒸), 속대찜, 송이찜(松耳蒸), 부레찜(臕蒸), 황과찜(黃苽蒸), 아제찜(兒猪蒸), 붕어찜(鯽魚蒸)
적 만드는 법	누름적(花陽炙), 잡누름적(잡느르미, 사슬느르미), 산적(算炙, 散炙), 사슬산적, 떡산적(餠散炙), 파산적, 송이산적(松耳散炙), 닭적(鷄炙), 꿩적, 족적(足炙), 염통산적(牛心散炙), 너비아니, 방자고기, 양서리목, 간서리목, 잡산적, 즙산적(汁散炙), 장산적(醬散炙)
구이 만드는 법	갈비구이(가리쟁임), 염통구이(牛心炙), 꿩구이(雉炙), 닭구이(鷄炙), 연계구이(軟鷄炙), 참새구이(새전체숙, 黃雀炙), 민어구이(民魚炙), 숭어구이(秀魚炙), 청어구이(靑魚炙), 방어구이(魴魚炙), 갈치구이(太刀炙), 웅어구이(葦魚炙), 제육구이(猪炙), 붕어구이(鮒魚炙), 생복구이(生鰒炙), 게구이(蟹炙), 달걀구이(鷄卵炙)
회 만드는 법	어회(魚膾), 민어회(民魚膾), 잉어회(鯉魚膾), 농어회(鱸魚膾), 준치회(鰣魚膾), 조기회(石首魚膾), 병어회(甁魚膾), 웅어회(葦魚膾), 도미회, 넙치회, 공지회, 뱅어회, 육회(肉膾), 콩팥회(牛腎膾), 양회(臁膾), 천엽회, 간회(肝膾), 잡회(雜膾), 저피수정회(猪皮水晶膾), 굴회(石花膾), 조개회(蛤膾)
편육 먹는 법	양지머리편육, 업진편육, 제육편육(猪肉片肉), 쇠머리편육(牛頭片肉)

어채 만드는 법	도미어채(鯛魚菜), 숭어어채(鯔魚菜), 민어어채(民魚菜), 가오리어채(鱝魚菜), 조개어채(蛤魚菜)
백숙 만드는 법	연계백숙(軟鷄白熟), 잉어백숙(鯉魚白熟), 도미백숙(鯛魚白熟), 청어백숙(靑魚白熟), 홍어백숙(洪魚白熟), 낙지백숙(石蚷白熟), 꼴뚜기백숙(小人硝白熟), 우렁이백숙(田螺白熟), 갈비백숙(助白熟)
묵 만드는 법	녹두묵(菉末乳), 메밀묵(蕎麥乳), 도토리묵(橡實乳), 우무
선 만드는 법	양선(月羊膳), 황과선(黃苽膳), 계란선(알편, 鷄卵膳), 두부선(豆腐膳)
포 만드는 법	우육포(牛肉脯), 산포(散脯), 약포(藥脯), 편포(片脯造, 造片脯), 대추편포(大棗片脯), 장포(醬脯), 어포(魚脯), 게포(蟹脯), 뱅어포(白魚脯)
마른 것 설명	암치(鹽民魚), 굴비(鹽石首魚), 가조기, 관묵(乾靑魚), 대구(乾大口), 광어(廣魚), 상어(乾鯊魚), 가오리(乾洪魚), 오징어(乾烏賊魚), 문어(乾文魚), 전복(乾鰒), 홍합(乾蛤), 해삼(乾海蔘), 가자미(比目魚), 조갯살(乾蛤肉), 망둥이, 새우(乾蝦)
자반 만드는 법	자반준치, 자반조기, 자반청어, 자반방어, 자반고등어, 자반갈치, 자반밴댕이, 자반연어, 자반적어
볶음 만드는 법	소고기볶음(牛肉炒), 닭볶음(鷄炒), 제육볶음, 양볶음(牛月羊炒), 천엽볶음(千葉炒)
조림 만드는 법	닭조림, 붕어조림, 명태조림, 갈치조림, 민어조림, 도미조림, 준치조림, 조기조림, 청어조림(비웃조림), 병어 조림, 장조림(肉醬), 제육조림, 풋고추조림
무침 만드는 법	김무침, 북어무침, 미역무침, 대하무침, 짠무김치무침, 오이지무침
쌈 먹는 법	상추쌈(萵苣包), 김쌈(海苔包), 깻잎쌈, 취쌈(羊蹄菜包), 배추속대쌈, 통김치쌈(菘菹包), 호박잎쌈, 피마자잎쌈
젓 담그는 법	새우젓(白蝦醢), 대하젓(大蝦醢), 전복젓(全鰒醢), 소라젓(螺醢), 대합젓(大蛤醢), 꼴뚜기젓, 밴댕이젓(蘇魚醢), 웅어젓(葦魚醢), 준치젓(鰣魚醢), 조침젓, 알젓(卵醢), 조개젓(蛤醢), 게젓(蟹醢, 蟹醬), 방게젓(蟛蟹醢), 비웃젓(靑魚醢), 조기젓(石魚醢), 참조기젓(黃石魚醢), 홍합젓(紅蛤醢), 굴젓(石花醢), 장굴젓(醬石花醢), 물굴젓(水石花醢), 어리굴젓(淡石花醢), 뱅어젓(白魚醢), 감동젓(感動醢), 甘多醢, 權停醢, 充貞醢, 紫蝦醢), 하란젓(蝦卵醢), 명란젓(明卵醢), 광란젓(廣卵醢), 석란젓(石卵醢), 연어알젓(鰱魚卵醢), 잡젓(雜醢)

죽 쑤는 법	흰죽(白粥, 粳米粥), 삼미죽(三米粥), 녹두죽(菉豆粥), 묵물죽(綠豆水粥), 청모죽(靑麰粥), 흑임자죽(黑荏子粥), 우거지죽(菘葉粥, 靑葉粥), 보리죽(麥粥), 팥죽(赤豆粥), 콩죽(太粥), 아욱죽(葵粥), 장국죽(醬湯粥, 粟古粥), 굴죽(石花粥), 재강죽(糟粥), 율자죽(栗子粥), 잣죽(海松子粥), 닭죽(鷄粥)
미음 쑤는 법	쌀미음(粳米飮), 좁쌀미음(粟米飮), 대추미음(棗米飮), 조율미음(棗栗米飮), 국수물(가루국, 麪水)
응이 쑤는 법	응이(薏苡, 草珠, 율무응이), 갈분응이(葛粉薏苡), 수수응이(秫薏苡)
암죽 쑤는 법	쌀암죽(米暗粥), 식혜암죽(食醯暗粥)
차 만드는 법	차 설명(茶 說明), 차를 달이는 법(煎茶法), 구기다(拘杞茶), 국화다(菊花茶), 기국다(杞菊茶), 귤강다(橘薑茶), 포도다(葡萄茶), 매화다(梅花茶), 귤화다(橘花茶), 보림다(普林茶), 계화다(桂花茶), 오매다(烏梅茶), 미삼다(尾蔘茶)
청량음료	라무네, 아이스크림
기름 쓰는 법	참기름(창기름, 麻芝油, 脂麻油, 淸油, 眞油), 급히 참기름 내는 법(急造麻油法), 들기름(荏子油法), 급히 들기름 내는 법, 콩기름(黃白大豆油), 삼씨기름(태마자유), 동백기름(桐柏油), 피마자기름(蓖麻子油, 아주까리기름)
타락 만드는 법	말린 타락(乾酪), 거른 타락(漉酪)
두부 만드는 법	팔보두부(八寶豆腐), 언두부(凍豆腐), 저육두부(猪肉豆腐), 되두부(半豆腐)
화채 만드는 법	배화채(梨花茶), 복사화채(桃花茶), 두견화채(花麵, 杜鵑花茶), 진달래화채), 앵두화채(櫻桃花茶), 수단(水團, 水端, 水粉湯團), 보리수단(麥水團), 원소병(袁紹餠), 콩국(豆冷湯), 깻국(芝麻冷湯)
숙실과 만드는 법	밤초(栗炒), 대추초(大棗炒), 율란(栗卵), 조란(棗卵)
유밀과 만드는 법	약과, 과줄, 모과(藥果), 다식과(茶食果), 만두과(饅頭果), 중백기(中桂果), 한과(漢果), 매작과(梅雜果), 채소과(茶蔬果)
다식 만드는 법	흑임자다식(巨勝茶食), 녹말다식(菉末茶食, 綠豆粉茶食), 밤다식(乾栗茶食), 송화다식(松花茶食, 松黃茶食), 승검초다식(辛甘茶茶食), 콩다식(豆茶食), 강분다식(薑)
편 만드는 법	녹말편(菉末餠), 앵두편(櫻桃餠), 모과편(木苽餠, 榠樝餠), 산사편(山査餠)

당전과 만드는 법	–
사탕 만드는 법	–
면보 만드는 법	–
정과(正果) 만드는 법	복사정과(桃正果), 산사정과(山査正果), 모과정과(木苽正果), 감자정과(柑子正果), 유자정과(柚子正果), 연근정과(藕正果 蓮根正果), 생강정과(生薑正果), 동아정과(冬苽正果), 들쭉정과(杖正果), 쪽정과(剖正果), 연강정과(軟薑正果), 배숙(梨熟), 앵두숙(櫻桃熟)
정과(黏果) 만드는 법	산자(饊子), 세반산자(細飯饊子), 빙사과(氷沙果), 요홧대(蓼餻), 잣박산(實栢朴餤)
강정 만드는 법	깨강정(芝麻江丁), 콩강정(豆江丁), 승검초강정(辛甘菜江丁), 흑임자강정(黑荏子江丁, 黑芝麻), 송화강정(松花江丁), 다홍강정(紅江丁), 방울강정(鈴江丁, 細飯鈴江丁), 세반강정(細飯江丁), 잣강정(實栢江丁), 계피강정(桂皮江丁)
미시 만드는 법 (糜食)	참쌀미시(糯米麨)
엿 만드는 법	흑당(飴 黑餳), 엿기름 내는 법(造蘗法 養麥芽法), 백당(餳 白餹, 흰엿), 밤엿(栗餹), 흑두당(黑豆餳)
잡록	떡국(餠湯), 생떡국(生餠湯), 수제비(雲頭餠), 떡볶이(餠炒), 비빔밥(骨董飯), 약식(藥食, 藥飯), 수정과(水正果), 식혜(食醯), 식해(食醢), 향설고(香雪膏), 전약(煎藥), 조청(造淸, 造蜜)
부록	콩자반(豆佐飯), 튀각(油海帶), 매듭자반(結佐飯), 김자반(甘苔佐飯), 김반대기(甘苔盤), 깨보숭이(胡麻穗油煮), 족편(牛足膠, 牛豆餠, 膠餠), 장족편, 양즙(膓汁), 천엽즙(千葉汁), 전복삼(全鰒包), 전복초(全鰒炒), 해삼초(海蔘炒), 홍합초(紅蛤炒), 해삼도(海蔘餡), 알쌈, 수란(水卵), 팽란(烹卵), 미나리강회(水芹江膾), 볶은 고추장(熬苦草醬), 마늘장(蒜醬), 장떡(醬餠)
양념 만드는 법	깨소금(麻鹽) 만드는 법, 잣가루(잣소금, 柏子末) 만드는 법, 겨자(芥子醬) 만드는 법, 초장(醋醬) 만드는 법, 초고추장(醋苦草醬) 만드는 법, 초젓국(醋醢) 만드는 법, 소스(素酢)
각종 가루 만드는 법	녹말 내는 법(造綠末法), 무리 안치는 법(作水粉法), 응이 만드는 법(造薏苡法), 강분 만드는 법(造薑粉法)
소금 만드는 법	바닷소금(海鹽), 소금 두는 법(藏鹽法)

서양 요리 만드는 법	수프(Soup), 커틀렛(Cutlet), 미트볼(Meat Balls), 비프미트(Beef Meat), 피시볼(Fish Balls), 브리스킷스튜(Brisket Stew), 팬케이크(Pan Cake), 이탈리안수프(Italian Soup), 햄버거스테이크(Hamburg Steak), 포크빈스(Pork & Beans), 애플너츠샌드위치(Apple Nuts Sandwich), 컵커스터드(Cup Custard), 캐러멜너츠(Caramel Nuts), 코코아케이크(Cocoa Cake), 골든케이크(Golden Cake), 테세르, 도넛(Doughnut), 초콜릿케이크(Chocolate Cake), 찌부로만, 레이즌케이크(건포도케이크, Raisin Cake), 롤스펀지(Roll Sponge), 머랭(Meringue), 바나나젤리, 버터비스킷(Butter Bisket), 버터케이크(Butter Cake)
서양 요리 증보	베지터블수프(Vegetable Soup), 토마토수프(Tomato Soup), 프라이드라이스(Fried Rice), 치킨라이스(Chicken Rice), 커리라이스(Curry Rice), 치킨스튜(Chicken Stew), 토마토샐러드(Tomato Salad), 콜드티(냉홍차, Cold Tea), 콜드커피(Cold Coffee), 바닐라아이스크림(Vanilla Ice cream), 라이스크림(Rice Cream), 오트밀(Oat Meal), 호박파이(Pumpkin Pie), 초콜릿파이(Chocolate Pie), 레몬파이(Lemon Pie), 크림파이(Cream Pie), 건포도파이(Raisin Pie), 파이페이스트리(Pie Pastry), 파이 껍질, 사과파이(Apple Pie)
중국 요리 만드는 법	쓰레잔, 진무질, 무후유, 메모스, 지단산, 싸완잔, 지단가오(鷄卵餻), 분분유, 혼소쯔스, 첸완스, 유홍채, 산인당, 연와탕(燕窩湯), 어시탕(魚翅湯), 해삼탕(海蔘湯)
일본 요리 만드는 법	가쓰오부시노다시(가다랑어장국), 이와시노쓰구네(정어리단자), 자완후카시(계란찜), 사도이모노니고로가시(토란조림), 미소시루(된장국), 덴푸라(튀김), 부타노이리도후(돼지고기두부볶음), 마쓰다게메시(송이밥), 규니쿠도자가이모(소고기감자조림), 쓰스미다마고(계란쌈), 구지도리고시요칸(귤한천 굳힘), 요시노니(전분조림), 자가이모아마니(감자단조림), 부타노쓰구네아에(돼지고기완자), 다케노고도 큐니쿠노 노베이(죽순과 소고기조림), 고다이시오야키(작은 도미 소금구이), 게이니쿠메시(닭고기밥), 세이간, 호렌소(시금치)
일본 요리 증보	스키야키(소고기전골), 오야코돈부리(닭고기덮밥), 스시(초밥)

출처: 궁중음식연구원

조선요리제법 朝鮮料理製法   1917~1962년

1900년대 이후 근대 인쇄술로 대량 생산과 유통이 가능해지면서 점차 요리책도 대중화되기 시작했다. 학교에서 조리 교육을 했고, 부인 단체에선 신여성을 모아 요리 강습회를 열었다. 이때가 요리책이 가장 잘 팔린 시기로, 요리책이 다른 책들을 제치고 베스트셀러에 오르는 기염을 토하기도 했다. 요리책 붐의 정중앙에는 1917년부터 1962년에 이르기까지 45년간 34판이라는 경이적인 기록을 올리며 꾸준히 인기를 끌었던『조선요리제법(朝鮮料理製法)』이라는 책이 있다.

『조선요리제법』은 이화여자전문학교 가사과 교수인 방신영(方信榮, 1890~1977)이 우리 음식 조리법을 집대성하여 근대식 조리법 기술 형태로 쓴 책이다. 방신영은 기독교 가정에서 태어나 경성 정신여학교를 졸업한 후 가사과 교수로 학생을 가르쳤다. 방신영의 어머니는 음식 솜씨가 뛰어나기로 유명했다고 하는데, 방신영도 16~17세 때 어머니로부터 음식을 배우고 조리법을 적기 시작했다고 한다.

方信榮 像

▲ 『조선요리제법』의 저자 방신영. (출처: 이성우, 『한국식경대전』, 향문사, 1981)

이 책은 방신영이 23세인 1913년부터 집필하기 시작하여 1917년 『만가필비 조선요리제법(萬家必備 朝鮮料理製法)』(신문관)이라는 제목으로 처음으로 내놓았다. 초판에는 어머니께 배운 전통 음식을 바탕으로 조선 요리와 외국 요리 만드는 법을 수록했다고 설명했다. 1931년에 나온 5판부터 내용이 수정, 보완되면서 『주부의 동무 조선요리제법』(1936, 한성도서) 등 개정증보판이 여러 차례 간행되었다. 1942년에 출간된 『개정증보 조선요리제법(改正增補 朝鮮料理製法)』은 그중에서도 가장 널리 보급된 책이다. 해방 이후에는 『우리나라 음식 만드는 법』(1952, 청구문화사)으로 제목이 변경되어 발간된 후 1958년에 재판, 1962년에 마지막 개정판이 나왔다. 이 책은 『조선요리제법』의 기본 내용을 시대에 맞게 보완한 것으로 현대 한국 음식의 모범이 되는 책이라 할 수 있다.

방신영은 전통 조리법을 근대식 음식 조리법으로 발전시켜왔다. 우리 음식 수백 종을 계량화하여 정리함으로써 한식의 조리과학적 발전과 대중화에 기여했다. 반세기를 아우르는 기간 동안 시대의 변천을 담고 대상 독자의 눈높이에 맞추어 내용을 계속 수정하며 만들어온 이 책들은 우리나라 식생활사 연구에 귀중한 자료로 평가받는다.

▲ 베스트셀러 『조선요리제법』은 여러 차례 수정, 보완되어 간행되었다. 왼쪽 위부터 오른쪽으로 1931년에 인쇄된 증보 5판 『조선요리제법』, 1936년 한성도서에서 나온 증보 7판 『주부의 동무 조선요리제법』, 1942년에 나와 널리 보급된 『개정증보 조선요리제법』, 광복 후 1946년 발간된 『조선음식 만드는 법』, 1949년 발간된 『조선요리제법』, 1952년 청구문화사에서 발간된 초판 『우리나라 음식 만드는 법』과 1954년 인쇄된 17판 『우리나라 음식 만드는 법』, 모두 궁중음식연구원에서 소장하고 있다.

『조선요리제법』의 판본별 특징

서명	판수	연대	발행처	비고
조선요리제법	초판	1917	신문관	현재 인쇄본이 전해지지 않으나 '만가필비(萬家必備)의 보감(寶鑑)'으로 불리며 당시 각 가정의 필독서로 등장.
만가필비 조선요리제법	재판	1918	신문관	가로 15cm, 세로 22cm의 크기, 총 116면. 위관 이용기의 서문이 있고, 저자 서문은 없음. '만가필비' 부제 붙음. 표지에 식재료와 조리 도구 그림이 있음. 이 책에 수록된 조리법은 조선 요리 350종과 부록편의 외국 요리 49종 등이며 끝부분에 광주 백당, 연안 식해, 용인 오이지 등 지역의 유명한 음식을 소개함.
조선요리제법	3판	1921	광익서관	이용기의 서문이 있고, 저자 서문은 없음. 전체 29장으로 나누어 조선 음식 238종을 조리법별로 수록함. 주식류는 밥 8종, 죽 11종, 미음 5종, 암죽 3종이고, 찬물류는 국 32종, 찌개 11종, 지짐이 5종, 나물 17종, 무침 4종, 포 8종, 전유어 6종, 산적 4종, 찜 5종, 회 2종, 잡종 30종, 어채 1종, 침채 12종, 젓 4종, 장과 초 9종이고, 병과류는 떡 46종, 다식 9종, 정과 17종, 유밀과 9종, 강정 6종, 차 4종, 화채 10종이 수록됨.
조선요리제법 (증보)	5판	1931	한성도서	김활란의 축사, 정인보의 서문이 실림. 1931년 5판의 경우 본문 가장자리에 쪽수와 함께 '일일활용 조선요리제법'이라는 문구가 쓰여 있음.
조선요리제법 (증보)	6판	1934		
주부의 동무 조선요리제법	7판	1936		
일일활용 조선요리제법	8판 9판	1937 1939	※8판 열화당 재출간	

개정증보 조선요리제법	초판 3판	1942 1943	한성도서	가로 12.8cm, 세로 18.4cm의 크기, 총 499면, 전체 60장으로 나뉨. 전반부에는 요리의 기초와 식품 일반 지식, 양념류를 다룸. 메주와 장 18종, 초 7종, 젓 5종, 포 5종, 김치 29종, 장아찌 18종, 자반 9종, 마른 것 13종을 수록. 주식류는 밥 12종, 떡국 5종, 만두 4종, 국수 5종과 유동식으로 죽 16종, 의이 3종, 미음 4종, 암죽 4종을 수록. 찬물류로는 국 41종, 수프 10종, 찬국 3종, 즙 3종, 나물 23종, 전유어 15종, 찌개 13종, 지짐이 6종, 찜 10종, 쌈 8종, 적 10종, 구이 9종, 조림 8종, 무침 7종, 어채 2종, 편육 5종, 회 5종, 묵 4종, 두부·족편 볶음 10종과 잡록에 16종, 병과·음청류로는 떡 46종, 유밀과 3종, 과편 4종, 정과 11종, 강정 11종, 엿 7종, 엿강정 7종, 숙실과 4종, 다식 9종, 화채 15종, 차 5종을 수록. 후반부에는 상 차리는 법, 교자상 식단의 음식명과 반배도, 어린아이 젖과 우유 먹이는 법을 수록.
조선요리제법	증보 개정판	1949		
조선음식 만드는 법		1946	대양공사	본문 가로쓰기, 이극로의 서문이 실림.
우리나라 음식 만드는 법	– 16판※ –	1952 1954 1957	청구 문화사	가로 14.6cm, 세로 20.8cm의 크기. 339면. 전체 47장으로 나누고 부록을 별도의 4장으로 구성. 고명 준비 12종, 고명 올리는 법 5종, 밥 18종, 국 45종, 찌개 19종, 지짐이 9종, 전골 10종, 찜 26종, 볶음 16종, 조림 14종, 장아찌 32종, 구이 14종, 산적 11종, 전유어 28종, 편육 5종, 육회(어회 포함) 17종, 나물 38종, 생채 11종, 쌈 9종, 각종 반찬 21종, 묵 10종, 자반 8종, 무침 7종, 마른반찬 8종, 포 10종, 보통 때 김치 28종, 김장 김치 19종, 젓 16종, 장 25종, 장국 24종, 죽 17종, 암죽 4종, 미음 7종, 육즙 3종, 편(떡) 40종, 물편 11종, 편웃기 13종, 전병 8종, 화채 24종, 정과 12종, 강정 3종, 다식 9종, 유밀과 8종, 약식 2종, 숙실과 8종, 엿 10종, 엿강정 6종, 부록으로 각종 가루 13종, 초·겨자·윤즙·초고추장 8종, 닭 잡는 법 1종, 식단표 14종 수록. 1962년판의 경우 전체 48장으로 안주 종류에 구절판이 추가되었으며, 부록에서도 해삼 불리는 법 1종이 추가됨.
	33판 34판	1960 1962	국민서관	

※1954년판의 저자 서문에는 책이 나온 지 45년이 되었으며, 여러 차례 수정하고 증보해서 16번째 판본이 되었다고 하였다. 이 기록을 통해 『우리나라 음식 만드는 법』의 저본이 언제 처음 간행되었는지 짐작해볼 수 있다. 그러나 판본마다 그 기록이 조금씩 달라서 저본 간행의 정확한 시기를 판단하기 어렵다.

방신영이 제시한 근대 상차림 구성법

방신영의 책은 『조선요리제법』부터 『우리나라 음식 만드는 법』에 이르기까지 수십만 부가 판매되었고, 한국의 많은 주부들이 애용해왔다. 방신영은 일상식이나 명절, 생일 등 특별한 기념일에 따른 식단표를 작성하여 주부들이 상을 차리는 데 도움이 되도록 하였다.

1957년판 『우리나라 음식 만드는 법』에는 요일별 식단표, 반상, 탄생 후 삼일 · 삼칠일 · 백일상 식단표, 돌상과 돌상차림 식단표, 성탄절 식단표, 간식 식단표, 연중 식단표, 교자상 · 회갑상 · 안주상 식단표가 제시되었다.

▲ 『조선요리제법』에 기재된 내용을 바탕으로 재현한 정월 떡국상 상차림.

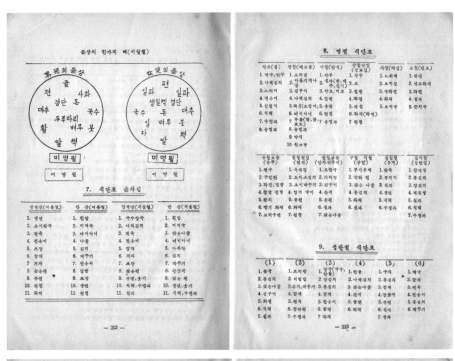

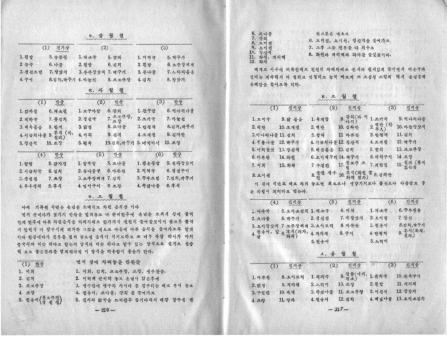

▲ 1954년판 『우리나라 음식 만드는 법』에 기재된 돌상의 배치도와 계절별 음식 구성, 명절과 성탄절 메뉴(위). 둥근 상에 음식을 놓는 자리까지 표기해두었다. 연중 식단표 중 3~6월의 식단표가 기재된 부분(아래). 5월의 경우 손님상 구성과 함께 한 상에 음식을 전부 차려두려면 음식이 식기도 하고 너무 복잡하니 천천히 질서 있게 음식을 들여가라는 코스식 상차림을 제안하기도 했다.

『우리나라 음식 만드는 법』(1954년판)에 기록된 식단표

계절별 상차림		방신영 식단표	메뉴
봄	반상 (이월 철)	연중 식단표	조개국, 탕평채, 미나리강회/파강회, 초고추장, 달래장아찌, 시금치나물, 너비아니, 생선조림, 햇김치, 햇깍두기
	손님 초대 반상 (오월 철)	연중 식단표	어회, 김치, 초고추장, 초장, 풋고추전/생선전, 초나물, 강회, 밥, 닭국, 도미찜, 오이선, 장산적, 화전/개피떡, 화채
여름	냉면상	돌차림 식단표	냉면, 오이냉국, 편육, 전유어, 초장, 잡채, 겨자, 갖은 편, 증편, 편청, 화채
	안주상	안주상	누름적, 영계찜, 장아찌, 고추장찌개, 전유어, 초장, 김치, 깍두기, 구절판, 마른반찬, 무생채/미나리생채, 밀쌈, 화채
가을	한가위 추석 (팔월 보름)	명절 식단표	토란국, 갈비찜, 튀각, 산적, 송편, 실과, 갖은 나물
겨울	비빔밥 상차림	성탄절 식단표	완자탕, 비빔밥, 김치/깍두기, 잡채, 편육, 잡과편, 수정과
	떡국상 (정월 철)	연중 식단표	떡국, 만두, 편육, 전유어, 잡채, 초장/겨자, 장김치, 약식, 정과, 약과/강정, 밤초/대추초, 식혜, 수정과

『우리나라 음식 만드는 법』(1962년판)에 기록된 음식 내용

분류	음식명
고명 준비하는 법	알지단, 미나리지단, 파지단, 버섯고명(표고, 느타리, 목이, 석이, 황화채), 파고명, 고추고명, 깨소금고명, 잣가루고명, 고기고명, 마늘고명, 생강고명
고명 넣는 법	국거리 쟁이는 데 넣는 고명, 구이와 볶음에 넣는 고명, 생선볶음과 조림과 구이에 넣는 고명, 닭국과 생선국에 넣는 고명, 나물에 넣는 고명
밥 짓는 법	밥물 분량, 불의 조절, 화로에 짓는 냄비밥, 팥밥, 현미밥, 보리밥(2), 찰밥, 김치밥, 중등밥, 조밥, 콩밥, 밤밥, 감자밥, 오곡밥, 별밥, 비빔밥, 찰수수밥

국 끓이는 법	맑은장국, 골탕, 갈비탕, 곰국(2), 육개장(2), 완자탕, 개탕, 닭국, 백숙, 오리백숙, 초교탕, 어글탕, 넙칫국, 대구탕, 도밋국, 민엇국, 조깃국(2), 준칫국, 명탯국, 가지국, 추포탕, 오이무름국, 토란국, 배추꼬리국, 배추 속댓국, 버섯국, 고사릿국, 슈음배춧국, 콩나물국, 냉잇국, 소루쟁잇국, 아욱국, 미역국, 애탕국, 산나물국, 가물치국, 추탕(鰍湯), 설렁탕, 수잔 지, 싸리버섯국, 해삼탕, 용봉탕
찌개 만드는 법	숭어찌개, 민어찌개, 명태찌개, 북어찌개, 붕어찌개, 방어찌개, 굴비찌 개, 명란젓찌개, 알찌개(2), 두부찌개, 고추장찌개, 호박오가리찌개, 우 거지찌개, 젓국찌개(2), 된장찌개, 비지찌개, 김치찌개
지짐이 만드는 법	오이지짐이(2), 무지짐이, 무조림, 암치지짐이, 호박지짐이, 우거지지짐 이, 생선지짐이, 김치지짐이
전골 만드는 법	구자(口子), 신선로, 우육전골, 두부전골, 닭전골, 꿩전골, 조개전골, 낙 지전골, 갖은 전골, 버섯전골, 채소전골
찜 만드는 법	갈비찜, 등골찜, 우설찜, 닭찜, 영계찜, 도미찜(3), 도미국수, 숭어찜(3), 청어찜, 붕어찜, 게찜, 부례찜, 송이찜, 오이찜(3), 가지찜, 애호박찜(2), 배추찜, 사태찜, 죽찜
볶음 만드는 법	우육볶음, 양볶음, 천엽볶음, 간볶음, 콩팥볶음, 염통볶음, 제육볶음, 닭 볶음, 영계볶음, 꿩볶음, 송이볶음, 양파볶음, 애호박볶음, 대하볶음, 족 볶음, 싸리버섯볶음
조림 만드는 법	방어조림, 생선조림, 명태조림, 북어조림, 붕어조림, 장조림, 제육조림, 닭조림, 풋고추조림, 두부조림(2), 감자조림, 토란조림, 가지조림
장아찌 만드는 법	오이장아찌(3), 오이소장아찌, 오이통장아찌, 오이고추장장아찌, 무채 장아찌(2), 말린 무장아찌, 무말랭이장아찌(3), 무숙장아찌(3), 가지장 아찌, 풋고추장아찌, 열무장아찌, 파장아찌(2), 고춧잎장아찌, 미나리장 아찌(2), 마늘장아찌(3), 머위장아찌, 달래장아찌, 자총장아찌, 홍합장 아찌, 전복장아찌, 장아찌 곁들여 담는 법
구이 만드는 법	너비아니, 방자구이, 염통구이, 콩팥구이, 제육구이, 닭구이, 꿩구이, 생 선구이, 도미구이, 북어구이, 뱅어포구이, 더덕구이, 꼴뚜기구이
산적 만드는 법	닭산적, 꿩섭산적, 염통산적, 정육산적, 사슬적, 어산적, 파산적, 잡산적, 섭산적, 누름적, 송이산적
전유어 만드는 법	천엽전, 양전, 간전(2), 등골전, 제육전, 생선전유어, 새우전, 대하전, 낙 지전, 청어전, 북어전, 굴전, 조개전, 게전(2), 애호박전, 채소전, 옥총전, 버섯전, 풋고추전, 미나리전, 파전, 김치전, 두릅전, 병어전, 연근전, 알쌈
편육 만드는 법	양지머리편육, 업진편육, 우설편육, 쇠머리편육, 제육편육
회 만드는 법	육회, 잡회, 병어회, 대구회, 어회, 생선숙회, 청어회, 잉어숙회, 굴회, 조 개회, 생복회, 해삼회, 대하회, 송이회, 미나리강회, 파강회, 뱅어회

나물 무치는 법	무나물, 미나리나물(2), 숙주나물, 콩나물, 박나물, 애호박나물(2), 청동호박나물, 호박오가리나물, 가지나물, 오이나물(2), 오이뱃두리, 버섯나물, 고비나물(2), 도라지나물, 계목나물, 물쑥나물, 쑥갓나물, 파나물, 고춧잎나물, 풋나물, 두릅나물, 취나물, 시래기나물, 초나물, 탕평채, 잡느르미, 잡채, 족편, 어채, 죽순채, 겨자채, 월과채, 싸리버섯나물, 향느르미
생채 만드는 법	무생채, 도라지생채, 오이생채(3), 냉채, 숙주채, 더덕생채, 노각생채, 겨자채, 제육생채
쌈 준비하는 법	채소 소독법, 배추속대쌈, 상추쌈, 호박잎쌈, 아주까리잎쌈, 김치잎쌈, 김쌈, 취쌈, 깻잎쌈
각종 반찬 만드는 법	전복초, 해삼초, 홍합초, 생강초, 천리찬, 똑도기자반, 김자반, 매듭자반, 튀각, 김튀각, 콩자반, 장조림, 장선, 장떡, 팽란, 수란, 장산적, 풋고추반찬, 짠지로 만든 반찬, 게장, 고추무침
묵 만드는 법	녹두묵, 청포묵, 메밀묵, 도토리묵, 두부, 족편, 족편별법, 전약(2), 저피수정
자반 만드는 법	자반조기 만드는 법, 자반준치 만드는 법, 자반청어 만드는 법, 자반고등어 만드는 법, 자반갈치 만드는 법, 자반가자미 만드는 법, 자반연어 만드는 법, 자반전어 만드는 법
무침 만드는 법	대하무침, 북어무침, 김무침, 미역무침, 김치무침, 오이지무침, 짠지무침
마른반찬 만드는 법	암치, 굴비, 건대구, 관목, 북어, 어란, 마른반찬 담는 법(2)
포 만드는 법	약포(2), 편포, 치육포, 산포, 염포, 대추포, 장포, 어포, 잣쌈
보통 때 김치 담그는 법	배추김치, 봄김치(2), 장김치(2), 열무김치, 오이김치, 오이소김치, 오이지, 나박김치, 오이깍두기, 닭깍두기, 숙깍두기, 굴깍두기, 갓김치, 나물김치, 굴김치, 전복김치, 곤쟁이젓김치, 햇무동치미, 오이찬국, 김찬국(2), 미역찬국(2), 마늘찬국, 꿩오이김치, 닭오이김치
김장 김치 담그는 법	배추 절이는 법, 김치 소 준비하는 법, 통김치 소 넣는 법, 섞박지(2), 동과섞박지, 젓국지, 통김치, 쌈김치, 동치미(4), 동치미변법, 깍두기, 지레김치, 채김치, 채깍두기, 짠지
젓 담그는 법	청어젓, 준치젓, 가자미젓, 조치젓, 병어젓, 모쟁이젓, 창란젓, 명란젓, 게젓, 굴젓, 물새우젓, 어리굴젓, 멸치젓, 갈치젓, 고등어젓, 가지젓
장 담그는 법	간장 메주 쑤는 법, 고추장 메주 쑤는 법, 간장 담그는 법(2), 급히 청장 담그는 법, 된장 담그는 법(2), 찹쌀고추장(3), 멥쌀고추장, 보리고추장, 수수고추장, 팥고추장, 무거리고추장, 떡고추장, 약고추장, 담북장, 어육장, 청태장, 무장, 막장, 밀장, 장선고추장, 마늘고추장
장국 끓이는 법	국수장국, 밀국수, 수제비, 떡국, 떡볶이, 생떡국, 밀만두, 메밀만두, 생치만두, 어만두, 준치만두, 두부만두, 굴린만두, 편수(2), 냉면(2), 김치냉면, 장국냉면, 밀국수냉면, 콩국, 깨국, 국수비빔, 녹두국

죽 쑤는 법	장국죽, 흰죽, 팥죽, 녹두죽, 콩죽, 묵물죽, 행인죽, 잣죽, 밤죽, 흑임자죽, 아욱죽, 김치죽, 타락죽, 재강죽, 조죽, 콩나물죽, 홍합죽
암죽 쑤는 법	떡암죽, 밤암죽, 식혜암죽, 쌀암죽
미음 쑤는 법	쌀미음, 조미음, 차조미음, 송미음, 갈분의이, 수수의이, 율무의이
육즙 만드는 법	육즙, 양즙(2)
편 만드는 법	떡가루 만드는 법, 떡 찌는 법, 거피 팥소 만드는 법, 갖은 편(백편·꿀편·승검초편), 녹두편, 팥시루편, 거피팥시루편, 깨설기, 흰무리, 콩시루편, 느티시루편, 무시루편, 호박시루편, 쑥시루편, 서속시루편, 찰시루편, 흰떡, 개피떡, 쑥개피떡, 송기개피떡, 셋붙이, 절편, 인절미, 쑥인절미, 대추인절미, 청정미인절미, 쑥굴리(3), 토란병, 감떡, 두텁편, 귤병편, 석탐병, 잡과병, 증편(3), 방울증편, 은행편
물편	송편, 쑥송편, 송기송편, 송편별법, 경단, 콩경단, 팥경단, 깨경단, 재증병, 수수경단, 감자경단
편 웃기	주악, 팥단자, 밤단자, 석이단자, 승검초단자, 유자단자, 생강편, 건시단자, 계강과, 녹말편, 화전(2), 앵두편
전병 만드는 법	밀쌈, 찰전병, 수수전병, 녹두부침, 밀전병, 부꾸미, 일홍, 매작과
화채 만드는 법	복숭아화채, 앵두화채, 명석딸기화채, 배화채, 딸기화채(2), 수박화채, 귤화채, 배숙(2), 향설고, 원소병, 보리수단, 떡수단, 미수, 송화수, 책면, 화면, 식혜(2), 수정과, 산사화채, 콩국화채, 유자화채
정과 만드는 법	연근정과, 생강정과, 청매정과, 행인정과, 맥문동정과, 과견정과, 인삼정과, 유자정과, 산사정과, 모과정과, 송실정과, 건포도정과
강정 만드는 법	강정 속 만드는 법, 강정 튀하는 법, 강정 고명 묻히는 법
다식 만드는 법	녹말다식, 승검초다식, 송화다식, 밤다식, 흑임자다식(2), 콩다식, 생강다식, 용안육다식
유밀과 만드는 법	약과(2), 한과, 중배끼, 만두과, 다식과, 잣박산, 백자편
약식 만드는 법	약식(2)
숙실과 만드는 법	대추초, 밤초, 조란, 율란, 숙실과 곁들여 담는 법(2), 세배상에 담아놓는 숙실과, 생실과 곁들여 담는 법
엿 만드는 법	검은엿(2), 흰엿, 대추엿, 호두엿, 잣엿, 콩엿, 깨엿, 수수엿, 좁쌀엿
엿강정 만드는 법	깨엿강정, 잣엿강정, 호두엿강정, 낙화생엿강정, 콩엿강정(2)
안주 종류	구절판
각종 가루 만드는 법	떡가루, 밀가루, 수수가루(2), 콩가루, 밤가루, 감가루, 녹두녹말, 감자녹말, 엿기름가루, 미숫가루, 무리가루, 도토리가루
초·겨자·초장·초고추장 만드는 법	초 만드는 법(2), 겨자 만드는 법(3), 초장 만드는 법, 초젓국 만드는 법, 초고추장 만드는 법

닭 잡는 법	
해삼 불리는 법	
식단표	요일별 식단표, 반상, 아이 탄생 후 삼일 · 삼칠일 · 백일상 식단표, 돌상과 돌상차림 식단표, 성탄절 식단표, 간식 식단표, 연중 식단표, 교자상 · 회갑상 · 안주상 식단표

※괄호 안의 숫자는 같은 요리를 만드는 방법의 수를 표기함

출처: 궁중음식연구원

방신영이 지은
다른 요리책

방신영은 『조선요리제법』 외에도 수많은 저서를 남겼다. 영양학과 식재료의 저장법, 위생, 계량을 다룬 『음식관리법』(1956, 금룡도서), 중학교 및 고등학교 교과서로 제작된 『고등가사교본』(1958, 금룡도서), 『중등요리실습』(1958, 장충도서), 『고등요리실습』(1958, 장충도서) 등이 대표적이다. 그중 『고등요리실습』은 제1과부터 제64과까지 식품학, 영영학 이론과 상차림, 반찬, 소풍 음식, 장국상, 중국식 볶음밥, 여

름철 음식, 반상 반찬, 중국식 반찬, 장 담그기, 실과 준비법, 튀김, 밑반찬 종류, 영양가 많은 점심, 대용식 점심, 생선 음식, 정초 음식, 양식 아침 메뉴, 안주 종류, 테이블 매너, 환자의 유동식, 이유식 등 방대한 자료가 실렸다. 한식, 중식, 일식 메뉴를 다양한 주제별로 나눈 조리법과 이론 설명도 있다. 그 밖에도 『동서양과자제조법』(1952, 봉문관)과 『다른 나라 음식 만드는 법』(1957, 국민서관) 등 외국 요리를 소개한 책도 저술하였다.

해동죽지 海東竹枝

1925년

다른 지방에 가면 그곳의 유명한 음식을 찾게 마련이다. 전주의 비빔밥, 안동의 헛제사밥, 경남 동래의 파전, 강원도의 감자떡, 목포와 흑산도의 홍어회, 제주의 전복죽과 흑돼지구이 등은 일부러 찾아가서도 먹는 음식이다. 공주 밤, 영덕대게, 고흥 유자, 나주 배, 상주 곶감, 안동 간고등어 등 지역과 유명한 특산품이 하나의 고유명사처럼 불리기도 한다.

조선시대에도 지역마다 이름난 음식이나 식품이 있었다. 경기도 용인의 오이지, 수원의 약과는 여러 책에 언급될 정도로 유명했다. 1925년에 편찬된 풍속을 다룬 시집 『해동죽지(海東竹枝)』에는 여러 지역의 명물 음식이 나와 있다.

『해동죽지』는 조리서가 아니라 민속놀이와 음식, 풍속 습관, 의복, 민간신앙 등 민중의 생활사를 간단한 설명과 칠언절구의 시로 읊은 풍속지로, 가로 15.8cm, 세로 22.8cm 크기의 1책 3권 한문 신활자본이다. 저자인 최영년(崔永年, 1856~1935)이 66세 되던 해인 1921년 『해동죽지』를 썼는데 바로 출판되지 못하던 이 원고를 그의 제자가 편집하여 1925년 6월 장학사(奬學社)에서 출판하였다.

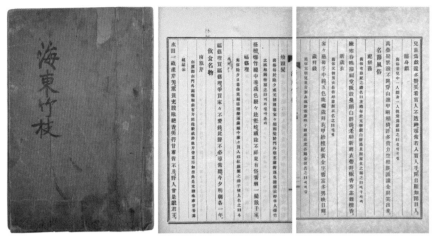

▲ 『해동죽지』 표지(왼쪽)와 본문. '음식명물' 부분은 지역별로 나누어 명물 음식을 설명했고(가운데) '명절풍속' 부분은 정월
부터 차례로 명절 음식을 실었다(오른쪽).

세시 풍속과 지역 명물 음식을 노래하는 한시 137수

전체 내용은 상중하 세 편으로 나뉘었으며 상편에 216수, 중편에 202수, 하편
에 133수의 시가 수록되었다. 중편의 「명절풍속(名節風俗)」과 「음식명물(飮食名
物)」 부분에 음식에 관한 내용들이 실려 있다.

「명절풍속」은 월별 날짜순으로 64수의 시가 실렸다. 시에는 먼저 세시 풍
속의 내용을 나타내는 제목을 세 글자로 달고, 그 세시 풍속과 놀이에 대한 유
래와 풍속을 짤막하게 설명한 다음 한글 명칭을 붙였다. 이어 설날부터 섣달
그믐날 밤까지의 세시 풍속을 칠언절구의 한시로 읊는 형식이다.

『해동죽지』의 「명절풍속」에 기록된 음식 내용

월별	내용
정월	떡국차례(祀餠湯), 수정과(白醍醐), 부럼(消瘇果), 약밥제사(祭藥飯), 이 굳히는 산적(固齒炙), 귀밝이술(聰耳酒), 묵은 나물(食陳蔬)

삼월	화전놀이(煮花會)
오월	보리수단(麥水團), 앵두천신(薦櫻桃)
유월	복놀이(食狗膧, 개장국)
칠월	호미씻기(洗鋤宴), 파접례(罷接禮)
팔월	추석 송편(新松餠)
구월	국화주(黃花飮)
시월	김장(菜陳藏), 무오떡(戊午餠, 무오말날)
십일월	동지팥죽(撒豆粥), 전약 나눔(頒煎藥)
십이월	납육(食臘肉)
놀이	강정 팔기(賣繭餰), 세찬(贈歲饌), 흰떡 치기(打餠聲)

「음식명물」은 73가지 음식이나 식품의 유명한 산지를 소개하는 칠언절구의 한시로 이루어졌다. 식품이나 음식명을 제목으로 두고 유명한 산지와 재료의 선택 사항 및 조리법을 간략히 설명하였다. 특히 각 음식마다 소개한 지역의 음식 맛이 훌륭하고 최고의 재료와 품질이라는 것을 강조했다. 간혹 세속에서 부르는 이름을 한글로도 표기하였는데 이는 음식명의 변천사를 이해하는 데도 도움이 된다.

지역의 명물 음식 중 경기도 광주 남한산성의 유명 음식 효종갱(曉鐘羹)은 배추속대, 콩나물, 송이, 표고, 소갈비, 해삼, 전복을 합하여 토장(된장)에 푹 끓인 것이다. 이 국을 저녁에 항아리에 담아 솜에 싸서 경성으로 보내면 새벽종이 울릴 때쯤 재상의 집에 도착하는데, 국항아리가 따뜻하고 해장에 더없이 좋다고 했다. 새벽종이 울릴 때 오는 국이라서 이름도 새벽 '효', 종 '종' 자를 쓴 효종갱이다.

설과적(雪裹炙)은 설야멱적(雪夜覓炙), 설야적(雪夜炙)으로도 불리는데 『증보산림경제』, 『규합총서』 등 고조리서에 자주 나오는 음식이다. 소갈비나 안심, 등심을 기름과 향신료로 조미하여 굽고 반쯤 익으면 찬물에 잠깐 담갔다가 센 숯불에 다시 굽는다. 눈 오는 겨울밤 술 아래 두고 먹으면 고기가 매우 연하여 맛이 가히 훌륭하다고 했다.

도리탕(桃李湯)이라는 음식은 닭을 토막 내고 버섯과 채소를 섞어 반나절 끓였다 익힌 음식으로 평양의 대동강 상류에서 이름난 음식이라 했다. 오늘날의 닭볶음탕과 비슷한데 실제 음식의 모습과 달리 이름만 보면 복숭아와 오얏(자두) 탕이라는 뜻이니 참으로 아름다운 이름이다. 이런 마음을 저자 최영년은 칠언절구로 다음과 같이 표현했다.

> 강남(江南, 중국 양쯔 강 이남 지역), 에는 황화회(黃花膾, 참조기회), 강북(江北)에 는 연자탕(蓮子湯, 말린 연자를 불려 흰목이버섯, 대추를 넣고 끓인 탕)이란 명칭이 전해지는데, 이것이 패강(浿江, 대동강)의 성질로 모아져 한 솥 안에 봄바람 을 따라 복숭아와 오얏의 향기가 풍긴다.

『해동죽지』에 소개된 지역별 음식 명물

지역	명물 음식명	『해동죽지』에 나타난 지명
서울	백어(白魚)	한강 빙중
	제호탕(醍醐湯)	궁중 내의원
	두견홍(杜鵑紅)	동대문 밖 청량리
	귤향고(橘香餻)	경성 김옥전 여사 신조품
	국화전(菊花煎)	경성
	구월도(九月挑)	경성 남문 밖 도화동
	밀동과(蜜冬苽)	궁중 주방 명물

	개성	개성식해(開城食醢)	개성 명물
	개성	삼정과(蔘煎果)	개성의 인삼에 꿀을 넣어 만드는 정과
	개성	설과적(雪裏炙)	개성부 내 명물
	수원	약과(藥果)	수원군 용주사
	수원	천렵탕(川獵湯)	수원
	수원	서둔부어(西屯鮒魚)	수원부 서둔지, 붕어
	광주	효종갱(曉鐘羹)	광주성 내
경기도	광주	행화어(杏花魚)	광주 두미강 하류
	광주	금광초(金光草)	광주군 금광리, 담배
	하남	소밀행(小蜜杏)	광주군 당정도, 꿀에 절인 살구
	고양	위어(葦魚)	고양군 행주, 웅어
	용인	용인과저(龍仁苽葅)	용인, 오이지
	양평	목두채(木頭菜)	용문산, 두릅
	양평	타리(酡梨)	양평, 배의 종류
	여주	남강궐(南江鱖)	여주군 남강 청심루(淸心樓), 쏘가리
	금강	백자병(柏子餠)	금강산에 있는 절, 잣박산
강원도	강릉	유어(遊魚)	강릉 경포대 담수
	영월	금색순(金色鶉)	영월 청량포, 메추라기
충청 북도	보은	집장(集醬)	속리산
	옥천	매조(梅棗)	청산군, 과실의 종류
	제천	제천순(堤川蓴)	제천군 의림지, 순채
충청 남도	공주	지화차(枳花茶)	공주
	공주	송어(松魚)	공주 금강
	대전	행채(荇菜)	회덕군
	홍성	석화해(石花醢)	홍성
전라 북도	남원	남원근(南原芹)	남원군 남문 밖, 미나리
	전주	연강전과(軟薑煎果)	전주부 봉상면
	전주	재증병(再蒸餠)	전주부 내 명물
	임실	수시(水柿)	임실군 갈담촌, 태인군 내촌, 감
	순창	고추장(苦椒醬)	순창군

전라남도	강진, 해남	유자청(柚子淸)	강진, 해남
	장성	죽로차(竹露茶)	장성군 죽로산
	장성	자옥채(紫玉荣)	장성군 백양산
	나주	고치(膏雉)	금성군, 살찐 꿩
	나주	죽력고(竹瀝膏)	나주, 창평
	보성	담합(膽蛤)	보성, 쓸개홍합
경상북도	대구	감주(甘酒)	대구부
	대구	허제반(虛祭飯)	대구부, 헛제사밥
	대구(달성)	석류청(石榴淸)	현풍군
	영덕	해각포(蟹脚脯)	영해
	풍기	풍준(豐蹲)	풍기군에서 나는 준시(蹲柿, 말린 감)
경상남도	거창(황강)	세하해(細蝦醢)	황주
	진주	옥하숭(玉河崧)	진주군 옥하대, 배추
	부산	연방합(蓮房蛤)	부산밀, 다도해, 대합조개
	울산	감복(甘鰒)	울산, 전복
	울산	노해의(老海衣)	울산, 김
	거제, 통영	우무포(牛毛泡)	남해 연안, 우뭇가사리
제주도		병귤(甁橘)	제주
황해도	해주	승가기(僧佳妓)	해주부의 명물, 서울 도미국수와 흡사
	해주	해주교반(海州交飯)	해주 명물, 골동반, 비빔밥
	연안	연자(蓮子)	연안 남쪽의 큰 연못
	연안	추탕(鰍湯)	연안
	연안	인절미(引切味)	연안군(당시 연백군)의 제품이 최고
	강령	죽합(竹蛤)	강령, 옹진의 바다 입구
	봉산	진리(眞梨)	봉산군
	장단	율병(栗餠)	장단군 고랑리의 가게

평안 북도	영변	홍미반(紅米飯)	영변군 옛 서쪽의 수전(水田)
	의주	신선로(神仙爐)	정희량(鄭希良) 일화
평안 남도	평양	도리탕(桃李湯)	평양 내 근처
	평양	어죽(魚粥)	평양부 내
	평양	냉면(冷麪)	개성으로부터 서쪽 모두 잘 만듦. 평양에 이르러 최고 유명
	평양	감홍로(甘紅露)	평양
	함종	감율(甘栗)	함종군
함경 남도	북청	남천해(南川蟹)	북청군 남천
	함흥	취향리(翠香梨)	함흥군
–	–	팔보반(八寶飯)	정소호(鄭素湖) 서장(書庄)

간편조선요리제법 簡便朝鮮料理製法 1934년

근대에 접어든 이후 조선시대부터 내려오던 전통 음식은 손이 많이 가는 데다 시간이 오래 걸려 경제적이지 못하다는 식의 저평가된 의견이 거론된 적이 있다. 이 시대에 요리책을 쓴 방신영, 손정규 같은 학자들은 시대에 맞추어 간단하고 경제적인 대중 요리가 필요하며 이를 보급하는 일이 중요하다고 여겼다. 이런 흐름 속에서 1934년 이석만(李奭萬)이 쓴 『간편조선요리제법(簡便朝鮮料理製法)』이 등장했다. 저자 이석만이 어떤 인물이지는 잘 알려지지 않았지만 『조선요리제법』으로 유명한 방신영의 조카이며, 방신영 교수가 나이 든 후 그의 집에서 지냈다고 하니 집안의 영향을 받아 음식에 대한 조예가 깊었을 것으로 보인다.

　저자 서문에는 이 책을 편찬한 의도가 적혀 있다.

> 도시인은 청요리니, 서양 요리니, 일본 요리니 혹은 영양 가치가 있느니 없느니 하지만 농촌 사람들은 그런 이야기를 이해하지 못한다. 현대 문화의 방향을 바로잡고 민중 생활의 개량을 위해 간편조리제법을 출간하게 되었고, 이는 우리 식탁 위에 새로운 향취를 줄 것이다.

조선 요리에 대해서도 여러 가지 형식과 별다른 내용을 가진 서책이 많이 나왔으나 그러한 서적은 대개 대중 생활을 무시하고 고급 가정에 한해서만 고급 식료품을 가지고 영양 가치를 표준 삼아 요리하는 법을 써낸 책들이다. 이 책은 아무데서나 손쉽게 얻을 수 있는 재료로 맛있게 만들 수 있는 요리책을 만들고자 했다. 일반 가정에 많은 유익이 될 것이라고 확신한다.

이석만은 당시 출간된 요리책들을 비판하며, 손쉽게 구할 수 있는 재료로 간편하게 만들고, 영양이 훌륭하면서도 맛있는 음식을 만들어 먹을 수 있도록

◀ 『간편요리제법』 표지(왼쪽)와 본문(아래). 본문은 차례로 서문, 목차, 빈자떡 조리법이다. 빈자떡 조리법을 보면 기름에 부치는 전유어 조리법이지만 이 책에서는 특이하게도 떡 종류로 분류했다.

이 책을 썼다고 했다. 저자 서문 앞 한 면에 걸쳐 방신영의 추천사도 실었다.

　　사륙판 한글 활자본으로 삼문사(三文社)에서 발행하였는데 궁중음식연구원 소장본의 경우 판권 부분이 소실되어 194면으로 되어 있다. 재료와 분량의 기재 없이 음식명과 조리법 설명으로 기술되었다. 각 요리마다 알맞은 계절을 명시한 것이 특징이다.

독특한 구분 방식으로 조리법 혼재

주식으로는 밥, 죽, 미음, 암죽을 포함한 27종의 음식이, 부식으로는 국, 찌개, 부침, 나물, 무침, 포, 전유어, 산적, 찜. 회, 어채, 침채, 젓갈 등 128종의 음식이 수록되었다. 잡종이라는 항목 아래 국수, 떡국, 만두, 전약, 미나리강회, 홍합초, 튀각, 매듭자반, 수란, 어만두, 족편, 탕평채, 고추장 볶는 법 등 30종의 조리법이 수록되었다. 장류와 초 만드는 법은 9종이 소개되었다.

　　병과와 음청류는 다식, 정과, 유밀과, 강정, 떡, 화채, 차 등으로 나누어 107종의 조리법이 실렸다. 특히 떡 만드는 법에는 두텁떡, 증편, 밀전병, 밀쌈 등의 본 조리법과 함께 '별법'이라고 하여 다른 방법도 같이 실었다.

　　부록으로 일본 요리 21종과 서양 요리 26종, 중국 요리 12종 등 당시 알려진 외국 요리가 소개되었고, 손님 접대법, 상 차리는 법, 상극 음식, 우유 먹이는 법이 마지막에 기록되었다.

　　이 책에 소개된 요리는 당시 다른 조리서에 자주 등장하는 음식들이며, 만드는 방법과 재료에서도 별 차이가 없다. 손쉽게 구할 수 있는 재료로 간편하게 조선 요리를 만들자는 의도와는 살짝 어긋나 보인다.

　　화채 만드는 법에는 어채가, 침채 만드는 법에는 외찬국(오이냉국)이 포함되고, 녹두반죽에 미나리를 넣어 기름에 지지는 전인 빈자떡이 떡에 포함되는 등 구분 방식이 다소 일반적이지 않은 부분도 있다.

『간편조선요리제법』에 기록된 음식 내용

분류	음식명
국 끓이는 법	겟국, 골탕, 넙칫국, 냉잇국, 대굿국, 도밋국, 도미국수, 육개장, 맑은장국, 미역국, 백숙, 닭국, 초계탕, 민엇국, 승기악탕, 소루쟁잇국, 신선로, 신선로 별법, 아욱국, 애탕국, 오무름국, 잡탕(곰국), 완자탕, 전골, 조깃국, 조갯국, 준칫국, 추포탕, 콩나물국, 토란국, 토장국, 파국, 계탕, 족복기
찌개 만드는 법	고추장찌개, 두부찌개, 방어찌개, 붕어조림, 북어찌개, 알찌개, 우거지찌개, 웅어찌개, 젓국찌개, 조기찌개
지짐이 만드는 법	무지짐이, 북어조림, 완적이, 우거지지짐이, 오이지짐이
나물 만드는 법	가지나물, 고비나물, 도라지나물, 도라지생채, 무나물, 무생채, 미나리나물, 숙주나물, 쑥갓나물, 시래기나물, 오이나물, 잡채, 잡누르미, 콩나물, 풋나물, 호박나물, 죽순채, 월과채
무침 만드는 법	김무침, 대하무침, 미역무침, 북어무침
포 만드는 법	마른편포(2), 산포, 약포(2), 어포, 전복쌈, 전편포
전유어 만드는 법	간전유어, 등골전유어, 양전유어, 조개전유어, 천엽전유어, 감자전유어, 호박전유어, 생선전유어, 초대
산적 만드는 법	너비아니, 누름적, 산적, 섭산적, 장산적, 잡산적, 사슬적
찜 하는 법	갈비찜, 숭어찜, 붕어찜, 게찜, 송이찜, 오이무름, 계증
회 치는 법	어회, 육회
잡종	계장, 국수비빔, 냉면, 온면, 떡국, 떡볶이(2), 만두, 묵, 계피수정, 전약, 미나리강회, 해삼 · 전복 · 홍합초, 밀국수, 튀각, 매듭자반, 수란, 알쌈, 어만두, 어채, 완자, 장조림, 전복장아찌, 족편(2), 천리찬, 콩자반, 탕평채, 똑도기자반, 고추장 볶는 법
다식 만드는 법	흑임자다식(2), 녹말다식, 밤다식, 송화다식, 승검초다식, 콩다식, 용안육다식
정과 만드는 법	귤정과, 녹말편, 앵두편, 모과편, 향설고, 인삼정과, 들쭉정과, 연근정과, 모과정과, 맥문동정과, 생강정과, 생강정과 별법, 유자정과, 솔잣, 청매정과, 행인정과, 쪽정과

어채와 화채 만드는 법	어채, 미수, 복숭아화채, 배화채, 수단, 원수병, 보리수단, 배숙, 식혜, 연 안식해, 앵두선, 동아선, 책면
유밀과 만드는 법	약과(2), 대추초, 조란, 율란, 밤과, 만두과, 밤초, 중백기, 광수백당
강정 만드는 법	깨강정, 요화대, 빙사과, 산자, 승검초강정, 콩강정
밥 짓는 법	별밥, 보리밥, 비빔밥, 약밥(2), 잡곡밥, 제밥, 중등밥
죽 쑤는 법	깨죽, 녹두죽, 묵물죽, 아욱죽, 갓죽, 장국죽, 콩죽, 팥죽, 흰죽, 행인죽, 타 락죽
미음 쑤는 법	갈분의이, 쌀미음, 송미음, 수수의이, 좁쌀미음
암죽 쑤는 법	밤암죽, 쌀암죽, 식혜암죽
떡 만드는 법	거피녹두떡, 거피팥떡, 꿀떡, 깨설기, 느티떡, 두텁떡(3), 무떡, 백설기, 쑥 떡, 승검초떡, 녹두떡, 복령병, 토령병, 감자병, 나복병, 원소병, 석탄병, 인절미, 대추인절미, 찰떡, 팥떡, 호박떡, 흰떡, 송편(2), 개피떡, 생편, 절 편, 증편(2), 밀전병(2), 수수전병, 찰전병, 꽃전, 화전, 경단, 석이단자, 과 일편, 밤단주, 보풀떡, 승검초단자, 유자단자, 밀쌈(2), 주악, 밤주악, 빈자 떡
김치 만드는 법	나박김치, 동치미(2), 배추김치, 섞박지, 오이김치, 오이지, 용인오이지, 오이소김치, 오이찬국, 장김치, 짠지, 장짠지, 젓국지, 전복김치, 닭김치, 깍두기, 고춧잎장아찌, 마늘선, 무장아찌
젓 담그는 법	청어젓, 방게젓, 조기젓
차 만드는 법	오미자차, 국화차, 매화차, 포도차
장·초 만드는 법	장 담그는 법, 고추장, 어육장, 청태장, 팥고추장, 즙장, 청국장, 급히 장 뜨는 법, 초 뜨는 법
일본 요리 만드는 법	가쓰오부시노다가, 이와시노쓰구비아게, 자완홋가시, 사도이모노니고론 아시, 미소시루, 덴부라, 후나노이리도후, 마쓰다게메시, 규넉굿도장아이 모, 스키야키, 쓰쓰미다마고, 구디도리고시요칸, 오시노니, 장아이모노아 마니, 부다노쓰구메아게, 다게노고도규닉구, 도노놋베이, 고다이시오약, 산식기마기다마고, 호렌소세이한, 게이니쿠메시
서양 요리 만드는 법	수프, 커틀릿, 미트볼, 비프미트, 피시볼, 부리스킷스튜, 팬케이크, 이탈리 안수프, 햄버거스테이크,포크빈스, 애플너츠샌드위치, 컵커스터드, 캐러 멜너츠, 코코아케이크, 골든케이크, 테세르, 도넛, 초콜릿케이크, 찌부로 만, 레이즌케이크, 롤스펀지,머랭케이크, 바나나젤리, 버터비스킷, 버터 케이크
중국 요리 만드는 법	쓰레잔, 진무질, 무후유, 메모스, 지단잔, 싸완쯔, 지단가오, 시분유, 혼쇼 쪼스, 첸완스, 류홍채, 산인당
접빈하는 법, 상 차리는 법, 상극류, 우유 먹이는 법	

※ 괄호 안의 숫자는 같은 요리를 만드는 방법의 수를 표기함

출처: 궁중음식연구원

사계의 조선요리四季의 朝鮮料理　　1934년

1876년 강화도조약 이후 개화기에 들면서 점차 외국의 식생활 문화가 전파되었다. 1876년에는 일본 청주인 정종이, 1900년대 초에는 일본 맥주가 소개되었다. 특히 1910년대 말엽 우리나라에 들어온 일본의 화학조미료 회사 '아지노모토(味の素)'는 광복 즈음인 1943년까지 회사 이름과 같은 아지노모토라는 조미료를 판매했다. 아지노모토는 반상차림, 김장, 신선로 등 조선인의 식생활 이미지를 적극적으로 활용한 신문 광고를 통해 상품에 대한 긍정적 이미지를 전하면서 맛있고 간편하게, 경제적으로 요리할 수 있다는 점을 강조했다. 우리의 식생활에 아지노모토는 거부감 없이 다가와 적극적으로 사용되었다. 이 회사는 상품을 판매할 목적으로 조미료 아지노모토를 이용한 조선 요리책『사계의 조선요리(四季의 朝鮮料理)』를 발간했다.

　『사계의 조선요리』는 1934년을 시작으로 1935년 증보판(서울대 규장각 한국학연구원 소장본), 1937년 10판본(일본 아지노모토 식문화센터 소장본)까지 1930년대 중후반에 걸쳐 지속적으로 발간되었다.

　궁중음식연구원에서 소장하고 있는 1934년 초판본은 판권에 비매품이라 적혀 있는데 처음에는 스즈키상점(鈴木商店)에서 조미료를 판매하기 위한 홍보 증정용으로 발간한 것으로 보인다. 초판본은 가로 11㎝, 세로 15㎝ 크기이며, 표지와 머리말을 제외하면 40면으로 작고 얇은 책이다.

1935년과 1937년에 나온 판본은 가로 13㎝, 세로 18.2㎝ 크기로 초판보다 커졌고 페이지도 모두 97면으로 늘었다. 초판의 52종의 요리에 우리 요리 45종, 서양 요리 11종을 보충한 총 108종의 요리법이 실렸으니 초판에 비해 두 배 이상 분량이 추가된 셈이다.

머리말을 보면, 시대가 변천함에 따라 유행과 제도가 바뀌는 것처럼 음식도 시대의 흐름에 맞추어 경제적이면서도 간편하게 만들 수 있어야 한다고 짚은 다음, 아지노모토가 경제성, 맛, 영양, 간편함의 모든 요건을 충족하므로 음식의 현대화를 이룰 수 있으며 현대인의 음식 만들기에 이상적인 재료가 될 것이라는 홍보성 글귀로 마무리한다. 초판의 머리말을 쓴 이능선(李能善)은 경성에서 발간하는 일간지인 매일신보(每日申報)의 광고부원이자 여러 일간지 광고

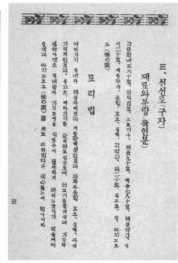
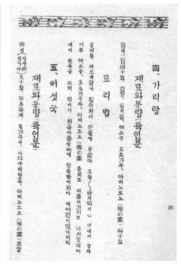

▲ 1934년 출간된 『사계의 조선요리』 표지(왼쪽). 아지노모토 로고로 쓰이는 뚜껑 있는 국그릇이 검은색 음영으로 그려져 있다. 신선로와 갈비탕 조리법(가운데, 오른쪽)에는 아지노모토를 넣어 만드는 방법이 실렸다.

부원들이 모여 창립한 사교협회의 임원으로도 활동한 인물로, 아지노모토의 신문 광고에도 관여했다고 추측된다.

음식에 따라 국물, 양념, 장에 조미료를 첨가

1934년에 발간된 『사계의 조선요리』 초판은 이후 나온 책과 달리 조선 음식 52종의 조리법만 실었다. 음식 내용은 주식류 6종, 찬물류 44종, 음청류 2종으로 나뉜다. 조리서에 흔히 포함되는 떡과 한과류는 수록하지 않았는데 아마도 조미료를 쓰기에 적합하지 않아 제외되었을 것으로 보인다. 찬물류로는 국, 탕, 전골이 9종으로 가장 많고, 찜 6종, 생채 · 숙채 6종, 찌개 5종, 적 · 구이 5종, 볶음 · 조림 4종, 전유어 3종, 장아찌 2종, 쌈 2종, 무침 1종, 어숙회 1종이 실렸다.

▲ 아지노모토 신문 광고. 한복을 입은 여성이 신선로에 아지노모토를 넣는 모습이다.

음식의 분량은 6인분 기준이라 표시되었고 모든 음식에 조미료 아지노모토가 사용되었다. 국물이 있는 음식에는 국물에 아지노모토를 넣기도 하지만, 갈비탕처럼 재료의 양념에 섞어 넣기도 했다. 전이나 숙회는 곁들이는 초장이나 초고추장에 아지노모토를 약간 첨가하라 했고 영계백숙은 국물에, 낙지백숙은 낙지를 찍어 먹는 초장에 넣으라 했다. 우리 음식의 조리법이나 음식을 먹는 상황에 맞게 아지노모토를 조금씩 다르게 사용한 것이다.

『사계의 조선요리』(1934년)에 기록된 음식 내용

분류		음식명
주식류	국수, 만두, 떡국	국수장국, 밀국수, 어만두, 날떡국
	죽	팥죽, 잣죽
찬물류	국, 탕, 전골	육개장, 완자탕, 신선로(구자), 갈비탕, 버섯국, 달걀탕, 김찬국, 미역찬국, 콩국
	장아찌	오이장아찌, 숙장아찌
	전	전유어, 배추전유어, 해삼전
	적, 구이	살산적, 산적, 닭적, 파산적, 염통구이
	생채, 숙채	쑥갓나물, 도라지나물, 오이나물, 잡채, 오이생채, 도라지생채
	찌개	잉어지짐이, 된장찌개, 생선찌개, 명란젓찌개, 송이찌개
	찜	갈비찜, 배추찜, 송이찜, 황과찜, 영계백숙, 낙지백숙
	무침	새우무침
	회, 숙회	도미어채
	볶음, 조림	제육볶음, 떡볶이, 갈치조림, 장조림
	쌈	깻잎쌈, 알쌈
음청류	미수	미숫가루
	수단	보리수단

출처: 궁중음식연구원

1946년 출간된 또 하나의 『사계의 조선요리』

『사계의 조선요리』라는 제목의 책이 하나 더 있다. 1946년 조선문화건설협회에서 발간한 가로 13cm, 세로 18.2cm 크기의 42면짜리 책이다. 저자와 발행자 모두 조선문화건설협회 대표인 김유복(金遺服)으로 기록되었다.

이 책에는 조선 요리 97종과 서양 요리 11종, 총 108종의 조리법이 나온다. 1935년 아지노모토에서 발행한 『사계의 조선요리』 증보판과 비교했을 때 순서에는 다소 차이가 있지만 108종의 음식명이 모두 일치하는 것을 알 수 있다. 아마도 이 책은 아지노모토 회사에서 발행한 『사계의 조선요리』 중 조미료 아지노모토에 관한 내용만 제외하여 정리한 것으로 보인다.

서문에는 현실에 맞는 재료와 방법으로 좀 더 경제적이며 간편하고 보편적인 전통 음식 조리법을 부녀자에게 보급하기 위해 이 책을 간행했다고 그 의도를 짧게 말했다. 아지노모토에서 발행한 책과 같은 내용을 저자와 발행처만 바꾸어 다시 출간한 이유는 밝혀지지 않았다.

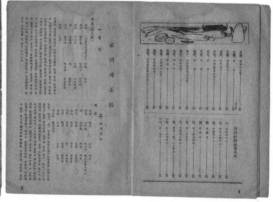

개화기 이전 우리나라의 여성 교육은 비제도적인 가정교육에 국한되었다. 유교적인 문화 풍토에서 여성은 가사를 돌보며 남편과 시부모님에게 순종하고 집안의 화목을 도모하는 것을 중요한 역할로 삼았다. 그러다 개화기에 들어서자 선교사들이 종교를 전파하기 위한 일환으로 여성 교육을 위한 학당을 설립하였고 일제강점기에는 여성 교육이 가정에서 학교로 옮아가기 시작했다. 시대가 바뀌어 다수의 여성을 교육해야 하는 때가 오자 요리나 가사 교육은 학교의 필수과목이 되었다. 가정에서 조리법을 전수할 때는 요리책이 필요하지 않았지만 단체 교육을 위해서는 조리 교육 교재가 필요해졌다. 일본어로 출판된 『할팽연구』(1937), 해리엇 모리슨이 영어로 쓴 『조선요리법(Korean Recipe)』(1945), 방신영 교수가 쓴 『고등가사교본-요리실습편』(1958), 『고등요리실습』(1958) 등은 조리 교육을 목적으로 발간된 교재이다.

대표적인 조리 교육 교재 『할팽연구(割烹研究)』

『할팽연구』는 서울대학교 사범대학 전신인 경성여자사범학교에서 조리 실습 교과서로 사용하기 위해 1937년에 일본어로 출간한 책이다. '할팽(割烹)'은 썰고 삶아서 음식을 조리하는 것과 완성된 요리를 뜻하는 일본어이다. 경성여자사범학교 가사연구회에서 발간한 초판은 선광인쇄주식회사(鮮光印刷株式會社)에서 발행하였고, 1939년 판은 한성도서(漢城圖書)에서 출간하였다.

이 책의 전반부에는 일본 요리, 후반부에는 우리 요리가 나오는데, 아마도 일본 요리와 우리 요리를 함께 교육하던 교재였던 듯하다. 한 페이지에 한 가지 음식씩 편집하여 음식명, 시기, 기구와 완성 그림이 실렸다. 재료 칸에는 실제 수업 때 필요한 분량을 제시했는데, 6인용 실습대를 위한 분량과 한 학급용 50인 분량이 정확하게 적혀 있다. 하단에는 조리법에 번호를 매겨 자세히 적었고, 어렵고 복잡한 조리 과정은 그림으로 덧붙였다.

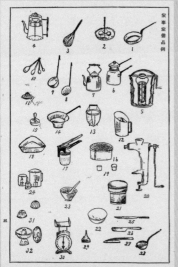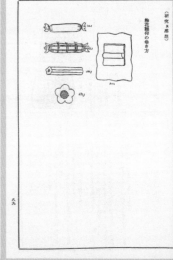

▲ 조리 도구와 조리법을 담은 본문. 조리법은 교육하기 편리하도록 6인용 실습대를 위한 분량과 한 학급용 50인 분량이 기록되었으며, 어렵고 복잡한 조리 과정과 완성 음식을 그림으로 실었다.

우리 요리로는 가장 먼저 소고기 조리법이 나온다. 주식류는 조밥, 팥죽, 온면, 밀국수, 고기만두 등 5종, 찬물류로 완자탕, 신선로, 미역국, 숭어찜, 소고기찜, 나물은 오이생채, 가지나물, 무나물, 콩나물, 묵무침, 미나리강회, 잡채 등 7종이고, 전·구이류는 민어전유어, 호박전, 두부부침, 김구이, 내장전, 소고기구이 등 6종이다. 그 외에 장조림, 수란, 북어무침, 튀각, 뱅어포구이, 풋김치, 통김치 등 7종이 있다. 후식인 떡류로 전병, 경단, 송편, 떡볶이 등 4종이 있고 음료로는 화채와 배수정과 2종을 실었으니 모두 합하면 38종이 된다. '가사과 실습에 대하여' 항에는 예습과 준비, 학습, 복습 요령이 나오고, 실습실 비품을 그린 그림과 일람표도 나온다.

『할팽연구』 후반부에 기록된 한국 음식 내용

분류	음식명
소고기 조리법	
밥류	조밥, 팥죽
국, 조림, 면류	온면, 밀국수, 완자탕, 신선로, 고기만두, 숭어찜, 미역국
무침류	오이생채, 가지초무침, 무나물, 콩나물무침, 묵무침, 미나리강회, 잡채
조림	장조림
달걀 삶는 법	수란
구이류	민어전, 호박전, 두부부침, 김구이, 내장구이, 고기구이
건어물	북어무침, 튀각, 뱅어포
떡류	전병, 경단, 송편, 떡볶이
음료	화채, 수정과
절임류	풋김치, 통김치

출처: 한식재단 한식아카이브

조선요리법朝鮮料理法

1900년대에 들어서자 과정이 복잡하고 시간이 오래 걸리는 비경제적인 우리 음식의 조리 기술을 개선해야 한다는 목소리가 높아졌다. 때문에 이 시기에 발간된 조리서는 대부분 손쉽고 간편한 조리법과 함께 외국 음식을 소개하는 것이 많다. 그러나 그 와중에도 주류와 달리 독자적인 노선을 우직하게 걷는 책이 있었다. 『조선요리법(朝鮮料理法)』이 그 대표적인 예다.

『조선요리법』은 1939년 반가의 여성이 우리 음식의 전통 조리법을 중점으로 서술한 책이다. 초판은 사륙배판에 297면이며, 1939년 초판 이후 1943년 증보판이 출간되었다. 최초의 근대 조리서인 방신영 교수의 『조선요리제법』과 어깨를 나란히 하며 당시 대중에게 큰 호평을 받았다.

저자 조자호(趙慈鎬, 1912~1976)는 서울 양반 가문의 자제로 순종의 비인 순정황후 윤씨와 이종사촌 자매간이다. 일본 동경제과학교를 졸업하고 경성가정여숙(현재 중앙여자고등학교)을 설립, 교사로 근무하며 전통 음식을 가르쳤다. 1937년부터 3년간 신문에 〈대표적인 조선 요리 몇 가지〉, 〈조선 요리로 본격적인 정월 음식 몇 가지〉, 〈생각만 해도 입맛 나는 봄철의 조선 요리〉 등을 연재했다. 조선 요리 강습회는 물론 여러 학교에서 우리 음식 조리를 강의했다. 1953년에는 국내 최초의 전통 병과 전문점인 '호원당'을 설립하여 서울 반가의 전통 병과를 대중에게 소개했는데 특히 떡과 과자 솜씨는 명성이 높았다. 호원당은 대를 이어 현재까지 운영되고 있다.

저자는 이 책의 서문을 통해 집필 이유를 밝혔다.

현재 조선 요리라 하는 것은 대부분이 한국 요리와 혼합된 것이 많으므로 순전한 조선 요리를 찾기에는 고난합니다. …… 아무리 좋은 음식이라도 요리하는 사람의 편벽된 사욕 때문에 널리 세상에 그 만드는 법이 알려지지 못하는 일이 왕왕 있어 어떤 경우에는 소멸되어버리는 것도 있으니, 나는 이것을 크게 유감으로 여기어 …… 우수한 음식이 많이 부활되고 산출되기를 바라는 마음에서 …… 지금까지 보고들은 바를 아는 데까지 기술한 것입니다.

외국 문물의 유입으로 변질되고 사장되는 우리 음식을 안타깝게 여겨, 과거 집집마다 대물림처럼 전승되던 맛과 조리 비법을 대중적으로 공유하고 후대에 전하고자 이 책을 지었다고 한다.

정통 반가의 음식을 근대적 조리서로 기록

이 책은 35장으로 나누어 고명, 장 담그기, 가루 만들기, 김장 등과 각종 찬물 만드는 법 등 모두 400여 종의 음식에 대하여 소상하게 설명했다.

특히 첫 장의 고명 부분에서는 지단, 완자, 파지단, 미나리지단, 모루기(완

자) 외에 윤집(초고추장), 겨자집(겨자장), 초장(초간장), 초젓국(새우젓국) 등 음식에 곁들이는 양념장류를 포함하였다. 이어 메주와 장 담그는 법 6종, 가루 만드는 법 6종이 나온다.

주식에 해당하는 죽류 8종, 미음과 양즙류 5종이 나오는데, 주식에 해당하는 밥 종류는 수록하지 않았고, 국수, 만두류는 장국류라는 항목에 있다.

찬물류 중에는 김장 6종, 햇김치 14종이 나오고, 국물 음식으로 맑은장국류 18종, 토장국 9종, 창국(찬국) 4종, 조치류 9종, 전골류 12종, 구자와 찜류 10종이 수록되었다. 나물 16종, 생채 8종, 쌈 3종, 간납(전유어)류 21종, 회 25종, 구이 23종, 잡채 6종, 조림 15종, 자반과 포 19종, 장아찌 10종, 젓갈 담그는 법 8종이 나온다.

병과와 음청류로는 약식과 갖은 편류 11종, 떡 26종, 정과류 9종, 화채류 16종, 생실과 웃기 4종이 나온다. 그러나 약과, 만두과 등 유밀과, 강정, 다식은 수록하지 않았다.

▲ 『조선요리법』 표지(왼쪽)와 서문(오른쪽). 서문에는 외국 요리와 혼합되지 않은 순전한 조선 요리를 담겠다는 의지가 적혀 있다.

▲ 『조선요리법』의 저자 조자호는 1937년부터 1940년까지 신문에 〈조선요리 몇 가지〉, 〈명일식탁표〉 등을 연재해왔다. 사진은 〈조선요리 몇 가지〉의 기사이다.

마지막 부분에는 음식을 곁들이는 법과 절기 음식, 미음상, 반상, 돌상, 계절별 어른 생신상, 아침 · 점심 · 저녁의 상차림, 교자상차림 등 식단의 예시가 나와 있다. 또 식사 예절을 설명하였는데 상을 드리는 법, 상을 받았을 때와 어른 진지 잡수실 때 몸가짐 법 등이 소개되었다.

전체적으로 각 음식에 들어가는 재료와 분량을 세밀히 기술하고, 만드는 방법을 단계별로 설명하는 등 근대적 조리서의 성격을 잘 보여준다.

『조선요리법』에 기록된 음식 내용

분류	음식명
고명 만드는 법	지단, 완자, 파지단, 미나리지단, 모루기, 윤즙, 겨자즙, 초장(2), 초젓국
메주 쑤는 법	간장메주, 고추장메주
각종 장 담그는 법	정월장, 이월장, 삼월장, 고추장(2), 무장, 담북장, 청국장, 합장
각종 가루 만드는 법	녹두녹말, 감자가루, 수수가루, 미숫가루, 꿀소, 콩가루

김장하는 법	보쌈김치, 배추김치, 짠무김치, 동치미, 배추짠지, 배추통깍두기
햇김치와 술안주 김치	굴김치, 굴깍두기, 조개깍두기, 오이깍두기, 관전자, 겨자김치(2), 닭김치, 장김치, 나박김치, 열무김치, 오이김치, 생선김치
찬국 만드는 법	미역찬국, 김찬국, 오이찬국, 파찬국
나물하는 법	물숙나물, 게묵나물(2), 오이나물, 두릅나물, 호박나물, 가지나물, 숙주나물, 콩나물, 무나물, 시금치나물, 고비나물, 도라지나물, 쑥갓나물, 미나리나물, 풋나물
장아찌류	무장아찌, 오이장아찌, 오이통장아찌, 달래장아찌, 마늘장아찌, 배추꼬리장아찌, 고추장아찌, 장산적, 전복초, 홍합초
조림류	민어조림, 도미조림, 숭어조림, 조기조림, 고등어조림, 병어조림, 준치조림, 닭조림, 꿩조림, 붕어조림, 청어조림, 풋고추조림(2), 감자조림, 두부조림
생채류	무생채, 도라지생채, 숙주초나물, 미나리초나물, 더덕생채, 오이생채, 늙은오이생채, 갓채
간납류	족편, 양전유어, 간전유어, 생선전유어, 조개전유어(2), 자충이전유어, 고추전유어, 알쌈, 미쌈, 계전유어, 두릅전유어, 묵전유어, 잡느르미, 동아느르미, 박느르미, 화양느르미, 누름적, 수란, 소금수란, 숙란
잡채류	잡채(2), 족채, 겨자선, 탕평채, 구절판
장국류	만두, 꿩만두, 준치만두, 온면, 떡국, 편수, 밀국수, 장국냉면, 김칫국냉면, 도미국수, 조기국수, 칼삭두기, 수제비, 국수비빔
화채류	식혜, 수정과, 배숙, 원소병, 화면, 청면, 떡수단, 보리수단, 딸기화채, 앵두화채, 여름밀감화채, 미시, 복숭아화채, 수박화채, 순채, 복근자화채
자반과 포류	약포, 편포, 대추편포, 삼포, 장포, 어포, 전복쌈, 어란, 똑도기자반, 철유찬, 북어무침, 오징어채무침, 대화무침, 굴비, 관목, 북어포, 암치, 건대구, 고추장볶음
회류	조기회, 잉어숙회, 미나리강회, 민어회, 육회, 조개회, 뱅어회, 두릅회, 대하회, 전어회, 굴회, 낙지회, 병어회, 청어선, 오이선, 호박선, 양선, 태극선(2), 어만두, 어채, 두부만두, 생회, 잡회, 고등어숙회
구이류	갈비구이, 너비아니, 염통너비아니, 저육구이, 도미구이(2), 조기구이(2), 병어구이, 민어구이(2), 염통산적, 어산적, 움파산적, 떡산적, 섭산적, 송이구이, 콩팥구이, 닭구이, 꿩구이, 청어구이, 더덕구이(2)
조치류	조기조치, 계란조치, 명란조치, 게알조치, 명태조치, 민어조치, 청어조치, 게조치, 숭어조치
죽류	타락죽, 행인죽, 장국죽, 흰죽, 원미, 잣죽, 흑임자죽, 콩나물죽

토장국류	육개장국, 민어지짐이, 조기지짐이, 명태지짐이, 솎음배추국, 승검초국, 오이지짐이, 냉잇국, 콩나물지짐이
떡종류	쑥구리, 잡과편, 두텁떡, 물송편, 재증병, 대추주악, 승검초주악, 석이단자, 대추단자, 송편, 쑥송편, 송기송편, 백설기, 꿀설기, 쇠머리떡, 증편, 물호박떡, 느티떡, 총떡, 화전, 콩버무리, 수수경단, 찰경단, 밤단자, 율무단자, 호박찰떡, 삼승
전골류	두부전골, 갖은 전골, 쑥갓전골, 조개전골(3), 낙지전골(2), 버섯전골, 닭전골, 꿩전골, 채소전골
약식과 갖은 편류	약식(2), 백편, 꿀편, 승검초편, 녹두거피편, 팥거피편, 녹두찰편, 팥거피찰편, 꿀소편, 깨편
맑은장국류	곰국(2), 골탕, 애탕국, 조깃국(2), 도밋국, 준칫국, 오이무름국, 뱅어국, 두붓국, 움팟국, 미역국, 어글탕, 대굿국, 잡탕, 초교탕, 추탕
구자와 찜류	구자, 숭어찜, 도미찜, 승개기탕, 대하찜, 갈비찜, 떡찜(2), 배추찜, 영계찜
미음과 양즙류	송미음, 대추미음, 조미음, 쌀미음, 양즙
정과류	산사정과, 무과정과, 행인정과, 청매정과, 생정과, 문동과, 연근정과, 건포도정과, 귤정과
쌈류	생취쌈, 곰취쌈, 깻잎쌈
생실과 웃기	율란, 조란, 생편, 녹말편
젓갈 담그는 법	조기젓, 준어젓, 병어젓, 굴젓, 게젓, 속젓, 뱅어젓, 새우젓 보관 시 주의할 점
음식 곁들이는 법	자반 접시, 장아찌 접시, 생실과 접시, 편 곁들이는 법, 마른안주 곁들이는 법, 정과 곁들이는 법, 나물 접시
음식을 절기에 따라 분할함	사철 공통 음식, 시월부터 정월까지, 이월·삼월, 사월·오월, 유월·칠월, 팔월·구월
상 보는 법	미음상, 조미음상, 양즙상, 자리조반상, 죽상, 원미상, 의이상, 반상설계, 아기돌차림, 점심상, 돌상 차리는 법, 남아 돌상, 여아 돌상, 곁들이는 이유, 어른 생신 차림, 정월부터 삼월까지의 아침상과 점심상, 사월부터 유월까지의 아침상과 점심상, 칠월부터 구월까지의 아침상과 점심상, 시월부터 십이월까지의 아침상과 점심상, 교자상
작법 몇 가지	상 드리는 법, 상 받았을 때, 어른 진지 잡수실 때 몸가짐 법

※괄호 안의 숫자는 같은 요리를 만드는 방법의 수를 표기함
출처: 궁중음식연구원

가정주부필독家庭主婦必讀　　　　1939년

조선시대에는 할머니, 어머니, 시어머니로부터 음식 만드는 법을 배웠다면, 근대에 접어들면서부터는 학교의 가사 교육을 통해 요리를 배우게 되었다. 1930년대에는 일반 신여성을 대상으로 하는 조선요리 강습회가 성행했다. 이런 강습회는 음식을 잘 할 줄 모르는 신여성들에게 우리 요리뿐 아니라 서양 요리, 중국 요리도 가르치며 인기가 높아졌고, 유명한 요리 강사, 요리 연구가도 생겨났다.

1939년 발간된 『가정주부필독(家庭主婦必讀)』은 우리 음식뿐 아니라 외국 음식의 조리법, 아이 양육법과 세탁법 등 주부의 일상생활에 필요한 내용을 수록한 책이다. 경성부(京城府) 명저보급회에서 발간한 책으로, 크기는 가로 15cm, 세로 22cm이며 122면으로 된 활자본이다.

저자 이정규(李貞奎)는 요리 연구가이자 요리 강습회 강사로 활동한 인물이

▲ 신여성 사이에 유행했던 요리 강습회.

▶ 『가정주부필독』 표지(왼쪽)와 책 속의 저자 이정규 사진(오른쪽). 당시 여성 저자의 사진이 실리는 경우가 거의 없었으므로 이는 매우 드문 예였다.

다. 1939년 11월에는 공옥부인회(攻玉婦人會)라는 단체 주최로 열린 조선 요리 무료 강습회의 강사로 초빙되었다는 기록도 남아 있다.

책의 서문에는 주부가 된 여성들에게 도움이 되도록 자신의 경험을 적었으니 간략하고 불완전하지만 가정의 필요품으로 사용했으면 한다는 바람을 밝혔다. 특히 서문 앞 장에 저자의 사진을 실었는데, 근대 요리책 중 여성 저자의 사진이 실린 책은 거의 없었으므로 이는 매우 이례적인 일이었다.

우리식으로 이름 붙여 더 친근하게 느껴지는 서양 요리

『가정주부필독』에는 우리 음식, 일본 음식, 서양 음식, 중국 음식 등 모두 148종의 조리법이 나온다. 나라별로 나누지 않고 밥, 국, 찜, 튀김, 차나 화채, 엿, 정과, 과자, 케이크, 과편, 떡, 김치, 과실, 잼, 피클 등이 순서대로 적혔다.

우리 음식으로는 감자국, 완자탕, 닭찜, 붕어찜, 송이찜, 오이찜, 애호박찜, 어만두의 찬물류가 있고, 차와 화채로는 엽차, 국화차, 매화차, 포도차 조리법이 나온다. 엿 만드는 법으로는 잣, 깨, 콩, 호두, 대추, 밤을 넣은 엿과 엿을 이용한 강정엿(엿강정) 등 여러 종류를 실었다. 귤정과, 인삼정과, 들쭉정과 등 정과류와 녹말편, 앵두편, 모과편, 산사편 등의 과편류, 그리고 떡으로는 감자떡, 서속떡, 재과병, 귤병떡, 감떡, 토란떡 등이 실려 있다. 채김치, 닭깍두기, 갓김치, 멸치젓, 전복김치, 죽순채, 돌나물김치 등 김치젓갈류의 조리법도 실렸다.

우리 음식 이름처럼 기록된 서양 음식 또한 이 책의 볼거리이다. 우유탕, 굴국, 서양김치, 과자, 사탕과자, 번철에 지지는 과자, 대추가락과자, 도낫설고, 옥수수설고, 밀기우리설고 등이 그것이다. 우유탕은 육수에 파슬리와 양파를 넣고 끓여 토마토 한 조각을 얹은 음식이다. 굴국은 굴을 넣어 끓인 크림수프, 즉 굴차우더이다. 도낫설고, 옥수수설고, 밀기우리설고 등 '설고'라는 음식도 나오는데 '설고(雪餻)'는 멥쌀가루에 과일이나 콩을 섞어 고물 없이 찐 설기떡 또는 설고병으로, 조선시대부터 떡을 이르던 명칭이다. 고리떡이라고 부른다는 도낫설고는 바로 도넛이다. 밀기우리설고의 재료는 밀기울가루, 바닐라, 우유, 건포도, 소다인데 이는 쿠키 재료와 같다. 서양 음식 명칭을 서양식 발음 그대로 쓰지 않고 우리에게 익숙한 명칭으로 바꿔 불러 친숙해지도록 한 의도가 보인다.

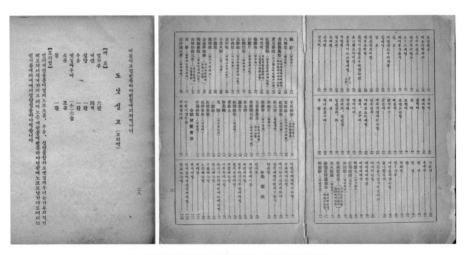

▲ 도낫설고 조리법(왼쪽)과 서양 음식이 소개된 목차(오른쪽).

근대에 접어들며 우리 상차림은 더욱 풍성해졌다. 서양, 중국, 일본 등의 외국 요리가 소개되는 한편 우리 요리도 외국에 소개되면서 음식의 춘추전국시대가 열렸기 때문이다. 밥과 반찬을 기본으로 하는 우리 상차림과 코스식인 서양 상차림은 혼재하기 어려운 듯 보이지만, 당시 사람들은 별미 개념으로 외국 음식을 즐겼기에 그다지 문제가 되지는 않았다. 외국으로 뻗어나간 우리 요리와 우리나라에 소개된 외국 요리책을 살펴보자.

Oriental Culinary Art

미국 주부에게 인기 있는 중국, 한국, 일본과 필리핀의 대표적인 조리법을 모은 동양 요리책이다. 115면 분량의 영문 서적으로 1933년 캘리포니아 로스앤젤레스의 웨츨출판사(Wetzel Publishing Co.)에서 출간되었다. 저자는 조지 권(George I. Kwon)과 패시피코 맥

피웅(Pacifico Magpiong)인데, 조지 권은 한국인으로 추정된다.

쉽게 만들 수 있고 널리 알릴 수 있는 가장 대중적인 동양 음식을 모았는데, 음식을 나라별로 구분하지 않고 조리 방법에 따라 Soup(국), Rice(밥), Chop Suey(찹 수이, 다진 고기 야채 볶음), Noodles(국수), Eggs(달걀 요리), Fish(생선 요리), Suki-Yaki(스키야키, 전골), 기타로 나누었다.

한국 음식으로는 미역국(Miyuk Soup, Seaweed Soup), 여름 보신용 육개장(Summer Soup), 추포탕(Choo-Po-Tang), 밤암죽(Puree Of Chestnut Soup), 백설기죽(Korean Rice Cake Soup), 약밥(Yakbap, Sweet Rice), 가래떡(Korean Rice Cake), 한국식 잡채밥(Korean Chop Suey Rice), 한국식 채소잡채(Korean Vegetable Variety Chop Suey), 완자탕(Wancha, Korean Meat Balls), 만두(Mandoo: Korean Stuffed Dumpling), 승기악탕(Soongki-Aktang), 용봉탕(Yong Bong Tang), 특제 신선로(Special Sin-Sun-Low), 떡볶이(Fried Korean Rice Cake), 고추장찌개(Kot-Choo-Jang Jige, Baked Korean Red Hot Pepper Sauce), 밤초(Korean Chestnut Candy), 간전(Liver Chun-Yuak), 대합전(Clam Chun-Yuak), 생선전(Fish Chun-Yuak), 양전(Tripe Chun-Yuak), 콩나물 무침(Bean Sprout Salad), 김치(Kim-Chi, Korean Cabbage Pickle), 수정과(Soo-Chung-Kwa, Korean Persimmonade) 등이 수록되었다.

Korean Recipes

한국에 선교사로 와서 이화여자전문학교 가사과 교수로 재직하며 서양 요리를 가르쳤던 해리엇 모리스(Harriett Morris, 1894~미상)는 1945년 미국 캔자스 주 위치타에서 방신영의 조선요리제법을 기초로 한 『Korean Recipes(조선요리법)』를 출간했다. 한국인만 알고 있는 한국 음식을 미국의 일반 대중에게 널리 알리고자 낸 96면짜리 책으로, 당시 8,000여 권이나 판매되었으며 한국 여성의 교육 과정에서 교과서로 사용되기도 했다.

이 책은 음식 사진이 많이 수록된 것이 특징이다. 반상차림, 교자상차림, 전골상

차림, 신선로, 떡과 한과 등 전통적인 상차림 외에도 김치 식재료, 무 써는 모습, 콩나물 다듬는 모습을 사진으로 직접 만끽할 수 있는 귀중한 자료다.

조리법 구성은 밥 13종, 김치 5종, 국 15종, 나물 24종, 수조육류와 어패류 34종, 후식 6종 등 총 97종의 조리법이 영문으로 작성되었다. 김치가 우리말 발음 그대로 'Keem-Chee'로 표기되었으며 책의 말미에 계절별 코스 요리 메뉴로 활용할 수 있는 음식 구성을 제안하기도 했다.

선영대조 서양요리법(鮮英對照 西洋料理法)

우리나라에 주재하던 외국 부인들의 모임인 '경성서양부인회'에서 서양 음식을 소개하기 위해 1930년 발간한 국내 최초의 서양 요리책이다. 서양 문화가 우리의 의식주에 영향을 미치게 되면서 서양 음식에 대한 관심이 높아진 주부를 위해 발간된 책으로, 부인과 신여성을 대상으로 하는 서양 요리 강습 교재로 널리 참고되었다.

수프를 국이라 하여, 일년감국(토마토국), 굴국(굴차우더), 법국국(프랑스국)

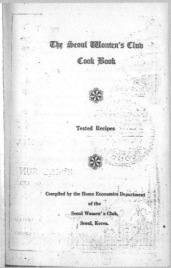

등 10종, 어패류 요리 6종과 어울리는 소스 3종, 육류 요리 15종, 두류 요리 8종, 치즈를 이용한 요리 9종, 20여 종의 다양한 샐러드와 드레싱, 푸딩 17종, 아이스크림 8종, 소스 5종, 파이 13종 등 각양각색의 요리법이 실렸다. 그 외에도 사탕떡이라 부른 케이크, 쿠키, 주스, 잼, 피클, 캔디 등의 조리법도 실려 있다. 조선식이라고 밝힌 모과잼, 연근크로켓, 두부요리 등 서양 요리법에 우리 식재료를 가미하여 개발한 조리법도 나온다.

서양요리제법(西洋料理製法)

여화여자전문학교에서 서양 요리를 가르쳤던 해리엇 모리스가 1937년에 만든 한글판 서양 요리책이다. 가정에서 흔히 쓰는 재료로 만드는 기초 서양 요리를 소개했다. 아침, 점심, 저녁의 상차림과 준비 과정을 개괄적으로 다뤘는데, 전채에서 후식에 이르기까지 코스별 요리를 만드는 법과 서양 식기 소개, 테이블 매너에 이르기까지 여러 가지 내용이 상세하게 설명되었다. 조리 도구나 대용할 수 있는 식재료, 오븐의 온도 등도 부록으로 수록되었다. 서양 요리와 음식 문화에 대한 경험과 정보가 부족한 시기 실제 미

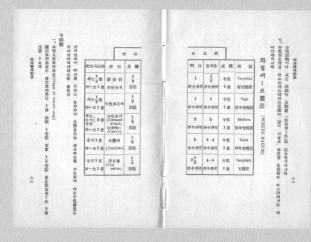

국인 교수가 쓴 이 책은, 근대에 출간된 서양 요리책 중 가장 충실한 내용을 담았다는 평을 받았다.

동서양과자제조법과 다른 나라 음식 만드는 법

위의 두 권 외에도 방신영 교수가 쓴 『동서양과자제조법』(1924, 봉문관)과 『다른 나라 음식 만드는 법』(1957, 국민서관) 등의 책도 있다. 『동서양과자제조법』은 과자를 집중적으로 다룬 전문 요리책으로, 서양과 조선, 일본, 중국 과자를 소개했다. 케이크, 도넛, 와플, 푸딩 등 서양의 과자와 모치, 만주, 요칸(양갱) 등 일본 과자류가 나온다. 조선 과자로는 시루떡, 백설기, 꽃전, 경단, 약밥, 인절미, 주악, 증편 등의 떡 종류, 율란, 조란의 숙실과, 녹말편, 모과편 등의 과편류, 약과, 만두과, 중백기의 유밀과류, 다식, 정과, 산자 등 대표적인 한과류 등 36종이 실렸다. 외국 과자를 만드는 새로운 도구나 기물, 생소한 재료의 구입 방법 등을 설명하기도 했다.

조선요리학 朝鮮料理學 1940년

전통 음식을 소재로 한 다큐나 방송 프로그램 작가들이 늘 하는 질문 몇 가지가 있다. 소개하는 음식의 유래는 무엇인지, 언제부터 먹었는지, 어떤 의미가 있는지 등인데, 명확히 답하기 어려워 곤혹스러운 때가 많다. 많은 사람들이 궁금해하는 것들이 고스란히 기록으로 남아 있으면 좋으련만 그렇지 않기도 하고, 운 좋게 음식의 유래나 풍속에 대한 기록물을 찾더라도 종종 오류가 있어 다시 다른 문헌을 통해 오랜 시간 검증하는 작업이 필요하기 때문이다.

그런 점에서 지금 소개하는 책은 단순한 음식 조리서가 아니고 음식의 유래나 일화, 풍습 등을 기술한 고마운 책이면서 또 검증해야 할 내용이 많은 책이다. 이 책의 이름은 바로 『조선요리학(朝鮮料理學)』이다.

1940년 홍선표(洪善杓)가 짓고 조광사에서 출판한 이 책은 가로 12.9cm, 세로 18.8cm 크기에 278면으로 이루어져 있다. 속표지에는 제목과 함께 홍선표라는 저자 이름이 나오고 그 다음 장에는 저자의 사진이 실렸다.

저자는 광복 전 서울 수표동에서 굴비, 젓갈, 장아찌 등을 만들어 파는 반찬가게를 했는데, 우리 고유 반찬에 관한 글을 신문에 연재하기도 했다. 이를 바탕으로 "듣고 본 대로 혹은 먹어본 대로, 순서 없이 기록하였다"라고 서문에 밝혔다. 그는 음식에 대한 철학, 현장에서 직접 체험한 생활의 지혜, 식사 예절, 음식에 얽힌 일화와 풍속, 음식 관련 속담, 식품의 효능, 맛있는 시기와 품질, 조리법과 용도 및 보관법 등의 여러 이야기를 간략하고 재미있게 정리했다.

책의 내용은 크게 세 부분으로 구성되었는데 1편은 식물(食物)의 원칙, 요리의 원칙, 식사법의 원칙을 다루었다. 2편은 영양분, 취반(炊飯), 고명과 양념, 생강, 백청(蜂蜜), 육미육진(六味六珍), 신선로와 전골의 유래, 진장, 채소류, 젓갈, 육류, 두부, 장산, 과종, 약식 등이 실려 있다. 3편에는 승기악탕, 설농탕, 구탕(狗湯)과 삼복일, 정초와 탕병(湯餠), 탕평채, 동과(冬苽), 청근(菁根)의 약효, 젓가락, 궁중 음식, 감별법, 식탁 기담(食卓奇談), 금기 음식, 차 등에 관한 내용을 수록하였다.

(照 小峯 著)

▲ 『조선요리학』 표지(왼쪽)와 저자 홍선표의 사진(오른쪽).

설렁탕과 선농단

이 책에는 설렁탕의 어원에 대한 이야기가 나온다.

> 세종대왕이 선농단에서 친경할 때 갑자기 심한 비가 내려 한 걸음도 옮기지 못할 형편에다 배고픔에 못 견디어 친경 때 쓰던 농우를 잡아 맹물에 넣어 끓여서 먹으니 이것이 설농탕이 되었다.

조선시대에는 임금이 매년 음력 2월이 되면 대신들을 이끌고 동대문 밖에 있던 선농단(先農壇)에 나가 제사를 지내고 몸소 밭을 가는 시범을 보이며 농사의 소중함을 백성에 알렸다. 지난 몇 년 전까지만 해도 선농단이 선농탕이 되었다가 설렁탕으로 변했다는 것이 정설로 여겨졌다. 그러나 세종 때 작성된

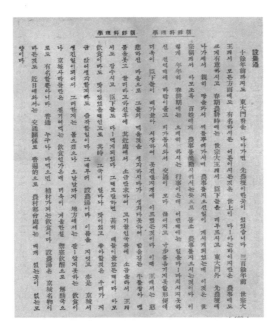

▲ 본문 중 설렁탕에 관해 설명한 부분. 설렁탕의 기원에 대해서는 아직도 의견이 분분하다.

▲ 조선시대 임금이 매해 친경했다고 알려진 선농단(왼쪽)과 음식 설렁탕(오른쪽).

『오례의』에 선농제에 관한 의례가 실리긴 했으나 실제 친경을 나가진 않았다는 것이 확인되면서 설렁탕의 기원에 다시 물음표가 달렸다. 왕의 친경은 『국조오례의』가 편찬된 이듬해인 성종 6년(1475년)에 이르러서야 처음 시행되었고, 백성들에게 국밥과 술을 내렸다는 직접적인 증거는 없다는 것이다. 그렇다면 설렁탕은 어디서 비롯된 말일까?

설렁탕의 기원을 연구한 학자가 여럿 있고 그 이론도 다양하다. 몽고어로 고깃국을 '슐루'라 하는데 고려시대에 이것이 전래되어 '슐루탕'이 되었다가 설렁탕으로 음운변화했다는 설도 있고 고기를 설렁설렁 넣고 끓였다 하여 설렁탕이라고 불렀다는 설도 있다.

궁중 음식도 소개

이 책에는 궁중 음식을 소개하는 부분도 따로 있다. 저자는 산해진미가 가득한 궁중 음식과 공경대가의 음식이 민간에 고루 퍼지지 못했음을 아쉬워하며 수라상 음식을 만드는 장소, 기명, 수라상을 드리는 예법 등 궁중의 식생활 문화와 함께 15종의 궁중 음식 조리법을 실었다.

조선 13도에 곳에 따라 음식이 다르고 집집이 음식 솜씨가 다른 것이다. 그래서 다 같은 물자를 드려도 어느 집은 맛이 나고 어느 집 음식은 맛이 없다는 등 다 같은 음식을 만들어도 어느 음식은 물품이 좋은데 어느 도(道) 음식은 볼품이 없다는 등 여러 가지로 다른 것이나 음식 중에 제일 물품이 좋고 맛 나는 음식은 부귀를 누리는 공경대가(公卿大家)에서 잘 하여 먹었고, 좀 더 좋은 음식은 옛날 상감님의 수라상 말만 들어도 모 상에는 산해진미에 만반진수가 다 있었을 것이다. 그러나 공경대가의 모든 음식도 궁중과 다름이 없는데 일반 민간에 골고루 퍼지지 못하였던 것이다. 더구나 수라상에 차리는 음식도 무엇을 어떻게 만들어서 어떻게 받들어 어떻게 잡숫고 어떻게 물리신다는 것은 일반적으로 잘 알지 못하는 것이다.

실린 궁중 음식은 찬물로 전복초, 홍합초, 관전자, 느르미(누름적), 족편, 가리구이(갈비구이), 구절판, 숭어찜, 꿩만두, 명태조치의 11종, 병과로는 조란, 율란, 두텁떡, 대추주악, 제증병의 4종이다. 대추주악은 대추씨를 빼내어 다져서 찹쌀가루와 섞고 골무 모양으로 만들어 꿀팥소를 넣고 지지고, 제증병은 대추주악처럼 빚어서 녹두녹말가루를 발라 송편처럼 찐다.

우리음식 1948년

음식은 시대와 더불어 변화한다. 재료와 조리법 또한 그러하다. 그러니 옛날 요리책에 재료와 조리법이 나와 있다고 해도 그것을 제대로 재현해내기란 쉽지 않다. 지금처럼 컬러 사진에 조목조목 만드는 과정과 정확한 분량이 기재되어 있다면 문제없지만, 막연하게 쓰인 설명만으로는 제대로 재현한 것인지 걱정되기 마련이다.

근대 이후에 발간된 요리책은 대부분 계량 단위를 표준화하고 과학적인 조리법으로 설명하려고 노력했다. 몇 인분인지 밝히고 사진까지는 아니더라도 그릇, 재료, 조리 과정을 그림으로 그리는 등 지금의 요리책에 가까워지기 시작했다.

1948년에 발간한 『우리음식』은 서울대학교 사범대학 교수 손정규(孫貞圭, 1896~1950?)가 1940년 일본어로 쓴 『조선요리(朝鮮料理)』라는 책을 광복 이후 한국어로 재출간한 것이다. 가로 12.5㎝, 세로 18.2㎝ 크기에 205면 분량으로 삼중당(三中堂)에서 발행하였다.

조리 실습 교육 현장의 경험이 녹아든 과학적 요리책

『우리음식』의 서문에는 다음과 같은 글이 있다.

> 여자의 직분 중에도 역시 가정생활에 있어 가족을 애호(愛護) 위안하는 음식 솜씨와 좋은 어머니로서의 자녀 보양같이 무거운 것은 다시없을 것 같다. 한 가지 생각하여야 할 것은 동일한 재료와 시간과 노력일지라도 뜻 깊은 여인네의 세련된 손맛과 따뜻한 정성과 아리따운 감정이 음식에 어우러졌다면 몇 배나 그 맛이 훌륭해진다는 것이다.
>
> 이런 생각을 거듭하는 수십 년간 실습을 하였고, 신구(新舊) 친지 댁을 출입하면서 조선 음식을 여러 각도로 음미하였을 때나, 이곳저곳에서 외국 요리를 맛보게 되었을 때마다, 나의 우리 요리에 대한 관심만은 남보다 못지아니하였다. 이제 그 경험을 미루어 일상생활에 많이 쓰이는 정도의 조선 요리 몇몇을 추려서 조그만 책에 실어본 것이다.

저자는 수년간 대학에서 조리 실습 과목을 실제로 가르치면서 내용을 수정 및 보완했으며, 조리법뿐 아니라 식품학, 영양학적 지식과 우리 고유의 음식 문화를 알기 쉽게 정리했다. 또한 과학적으로 집필하려 노력했는데, 그 결과 조리법 분량(5인 기준)이 드러났고, 모든 재료는 킬로그램(㎏), 그램(g), 리터(l), 데시리터(㎗) 등 무게나 부피를 재는 표준 단위로 기재되었다.

새롭게 유행하는 음식도 소개

이 책은 모두 26장으로 나뉜다. 1장에서 6장까지는 조선 요리의 종류, 상의 규모와 식기의 종류, 음식과 기명, 조미료의 양념과 고명, 일일의 식사와 단체식, 재료 써는 법과 빛깔의 배합에 대해 다루었다.

7장에서 21장까지는 구체적인 조리법을 실었는데, 밥과 김치를 제외하고는 식품군별로 소고기 음식 27종, 돼지고기 음식 6종, 닭과 꿩고기 음식 10종, 어패류는 구이 10종, 전유어 8종, 조림 19종, 찌개 17종, 국 9종, 기타 14종으로 나누어 87종, 달걀 음식 11종, 채소류 68종, 해초류 8종, 죽과 미음 16종, 묵과 두부 5종이 실렸다. 16장부터 18장까지는 음료 16종, 전과와 과자 41종, 병류 34종이 나온다.

19장에 특별 요리로 신선로, 도미국수, 도미찜, 어만두, 구절판, 온면, 냉면, 닭냉면, 동치미냉면, 국수비빔, 만두, 편수, 떡국, 장국밥, 육개장, 추탕, 설렁탕, 순댓국, 밀쌈, 떡볶이, 잡채, 빈자떡 그리고 식용할 수 있는 산채와 식물 모음으로 24종이 수록되었다. 당시 새롭게 등장하고 유행한 궁중 음식과 식당의 탕반 음식, 당면을 넣은 잡채, 숙주와 도라지, 돼지고기를 넣어 부친 녹두빈대떡 등도 나온다. 1940년대 고급 음식점이나 탕반 전문점에서 대중적으로 인기를 끈

음식을 소개한 것으로 보인다.

22장에서 26장까지는 계절별 찬상 및 식단의 실례와 시절음식, 그리고 장 담그는 법과 생선이나 닭을 다루는 법이 수록되었다.

서양 식기에 담은 우리 요리

이 책에는 어렵고 복잡한 조리 과정을 쉽게 이해할 수 있도록 식기의 종류와 음식의 완성품, 재료, 조리 과정이 삽화로 그려져 있다.

외국 음식은 전혀 소개되지 않았으나 서양에서 들어온 양파나 일본의 가마보코 등 외국 식재료를 사용하는 부분이 눈에 띈다. 이보다 더 특이한 것은 바로 외국 식기에 우리 음식 담아내는 방법을 제시했다는 점이다. 예를 들어 진달래화채를 소개하는 부분에서는 이런 고급 화채는 이렇게 내보자며 손잡이가 달린 컵에 화채를 담고 곁에 컵받침과 스푼을 놓은 그림이 그려져 있다. 세계 각지의 음식과 식문화가 소개되며 우리 상차림에 일어난 변화의 바람이 피부로 느껴지는 대목이다.

『우리음식』에 기록된 음식 내용

분류	음식명
조선 요리의 종류	반상, 곁상, 면상, 교자상, 주안상, 큰상, 돌상, 제상, 대소상 제상(大小祥 祭床)
상의 규모와 식기의 종류	네모반(角盤), 둥근반(圓盤), 두레기상(改良床), 식기의 명칭
음식과 기명	
조미료, 양념, 고명	일용 조미료, 양념 준비

▲ 자세한 그림을 그려 이해를 도운 본문. 왼쪽 위부터 차례로 식기의 명칭, 굴깍두기 조리법, 파산적 조리법, 특별 요리 신 선로 조리법, 진달래화채 조리법이다.

일일의 식사와 단체식, 재료 써는 법과 색깔 배합		
반류	흰밥, 팥밥, 조밥, 보리밥, 오곡밥, 감자밥, 약밥, 약식, 비빔밥, 연어밥, 굴밥, 김치밥, 콩나물밥, 무밥	
김치류	김치 국물 마련, 김장 준비, 통김치, 섞박지, 비늘김치, 보김치, 장김치, 나박김치, 박김치, 동치미, 채김치, 풋김치, 오이소박이, 가지김치, 오이지, 짠무김치, 싱건지, 김치, 양배추김치, 깍두기, 무깍두기, 굴깍두기, 오이깍두기, 멸치젓깍두기, 곤쟁이젓깍두기, 젓무, 알무깍두기, 무청깍두기, 소금깍두기	
우육류	소고기의 종류, 너비아니, 섭산적, 갈비구이, 염통구이, 파산적, 육포(肉脯 또는 醬脯), 염포, 육란(肉卵 또는 大棗脯), 육전, 간전, 천엽전, 골전, 편육 또는 수육, 쇠머리편육, 우설(牛舌)과 우신(牛腎), 전골, 갈비찜, 족편, 곰국, 간조림, 골탕, 별탕, 송치곰, 양즙, 장조림, 육회	
돈육류	돼지구이, 고추장구이, 돼지조림, 제육, 돼지누름적, 돼지머리편육	
계육류	영계백숙, 닭찜(2), 닭구이, 닭적, 닭조림, 꿩포, 꿩구이, 꿩국물, 꿩조림	
어패류	생선 굽는 방법	도루묵구이, 민어구이, 도미구이, 조기구이, 동태구이, 북어구이, 숭어구이, 숭어적구이, 조기소금구이, 자반민어구이
	전유어 만드는 법	민어전유어, 도미전유어, 숭어전유어, 대구전유어, 조개전유어, 새우전유어, 대구이리전유어, 굴전유어
	조림 만드는 법	청어조림, 청어찜, 숭어조림, 고등어조림, 정어리조림, 북어조림, 동태조림, 대구조림, 붕어조림, 잉어조림, 민어조림, 농어조림, 병어조림, 가자미넙치조림, 도미조림, 준치조림, 조기조림, 갈치조림, 도루묵조림, 자반청어찌개, 자반연어찌개, 자반전어찌개, 두부새우젓찌개, 무새우젓찌개, 새우젓젓국찌개, 청어찌개, 조기찌개, 대구명태이리찌개(2), 굴찌개, 민어찌개, 도미찌개, 가자미넙치찌개, 웅어찌개, 생선지짐이
	생선국 만드는 법	조깃국, 준칫국, 가자미넙칫국, 민엇국, 도밋국, 대굿국, 동탯국, 북어달걀무침국, 백숙, 어포, 어회, 어채, 홍합전복초, 북어무침, 장작북어무침, 북어보풀, 북어껍질무침, 북어대가리찜, 해삼전, 게장, 게찌개, 게찜, 방게볶음, 대합찜

난류	수란, 달걀부침, 알쌈, 알찌개, 어란, 명란, 명란구이, 명란찌개, 명란 오징어무침, 연란(鰱卵), 연란찌개, 게알찌개
채소류	배추쩜, 왁저지, 무생채, 무말랭이장아찌, 무고추장장아찌, 콩나물볶음, 콩나물국, 숙주나물, 시금치나물, 미나리강회, 미나리장아찌, 미나리잎찌개, 아욱국, 아욱죽, 양파통쩜, 파장아찌, 파강회, 달래장아찌, 마늘장아찌, 마늘종장아찌, 마늘잎장아찌, 마늘 대 이용, 마늘 뿌리 이용, 오이나물, 오이생채(2), 오이선, 오이장아찌(2), 오이숙장아찌, 오이고추장장아찌, 오이냉국, 호박나물, 호박새우젓찌개, 호박고추장찌개, 호박전, 호박쩜, 호박선, 호박범벅, 호박잎쌈, 호박순국, 가지나물, 가지전, 가지선, 가지장아찌, 풋고추조림, 풋고추전, 풋고추쩜, 고추볶음, 풋고추장아찌, 고춧잎나물, 고춧잎장아찌, 깻잎나물, 깻잎장아찌, 도라지나물, 도라지생채, 도라지적, 더덕구이, 우엉장아찌, 우엉나물, 고사리나물, 고비나물, 취쌈, 피마주잎나물, 토란탕, 감자요리, 씀바귀나물, 씀바귀장아찌
해초류	미역국, 미역구이, 다시마튀각, 김구이, 김무침, 김자반, 김튀각, 파래무침
음료	화채즙 만드는 법, 앵두화채, 딸기화채, 귤화채, 복숭아화채, 배화채, 순채화채, 진달래화채, 노란장미화채, 보리수단, 흰떡수단, 미수, 얼음수박, 수정과, 식혜, 소주온미
정과와 과자	연근정과, 인삼정과, 생강정과, 산사정과, 문동정과, 모과정과, 청매정과, 행인정과, 건포도정과, 귤정과, 율란, 밤초, 밤단자, 밤주악, 밤경단, 대추단자, 조란, 대추초, 잣박산, 은행단자, 석의단자, 약과, 귤병, 과줄, 만두과, 한과, 중백기, 타래과, 매작과, 밤다식, 흑임자다식, 송화다식, 찹쌀다식, 강정, 연사, 빙사과, 잣엿, 호두엿, 밤엿, 깨엿, 호콩엿
병류	개피떡, 수수경단, 찹쌀경단, 율무경단, 대추경단, 청매경단, 생률경단, 흰떡, 절편, 잔절편, 골무떡, 백편, 녹두편, 꿀편, 승검초편, 느티떡, 백설기, 콩버무리(콩설기), 쑥버무리, 인절미, 증편, 송편, 고사떡, 두텁떡, 쑥구리, 잡과병, 화전, 찰전병, 밀전병, 개떡
특별 요리	신선로, 도미국수, 도미쩜, 어만두, 구절판, 온면, 냉면, 닭냉면, 동치미냉면, 국수비빔, 만두, 편수, 떡국, 장국밥, 육개장, 추탕, 설렁탕, 순댓국, 밀쌈, 떡볶이, 잡채, 빈자떡, 식용산채, 조선 식물 명휘
이소화성 식품	미음, 조미음, 대추미음, 속미음, 흰죽, 부추죽, 장국죽, 콩나물죽, 묵물죽, 콩죽, 콩국, 깻국, 팥죽, 깨죽, 잣죽, 호콩죽
묵과 두부	녹두묵, 메밀묵, 도토리묵, 두부, 순두부
찻상의 실례	봄, 여름, 가을, 겨울
식단의 실례	봄, 여름, 가을, 겨울

조선 요리의 연중행사	정월 설, 정월 15일 석찬, 2월 한식, 3월 1일, 3월 3일, 4월 8일, 5월 5일 단오, 6월 15일 유두, 7월 7일 칠석, 8월 15일 추석, 9~10월 중의 길일, 10월 동지, 12월 그믐날, 밑반찬 예비
담그는 법	메주 만드는 법, 고추장용 먹맥주, 간장과 된장, 진장, 찹쌀고추장, 보리고추장, 막장, 담북장, 햇고추장, 무장, 청국장(낫토), 초(醋)
기타 잡류	생선 다루는 법, 닭 다루는 법, 빛 다른 재료 취급의 소고(小考)

※괄호 안의 숫자는 같은 요리를 만드는 방법의 수를 표기함

출처: 궁중음식연구원

이조궁정요리통고李朝宮廷料理通考 1957년

궁에서는 대체 어떤 음식으로 상을 차렸을까? 그리고 그 맛은 어땠을까? 지금도 궁금해하는 사람이 많은데 조선시대에도 이 질문은 유효했던 듯싶다. 조선시대 경제적으로 풍족한 양반가나 일부 중인 계급에서는 일부러 궁중음식 요리사를 불러들여 상을 차리게 하는 일이 있었다고 한다. 궁궐에서 먹는 음식이 무엇이며 그 맛이 어떤지 궁금했던 것이다.

궁중 음식은 임금께 바치는 진상(進上)과 신하에게 내리는 하사(下賜), 반사(頒賜)를 통해 사대부가나 중인 백성에게까지 내려가며 우리 전통 음식 문화에 영향을 미쳤다. 500년이 넘게 이어온 조선왕조가 막을 내리자 궁궐에서 음식을 만들던 숙수나 나인들은 궁을 떠나 조선 요리옥에 취직했다. 자연히 요리옥은 연회와 더불어 궁중 음식을 맛볼 수 있는 특수한 장소로 발돋움했다. 하지만 외식업이라는 경제적 상황은 궁중 음식을 보존하는 방향과는 거리가 멀었고, 대부분의 상차림이 연회 음식을 중심으로 화려하게 꾸며지면서 궁중 음식은 오히려 변질되었다.

숙명여자전문학교 가사과 교수로 재직하였던 황혜성(黃慧性, 1920~2006)

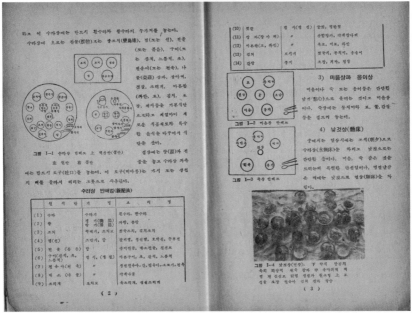

▲ 『이조궁정요리통고』 표지(위)와 수라상 반배도와 낮것상차림(점심상)을 수록한 본문(아래).

은 일본인 교장의 권유로 1944년 낙선재에서 한희순(韓熙順, 1889~1972) 상궁을 만나 가르침을 받았다. 한희순 상궁은 13세 때 덕수궁에 주방나인으로 입궁하여 고종, 순종, 윤비를 모셨는데, 당시 낙선재에서 거처하던 나인 다섯 명 중 가장 고참이었으며 수라 음식을 만드는 소주방을 맡고 있었다. 황혜성의 회고록을 보면 한희순 상궁에게 음식을 배우는 일은 쉽지 않았다고 한다. 알아듣지도 못하는 궁중 언어를 되묻지도 못하고 무작정 기록부터 했는데, 몇 달이 지나자 한희순 상궁도 마음을 조금씩 열고 가르치기 시작했단다. 마지막 왕비인 윤비의 별세 후 삼년상을 치르고 원서동 사택으로 돌아온 한희순 상궁에게 궁중의 일상식과 제사 음식을 익힌 황혜성은, 전수받은 음식을 계량화하고 조리법을 정리해 1957년 『이조궁정요리통고(李朝宮廷料理通考)』를 발간했다. 궁중 음식 조리법을 세상에 알린 이 책은 한희순 상궁과 숙명여전 가사과 황혜성, 이혜경 교수가 함께 저술했다.

한희순 상궁은 1955년부터 숙명여자대학교 가정학과에 특별강사로 임용되어 1967년까지 궁중 음식을 강의했다. 이후 황혜성은 궁중 음식이 한국의 식문화를 대표할 만한 훌륭한 문화유산이라 여겨 궁중 음식 보고서를 작성했는데, 1971년 한희순 상궁이 국가무형문화재 제38호 조선왕조 궁중 음식 기능보유자로 지정되는 데 이 보고서가 중요한 역할을 했다. 황혜성은 본격적인 궁중 음식 전수를 위해 궁중음식연구원을 설립했고, 1972년 한희순 상궁이 별세하면서 2대 궁중 음식 기능보유자로 지정되었다. 이후 황혜성은 궁중 음식 관련 문헌을 조사하고 연구하여 궁중 음식 문화에 대한 학문적인 기반을 마련하고 실제 조리법을 전수하는 데 큰 역할을 하였다.

『이조궁정요리통고』는 가로 14.7cm, 세로 20.8cm 크기에 256면으로 된 활자본 책이다. 1957년 8월 대한가정학회 간행으로 학총사에서 초판이 출간되었고, 11월에 책 가격을 낮추어 보급판으로 재판되었다. 조선왕조가 몰락하고 이씨 왕족이 창덕궁 낙선재에서 생활을 하던 시절, 일본의 영향으로 이조(李朝)라는 말이 자주 쓰였다. 책의 제목인 '이조'도 그 영향 아래 나온 말이다. '요리통고'는 당시 책 제목으로 흔히 쓰이던 말이었다.

머리말에 조선시대 이후 궁정 요리의 전모가 궁궐 사람 몇몇에게만 구전되고 시간이 지나면서 그마저 사라져가는 것을 안타까워하는 심정과 함께, 연구를 통해 우리 음식의 민족적 감정을 살리고자 하는 의도가 있음을 밝혔다. 전통 한국 음식이 외국 음식의 영향으로 변모하기 시작한 즈음에 우리 음식의 근본을 세우고 그 전통을 잇고자 집필한 것이다.

▲ 신선로를 꾸미는 한희순 상궁. 조선의 마지막 주방 상궁이자 제1대 궁중 음식 기능보유자이다.

『이조궁정요리통고』는 구한말 궁중에서 만들던 음식을 계량화하여 근대의 조리법으로 기술했으며 궁중 음식 조리법과 풍속까지 소개했다. 자칫 역사의 뒤안길로 흘러갈 뻔했던 궁중 음식이 오늘날까지 이어지도록 만들어준 초석 같은 책이다.

궁중 음식의 상차림부터 궁중 용어 해설까지 총망라

책의 첫 부분에는 수라상, 낮것상, 큰상, 돌상, 제사, 능행과 사냥 때 상차림과 음식 구성이 실렸다. 그리고 상차림 배치를 보여주는 진설도를 그려 상에 오르는 음식 종류와 위치를 알기 쉽게 설명하였다. 궁중에서 사용하는 상과 기명의 종류도 간략하게 서술했다.

그 다음 부분에는 궁중 음식을 소고기, 돼지고기와 노루고기, 닭고기와 꿩고기, 어패류, 채소, 버섯, 해조류, 곡류의 주재료로 구분하고 다시 조리법별로 소분류하여 각각 만드는 법을 상세히 기록했다. 후식류라는 대분류 아래 유밀과, 다식, 숙실과, 정과, 강정, 화채의 조리법을 적기도 했으며 조미료, 양념, 고명, 각종가루 만드는 법, 젓갈 담그는 법, 묵과 두부 만드는 법도 설명하였다.

글만으로는 이해하기 어려운 조리 과정이나 설명은 그림을 그려 보충했고, 재료와 조리 과정, 완성 음식을 실제로 촬영한 사진도 수록했다.

마지막의 부록 부분에는 요리 용어 중심으로 궁중 용어 해설을 덧붙이며 이런 문구를 달았다.

> 궁중 음식 교본을 집필하는 중 궁중 음식에 관한 음식명, 조리법, 기명, 식습관 등에 있어서 궁중 또는 상류 가정에서 써오던 고어(古語) 또는 그 시

대의 용어를 그대로 쓰기로 하고, 여기에 그 용어를 해설하기로 하였다.

항목으로는 식품에 관한 것 319종, 음식에 관한 것 133종, 조리 용어 23종, 그릇 이름 37종, 식습관에 관한 것 100종으로 꽤 많은 용어 해설이 실렸는데 그중 몇 가지를 여기에 소개한다.

감자(柑子)는 우리가 흔히 쓰는 감자가 아니라 귤의 한 종류인 홍귤나무 열매를 뜻한다. 이 책에는 감자를 황감(黃柑) 또는 밀감(蜜柑)이라고 했다. 궁중에는 해마다 제주에서 진상한 황감을 성균관 유생에게 내리고 실시하는 과거인 황감과(黃柑科) 또는 황감제(黃柑製)가 있었다.

특이한 이름의 음식도 등장한다. 오리알산병이라는 떡은 기러기떡이라고도 불리며 편의 웃기로 쓴다고 했다. 산병은 멥쌀가루를 쪄서 친 절편류를 말한다. 궁중 문헌 중 『삭망다례등록』을 보면 2월 망다례, 즉 2월 15일에 치른 제사에 오리알산병을 올린 기록이 있다. 한희순 상궁과 황혜성 교수의 신문 인터뷰 기사를 보면 음력 정월 3일 어상(御床, 임금이 받는 상)에 편웃기로 오르는 오리알산병의 조리법을 전수해주는 사진이 있다.

자세하게 기록된 궁중 용어 해설 부분을 통해 궁궐이나 사대부가에서 주로 쓰던 용어를 확인할 수 있는데, 이러한 기록물은 근대로 넘어오는 시기에 달라진 용어 사이의 간극을 연결해주는 가교로서도 큰 가치를 지닌다.

『이조궁정요리통고』에 기록된 음식 내용

분류	음식 내용
궁정 요리 종별 및 식단	어상, 수라상, 미음상과 응이상, 낮것상, 큰상, 돌상, 연회상, 명절 음식, 제사, 능행, 사냥, 꽃놀이

상 및 기명의 종류		원반, 곁상, 책상반, 교자상, 두리반(둘레기상), 기명의 종류
우육으로 만드는 요리	포	약포, 장포, 편포, 대추편포, 편포, 포쌈
	족편	용봉족편, 족편, 용봉족장과, 족장과
	편육	편육(2)
	조림	우육조림, 편육조림, 장똑또기, 장산적
	구이	갈비구이, 너비아니, 간(염통, 콩팥)구이, 포구이, 편포구이
	산적과 누름적	육산적, 잡산적, 섭산적, 화양적, 잡누름적
	전유어	간전유어, 등골전유어, 천엽전유어, 양전유어, 양동구리
	회와 볶음	육회, 각색 회, 각색 볶음, 양볶이
	전골	고기전골, 콩팥전골, 신선로
	찜	갈비찜, 육찜, 우설찜
	탕	갈비탕, 잡탕, 곰탕, 두골탕, 설렁탕, 맑은 탕, 봉오리탕, 황볶이탕, 육개장
돈육 및 노루고기로 만드는 요리	돈육찜	돼지고기찜, 돼지갈비찜
	돈육전골	
	구이	돈육구이, 돼지족구이
	제육편육	
	노루전골과 노루포	노루전골, 노루포
닭 및 꿩고기로 만드는 요리	닭 요리	닭찜(2), 백숙, 깻국탕, 닭김치, 닭산적, 달걀조치, 알쌈, 수란
	꿩 요리	꿩포, 구이, 꿩전골, 꿩조림, 꿩오이김치
어패류로 만드는 요리	어포	
	찜	생선찜, 부레찜, 도미찜(3), 도미면, 게감정, 생복찜(2), 대하찜
	생선전골	
	전유어	뱅어전유어, 생선전유어, 대합전유어, 굴전유어, 해삼전유어, 게전유어, 대하전유어
	생회와 숙회	생회, 홍합회, 대하회, 어채, 어선, 어만두
	구이와 산적	생선구이, 꼴뚜기구이, 뱅어포구이, 대합구이, 어산적
	초와 장과	전복초, 홍합초, 삼합장과, 홍합장과
	생선조림과 생선조치	
	탕	생선탕, 어알탕, 준치만두, 북어탕

	각색 전골	송이전골, 채소전골, 두부전골
	각색 찜	속대배추찜, 송이찜, 죽순찜, 떡찜, 떡볶이, 배추꼬리찜
	선	호박선, 오이선, 가지선, 두부선
	조치	절미된장조치, 김치조치, 무조치, 깻잎조치
	장과	배추속대장과, 미나리장과, 미나리강회, 무갑장과, 무왁저지, 무장아찌, 송이장과, 열무장과, 오이장과, 마늘장과
	조림	풋고추조림, 두부조림, 감자조림
	채소전	풋고추전, 호박전, 가지전
채소, 버섯, 해조류로 만드는 요리	채소적과 구이	송이산적, 파산적, 떡산적, 김치적, 두릅적, 미나리적, 더덕구이, 박느르미
	생채와 나물	겨자채, 무생채(초나물), 숙주나물, 물쑥나물, 고비나물, 오가리나물, 미나리나물, 애호박채, 죽순채, 잡채, 족채, 묵채, 구절판
	탕	연배추탕, 애탕, 청과탕, 호박꽃탕, 초교탕, 참외탕, 송이탕, 토란탕, 배추속대탕, 무황볶이탕, 콩나물탕, 과탕
	김치	햇김치, 열무김치, 나박김치, 오이송이, 오이비늘김치, 배추통김치, 젓국지, 섞박지, 장김치, 동치미, 송송이, 보쌈김치, 오이소박이, 짠지
	자반과 튀각	김자반, 김부각, 미역자반, 다시마튀각, 매듭자반, 콩자반, 묵볶이, 호두튀각
	수라(진지)	흰수라, 팥수라, 오곡수라, 약식
	죽, 미음, 응이	팥죽, 잣죽, 흑임자죽, 콩죽, 장국죽, 행이죽, 타락죽, 낙화생죽, 조미음, 속미음, 차조미음, 녹말응이, 율무응이
곡류로 만드는 요리	면, 만두, 떡국	장국냉면, 김칫국냉면, 온면, 국수비빔, 콩국냉면, 청포(탕평), 만두, 꿩만두, 동아만두, 편수, 규아상, 떡국
	편	백편, 꿀편, 승검초편, 백설기, 깨설리, 팥시루편, 흰떡, 인절미, 고엽점진병, 증편(2), 봉우리떡, 송편, 쑥구리단자, 밤단자, 은행단자, 석이단자, 경단, 주약, 화전, 밀쌈, 돈전병, 대추단자

후식	유밀과	약과, 다식과, 만두과, 한과, 중배기, 채소과
	다식	녹말가루, 송화다식, 흑임자다식, 밤다식, 승검초다식, 콩다식, 용안육다식
	숙실과	율란, 조란, 생란, 앵두란, 살구편, 백자편, 잣박산, 대추초, 밤초, 준시단자
	생실과	
	정과	연근정과, 생강정과, 유자정과, 도라지정과, 동아정과, 각색정과, 산사정과, 모과정과, 청매정과
	강정	강정, 깨엿강정, 빙사과
	화채	책면, 화면, 가련수정과, 앵두화채, 보리수단, 딸기화채, 복숭아화채, 유자화채, 식혜, 배숙, 수정과, 떡수단, 원소병
기본 조미료	간장	진간장 담그는 법, 중간장과 된장 담그는 법, 고추장, 소금, 설탕, 꿀, 엿, 식초, 고추, 겨자
양념	소고기 양념, 돈육 양념, 제육 양념, 꿩 양념, 생선 양념, 버섯 양념, 나물 양념	
고명	알고명, 알쌈, 봉오리, 미나리적, 미나리고명, 황화채, 고추고명, 잣가루, 버섯고명, 파, 마늘, 생강, 깨소금, 겨자	
각종 가루 만드는 법	떡가루 만드는 법, 미숫가루, 수수가루, 엿기름가루, 콩가루, 녹두녹말, 감자녹말, 송홧가루, 승검초가루, 계핏가루	
젓 담그는 법	어리굴젓, 명란젓, 조기젓, 새우젓	
묵, 두부 만드는 법	-	
〈부록〉 궁정 용어 해설	식품에 관한 것, 요리에 관한 것, 조리 용어, 기명, 식습관에 대한 것	

※괄호 안의 숫자는 같은 요리를 만드는 방법의 수를 표기함

출처: 궁중음식연구원

『이조궁정요리통고』
탄생에 영향을 준 책

궁중 음식과 문화를 총망라한『이조궁정요리통고』
는 한순간 만들어진 책이 아니다. 이 방대한 책의
토대가 된 책이 바로『조선요리대략』이다. 이 책은
1950년 황혜성이 숙명여자전문학교에서 가사과 학
생들의 교재로 쓰기 위해 묵지에 철필로 등사하여
만든 것으로, 크기는 가로 17.5㎝, 세로 24.5㎝이며
총 면수는 68면이다.

본문에는 수라상을 비롯한 각종 상차림의 종류, 의례상과 계절별 일상식 상차림,
연중 세시 음식, 고명과 양념, 계절별 김치 종류, 육류, 어패류, 조류 등 식재료의
종류와 선택법 등 기본 음식 상식과 함께 조리법이 소개되었다. 조리법 부분에는
이해를 돕기 위해 재료의 크기나 형태를 간단한 도안으로 표시하기도 했다.

음식 내용으로는 전골 4종, 찜 12종, 선 3종, 구자(신선로) 1종, 전유어 26종, 적
11종, 구이 17종, 조치 14종, 탕국 36종, 장국(면, 만두, 수제비) 15종, 회 6종, 생
채 5종, 편육 4종, 무침 6종, 포 24종, 묵(두부, 전약 포함) 8종, 조림, 장아찌 31종,
자반과 튀각 10종, 나물 36종, 볶음 12종, 젓갈 13종, 죽 16종, 미음 4종, 암죽 3
종, 밥 15종, 쌈 5종, 구절판, 술안주 1종, 도미국수 1종, 정과 10종, 주악 4종, 숙
실과 8종, 다식 8종, 유밀과 8종, 편과 떡 29종, 화채 등이며, 재료와 간단한 조리
설명이 수록되었다. 독특한 점이 있다면 1937년경에 창덕궁 인정전에서 베푼 연
회의 식단이 수록되었다는 점이다.

이 책의 상차림이나 식단 구성 내용은 조자호의『조선요리법』(1939년)이나 방신
영의『조선요리제법』(1942년)과 일부 유사한 것으로 보아 아마 이 책들을 참고하
여 작성한 듯하다.

궁중 음식의 불씨를 살린
한희순 상궁

우리의 옛 요리에 대해 설명할 때 반드시 이름이 거론되는 분들이 있다. 그중 빠지지 않는 분이 바로 한희순 상궁이다. 한희순 상궁을 수식하는 말은 여러 가지다. '1대 궁중 음식 기능보유자', '궁녀 출신 교수' 등의 수식어가 있지만 가장 유명한 것은 역시 '조선왕조 마지막 주방 상궁'이 아닐까 한다.

1889년에 태어난 한희순 상궁은 13세가 되던 1901년에 입궁하여 덕수궁의 주방 나인이 되었다. 이후 경복궁과 창덕궁을 거치며 고종과 순종의 음식을 도맡았고, 1965년까지 순종의 계비 윤씨를 모셨다. 64년에 걸친 궁중 생활 속에서 자연스럽게 체득한 궁중 음식법, 궁중 문화, 궁중 언어 등은 조선왕조가 사라지며 함께 지워지는 듯했다. 그러나 궁중 음식과 문화를 이대로 잃을 수 없다는 사명감을 가진 황혜성 교수가 한희순 상궁을 찾아가 각고의 노력 끝에 궁중 음식을 전수받았고, 이를 문자화하여 널리 알렸다. 자칫 사라질 뻔한 우리 음식 문화의 불씨가 새롭게 타오른 시점이다.

▲ 관례복을 입은 한희순 상궁(왼쪽). 한희순 상궁과 황혜성 교수가 함께 오리알산병을 만드는 모습(오른쪽).
  (출처: 동아일보 1968년 3월 5일자)

2부

고증과 재현으로 만나는
우리 음식

산가요록

연대 **1450년**
저자 **전순의**
소장 **우리문화가꾸기회**
서지 정보 **18×26㎝, 저지로 된 무괘백지, 77면**

산사에서 생활하는 데 필요한 농업, 의생활, 식생활 관련 정보를 정리한 종합 농서로 작물, 원예, 축산, 양잠, 식품 등 다향한 정보가 수록되어 있다. 저자인 전순의는 세종, 문종, 단종, 세조에 걸쳐 의관을 지낸 인물로 식이요법서로 잘 알려진『식료찬요』를 쓰기도 했다. 의관인 그는 약선에 해박할 뿐 아니라 왕족의 건강을 음식으로 살피는 역할을 하였으니 궁중 음식과 보양식도 잘 아는 인물이었으리라 여겨진다.

이 책은 1450년 편찬되었으며 조리법이 등장하는 책으로는 지금까지 발견된 것 중 가장 오래된 책이다. 230가지의 다양한 식재료와 조리법이 소개되어서 조선시대 초중기의 식품 조리사 연구 자료로 큰 의의가 있다.

이 책의 식품 부분은 크게 네 가지로 나눌 수 있다. 양조(釀造)에 관련된 기록, 장 관련 기록, 식품 저장법, 음식 조리법이 그것이다. 그중에서도 술 빚는 법을 일러둔 양조 관련 기록은 가장 눈에 띄는 부분이다. 조리법 중 가장 많은 부분을 차지한다는 점도 그렇지만, 무엇보다 계량 단위가 정확히 제시되었다는 점이 눈길을 끈다. 그간 정확한 기준을 알 수 없었던 액체의 계량 단위가 이 책을 통해 밝혀지면서, 막연하게만 여겨지던 옛 음식이 수치화되어 한 걸음 더 다가왔다.

:: 육면

『산가요록』에는 생치저비(生雉箸飛), 창면(昌麵), 진주면(眞珠麵), 육면(肉麵), 자화(刺花), 수자화(水刺花) 등 지금은 생소한 국수들이 등장한다. 육면은 고기를 국수발처럼 가늘게 썰고 밀가루와 메밀가루를 묻힌 다음 끓는 물에 데치기를 반복하여 장국에 말아 먹는 고기국수이다. 육면은 『산가요록』을 비롯해 조선 초기 조리서인 『수운잡방』, 『역주방문』, 『요록』 등에도 나오는 음식이다.

:: 생치저비

생치저비는 꿩고기로 만든 수제비인데, 여기서 '생치(生雉)'는 꿩, '저비(箸飛)'는 수제비를 뜻한다. 꿩고기를 저며 메밀가루를 묻히고 끓는 물에 데쳐 한 김 뺀 다음 다시 녹말을 묻히고 장국에 끓인 음식이다.

:: 대구어피탕

『산가요록』에는 고기류로 반찬을 만드는 법이 여러 가지 소개된다. 고기 국물을 내는 흑탕과 고기·소 내장·닭·달걀 조리법, 쇠머리 삶는 법, 그리고 찜, 탕, 구이가 그것이다. 대구어피탕은 생선의 살이 아닌 껍질로 만드는 요리로, 꿩고기, 도라지, 새우가루를 같이 넣고 끓여서 간장과 식초로 맛을 내는 탕이다.

:: 우무정과

우뭇가사리를 녹여서 꿀과 후춧가루를 섞고 묵처럼 굳힌 것이다. 원래 정과(正果, 煎果)는 과일, 뿌리채소, 인삼 등을 꿀에 조린 것을 말하는데, 우무정과는 다른 정과와 달리 과편과 비슷하게 묵처럼 굳히는 조리법이다.

육면 肉麵

소고기(홍두깨살) 400g, 마른 표고버섯 2개, 도라지 1대, 미나리 20g, 대파 1대, 밀가루 ⅔컵, 메밀가루 ½컵, 고기 장국 4컵, 청장 1큰술, 소금 조금, 후추 조금

---

1 소고기를 7~8cm 길이로 결을 따라 국수 가락처럼 가늘게 채 썬다. 고기를 토막으로 얼렸다가 살짝 해동되었을 때 썰면 쉽다. 면보로 눌러 핏물을 빼고 소금, 후추를 뿌려 밑간한다.

2 마른 표고버섯은 불려서 곱게 채 썬다. 도라지는 가늘게 채 썰고 소금에 주물렀다 헹구어 쓴맛을 뺀 다음 끓는 물에 데친다. 미나리는 데쳐서 3~4cm 길이로 썰고, 대파는 채 썬다.

3 쟁반에 밀가루를 얇게 펴고 그 위에 고기 채를 흩트려 놓은 뒤 밀가루를 뿌려 고루 묻힌다.

4 넉넉한 양의 끓는 물에 고기 채를 흩뜨려 넣고 데친다. 고기 채가 떠오르면 바로 체로 건져 찬물에 헹군다.

5 4의 물기가 빠지면 같은 방법으로 메밀가루를 묻힌 다음 끓는 물에 다시 데쳤다가 찬물에 헹군다.

6 고기 장국을 청장과 소금으로 간하여 끓이다가 2의 채소를 넣고 잠깐 더 끓인다.

7 5를 그릇에 담고 끓는 장국으로 따뜻하게 토렴한 다음 채소 건지와 함께 국물을 붓는다.

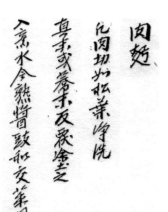

肉麵
凡肉 切如松葉 淨洗 眞末 或蕎末 反覆塗之 入烹水 令熟 醬豉和交菜用

고기를 솔잎처럼 가늘게 썰어서 깨끗이 씻고 밀가루 또는 메밀가루를 반복하여 묻혀 끓는 물에 삶는다. 뜨거울 때 장을 타고 채소를 섞어 먹는다.

생치저비 生雉箸飛

꿩 1마리, 물 10컵, 메밀가루 1컵, 녹말가루 ½컵, 대파 1대, 청장 2큰술, 소금 2작은술, 후춧가루 · 생강즙 · 청주 조금

---

1 꿩의 머리와 내장을 제거하고 깨끗이 씻은 뒤 가슴과 다리를 각을 떠서 나누고 살을 발라낸다.

2 살을 바르고 남은 뼈에 물을 넉넉히 붓고 40~50분가량 끓인 다음 면보에 밭쳐 꿩고기 육수를 만든다.

3 발라낸 꿩고기는 한입 크기로 얇게 저미고 소금, 후추, 생강즙, 청주를 뿌려 밑간한다.

4 쟁반에 메밀가루를 펴고 꿩고기 앞뒷면을 두드리며 가루를 고루 묻힌다.

5 4를 체에 담고 끓는 물에 담가 익힌다. 고기가 익어 엉기면 꺼내어 찬물에 헹구고 물기를 뺀다.

6 데친 고기의 물기가 빠지면 다시 녹말을 묻힌다.

7 2의 꿩고기 육수 6컵을 끓여 청장으로 간을 맞춘 다음 6을 넣고 끓인다.

8 꿩고기가 익어서 떠오르면 대파를 채 썰어 넣고 잠시 더 끓였다 낸다.

生雉箸飛
生雉 以刀切如饅頭樣 傳蕎末 列置於篩 暫置於沸水中 待凝出 更傳菉豆 醬水作羹以進

꿩고기를 만두 모양으로 저미고 메밀가루를 묻혀서 체에 놓는다. 끓는 물에 체를 넣었다가 엉기면 꺼내서 다시 녹말을 묻히고 장물로 국을 만들어 올린다.

대구어피탕 大口魚皮湯

마른 대구 껍질(또는 명태 껍질) 20g, 꿩고기 200g, 도라지 50g, 새우가루 10g, 청장 1큰술, 식초 1큰술, 소금 조금 | **국 건지 양념:** 청장 1큰술, 다진 마늘 2작은술, 생강즙 1작은술, 후춧가루 조금

1 대구 껍질을 살짝 씻고 미지근한 물에 담가 2시간 정도 불린다. 불린 껍질의 거친 비늘은 숟가락으로 말끔히 긁어내고 바락바락 주물러 씻은 다음 한입 크기로 찢는다.

2 꿩고기 살은 얇게 저며 썰고 뼈는 물을 붓고 끓여 육수를 낸다.

3 꿩고기 육수에 새우가루를 넣고 끓이다 한소끔 끓어오르면 고운 면보에 받친다.

4 도라지는 3cm 길이로 얇게 저미고 소금으로 주물렀다 찬물에 여러 번 헹구어 쓴맛을 뺀다.

5 대구 껍질, 꿩고기, 도라지에 국 건지 양념을 나누어 넣고 각각 양념한다.

6 3의 육수 6컵을 끓이다가 5의 건지 재료를 모두 넣고 끓인다.

7 청장으로 간을 맞추고 식초를 넣어 마무리한다.

大口魚皮湯
大口皮全體 吉更乾蝦末生雉 烹水 合艮醬醋用

대구 껍질 전부를 도라지, 마른 새우가루, 꿩고기와 함께 물에 끓이고 간장과 식초를 넣어 먹는다.

우무정과牛毛煎果

우뭇가사리 120g, 물 20컵(4ℓ), 꿀 1컵, 후춧가루 1작은술, 식용유 1작은술

1 우뭇가사리에 물을 넉넉히 붓고 중간 불로 1시간 정도 끓였다 체에 걸러 우
  무물을 만든다.

2 걸러낸 우무물을 다시 중간 불로 끓인다.

3 2를 수저로 흘렸을 때 뚝뚝 끊어지며 떨어지는 점도에 이르면 꿀과 후춧가
  루를 넣고 저어가며 조금 더 끓인 다음 불을 끄고 한 김 식힌다.

4 그릇에 식용유를 살짝 바르고 우무물을 붓는다.

5 4를 시원한 곳에 두어 단단하게 굳힌 다음 먹기 쉬운 크기로 썬다.

牛毛煎果

牛毛 如例凝者 更煮湯一鉢 入淸五合 和胡椒末 待凝 用之

우무는 대개 굳은 것을 다시 끓여 그 국물 1사발에 꿀 5홉을 넣
고 후춧가루를 섞어 굳혔다가 사용한다.

수운잡방

연대 1540년경
저자 김유
소장 한국국학진흥원
서지 정보 19.5×25.5cm, 저지, 25장

『수운잡방』은 중종 때 안동 지역에 살았던 김유가 지은 조리서이다. '수운(需雲)'은 격조를 지닌 음식 문화, '잡방(雜方)'은 여러 가지 방법이란 뜻으로, 제목을 해석하자면 풍류를 아는 사람에게 걸맞은 요리를 만드는 방법이란 뜻이다. 500여 년 전 안동 사림 계층을 중심으로 한 식생활을 엿볼 수 있는 귀중한 자료이다.

이 책은 상하권 2권으로 이루어졌으며 술 빚기와 음식 만드는 방법을 담고 있다. 전체 121종 중 술 만드는 법이 61종으로 절반가량 된다. 조선시대 양반 집안은 봉제사 접빈객, 즉 제사를 지내고 손님을 맞이하는 일이 가장 중요한 일이었는데, 이때 쓸 가양주를 제조하는 것 또한 막중한 임무였다.『수운잡방』은 사림 계층을 위한 책답게 삼해주(三亥酒), 녹파주(綠波酒), 이화주(梨花酒), 세신주(細辛酒), 진맥소주(眞麥燒酒) 등 다양한 종류의 술 담그는 법을 실었다.

음식 관련 항목으로는 장류 11종과 식초류 6종, 그리고 채소 절임 및 침채류가 15종 나온다. 동아정과, 생강정과, 전약, 다식 등 한과류도 소개되었고, '타락(駝酪)'이라 하여 우유를 발효시키는 방법과 두부와 엿 만드는 법도 서술되었다. 육수에 마와 달걀을 넣어 끓인 서여탕(薯蕷湯), 청포묵국을 뜻하는 분탕(粉湯), 국수를 곁들인 고기완자탕인 삼하탕(三下湯), 갈비와 밥을 넣어 끓인 황탕(黃湯), 은어 · 숭어 · 대하와 삼색녹두묵을 넣어 끓인 삼색어아탕(三色魚兒湯) 등 지금은 찾아볼 수 없는 독특한 탕 음식도 만날 수 있다.

:: 향과저

어린 오이에 칼집을 내서 마늘, 생강과 함께 조린 장으로 채운다. 오이를 차곡차곡 그릇에 담고 여기에 장물을 끓였다 부어 하루 동안 익혔다 먹는 오이소박이형 간장 장아찌이다.

:: 분탕

참기름, 파, 간장으로 만든 탕에 두 가지 색깔의 녹두묵과 세 가지 채소를 국 건지로 하여 끓인다. 매끄럽게 만든 묵국수와 비슷한 탕이다.

:: 전약

소가죽을 진하게 고아 만든 아교에 대추고(膏)와 꿀, 한약재인 마른 생강〔乾薑〕, 관계(官桂), 정향(丁香), 후추 등을 넣고 오래 고았다가 차게 굳혀 만든다. 족편같이 야들야들하고 묵보다 더 쫄깃하며 매콤 달콤한 궁중의 겨울 간식이다. 겨울에 혹한을 이기고 몸을 따뜻하게 보해준다 하여 동지가 되면 임금이 내의원에 일러 이 음식을 노신(老臣)들에게 겨울 보양식으로 하사하였다. 보혈, 지혈 외에 태아를 보호하고 악귀를 물리치는 주술적 효능도 있다.

:: 전계아

참기름을 두른 솥에 술과 식초를 붓고 어린 닭을 누린내 없이 볶은 다음 매운맛이 나는 향신료를 넣어 조려낸 닭조림이다. 고춧가루를 쓰지 않던 시대였으므로 파, 후추, 천초가루 등을 사용했다.

향과저 香苽菹

조선오이(작고 연한 것) 10개 | **장아찌 소:** 간장 2큰술, 생강 30g, 마늘 50g, 통후추 1큰술, 참기름 2큰
술 | **장아찌 장:** 간장 2컵, 물 1컵, 참기름 4큰술

1 오이를 물에 씻지 말고 마른 수건으로만 깨끗이 닦아 볕에 잠깐 말린다.

2 오이 겉이 수득수득하게 마르면 위아래를 조금씩 남기고 세 갈래의 긴 칼 집을 낸다.

3 장아찌 소 재료 중 생강과 마늘을 곱게 채 썬다.

4 냄비에 간장과 참기름을 두르고 통후추, 생강, 마늘을 넣어 잠깐 끓였다 식 힌다. 한 김 식으면 체에 밭쳐 장아찌 소를 만들고 간장은 따로 받아둔다.

5 오이의 칼집 낸 부분을 벌려 4의 장아찌 소를 채운다.

6 4에서 받아둔 간장에 간장 2컵, 물 1컵, 참기름 4큰술을 더 넣고 끓여 장아 찌 장을 만든다.

7 물기 없이 말린 단지에 소를 채운 오이를 차곡차곡 담는다.

8 끓인 장이 뜨거울 때 오이 위에 붓고 무거운 것으로 눌러두었다가 이튿날 부터 먹는다.

香苽菹
擇苽未壯大者 勿洗 以巾拭之 暫曝裁上下端 以刀三分直拆 生姜
蒜胡椒香薷油一匙艮醬一匙共煎納入苽拆處 不津缸極乾無水氣
先盛其苽 又油與艮醬和合煎 乘熱注缸 翌日用之

미숙한 오이를 택하여 물에 씻지 말고 수건으로 닦아내어 잠시 볕에 말린다. 위아래를 남기고 세 갈래로 칼집을 넣는다. 생강, 마늘, 간장에 통후추, 참기름을 넣고 끓인다. 오이 칼집에 끓인 양념을 채우고 다시 간장과 참기름을 끓여 식기 전에 뜨거운 채로 부어 다음 날 쓴다.

분탕 粉湯

녹두묵(황색, 백색) 각 200g, 소고기 100g, 오이 ½개, 도라지 60g, 미나리 40g, 대파 흰 부분(고명용) 1대, 청장 2큰술, 녹말 4큰술 | **고기 양념:** 청장 1큰술, 참기름 1작은술, 후추 조금 | **파 장국:** 참기름 4큰술, 대파 흰 부분 2대, 청장 4큰술, 물 2ℓ

1 소고기를 납작하게 저며 고기 양념으로 버무려둔다.

2 파 장국을 만든다. 대파를 3cm 길이로 잘라 냄비에 참기름을 두르고 볶는다. 파의 겉면이 어느 정도 익으면 물과 청장을 붓고 끓였다 체에 거른다.

3 양념한 소고기를 2의 장국에 넣어 더 끓인다.

4 녹두묵은 두 가지 색으로 준비하여 0.8cm 굵기로 길게 채 썰고 끓는 물에 데쳤다 헹구어 물기를 뺀다.

5 오이는 4cm 길이로 자르고 껍질 부분을 두껍게 떠내어 굵게 채 썬 다음 소금을 뿌려 절였다가 물기를 짠다. 미나리도 같은 길이로 잘라 살짝 절인다. 도라지도 같은 길이로 굵게 채 썬 다음 소금으로 주물렀다가 물에 헹구어 쓴맛을 빼고 물기를 꼭 짠다.

6 오이와 미나리, 도라지에 녹말을 고루 묻히고 끓는 물에 데쳤다가 찬물에 헹군다.

7 고명용 파를 가늘게 채 썬다.

8 대접에 두 가지 색 묵을 담고 데친 채소 세 가지를 얹은 뒤 간을 맞춘 고기 장국을 붓고 파 채를 얹어 낸다.

粉湯

真油一升 切葱白一升合煎 清醬一鉢 水一盆 右四物和合作稀汤。
汤下時醎淡嘗用之 膏肉如初味切之 菉豆如長麪切之 入黄白兩色
又生苽水芹桔更中一寸浮切之 菉豆末着衣 沸於熱水中拯出 右件
味下汤用之 而用时葱白細拆投之用之 然此汤膏肉为多至味好矣

참기름 1되, 파 흰 부분 썬 것 1되를 함께 넣어 볶고 청장 1사발, 물 1동이를 넣어 이 네 가지로 맑은 탕을 끓인다. 끓일 때 간을 맞춘다. 맛있는 살코기를 처음처럼 썰고, 황백 두 가지 색으로 만든 녹두묵은 국수발처럼 길게 썬다. 오이, 미나리, 도라지는 한 치 길이로 약간 굵게 채 썰고 녹말로 옷을 입혀 끓는 물에 데쳤다 건진다. 준비한 재료를 탕에 넣고 끓인다. 먹을 때는 파 흰 부분을 가늘게 채 썰어 넣는다. 고기를 많이 넣으면 더욱 맛이 좋아진다.

전약 煎藥

꿀 3사발, 아교 3사발, 대추 4컵, 물 2ℓ, 건강가루 20g, 계핏가루 10g, 후춧가루 4g, 정향가루 4g, 참기름 조금 | **아교 재료:** 우족 2개, 물 40ℓ

1 우족을 토막 내어 물을 넉넉히 붓고 끓이다 한 번 끓어오르면 물을 따라 버린다. 다시 물을 넉넉히 붓고 오랫동안 약한 불에서 곤다. 살이 다 떨어지고 뼈가 분리될 때까지 고은 걸쭉한 국물을 체에 걸렀다 다시 조린다. 수저로 떴을 때 덩어리져 뚝뚝 떨어질 정도로 조려 아교를 만든다.

2 대추를 씻어 푹 삶고 체에 내려 앙금을 받는다. 다시 불에 올려 1컵의 앙금이 될 정도로 저으면서 조린다.

3 오지그릇에 아교 3사발과 꿀, 대추 앙금을 담고 건강가루, 계핏가루, 후춧가루, 정향가루를 섞어 약한 불에서 계속 저으면서 조린다.

4 네모난 그릇에 살짝 참기름을 칠하고 3을 부어 차가운 곳에 두고 굳힌다.

5 4가 굳으면 그릇에서 꺼내어 한입 크기로 자른다.

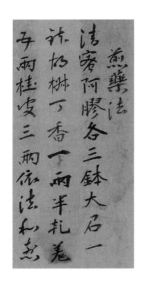

煎藥法
清蜜阿膠各三鉢 大召一鉢 胡椒 丁香一兩半 乾姜五兩 桂皮三兩 依法和煎

꿀과 아교 각 3사발, 대추 1사발, 후추·정향 각 1½량°, 건강 5량, 계피 3량을 하는 대로 맞추어 함께 조린다.

° 1량은 약 37.5g 정도이다.

전계아 煎鷄兒

닭 1마리(1kg), 참기름 1컵, 청주 ½컵, 식초 1큰술, 물 2컵, 간장 5큰술, 대파 1대, 형개가루 · 후춧가루 · 천초가루 조금씩

1 닭은 내장과 기름을 떼어내고 작게 토막 내어 깨끗이 씻은 뒤 물기를 뺀다.

2 대파는 잘게 썬다.

3 달군 솥에 참기름을 넉넉히 두르고 닭을 앞뒤로 노릇하게 지진다.

4 닭이 노릇해지면 청주와 식초를 붓고 뒤적이다 물을 부어 끓인다. 간장으로 간하고 불을 줄여 국물이 자작해질 때까지 조린다.

5 국물이 조금 남아 있을 때 대파, 형개가루, 후춧가루, 천초가루를 조금씩 넣고 고루 섞어 낸다.

煎鷄兒法
鷄兒一首去毛羽鮮四肢 洗去血致 真油二合盛鼎煎
鷄肉 待熟 加淸酒一合 好醋一匙 淸水一鉢 和艮醬
一合 注至鼎煎至一鉢 細斫生葱荊芥胡椒川椒末和
合之

영계 한 마리를 털을 뽑고 네 쪽으로 갈라 깨끗이 씻고 피를 없앤 뒤 손질하여 토막을 낸다. 솥에 참기름을 2홉 두르고 닭을 볶다가 익으면 청주 1홉, 식초 1수저를 넣고 물 1사발에 간장을 1홉을 섞어서 붓는다. 국물이 1사발쯤 남도록 졸아들면 다진 파, 형개가루, 후춧가루, 천초가루를 넣는다.

음식디미방

연대 1670년경
저자 장계향
소장 경북대학교 도서관
서지 정보 18×26.5cm, 상질 한지, 56면

『음식디미방』은 1670년경 정부인 안동 장씨 장계향이 쓴 것이다. 책 표지에 『규곤시의방』이라 적혀 있는데 남편이나 후손들이 격식을 갖추어 붙인 것으로 여겨진다.

이 책은 2대 궁중 음식 기능보유자 황혜성과도 인연이 깊다. 황혜성이 이 책의 소식을 듣고 재령 이씨 종손 댁을 찾아가는 길에 버스를 탔는데, 거기서 그 댁 종손인 이돈 씨를 만났다. 이후 제사에 참석하며 인연이 시작되었다. 황혜성은 이 책에 기록된 음식을 손수 재현하는 것은 물론 현대어 번역까지 도맡아 책으로 출간하면서 『음식디미방』의 존재를 세상에 알렸다.

내용은 면병류, 조과류, 어육류, 채소류, 초류, 주류로 나뉜다. 그중에는 아직까지 남아 있는 재료나 음식도 있고, 아예 사라졌거나 내용이 바뀌어 전혀 다른 음식으로 변한 것도 있다. 고추가 음식에 널리 사용되기 전에 쓰였기 때문에 음식에 고추나 고춧가루가 전혀 등장하지 않는 반면, 마른 해삼, 마른 전복, 자라, 꿩, 참새, 웅장 등 오늘날 흔히 쓰이지 않는 재료의 손질법이나 조리법이 종종 등장한다.

:: 숭어만두

숭어 살을 얇게 저며서 만두피로 삼고 고기소를 올려 만두처럼 빚어 쪄서 새우
젓장국에 끓여낸 생선만둣국이다.

:: 섭산삼

잘 두드려 편 더덕에 찹쌀가루를 묻히고 기름에 지져내어 꿀에 재운 떡이다. 더
덕 고유의 향과 질감이 어우러져 풍미를 더한다.

:: 착면

녹두 녹말로 국수를 만들어 오미자국에 띄우고 새콤달콤하게 즐기는 화채로,
봄여름에 시원하게 먹는 음식이다. 오미자가 없을 때 고소한 깻국에 말아 먹는
법도 소개했다. 옛날 반가에서는 봄날 더워지기 전에 녹말을 만들어두고 일 년
내내 여러 재료에 녹말가루를 입혀 매끈한 질감의 음식을 만드는 데 썼다.

:: 연근채, 연근적

연근채는 얇게 썬 연근을 살짝 데쳐서 초간장에 재운 아삭거리면서도 산뜻한 맛
의 반찬이다. 연근적은 연근을 밀가루즙에 담갔다가 기름에 지져낸 부침이다.

:: 외화채

가늘고 길게 채 썬 오이에 녹말을 묻히고 파랗게 데쳐 국수처럼 만든 다음 얼음
을 넣은 찬물을 부어 시원하게 즐기는 음식이다. 이해하기 쉽게 요즘 말로 풀자
면 오이냉국수라 부를 수 있겠다. 지금의 냉국과 같은 형태의 음식을 예전에는
화채라고 불렀다.

:: 잡채

여러 가지 채소를 채 썰어 볶아 꿩고기와 버무리는 음식이다. 간장으로 버무리
는 지금의 잡채와 달리, 꿩고기 육수에 된장으로 간하고 밀가루를 풀어 걸쭉하
게 만든 즙을 끼얹어 양념한다.

숭어만두 슈어만도

숭어 1마리, 소고기(연한 살코기 부분) 200g, 두부 80g, 실파 2대, 녹말가루 3큰술, 소금 1작은술, 흰
후춧가루 조금 | **소 양념:** 다진 파 2작은술, 다진 생강 1작은술, 간장 1큰술, 소금 1작은술, 참기름 1작
은술, 깨소금 1작은술, 후춧가루 조금 | **장국:** 물 4컵, 새우젓 2큰술

1 숭어는 뼈를 발라내고 양면으로 포를 뜬 뒤 껍질을 벗긴다. 포 뜬 살은 되
도록 넓고 얇게 저며 소금과 흰 후춧가루를 살짝 뿌려둔다.

2 소고기는 곱게 다지고 두부는 물기를 빼고 곱게 으깬다. 소고기와 두부를
소 양념으로 고루 양념한 다음 팬에 볶았다 식힌다.

3 1의 숭어 포 윗면에 녹말을 고루 뿌리고 가운데에 2의 소를 한 수저 얹는다.
허리가 굽은 만두 모양으로 단단하게 만 다음 겉에 녹말가루를 고루 묻히
면서 잘 아물린다.

4 장국용 새우젓에 물을 반 컵 부어 헹구고 꼭 짠다. 물 3½컵을 끓이다 물이
끓어오르면 새우젓 헹군 물을 풀어 장국을 만든다.

5 4의 장국에 3의 만두를 넣고 끓인다. 만두가 떠오르면 건져 그릇에 담고 송
송 썬 실파를 띄운다.

슈어만도

셩션훈슈어를여럼게쳐며 거쳐잔쌘훈여쇼물
지룸지고연훈고기를니겨훌게두드려후 셩강
후츄룰넛거기룸지령의무서봇가졈신고기짜
든믄나허리굽시만오형샹을룸뎐 도라토쟝
굴룰오온몸의두로무처셔이쳣국숭거라무이셜
거든대졉의다엿낫식쓰고춘창혼여잔쌍의노흐라

신선한 숭어를 얇게 저며 살짝 소금으로 간한다. 소
는 기름지고 연한 고기를 잘 이겨 잘게 두드리고
두부, 생강, 후추를 섞어 기름, 간장에 달달 볶는다.
저민 숭어로 싸서 단단히 말아 허리가 굽은 만두
형상으로 만들어 토장가루°를 두루 묻힌다. 새우젓
국을 싱겁게 타서 넣고 많이 끓거든 대접에 만두를
대여섯 개씩 뜨고 파를 넣어 손님상에 놓는다.

°녹말가루를 뜻한다.

섭산삼 섭산숨

314

더덕 200g, 꿀 ½컵, 찹쌀가루 1컵, 튀김용 식용유 2컵, 소금 1작은술

1 더덕은 껍질을 벗겨 길이로 반 가르고 방망이로 자근자근 두들겨 편 다음 연한 소금물에 담가 쓴맛을 우린다.

2 1의 더덕을 건져 마른 수건으로 눌러 물기를 없애고 찹쌀가루를 묻힌다. 이때 더덕의 갈라진 틈까지 찹쌀가루가 들어차도록 꾹꾹 누르면서 골고루 묻힌다.

3 160℃로 데운 기름에 2를 하나씩 넣고 서서히 튀긴다. 노릇한 색이 나면서 바삭하게 튀겨지면 건진다.

4 튀긴 더덕을 꿀에 재워둔다. 바삭하게 즐기고 싶다면 먹기 바로 전에 꿀을 끼얹는다.

섬산삼법

더덕을 성으로 겁질을 벗뎌 새뎌 믈에 담가
쓴맛 엽시 우러나거든 안반의 노코 가만 :
낫 엽시 두드뎌 슈건의 믈 싸 브리고 춥발 골
취무치면 춘치엉거든 기름을 글혀 뎍여
쳥밀어 쟈여 쓰라

더덕을 생으로 껍질을 벗겨 까서 물에 담가 쓴맛이 우러나거든 안반°에 놓고 가만가만 두드려 수건에 싸서 물을 짜 버린다. 찹쌀가루를 묻혀서 한데 엉기면 기름을 끓여서 지져 꿀에 재워 쓴다.

°떡 치는 데 쓰이는 넓고 두꺼운 나무판.

착면 탹면

녹두 녹말 1컵, 물 1컵, 잣 조금 | **오미자 진국:** 오미자 ½컵, 찬물 2컵 | **오미자 단국:** 오미자 진국 2컵, 물 6컵, 꿀 ½컵, 설탕 1컵, 소금 조금

1 오미자에 찬물 2컵을 부어 뚜껑을 덮고 10시간 이상 우린다. 물에 붉은색 이 우러나면 체에 면보를 깔고 밭쳐 오미자 진국을 낸다.

2 1의 오미자 진국에 물 6컵을 더한 다음 꿀과 설탕으로 간을 맞추어 오미자 단국을 만들고 차게 둔다. 소금을 아주 조금 넣으면 단맛이 더 강해진다.

3 녹두 녹말을 같은 양의 물에 고루 풀고 바닥이 평평한 쟁반에 물을 바른 다 음 붓는다. 0.2~0.3cm 정도의 두께가 되도록 쟁반을 앞뒤로 움직여 고르게 편다.

4 끓는 물에 녹말 푼 쟁반의 밑면만 닿도록 잠시 두었다가 녹말물이 말갛게 익으면 쟁반을 끓는 물 속에 넣고 잠시 더 익혔다 건져서 얼음물에 헹구어 얇은 녹말묵을 떼어낸다.

5 녹말묵을 말아서 0.2~0.3㎝ 폭으로 국수처럼 채 썬다.

6 녹말 국수를 그릇에 담고 2의 오미자 단국을 부은 다음 얼음을 넣고 잣을 띄운다.

녹두 녹말 만들기

1 녹두를 물에 흠씬 불린다.

2 불린 녹두를 손으로 비벼가며 씻어서 껍질을 벗긴다.

3 노란 녹두 낱알이 모이면 맷돌에 갈고 고운 자루에 담아 여러 번 헹구어 녹두에서 나온 뿌연 물을 받는다.

4 3의 녹두 헹군 물의 녹말을 가라앉힌다. 웃물이 맑아지면 버리고 다시 물을 부어 한 번 더 녹말을 가라앉힌다.

5 웃물을 따라내고 앙금만 걷어 한지에 펴서 말린다.

6 덩어리진 녹말을 절구에 찧어 바짝 말린다.

° 깻국에 녹말 국수를 띄운 것은 토장국나화라 한다.

녹두를 맷돌로 간 뒤 물에 담갔다가 충분히 붇거든 거피한다. 이를 다시 맷돌에 갈아 거른다. 이때 가장 고운체로 받쳐야 하며, 다시 가는 모시보에 밭쳐둔다. 뿌연 빛이 어느 정도 가라앉거든 위에 있는 맑은 물은 따라 버리고 뿌연 물만 그릇에 담아두었다가 다시 물을 붓는다. 그리하여 다시 윗물을 따르고 가라앉은 가루를 식지°에 얇게 널어 말린다. 이것을 다시 찧고 체에 쳐서 가루로 둔다. 가루 1홉을 물에 되지 않게 타서 양푼°° 행기에 1술씩 담아 더운 솥의 물에 띄워 고루 두른다. 잠깐 사이에 익거든 찬물에 담갔다가 썰 때 편편히 겹쳐 썬다. 오미자차에 얼음을 넣어 쓰는데 오미자가 없거든 참깨를 볶아 찧고 걸러서 그 국에 만다. 이를 토장국이라 한다. 녹두 1말에서 가루 3되가 난다.

° 밥상과 음식을 덮는 데 쓰는 기름종이.
°° 음식을 담거나 데우는 데 쓰는 놋그릇.

연근채 년근치 / 연근적 년근덕

연근채

연근 1개(250g) | **초간장**: 간장 2큰술, 식초 3큰술, 설탕 2큰술, 참기름 2큰술

1 연근은 껍질을 벗기고 0.2cm 두께로 얇게 썰어서 물에 여러 차례 헹군다.

2 끓는 물에 1의 연근을 잠깐 데쳐낸 다음 찬물에 헹구고 물기를 뺀다.

3 간장에 식초, 설탕, 참기름을 섞어 초간장을 만들고 데친 연근에 부어 재워
둔다.

연근적

연근 1개(250g), 식용유 적당량 | **부침옷:** 밀가루 1컵, 물 ⅔컵, 간장 1큰술, 참기름 1큰술 | **초간장:** 간장 1큰술, 물 1큰술, 식초 1큰술, 설탕 ½작은술

1 연근은 껍질을 벗기고 0.5cm 두께로 썰어 찬물에 여러 차례 헹군다.

2 끓는 물에 연근이 말갛게 되도록 데쳐낸 뒤 찬물에 헹궜다 건져 마른 행주로 물기를 닦는다.

3 밀가루에 물을 붓고 멍울이 생기지 않게 잘 저은 다음 간장과 참기름을 섞어 부침옷을 만든다.

4 3에 2의 연근을 담가 부침옷을 입힌다.

5 달군 팬에 식용유를 넉넉히 두르고 연근을 하나씩 놓아 노릇하게 지진다.

6 뜨거울 때 그릇에 담고 초간장 재료를 섞어 곁들인다.

연근의 새 움이 여름과 초가을에 돋거든 뜯어서 잘 씻고 잠깐 데쳐서 실을 뽑아버리고 1치° 길이만큼 잘라 간장, 기름으로 무치고 식초를 친다. 연근적은 그렇게 삶아서 실을 뽑아버리고 썰어 간장, 참기름을 밀가루즙에 타서 구우면 아주 좋다.

°1치는 약 3cm 정도이다.

음식디미방

외화채외화치

조선오이 2개, 녹두녹말 1컵, 얼음 적당량, 소금 조금 | **초간장:** 간장 2큰술, 식초 2큰술, 물 1큰술, 설탕 1작은술

1 오이는 반을 자르고 껍질 부분을 길이로 약간 도톰하게 벗겨 가늘게 채 썬다.

2 끓는 물에 소금을 넣고 오이 채를 얼른 데쳐내어 얼음물에 차게 식힌다.

3 마른 수건으로 오이 채의 물기를 닦아내고 녹말을 고루 묻혔다가 여분의 가루를 털어낸다.

4 넉넉한 양의 끓는 물에 소금을 조금 넣고 3의 오이를 녹말이 익을 정도로만 살짝 데쳤다가 찬물에 담가 헹군다. 녹말을 묻히고 데치는 과정을 한 번 더 반복한다.

5 그릇에 4를 얼음과 함께 담고 초간장 재료를 섞어 곁들인다.

오이를 가늘고 길게 썰어 끓는 물에 살짝 담가서 데쳤다 건져 물기를 뺀다. 녹두가루를 고루 묻혀 또 끓는 물에 데치기를 세 번하여 찬물에 건져서 씻어 담근다. 희게 붇거든 건져내고 초간장에 체 지어 담는다. 녹두가루를 묻히면 마치 국수와 같다.

잡채 잡치

꿩 ½마리, 무 50g, 오이 ½개, 느타리버섯 20g, 표고버섯 4개, 석이버섯 4개, 송이버섯 2개, 두릅 4개, 도라지 2대, 숙주 30g, 고사리 30g, 냉이 20g, 미나리 20g, 파 20g, 박고지 10g, 승검초 10g, 식용유 적당량, 참기름 3큰술, 천초가루 · 후춧가루 조금씩 | **나물 양념**: 생강 1작은술, 진간장 2큰술, 참기름 1큰술, 밀가루 2큰술, 후춧가루 ½작은술 | **밀가루즙**: 꿩고기(삶은 것) 50g, 꿩 육수 1½컵, 된장 2큰술, 참기름 1큰술, 밀가루 1큰술

1 꿩은 끓는 물에 삶아 살을 가늘게 찢는다. 꿩 육수는 면보에 걸러둔다.

2 표고버섯, 석이버섯은 물에 불려서 굵게 채 썰고 느타리버섯과 송이버섯은 결대로 찢는다. 숙주는 뿌리를 다듬고 깨끗이 씻는다.

3 오이와 무는 4cm 길이로 자른 다음 굵게 채 썬다. 도라지는 굵게 찢어 소금 으로 주무른 다음 헹구어 쓴맛을 뺀다. 고사리는 불려서 4cm 길이로 채 썰 고 박고지도 불려서 깨끗이 주물러 씻고 같은 길이로 자른다.

4 냉이, 미나리, 파, 승검초는 다듬어 4cm 길이로 잘라 끓는 물에 살짝 데친 다. 두릅은 네 쪽으로 가른 다음 데친다.

5 나물 양념 재료를 모두 섞고 준비한 2, 3, 4의 나물에 조금씩 덜어 무쳐두었
다가 각각 식용유를 두른 팬에 볶는다.

6 1에서 걸러둔 꿩 육수에 된장을 풀고 삶은 꿩고기를 50g만 덜어 다져서 넣는
다. 참기름과 밀가루를 넣고 섞은 다음 끓여서 걸쭉한 밀가루즙을 만든다.

7 준비한 나물과 꿩고기를 한데 담고 밀가루즙을 부어 고루 섞는다. 위에 천
초가루와 후춧가루를 뿌려 마무리한다.

° 재료를 섞지 않고 각각 돌려 담은 후 밀가루즙을 뿌리기도 한다.
° 나물은 계절에 따라 구할 수 있는 나물을 쓰며, 말린 나물도 많이 쓴다.
° 붉은색 재료가 필요하면 흰색 나물인 도라지나 무를 맨드라미 꽃물이나 머루즙에
담가 물을 들여 쓴다.
° 생강이 없을 때는 건강(말린 생강) 또는 초강(초절이 한 생강)을 써도 좋다.

오이, 무, 댓무, 참버섯, 석이버섯, 표고버섯, 송이
버섯, 숙주는 생으로, 도라지, 거여목, 박고지, 냉
이, 미나리, 파, 두릅, 고사리, 승검초, 동아, 가지
와 꿩고기는 삶아 가늘게 찢어 놓는다. 생강이 없
으면 건강 또는 초강으로 하고 후추, 참기름, 진
간장, 밀가루로 각색 재료를 가늘게 한 치씩 썰어
각각 기름, 간장에 볶아 섞거나 또는 분리하여 마
음대로 쓴다. 큰 대접에 담아 놓고 된 즙을 적당
히 끼얹고 위에 천초, 후추, 생강을 뿌린다. 즙은
꿩고기를 잘게 다지고 된장을 걸러 삼삼히 하고
참기름, 밀가루를 넣되 간이 맞으면 밀가루를 국
에 타서 한소끔 끓여 즙을 걸게 만든다. 동아는 생
것을 물에 잠깐 데쳐서 쓰되 빛깔을 우려하거든
도라지에 맨드라미로 붉은 물을 들이고, 없거든
머루 물을 들이면 붉어진다. 이것이 부디 각색 것
을 다 하란 말이 아니니 얻을 수 있는 대로 하면
된다.

요록

연대 1680년경
저자 미상
소장 고려대학교 신암문고
서지 정보 18.5×26㎝, 34장

『요록』은 저자 미상의 한문 필사본 요리서로 가정생활에 필요한 음식 조리법을 일정한 체계나 순서 없이 기록했다. 조리법을 항목별로 분류해두지는 않았지만 대략적으로 떡, 타락, 면, 탕, 적, 고기, 식해, 침채, 정과, 식품 저장법, 장, 술, 조청 등의 조리법을 나름의 기준에 따라 적은 듯하다. 대부분 한문으로 쓰였지만 한글 조리법도 16가지 실렸는데, 이 중 일부는 한문으로 적힌 조리법과 중복된다. 같은 조리법이 한글과 한문으로 수록되어 번역을 확인하는 자료로서의 가치가 있다. 기본적인 조리법 외에도 타락과 조청 만드는 법, 고기의 부패를 막는 법이나 송이버섯의 색과 맛을 좋게 하는 법, 밤 껍질 벗기는 요령, 거위 삶는 요령 등 식품을 다루는 내용을 적었다. 질병 등 증상을 치료하는 음식 조리법을 수록하고 음식이나 술의 약용 가치에 대해 언급하기도 했다.

　이 책에는 쇄백자(碎栢子, 잣구리단자), 건알판(乾阿乙八叱, 잣가루 묻힌 과자), 달과(茶乙果), 고물계(高物雞, 묵은 닭) 등 음식 조리 관련 문헌에서 보지 못했던 음식 이름이나 재료명이 나온다. '타락'이라는 제목 아래 끓인 우유에 식초를 넣어 응고시켜 치즈를 만드는 방법도 소개되었다.

:: 달과

밀가루에 기름과 꿀을 섞어 반죽하여 튀기는 약과와 달리 달과는 밀가루에 꿀을 섞어 반죽해 기름에 튀겼다가 다시 가루로 만든 다음 찹쌀풀을 섞어 반죽하여 모양을 만들었다. 단 과자라는 뜻으로 달과라 이름 붙인 듯하다.

:: 석화죽

굴이나 조개가 제철일 때 부드럽고 풍미가 있는 죽을 쑤어 어른께 올리는 노인 보양식이다.

:: 연육탕

소고기를 덩어리째 삶아 얇게 썰고 고기 삶은 육수를 국물로 쓴다. 파를 넉넉히 넣어 살짝 단맛이 감도는 소고기 맑은 탕이다.

::송이적

송이버섯에 잣즙을 묻혀 구워내는 요리로, 고소한 잣의 향미가 송이버섯의 맛을 더 특별하게 만든다. 『요록』에는 송이버섯을 두고 먹는 방법으로 간장이나 된장 섞은 물에 삶아 말려두었다가 쓰는 방법을 소개하는데, 이렇게 저장한 송이버섯은 조선시대 왕들이 가장 맛있다고 칭찬한 사슴 꼬리 맛과 비슷하다고 표현하였다.

::태면

메밀가루에 콩가루를 섞어 만든 국수로, 간장으로 간을 맞추고 고명을 얹으라고 되어 있다. 밀국수만큼 끈기는 없지만 구수하고 소소한 맛이 있는 국수이다. 메밀은 끈기가 없으므로 반죽할 때 메밀풀을 먼저 쑤어 반죽해야 한다.

달과 茶乙果

밀가루 2컵, 튀김용 참기름 5컵, 잣 2컵 | **반죽 꿀물:** 물 8큰술, 꿀 4큰술, 소금 1작은술 | **찹쌀풀:** 찹쌀가루⅓컵, 물 1컵

---

1 꿀을 따뜻한 물에 녹이고 소금을 섞어 반죽 꿀물을 만든다.

2 밀가루에 1의 꿀물을 섞고 가루가 보이지 않게 비벼서 반죽한 다음 젖은 보에 싸둔다.

3 반죽을 얇게 밀어 1cm 폭으로 썰고 낮은 온도의 참기름에 담가 서서히 노릇하게 튀겨낸다.

4 튀긴 약과를 식히고 기름을 뺀 다음 절구로 빻아 가루를 낸다.

5 찹쌀가루에 물을 붓고 되직하게 풀을 쑨다.

6 찹쌀풀에 4의 약과 가루를 섞어 반죽한 뒤 밀대를 이용해 0.6cm 두께로 민다.

7 잣을 굵게 다져 반죽 위에 고루 뿌리고 한지를 덮어서 다시 밀대로 가볍게 민 다음 4×3cm 크기로 네모지게 썬다.

茶乙果

眞末淸蜜交合作麪煎油攎之作末篩下 以粘米膠交合
以杖推之 裁如軟茶食 且洒栢於餠上 覆唇輪衣作

밀가루와 꿀을 섞어서 면을 만들어 기름에 지진 다음 절구에 찧고 체에 쳐서 가루를 낸다. 찹쌀가루를 풀을 쑤어 (만들어놓은) 가루를 넣고 반죽하여 밀대로 밀고 연다식처럼 자른다. 다진 잣을 뿌리고 위에 종이를 덮어 둥글게 만든다.

석화죽 石花粥

굴(또는 조개) 200g, 쌀 1컵, 물 12컵, 소금 조금

1 쌀을 씻어 1시간 이상 불린다.

2 굴은 소금물에 씻어둔다.

3 물 4컵을 끓이다 굴을 넣고 굴이 떠오르면 불을 끈다. 면보에 걸러 국물을 받고 굴은 굵게 다진다. 껍질이 있는 굴이나 대합 같은 조개로 죽을 끓일 경우에는 물을 붓고 끓이다 입이 벌어지면 알맹이를 꺼내고 면보에 국물을 걸러낸다.

4 불린 쌀에 물 8컵을 붓고 죽을 쑨다. 쌀알이 익어 풀기가 나기 시작하면 3에서 걸러낸 굴 육수를 붓고 저으면서 끓인다.

5 쌀알이 완전히 퍼지면 다진 굴을 넣고 저으면서 더 끓인다. 두세 번 끓어오르면 불을 끄고 그릇에 담는다.

石花粥法
石花或盈蛤先煮 稀粥臨熟入元汁和攪 二三沸後 石花
或蛤精揀扱入 又以二三沸供之

석화나 생합을 먼저 끓여 주머니에 거른 다음 죽을 끓인다. 익기 시작하면 원즙을 넣고 섞어 젓는다. 두세 번 끓어오르면 굴이나 조개 손질한 것을 넣는다. 다시 두세 번 끓어오르면 올린다.

연육탕軟肉湯

소고기(양지머리) 400g, 물 3ℓ, 달걀 2개, 대파 2대, 참기름 1큰술, 청장 2큰술, 소금 · 후추 조금씩

1 소고기를 물에 담가 핏물을 뺀 다음 넉넉한 양의 끓는 물에 삶는다.

2 꼬치가 쑥 들어갈 정도로 익으면 꺼내서 식혀 한입 크기로 얇게 저며 썰고 소금, 후추로 간한다.

3 팬에 참기름을 살짝 두르고 양념한 소고기를 지진다.

4 달걀을 풀어 소금으로 간하고 팬에 얇게 지단을 부쳐 고기와 비슷한 크기로 썬다.

5 파는 3cm 길이로 썰어 반을 가른다.

6 고기 삶은 국물에 청장으로 간을 하고 삶은 고기, 달걀지단, 파를 넣어 한소끔 더 끓였다 담아낸다.

軟肉湯

熟肉薄割 添油煎之 卵煎及裂葱交湯醬汁献

삶은 고기를 얇게 썰어 기름을 두르고 지진다. 달걀전을 부치고 파는 가른다. 탕은 장으로 간을 맞추고 고기, 달걀, 파를 넣어 한소끔 끓여낸다.

송이적 松茸炙

송이버섯 5개, 잣 2큰술, 소금 1작은술, 물 2큰술

1 송이버섯은 물에 씻지 말고 칼로 살살 긁어 밑부분의 흙을 털어낸 뒤 젖은 수건으로 닦아 5㎜ 두께로 길게 썬다.

2 도마에 한지를 깔고 잣을 칼날로 굵직하게 다진다.

3 분마기에 다진 잣을 넣고 소금물을 조금씩 부으면서 갈아 뽀얗게 잣즙을 만든다.

4 송이버섯에 잣즙을 앞뒤로 바르고 석쇠에 올려 살짝 굽는다.

松茸炙

實柏子盛垢搥碎盛器而磨之小加塩水塗茸炙之其味殊勝　松茸洗浄烹熟於淡醬豉湯 乾縛切 色於味同於鹿尾

잣을 자루에 담아 방망이로 부수어 가루로 만들고 그릇에 담아 다시 간다. 이 가루에 약간의 소금물을 붓고 송이버섯에 묻혀서 구워 먹으면 그 맛이 매우 좋다. 송이버섯을 깨끗하게 씻어서 맑은장국이나 된장국에 삶아 볕에 말렸다가 얇게 썰면 그 색과 맛이 사슴 꼬리의 맛과 같다.

태면 太麪

생콩가루 2컵, 메밀가루 2컵, 대파 50g, 고기 장국 4컵, 물 1컵, 청장 2큰술, 소금 조금

1 메밀가루 4큰술을 물 1컵에 풀어 소금 간을 하고 약한 불에서 풀을 쑨다.

2 생콩가루와 남은 메밀가루를 고루 섞은 다음 1의 메밀 풀을 붓고 한참 치대어 눅진하게 반죽한다.

3 2의 반죽을 얇게 밀고 둘둘 말아 칼국수처럼 2~3mm 폭으로 썬다.

4 물을 넉넉하게 끓여 국수를 삶고 찬물에 헹군다.

5 고기 장국에 청장과 소금으로 간을 맞추고 파를 어슷하게 썰어 넣고 끓인다.

6 삶은 면을 그릇에 담고 장국으로 토렴한 다음 장국을 붓는다.

생콩가루 만드는 법
1 노란콩을 젖은 보로 문질러 닦고 살짝 볶아 껍질을 벗긴다.
2 분쇄기에 갈아 곱게 가루를 내고 고운체에 내린다.

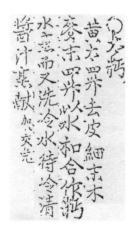

太麪
黃太四升去皮細末 木麥末四升以水和合作麪 水烹而又洗冷
水待冷 淸醬汁烹献 加交免

노란콩은 껍질을 벗기고 곱게 가루를 낸다. 메밀가루와 물을 합하여 반죽을 해서 면을 만든다. 물에 삶고 찬물에 헹구어 간장 끓인 국물을 붓고 고명을 얹는다.

주방문

연대 1600년대 말 ~ 1700년대 초
저자 미상
소장 서울대학교 규장각 한국학연구원
서지 정보 13.3×23.3㎝, 한글 필사본, 28장

『주방문』은 제목 그대로 술 만드는 법을 기록한 책이지만, 술뿐만 아니라 식품 조리와 가공에 관한 내용도 포함되어 있다. 조리법은 술 빚기와 관련된 것 28종, 음식 만드는 법 46종, 그리고 염색법 4종으로 총 78종에 이른다. 주방문이라는 이름에도 불구하고 술보다 음식 관련 내용이 더 많이 수록된 것이 특징이다.

연대와 작자는 정확히 알 수 없으나 내용에 고추를 이용한 조리법이 없는 것으로 보아 고추 재배법이 기록된 『산림경제』(1715년경) 이전, 『음식디미방』(1670년경)이나 『요록』(1680년경) 등과 비슷한 시기인 1600년대 말엽에서 1700년대 초에 편찬된 것으로 추정된다.

식품 조리 가공 부분에는 조과, 면, 조청, 초, 전병, 장, 상화, 식해, 침채, 조포(造泡, 느르미), 어채(魚菜, 숙회), 자반, 병 등의 조리법이 적혀 있다.

이 책에는 '느름'이라 하여 석화와 동아를 이용한 느르미가 등장한다. 느르미는 어패류나 채소류를 익혀 즙을 끼얹은 음식이다. 석화느르미는 굴, 토란을 꼬치에 꿰어 구운 다음 즙을 끼얹었고, 동아느르미는 동아를 얇게 저며 소를 얹고 말아서 꼬치에 꿰어 찐 다음 즙을 끼얹었다.

지히와 약지히라는 음식도 등장한다. 『음식디미방』의 생치지히와 생치잔지히는 꿩고기와 오이를 양념하여 볶은 궁중 요리 '숙장과'와 조리법이 비슷하나 『주방문』에 등장하는 지히는 장아찌와 같이 간장물을 부은 형태이다. 조리법에 다진 재료를 안에 채울 때는 '만두소같이'라는 설명이 많이 등장하는데, 이로 미루어 볼 때 만두는 당시 일반적으로 흔히 먹었으리라 짐작된다.

:: 약지히

가지나 오이를 데쳐 물기를 제거하고 기름장에 볶은 형개, 후추, 마늘, 파 등 양념을 넣어 달인 간장을 부어 먹는다. 꿩고기나 소고기를 양념하여 볶아 만든 소를 가지나 오이의 틈에 채워 넣는 법도 소개하였다. 한글로는 지히, 한문으로는 침채(沈菜)로 기록된 것을 보면 당시 장아찌와 김치를 지금처럼 구별하여 부르지 않았던 듯하다.

:: 약게젓

살아 있는 참게를 해감하고 기름장, 후추, 마늘, 생강으로 양념하여 담근 다음 기름장물을 달여 붓고 7일이 지나 먹도록 했다.

:: 겸절병

밀가루, 메밀가루, 녹두가루를 섞어 반죽하여 껍질을 만들고 상화처럼 소를 넣고 빚어 기름에 지진 것으로 지금의 튀김만두와 비슷하다. 밀가루가 메밀보다 귀했으며 밀가루를 표기할 때 참 진(眞)자를 붙인 진말(眞末)이라 표기한 것으로 보아 옛날에는 밀가루로 만드는 음식이 매우 진기한 별미로 여겨졌음을 알 수 있다.

:: 동아느르미

동아를 얇게 저며 고기와 두부를 섞어 만든 소를 올리고 말아 쪄 다음 밀가루 즙을 끼얹어 내는 채소찜이다. 돌돌 만 동아가 벗겨지는 것을 막기 위해 꼬치로 꿰는 방법을 썼다.

약지히 藥沉菜

오이 5개, 가지 5개, 국간장 2컵, 물 1컵 | **볶음양념 소:** 마늘 125g, 파 250g, 참기름 4½큰술, 간장 1큰술, 형개가루 ½큰술, 후춧가루 ½큰술 | **소고기 소:** 다진 소고기 150g, 다진 마늘 10g, 다진 파 8g, 간장 1큰술, 형개가루 ½큰술, 후춧가루 ½작은술, 참기름 1작은술

1 오이는 깨끗이 씻어 길게 칼집을 낸다. 가지는 깨끗이 씻어 꼭지 부분을 자르고 길게 칼집을 낸다.

2 끓는 물에 오이와 가지를 넣고 데치다가 칼집이 벌어지면 건진다.

3 물기 없는 나무 도마에 마른 행주를 깔고 데친 오이와 가지를 펼친 다음 다른 나무 도마로 눌러 반나절 정도 물기를 뺀다.

4 볶음양념 소 재료 중 마늘과 파를 굵게 다진다. 다진 마늘과 파를 참기름으로 볶다가 간장으로 간하고 형개가루, 후춧가루를 섞어 볶음 양념 소를 만든다.

5 다진 소고기를 소고기 소 양념으로 양념하고 볶아 4와 잘 섞는다.

6 데친 오이와 가지의 칼집을 벌려 5의 소를 채우고 그릇에 차곡차곡 담아 무거운 돌로 눌러둔다.

7 간장과 물을 섞어 팔팔 달인 장을 한 김 내보낸 뒤 뜨거울 때 6에 붓는다.

° 오이와 가지 말고 죽순도 삶아서 사용할 수 있다.
° 소고기 소를 넣지 않고 볶음양념 소만 넣어도 된다.

가지나 오이나 갓 열매 맺은 것을 꼭지를 베고 열십자로 칼집을 내어 잠깐 데치고 물기 없이 널에 짚을 깔고 눌러둔다. 형개, 후추, 마늘, 파 등 온갖 양념을 썰어 기름장에 볶아 가지나 오이 속에 넣는다. 알맞은 단지에 넣고 간장을 달여 더운 김에 부어두고 쓴다. 꿩고기나 소고기를 만두소같이 하여 넣으면 더 좋다. 죽순도 연한 것을 삶아 많이 우려서 물기 없이 하여 그대로 한다.

약게젓 藥蟹醢

참게 10마리, 진간장 3컵, 청장 3컵, 생강 2톨, 마늘 2톨, 물 2컵, 참기름 ½컵, 통후추 1큰술

1 살아 있는 참게를 소쿠리에 담고 밤새 뚜껑을 덮어두어 해감하고 술로 깨끗이 씻어 물기를 닦는다.

2 생강과 마늘은 얇게 편으로 썬다.

3 냄비에 두 가지 간장과 참기름, 물, 통후추를 넣고 펄펄 끓여 한 김 나가게 둔다.

4 단지에 게의 배가 위로 오게끔 뒤집어 담고 생강과 마늘을 위에 뿌린 다음 뜨지 않게 돌로 누른다.

5 식힌 장물을 붓는다.

6 3~4일이 지나면 장물을 쏟아냈다가 다시 끓여서 식힌 후 붓는다.

7 이틀 후에 다시 장물을 끓였다 식혀 붓는다.

바구니에 담고 소반을 덮어 하룻밤 지난 뒤 기름장을 섞고 후추, 생강, 마늘을 잘게 썰어 섞어 담근다. 기름장을 달여 따뜻한 김이 날 때 부어서 7일 후에 쓴다. 다른 젓갈은 소금물을 끓여 식거든 담근다.

겸절병 兼節餅

밀가루 1컵, 메밀가루 ½컵, 녹말가루 ⅓컵, 소금 1작은술, 끓는 물 ⅓컵, 식용유 적당량 | **고기소:** 다진 소고기 150g, 다진 파 1큰술, 다진 마늘 2작은술, 참기름 2작은술, 깨소금 2작은술, 설탕 ½작은술, 소금 1작은술, 후춧가루 조금 | **초간장:** 진간장 1큰술, 식초 2작은술, 물 1작은술, 채 썬 생강 1작은술, 채 썬 마늘 1작은술

1 밀가루와 메밀가루, 녹말가루를 모두 합하여 체에 친다.

2 1에 소금을 넣고 끓는 물로 익반죽한 다음 젖은 면보를 덮어 30분 정도 둔다.

3 다진 소고기를 양념하고 볶아 고기소를 만든다.

4 2의 반죽을 25g씩 떼어서 동그랗게 빚고 밀대로 밀어 지름 8cm 정도의 동글납작한 형태로 만든다.

5 4에 3의 소를 얹고 반으로 접어 꼭꼭 마주 붙여 빚는다.

6 팬에 식용유를 두르고 5를 속까지 잘 익도록 지진다.

7 초간장 재료를 섞어 곁들인다.

밀가루 1되, 메밀가루 5홉, 녹두가루° 2홉을 섞어 맛있는 고기로 상화의 소처럼 만들고 만두같이 빚는다. 기름에 튀겨 생강, 마늘, 초간장에 찍어 먹는다.

° 녹두 전분을 뜻한다.

동아느르미 | 東花造泡

동아 300g, 소고기(또는 꿩고기) 100g, 두부 100g, 표고버섯 3개, 석이버섯 4개, 밀가루 4큰술, 소금물 적당량 | **소 양념:** 간장 2큰술, 다진 파 2큰술, 다진 마늘 2작은술, 깨소금 2작은술, 참기름 1작은술, 후춧가루 조금

1 단단한 동아를 5×6cm 크기에 2㎜ 두께로 썰어 소금물에 살짝 절인다.

2 소고기는 다지고 두부는 으깬다. 버섯은 불려서 곱게 채 썬다.

3 다진 고기와 두부, 버섯, 소 양념 재료를 한데 섞어 소를 만든다.

4 절인 동아를 건져 끓는 물에 살짝 데치고 물기를 없앤다.

5 동아를 펴서 윗면에 밀가루를 살짝 뿌린 다음 소를 얹고 돌돌 만다.

6 꼬치에 말이를 3개씩 이어 꿰고 소가 새어나오지 않게 다듬은 다음 그릇에 담아 김이 오른 찜통에 찐다.

7 찐 말이를 꼬치에서 빼서 접시에 담는다.

8 동아 찐 그릇에 남은 국물을 냄비에 붓고 밀가루를 조금 풀어 풀기 있게 끓여 7 위에 끼얹는다.

길이와 너비를 2치씩 썰고 잠깐 데쳐 껍질과 속을 무른 데가 없이 만들고 장지° 두께만큼씩 저민다. 꿩고기, 소고기에 표고버섯, 석이버섯, 양념을 하고 두부까지 한데 섞어 만두 소같이 만든다. 소를 넣고 말아 꼬치로 꿰어 잘 익게 쪄 두부느름즙처럼 하여 쓴다.

°두껍고 질긴 종이를 뜻한다.

잡지

연대 1721년

저자 미상

소장 궁중음식연구원

서지 정보 20.8×24.5㎝ 한글 필사본, 이면 사용, 총 98장(음식 부분 9장)

『잡지』는 작자 미상의 한글 필사본으로, 여러 개의 글을 모은 책이라 잡지라 이름 붙였을 것으로 추정된다. 책의 앞부분에는 「원생몽유록」, 「적벽부」를 비롯한 4편의 글이 실려 있고, 뒷부분에는 약과를 시작으로 27종의 음식 조리법이 실려 있다. 음식 부분은 전체에서 20장을 차지하지만, 모두 이면지를 썼으므로 실제로는 9장 분량이다.

책의 앞부분에 '신튝칠월이십일일필셔'라는 글이 있으므로 1721년에 쓴 것으로 추정된다. 실제로 음식에 고추가 사용되지 않은 점, 밀가루즙이 아닌 장국을 끼얹는 형태의 느르미 조리법 등은 모두 1700년대 전반의 조리법과 일치한다.

이 책에 나오는 숭어주악은 숭어 살을 다져 '주악' 모양으로 빚은 음식이다. '주악'은 원래 떡에 붙이는 이름인데 생선에 붙은 경우는 이 책의 숭어주악이 유일하다. 진주 같은 모양의 면을 '진주면'이라 이름 붙인 것처럼, 숭어주악도 모양을 보고 이름을 붙인 경우이다.

:: 호두자반

껍질 벗긴 호두를 간장에 담가두어 간이 배게 한 다음 녹말을 겉에 묻혀 기름에 튀기는 부각류의 찬이다. 현재는 녹말만 묻히고 기름에 튀겨 마른안주로 쓰거나 달게 조린 다음 기름에 튀겨 윤기 나며 바삭한 과자인 엿강정으로 만든다.

:: 두부선

모지게 썬 두부 두 장 사이에 고기소를 넣고 밀가루를 묻혀 기름에 지진 다음 장국에 끓여낸 두부찜이다. 현재 알려진 두부선은 두부를 으깨고 닭 살과 표고버섯 등을 섞어서 양념하고 고른 두께로 펴 찐 것으로 『잡지』의 두부선 조리법과는 차이가 난다.

:: 금중탕

닭 한 마리를 통째로 사용하여 나물 건지를 옹기에 아울러 담고 중탕하여 부드럽고 풍부하게 맛을 낸 음식이다. 1800년대 말에 나온 『음식방문』의 금중탕은 무를 붓두껍 모양으로 네모지게 썰고 박고지와 다시마도 같은 크기로 썬 다음 닭 다리를 많이 넣고 푹 고은 것이다. 금중탕이 닭을 주재료로 하는 음식임은 확실하나 책마다 재료나 조리 방법에 조금씩 차이가 있다.

:: 가지찜

오이소박이처럼 가지 안에 고기소를 채우고 녹말을 고루 묻혀 찐 다음 장물을 끼얹어 먹는 찜 음식이다. 『잡지』에 나오는 가지찜과 오이찜은 식물성 주재료에 다진 고기 등의 부재료를 소로 채워서 찌는 요리로, 사실 '선'의 조리법이다. 이때는 아직 선과 찜의 조리법이 구별되지 않고 혼용된 것으로 보인다.

:: 숭어주악

다진 숭어 살에 찹쌀을 넣고 치대 작은 덩어리로 빚은 다음 장국에 끓여 먹는 어만두이다. 생선 살이 뭉치도록 끈끈한 찹쌀가루를 넣은 것이 특징이다.

호두자반 호도좌반

호두 4컵, 물 2컵, 청장 2큰술, 녹말 ½컵, 튀김용 식용유 적당량

1 호두는 끓는 물에 잠깐 불려 속껍질을 벗긴다.

2 물 2컵에 간장을 넣고 끓여 한 김 나가면 껍질 벗긴 호두를 넣고 2시간 정도 재운다.

3 호두를 체로 건져 물기를 빼고 녹말을 고루 묻힌다.

4 낮은 온도의 기름에서 천천히 튀겨낸다.

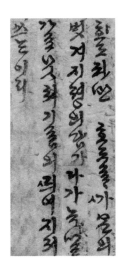

호두의 껍데기와 속껍질을 모두 벗기고 간장에 담갔다가 녹말가루를 묻혀 기름에 튀겨낸다.

두부선 두부선

두부 400g, 돼지고기 150g, 표고버섯 4개, 대파 1대, 밀가루 ½컵, 식용유 적당량, 소고기 장국 2컵, 청장 1큰술, 소금 조금 | **고기소 양념:** 다진 파 2작은술, 다진 마늘 1작은술, 청장 1큰술, 참기름 1작은술, 깨소금 1작은술, 후춧가루 ¼작은술

1 두부를 3×2.5cm 크기에 두께 1cm로 썰어 소금을 살짝 뿌렸다가 물기를 닦아낸다.

2 돼지고기는 다지고 표고버섯도 불렸다 다진다. 파는 어슷하게 썬다.

3 다진 돼지고기와 표고버섯에 고기소 양념을 모두 섞어 주무른다.

4 두부 한 면에 3을 펴서 바르고 다른 두부로 덮는다. 모두 짝을 맞추어 소를 넣은 다음 밀가루를 두부 전체에 고루 묻힌다.

5 식용유를 넉넉히 두르고 두부 양면을 누릇하게 지져내어 그릇에 담는다.

6 소고기 장국 2컵에 파와 청장 1큰술을 넣고 끓여서 뜨거운 두부 위에 붓거나 냄비에 함께 담아 살짝 끓인다.

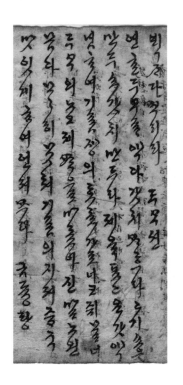

연한 두부를 약과같이 썬다. 고기소는 만두소처럼 만드는데, 돼지고기와 표고를 (다져서) 갖은양념을 하여 기름장에 후춧가루를 넣고 주물러 (소를 만들어) 두부 위에 올리고, 다른 두부로 짝 맞추어 (그 위에 덮는다.) 밀가루를 골고루 묻혀 기름에 지지고, 장국을 맛있게 하여 끼얹어 쓴다.

금중탕 금둥탕

묵은 닭 1마리, 달걀 2개, 생강 10g, 표고버섯 8개, 석이버섯 12개, 송이버섯 6개, 불린 박고지 200g, 미나리 200g, 배추 ½통 | **나물 양념:** 청장 3큰술, 다진 마늘 2큰술, 참기름 2큰술

1 닭은 손질하여 깨끗이 씻는다.

2 표고버섯과 석이버섯은 불려서 굵게 찢고 송이버섯은 길이대로 도톰하게 썬다. 생강은 편으로 썬다.

3 불린 박고지를 3cm 길이로 자른다. 미나리는 다듬고 데쳐서 6~7cm 길이로 자른다. 배추는 겉대를 떼어내고 두세 쪽으로 갈라 소금물에 살짝 데친다.

4 2와 3의 버섯과 나물을 각각 나물 양념으로 무친다.

5 닭 배 속에 달걀을 깨어 넣고, 편으로 썬 생강과 양념한 나물 반을 함께 차곡차곡 담아 내용물이 터져 나오지 않게 꿰맨다.

6 옹기에 닭을 담고 가장자리에 나머지 나물을 둘러 담은 다음 닭이 반쯤 잠길 정도로 물을 붓는다.

7 옹기 입구를 보로 덮어 싸매고 솥에 넣어 약한 불에 3시간 정도 중탕한다.

8 뼈가 빠질 정도로 살이 물러지면 닭을 굵게 찢고 나물을 곁들여 담아낸다.

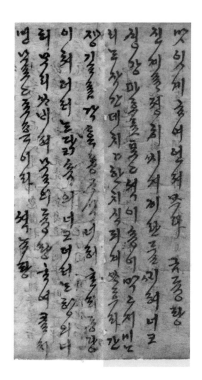

진계°를 깨끗이 씻어서 (그 속에) 달걀 2개를 깨어 넣는다. 생강, 파, 후추, 표고버섯, 석이버섯, 송이버섯과 박고지, 미나리는 살짝 데쳐서 1치 길이로 잘라 간장, 기름, 각 1종지씩 넣어 한데 치대서 일부는 닭 배 속에 넣는다. 나머지 나물은 항아리에 담아 입구를 싸매고 물에 중탕하여 끓이면 무르고 좋다.

° 묵은 닭을 말한다.

가지찜 가지찜

가지 8개, 소고기 300g, 녹말 ½컵 | **소 양념:** 간장 3큰술, 다진 파 2큰술, 다진 마늘 1큰술, 깨소금 2큰술, 참기름 1큰술, 후춧가루 ½작은술 | **장국:** 간장 1큰술, 물 1컵

1 가지를 굵은 것으로 골라 껍질을 살짝 벗기고 아래위를 2cm 정도 남긴 채 네 갈래로 칼집을 넣는다. 가지가 길면 반으로 잘라 열십자 칼집을 넣는다.

2 소고기를 다져서 소 양념으로 주물러 소를 만든다.

3 가지의 칼집을 벌려 안에 녹말을 묻힌 뒤 2의 소를 채우고 녹말을 가지 전체에 고루 묻힌다.

4 넓은 그릇에 가지를 담고 찜통에 10~15분 정도 쪄낸다.

5 찐 그릇에 생긴 국물을 냄비에 붓고 물과 간장을 더하여 잠깐 끓인다.

6 그릇에 가지찜을 담고 5의 끓인 장국을 부어 낸다.

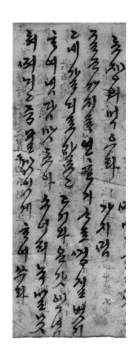

굵은 가지를 연한 것으로 (골라) 껍질을 벗기고, 네 갈래로 가른다. (다진) 고기에 갖은양념으로 간을 맞추고 소를 넣어 녹말을 묻힌 후 쪄낸다. 장물을 맛있게 만들어 (부어) 쓴다.

숭어주악 _{숭어조악}

숭어 1마리(1kg), 찹쌀가루 1컵, 소고기 장국 4컵, 청장 1큰술 | **숭어 반죽 양념:** 다진 파 2큰술, 다진 마늘 1큰술, 다진 생강 2작은술, 참기름 1큰술, 소금 1큰술, 후춧가루 ½작은술

1 숭어는 껍질을 벗기고 뼈를 발라낸 다음 살만 떠서 푹 쪄낸 후 곱게 다진다.

2 고운 찹쌀가루를 뜨거운 생선 살에 섞고 치대면서 반죽한다.

3 2에 숭어 반죽 양념 재료를 넣고 끈기가 생기도록 잘 치대어 만두소같이 뭉쳐지게 만든다.

4 반죽을 한손에 들어올 정도의 크기로 잡고 꼭꼭 뭉쳐 작은 송편을 빚듯 갸름하고 동글게 빚는다.

5 소고기 장국에 청장으로 간을 맞추고 4를 넣어 잠깐 끓였다 낸다.

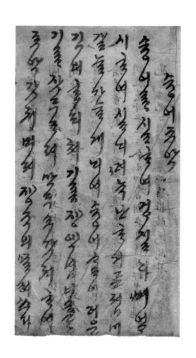

숭어를 실하여 껍질과 뼈를 없이 하여 (준비한 숭어 살을) 시루에 쪄서 잘 익거든 찹쌀가루를 곱게 내어 숭어 살이 뜨거울 때 함께 치대고 기름, 장, 양념을 넣어 짓두드려 만두소같이 만든다. 주악같이 빚어 장국에 끓여 쓴다.

소문사설

연대 1720년경
저자 이시필
소장 국립중앙도서관
서지 정보 22.5×17cm 한문필사본, 1책 37장

『소문사설』은 일상생활에 요긴하게 쓰이는 살림법이나 알아두면 편리한 지혜를 모아 정리한 책이다. 내용은 크게 「전항식」, 「이기용편」, 「식치방」, 「제법」의 네 부분으로 나뉜다. 편저자가 확실히 기재되지는 않았지만 음식에 관련된 「식치방」과 「제법」은 조선 숙종, 경종 때 어의를 지낸 이시필이 1720년경 편찬한 것으로 밝혀졌다.

「식치방」은 음식으로 몸을 다스리는 방법이란 뜻으로, 특이하거나 몸에 좋은 음식과 그 조리법이 소개되었고, 「제법」에는 식재료를 마련하는 방법이나 저장법, 기본 조리법 등이 실렸다. 다른 한문 조리서처럼 중국의 조리서를 인용한 것이 아니라 흔히 맛보기 어려운 진기한 음식이나 맛있다고 알려진 음식을 집중적으로 소개했다. 당시의 솜씨 있는 궁중 숙수나 양반가 노비의 조리 비법은 물론 특이한 조리법, 찬자가 실제로 경험한 중국과 일본의 조리법까지 기록되어 있다.

순창 조씨 고추장, 송도 식혜 등 지방의 명물 음식도 소개했고 신선로라는 이름으로 잘 알려진 열구자탕을 처음으로 소개한 문헌이기도 하다. 기물에 대한 설명과 먹는 방법, 풍속 등에 대해서도 자세하게 기록했다. 새로운 조리 기술과 맛이 전달되고 수용되는 과정이 언급되어 당시 음식 문화의 단면을 엿볼 수 있다.

::붕어죽

궁중 숙수의 비법을 특별히 소개했는데, 그중 1720년에 붕어죽을 따뜻하게 해서 올리니 맛이 좋다는 하교를 받았다고 적었다. 붕어죽은 붕어의 살만 발라내어 곱게 으깨고 원미죽에 넣어 끓여낸 것으로 원기를 돋우는 죽이다.

::우병

숙수 박이돌의 솜씨로 특별히 만들어 왕에게 올린 음식이다. 햇토란을 푹 쪄서 통째로 꿀물에 재었다가 고소한 맛의 밤 고물이나 잣 고물을 묻혀서 먹었다.

::가마보곳

일본에서 '가마보코'라 부르는 어묵의 일본식 발음을 따서 '가마보곳'이라고 표기하였으나 지금의 어묵과는 만드는 방법이 다르다. 생선살을 얇게 저민 다음 그 위에 돼지고기, 소고기, 버섯, 해삼, 파, 고추 등을 다져서 만든 소를 3~4켜 올려 둥글게 말아 찐 음식으로, 궁중의 어선과 비슷하다.

::백숭여

배추를 쪄서 만드는 일종의 배추선이다. 속이 꽉 들어찬 좋은 배추의 흰 줄기 부분을 쪄서 익힌 후에 겨자즙과 파, 마늘 등의 양념을 층층이 넣어 쌓아두었다가 겨자즙이 배추에 배어들면 먹는다. 『소문사설』에 소개된 방법은 1800년대 말에 집필된 『시의전서』의 방법과 비슷하나, 1854년에 쓰인 『윤씨음식법』에는 배추를 찐 다음 기름에 볶아내어 겨자와 초장, 꿀을 섞어 먹는다고 소개되었다.

::열구자탕

궁중에서는 맛이 좋은 탕이라는 뜻에서 열구자탕(悅口資湯)이라 하였는데, 그 명칭은 책에 따라 조금씩 차이가 있다. 『소문사설』에서는 열구자탕(熱口子湯), 『송남잡지』에서는 열구지(悅口旨), 『규합총서』, 『시의전서』, 『해동죽지』, 『동국세시기』 등에서는 신선로라 하였다. 열구자탕은 채소뿐만 아니라 여러 종류의 고기와 생선이 들어간 상당히 호화로운 음식이어서 이를 교자상이나 주안상에 올린다는 것은 손님으로서 받을 수 있는 가장 좋은 대접을 받는다는 뜻이었다.

붕어죽 鮒魚粥

붕어 1마리(400g), 쌀 1컵, 물 8컵, 청장 1큰술

1 붕어는 비늘을 긁고 내장과 피를 뺀 후 마른 행주로 물기를 잘 닦아내고 살만 바른다.

2 덩어리지지 않도록 붕어 살을 곱게 다진 다음 굵은체에 내린다.

3 쌀을 씻어 불렸다가 분마기에 좁쌀 크기로 갈고 물을 넉넉히 부어 끓인다. 풀기가 생기면 웃물을 4컵 떠내고 불을 약하게 하여 계속 끓이며 죽을 쑨다. 청장을 넣어 간을 약하게 한다.

4 2의 으깬 생선살에 3에서 떠낸 죽의 국물을 조금씩 넣으면서 잘 저어 푼다.

5 3의 끓는 죽에 4의 생선살 섞은 즙을 붓고 불을 약하게 하면서 주걱으로 고루 저어 어우러지게끔 다시 끓인다.

鮒魚粥

鮒魚洗浄以巾拭乾無水濕氣 取肉爛成泥 篩如粉 先以淡醬湯煮細元味粥 臨沸以元味汁少許和魚泥攪匀 令無碍粒後入湯攪匀作粥 味甚佳 無腥臭 庚子間自內作粥乘溫進御有味頗好之 教助氣粥以石首魚爲之如右 余曾聞于病家

붕어를 깨끗이 씻어 마른 수건으로 물기를 닦고 붕어 살을 문드러지게 다져 마치 가루처럼 체에 내린다. 먼저 심심한 간장국에 고운 원미죽°을 쑤는데, 끓어오를 때쯤 원미죽의 국물을 조금 떠내어 으깬 생선을 넣고 알갱이가 없도록 젓는다. 다시 끓는 죽에 넣고 고루 저어서 죽을 만든다. 맛이 매우 좋으며 비린내가 나지 않는다. 경자년°°에 궁에서 죽을 끓여 따뜻할 때 임금께 올리니 맛이 있다고 하셨다. 기운을 나게 하는 죽으로 조기도 이렇게 만든다고 예전에 아픈 사람이 있는 집에서 들었다.

° 멥쌀을 굵게 갈아 가루는 걸러내고 싸라기로만 쑨 죽.
°° 庚子年, 1720년.

우병芋餅

토란 800g, 꿀 1컵, 잣 고물 ½컵, 밤 고물 ½컵

1 토란을 껍질째 김이 오른 찜통에 속이 잘 익을 때까지 푹 쪄낸다.

2 토란 껍질을 재빨리 말끔히 벗기고 꿀이 잘 스며들도록 꼬치로 여러 차례 찌른다.

3 3~4시간 정도 꿀에 담가두어 단맛이 잘 스며들게 한다.

4 체에 건져 꿀이 흐르게 두었다가 큰 꼬치로 찔러 잣 고물이나 밤 고물에 굴리며 고루 묻힌다.

芋餠

落點 進御 已上熟手朴二乭造

土卵新採軟美者〔市肆洗去麁皮者不爛 取田中帶土者乃佳〕
急洗淨煮至極爛 勿令開盖見之 爛熟後衆手去皮旋 投蜜中
以竹籖亂刺令蜜浸漬後 熟栗末或栢子末爲衣乘溫食之

낙점을 받아 임금에게 올렸다. 숙수 박이돌이 만든 것이다. 갓 캐어 연하고 잘생긴 토란을 (시장에서 구한 껍질을 벗긴 토란은 잘 익지 않으니 밭에서 바로 캐낸 흙이 묻은 것이 더욱 좋다) 껍질이 있는 채 재빨리 깨끗이 씻어 뚜껑을 열어보지 말고 푹 쪄낸 다음 여럿의 손으로 돌려가며 껍질을 벗겨 바로 꿀에 재운다. 대나무 꼬치로 많이 찔러 스며들게 두었다가 꺼내어 잣 고물이나 밤 고물을 입혀 따뜻할 때 먹는다.

가마보곶 可麻甫串

숭어 살 400g, 소고기 50g, 돼지고기 50g, 마른 해삼 30g, 미나리 30g, 목이버섯 3개, 석이버섯 2개, 표고버섯 2개, 홍고추 ½개, 녹말 1컵 | **숭어 양념:** 술 1큰술, 생강즙 ½큰술, 소금 1작은술, 후춧가루 조금 | **고기·해삼 양념:** 다진 파 1큰술, 다진 마늘 1작은술, 참기름 1작은술, 소금 ½큰술, 설탕 1작은술, 후춧가루 조금 | **초고추장:** 고추장 2큰술, 식초 1큰술, 물 1큰술, 꿀 ½큰술

1 숭어 살을 2~3mm 두께로 얇게 포 뜨고 숭어 양념을 섞어 뿌려 밑간한다.

2 소고기와 돼지고기는 살코기로 준비하고 해삼은 물에 불려 모두 곱게 다진다. 고기·해삼 양념을 섞어 버무린 다음 끈기가 나도록 한참 치대어 반죽한다.

3 목이버섯, 석이버섯, 표고버섯은 불려서 손질하고 채 썰었다가 다시 곱게 다진다. 미나리는 파랗게 데쳐 물기를 짜고 다져서 다시 물기를 짠다. 고추도 다진다.

4 2의 반죽에 3의 버섯과 미나리, 고추를 섞어서 다시 치대어 끈기가 나도록
  반죽해 소를 만든다.

5 대발을 펼치고 숭어 살 앞뒤로 녹말가루를 묻혀 끝이 살짝 겹치도록 이어
  가며 네모나게 놓는다. 생선 살이 겹치는 부분에는 특히 녹말을 잘 묻힌다.

6 펼친 숭어 살 위에 소를 얹고 수저나 칼 옆면을 이용해 소를 생선 두께 정
  도로 넓게 편다. 다시 숭어 살을 얹고 소를 펴 바른다. 끝부분 3cm 정도는
  여유를 두고 소를 얹지 않는다. 김밥 말듯 대발을 둥글게 만다.

7 말아둔 대발 그대로 젖은 면보로 감싼 다음 김이 오른 찜통에 20분간 쪄냈
  다 식힌다.

8 대발을 풀고 숭어 말이를 1cm 두께로 썰어 낸다. 고추장에 식초와 꿀을 넣
  어 묽게 만든 초고추장을 곁들인다.

可麻甫串
秀魚或鱸魚〔농어〕或道味魚切作片另以牛肉猪肉木
耳石耳蔈古海蔘諸味等及葱苦艸芹諸物為末魚片一
層加餡物一層又魚片一層又加餡物一層如是三四層
後捲如周紙樣以菉末為衣以沸湯煮出後以刀切作片
則魚片及餡物相捲回回如太極樣乃以苦艸醬食之餡
物諸味分五色為之刀切後紋理尤佳

숭어나 농어 또는 도미를 잘라 얇게 뜬다. 한편 소
고기, 돼지고기, 목이버섯, 석이버섯, 표고버섯, 해
삼 등 재료와 파, 고추, 미나리를 가루로 곱게 다져
소를 만든다. 생선 살을 한 층 펼쳐 그 위에 다진 재
료들을 놓고 다시 생선 살과 고기소를 얹는 것을 반
복하여 3~4층을 만들어 두루마리처럼 만다. 녹말을
옷으로 입혀서 끓는 물에 넣어 익혀낸 후에 칼로 잘
라 조각을 만든다. 생선 편과 소가 서로 감기며 말
려 마치 태극 모양처럼 된다. 초고추장을 곁들여 낸
다. 소로 쓰이는 재료를 오색이 나게 하면 썰었을
때 문양이 아름답다.

백숭여 白菘茹

통배추 1통, 파 4대, 마늘 2통, 소금 1큰술 | **겨자즙**: 겨자가루 4큰술, 식초 6큰술, 꿀 3큰술, 물 2큰술, 소금 2큰술

1 겨자가루를 물로 되직하게 개어 사기대접 안쪽에 펴 바르고 따뜻한 곳에 2~3시간 엎어둔다.

2 통배추를 네 갈래로 갈라 밑동을 조금 잘라내고 김이 오른 찜통에 넣어 소금을 뿌리고 살짝 쪄낸다.

3 파를 반으로 갈라 3cm 길이로 자르고 마늘은 얇게 편으로 썬다.

4 1에 뜨거운 물을 1컵 붓고 잠시 두어 쓴맛을 우려낸 다음 따라 버린다. 여기에 식초, 꿀, 물, 소금을 넣고 매운맛이 나도록 수저로 한참 저어 겨자즙을 만든다.

5 배추 포기 사이에 파, 마늘을 끼우고 겨자즙을 끼얹은 다음 무거운 것으로 누르고 뚜껑을 덮어두었다가 하룻밤 지난 후 맛이 배면 먹는다.

白菘葅
好肥白菘菜取其白莖蒸熟後芥子汁及葱蒜之類層層浸宿以芥子汁入其莖葉之裡後食之

白菘葅
好肥白菘菜取其白莖蒸熟後芥子汁及葱蒜之類層層浸宿以芥子汁入其莖葉之裡後食之

통통한 배추의 흰 줄기를 쪄낸다. 겨자즙, 파, 마늘을 배추 사이사이에 재웠다가 스며들면 먹는다.

열구자탕 熱口子湯

소고기 200g, 양 100g, 꿩고기 ½마리, 돼지고기 200g, 소간 100g, 대구 살 100g, 홍합 50g, 불린 해삼 2개, 파 4대, 마늘 1통, 토란 100g, 국수 적당량, 청장 2큰술, 소금 조금 | **완자용 고기**: 돼지고기 30g, 소고기 30g | **고기 양념**: 청장 4큰술, 다진 마늘 1큰술, 참기름 1큰술, 후춧가루 ¼작은술

1 끓는 물에 양을 살짝 데치고 칼로 검은 면을 말끔히 벗겨낸다. 물을 넉넉히 붓고 손질한 양과 소고기를 함께 삶는다. 삶은 고기와 양은 편으로 썬 뒤 고기 양념의 ⅓ 분량을 덜어서 양념해둔다. 삶은 국물은 걸러 소고기 육수를 만든다.

2 꿩고기는 물에 삶아 살만 발라내어 소금으로 양념한다. 국물은 걸러 꿩고기 육수를 만든다.

3 돼지고기는 얇게 저며 남은 고기 양념의 ⅓을 덜어 양념한다.

4 완자용 고기는 모두 다진 다음 남은 고기 양념의 ½ 분량을 넣고 주물러 지름 2cm 크기로 둥글게 빚는다.

5 소간은 찬물에 담가 피를 빼고 삶은 다음 편으로 썰어 나머지 고기 양념을 모두 넣고 양념한다.

6 대구 살은 얇게 썰고, 홍합은 데쳐내고, 해삼은 어슷하게 저며 썬다.

7 마늘은 얇게 저미고, 파는 4cm 길이로 잘라 반으로 가르고, 토란은 삶아서 반으로 자른다.

8 국수는 삶아서 작게 사리를 만든다.

9 소고기와 꿩고기를 삶은 육수는 섞어서 청장으로 간하여 다시 끓인다.

10 준비한 열구자탕 재료를 큰 접시에 각각 모아 담는다.

11 신선로에 불을 피우고 9의 장국을 담아 끓인다.

12 끓는 장국에 원하는 재료들을 담아 따뜻하게 데우면서 먹는다. 장국이 부족하면 더 붓는다.

13 국수는 마지막에 국그릇에 담고 뜨거운 국물을 부어 먹는다.

熱口子湯

別有煮熟之器如大盒而有蹄邊穿一灶口盒
心竪一筒形高出盖外盖子中心剜出孔令筒出
外筒中熾炭則風自蹄穴吹入火氣出盖子外
孔盒心週迴處入猪魚雉紅蛤海蔘牛膁心肝
肉大口粉麵劉肉餡丸子
葱蒜土蓮一應食物聚塊散布入清醬湯則自
然火熱成熟諸液相合味頗厚敷人環坐筯而
食之以匙抄湯乘熱食之便是雜湯盖役之絕
佳之饌雪夜會客甚為的當若成坐各床則無
味彼俗本無各床之禮故也我人或買来其器
者野外餞別冬夜會飲甚佳

熱口子湯

別有煮熟之器 如大盒而有蹄邊穿一灶口 盒心豎一筒形高出盖外 盖子中心剜孔 令筒出外 筒
中熾炭 則風自蹄穴吹入 火氣出盖子外孔 盒心週迴處入猪魚雉紅蛤海蔘牛膃心肝肉大口粉麵
剉肉餡丸子

葱蒜土蓮一應食物聚塊散布入清醬湯 則自然火熱成熟 諸液相合味頗厚 數人環坐筯而食之
以匙抄湯 乘熱食之 便是雜湯 盖彼之絕佳之饌雪夜會客甚為的當 若成坐各床則無味 彼俗本
無各床之禮故也 我人或買来其器者 野外餞別冬夜會飲甚佳

끓이는 기구가 따로 있는데 큰 합과 같은 모양에 굽이 붙어 있고 가장자리에 아궁이가 하
나 있다. 합의 중심에는 둥근 통 하나가 높게 밖으로 솟아 있고, 뚜껑 중심에도 구멍이 뚫
려 그 통이 밖으로 나와 있다. 이 원통 안에 숯불을 피우면 바람이 자연히 굽에 있는 아궁이
로 들어가고 불길은 뚜껑 밖의 구멍으로 나간다. 이 합의 중심에서 둘레에 돼지고기, 생선,
꿩고기, 홍합, 해삼, 소의 양, 간, 대구, 국수와 다진 고기로 만든 완자 등을 둘러놓고 파, 마
늘, 토란 등 여러 가지 재료를 골고루 흩어 넣은 다음 맑은장국을 붓는다. 그러면 자연히 뜨
거워져서 익으니 모든 재료에서 맛이 우러나와 서로 어우러져 맛이 꽤 짙어진다. 여러 사
람이 둘러앉아 젓가락으로 집어 먹고 숟가락으로 국물을 떠서 뜨거운 채로 먹는다. 이것이
바로 잡탕이다. 중국인들은 아주 맛있는 음식으로 여긴다. 눈 내리는 밤에 손님이 모여 앉
아 회식하기에는 매우 알맞은 음식으로 여겨진다. 만일 각상으로 놓으면 별로 맛이 없을
것이다. 중국의 풍속에서는 본래 각상을 차리는 예가 없기 때문이다. 우리나라 사람들이 그
기구를 사서 오는데, 야외에서 송별하거나 겨울밤에 모여 술 마실 때 먹으면 매우 좋다.

증보산림경제

연대 1766년

저자 유중림

소장 서울대학교 규장각 한국학연구원

서지 정보 24.6×15.4cm, 16권 12책

홍만선의『산림경제』(1715)를 증보하여 1766년 유중림이 편찬한 한문 농서이다. 유중림은 영조때 태의원의 내의가 되어 의관을 지낸 인물이다. 그의 아버지인 유상또한 내의원 내의였으며 숙종의 천연두를 치료한 공로로 정이품 자리에 오른 유명한 명의다. 유중림도 부친을 본받아 의술 활동을 펼치고자 내의원에 들어갔으나 서얼 출신 신분 등의 여러 가지 이유로 사직했다고 한다.

『증보산림경제』는『산림경제』보다 실용적으로 한층 발전한 것이라 할 수 있다. 자주 인용되던 원나라 때 쓰인『거가필용』이나『신은지』등의 내용이 실정에 맞지 않는다 하여 기술하지 않았고, 오히려『농가집성』등 우리 문헌을 많이 인용하였다. 특히 속방, 즉 민간에서 전해지는 방법을 두루 수록하였다.『산림경제』의 어느 부분을 빼고 보탰는지에 대해서는 전혀 언급하지 않아 후대의 학자에게는 '불친절한' 책으로 여겨지지만, 실제 이 책을 읽고 활용한 당대 독자에게는 세심하고 친절한 책이 아니었을까 싶다. 조선의 실정과 맞지 않는 불필요한 부분을 솎아내고 당시 민간에서 자주 사용하던 방법을 세세하게 기록하는 등 철저히 독자의 눈높이에 맞추어 편집했기 때문이다. 인용 문헌을 삭제한 부분도 아마 당시 독자에게는 큰

흠으로 느껴지지 않았을 것이다.

구성을 살펴보자면 전체적으로 『산림경제』를 기본으로 하되 몇 가지 항목을 더 추가했다. 그중 음식과 관련된 내용은 「치선」 상하권에서 다루었으며, 과실·채소 저장법, 밥과 죽류, 떡과 면류, 유밀과류, 채소류, 장류, 초 만드는 법, 어육류의 조리법, 술 만드는 법, 음식의 금기 등이 수록되어 있다.

가장 큰 특징은 그간 다루어지지 않았던 고추와 고구마가 처음 등장한다는 점이다. 고추는 1700년대 초반까지는 음식 조리에 거의 사용되지 않았는데, 이 책에는 고추 재배법과 고추장 만드는 법이 소개되었다. 책이 편찬되던 무렵 우리나라에 고구마가 들어왔는데, 이 고구마를 재배하는 방법도 자세히 실려 있다. 옥수수 또한 이 책에서 처음 재배법이 소개되는 외래 작물이다. 옥수수를 한자로 옥촉서(玉蜀黍)라고 썼는데, 옥수수 알이 마치 구슬 같다는 뜻에서 구슬 옥(玉) 자를 붙였다고 한다. 담배의 경우 무려 200자가 넘는 분량에 걸쳐 재배법을 소개했는데, 그간 담배를 언급한 책은 종종 있었지만 이렇게 자세하게 기록한 책은 없었다. 새로운 작물을 소개하고 여러 작물의 재배법을 상세하게 적은 이 책은 농업사적으로도 가치 있는 사료로 평가받고 있다.

::석이병

찹쌀가루에 석이가루를 섞어서 찐 떡으로, 원래는 메밀가루에 꿀물과 석이버섯을 섞어서 쪘는데, 후대에 내려오면서 메밀가루 대신 멥쌀가루 혹은 멥쌀가루와 찹쌀가루를 섞어서 만들었다. 꿀로 반죽하여 떡의 질감이 촉촉할 뿐만 아니라 색감 또한 그윽하다.

::포채

가을에 덜 여문 박을 따서 껍질을 벗기고 반을 갈라 속을 긁어낸 다음 얇게 저미거나 굵게 채 쳐서 무친 음식이다. 담담한 맛으로 먹는 박나물이다.

::황과담저

오이에 소를 박아 담근 김치로, 고추와 마늘을 소로 쓰는 오이소박이가 문헌상 처음 기록되었다. 그 후로 『임원경제지』와 『시의전서』에 파, 마늘, 고춧가루를 소로 사용하는 지금과 같은 오이소박이 만드는 법이 기록되었다. 오이소박이는 여름철 김치로 손님 초대상 또는 주안상에 잘 어울린다.

::설야멱

설야멱(雪夜覓) 또는 설하멱(雪下覓)이라고도 하는데, 눈 내리는 밤에 찾는 음식이라는 뜻이다. 소고기를 꼬치에 꿰어 굽는다고 하여 '곶적(串炙)'이라고도 부른다. 소고기를 편으로 썰어 소금과 참기름, 간장으로 조미하고 꼬치에 꿰어 숯불에 굽다가 물에 담가 식히고 다시 굽기를 세 번 반복하여 마지막에 참기름이나 들깨를 묻혀 구우면 연하고 좋다 하였다.

::우유죽

우유에 쌀을 갈아 만든 녹말을 넣고 끓인 죽으로 타락죽(駝酪粥)이라고도 한다. 『증보산림경제』에 소개된 우유죽은 내국(內局, 내의원)에서 만드는 방법이라고 기록되었다. 10월 초하루부터 정월에 이르기까지 내의원에서는 타락죽을 만들어 임금에게 진상했다고 한다.

::연포갱

지진 두부와 생강, 파, 참버섯, 표고버섯, 석이버섯을 채 썰어 고기국물에 끓이다 밀가루와 달걀을 푼다. 이것이 엉기면 그릇에 담아 가늘게 찢은 닭 살과 지단채를 얹어 천초가루, 후춧가루를 뿌린 뒤 내는 음식이다. 조선 후기 홍석모가 지은 『동국세시기』(1849)에는 연포탕이 특히 겨울철에 잘 어울린다는 설명과 함께 두부를 가늘게 썰고 꼬치에 꿰어 지지다가 닭고기를 섞어 국을 끓인다고 소개했다.

::건율다식/강귤차

말린 밤가루를 뭉쳐 다식판에 찍어낸 다식이다. 말린 밤을 황률(黃栗)이라고도 하는데 궁중의 잔치를 기록한 『의궤』에도 황률다식이 나온다. 강귤차는 귤껍질 안쪽의 흰 부분을 긁어낸 귤홍(橘紅)과 생강, 작설차를 함께 끓인 차로 꿀을 넣어 마신다. 음식 체증과 목에 가래가 걸려 막힌 것을 해소하는 데 효능이 있다.

::칠향계

한 해 이상 자란 묵은 암탉의 배를 가르고 안에 도라지, 생강, 파, 천초, 청장, 식초, 기름 등 일곱 가지 재료를 넣어 항아리에 담고 밀봉한 뒤 솥에 중탕하여 끓인 닭찜이다. 『증보산림경제』에서는 이 요리를 닭 음식 중 제일이라고 소개하였다.

석이병 石茸餅

석이버섯 20g, 대추 20개, 밤 15개, 찹쌀가루 10컵, 잣가루 1컵, 꿀 4큰술, 참기름 조금

1 석이버섯은 뜨거운 물에 불려 돌을 떼고 문질러 검은 물이 안 나올 때까지 씻은 다음 다진다.

2 다진 석이버섯에 꿀 2큰술을 섞고 찹쌀가루를 부어 말랑하게 반죽한다.

3 밤은 삶아서 으깨고 대추는 다졌다 쪄서 한데 섞는다. 여기에 꿀 2큰술을 붓고 반죽하여 지름 3㎝ 크기로 동글고 갸름하게 뭉친다.

4 2의 떡 반죽에 3의 소를 얹어 송편 모양으로 빚는다.

5 빚은 떡의 겉면에 참기름을 바른 뒤 펼친 대발에 붙지 않게 놓고 20분간 찐다.

6 쪄낸 떡을 꺼내어 한 김 식힌 후 다시 도톰하게 모양을 잡고 잣가루를 묻혀 낸다.

石茸餠法
取石茸片大者 石上加水磨去麤皮 片片鱗鋪 以蜜調 粘米末作黏物 勿致解散 以棗栗之屬 和蜜爲胎 兩片相合 作餠形後 塗以香油 安於竹篩上 蒸出 塗之以蜜 栢子屑爲衣 食之

석이버섯 큰 조각을 취하여 돌 위에 놓고 물을 부으면서 거친 껍질을 문질러 손질한 다음 한 조각씩 비늘처럼 편다. 거기에 꿀을 알맞게 섞고 찹쌀가루로 흐트러지지 않게 반죽한다. 대추와 밤 등에 꿀을 섞어 소를 만들어 넣고 양편을 서로 합쳐 떡 모양을 빚은 후 참기름을 발라 대나무 체에 안쳐 찐다. 꿀을 바르고 잣가루를 묻혀 먹는다.

포채 匏菜

박 1kg, 다진 파 2큰술, 다진 마늘 2작은술, 참기름 2큰술, 깨소금 2큰술, 소금 1큰술, 청장 1작은술,
물 적당량

1 늙지 않은 여리고 단 박을 골라 가른 다음 속을 파내고 쪽을 크게 나눈다.

2 껍질을 벗겨 3cm 폭으로 가르고 5mm 두께로 도톰하게 썬다.

3 냄비에 참기름을 두르고 박을 볶다가 파, 마늘, 깨소금, 청장, 소금을 섞어
  맛을 낸다.

4 물을 조금 붓고 뚜껑을 잠시 덮어두었다가 꺼낸다.

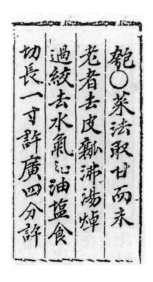

匏菜法
取甘而未老者 去皮瓢 沸湯焯過 絞去水氣 和油鹽食
切長一寸許廣四分許

달면서도 늙지 않은 박을 택하여 껍질과 속을 제거하
고 끓는 물에 말갛게 데쳐내어 물기를 짜낸다. 기름과
소금을 넣어 먹으면 된다. 크기는 폭 1치, 두께 4푼 정
도로 썰면 된다.

황과담저 黃苽淡菹

애오이 50개, 마늘 10통, 굵은소금 4컵, 물(소금물용) 4ℓ, 고춧가루 4큰술, 물(고춧가루용) 4큰술

1 오이는 꼭지를 떼고 소금으로 문질러 씻은 다음 물에 헹구고 물기를 닦는다.

2 오이 양끝을 조금씩 남기고 삼면에 길게 칼집을 넣는다.

3 고춧가루에 같은 양의 물을 타고 개어 오이 칼집 안에 바른다.

4 마늘을 얇게 저며 3의 오이 칼집 안에 채워 넣는다.

5 소를 채운 오이를 차곡차곡 항아리에 담고 무거운 것으로 누른다.

6 소금물을 펄펄 끓여 뜨거울 때 오이 위에 붓고 단단히 봉했다가 이튿날
먹는다.

黃苽淡菹法
取未老苽 去蒂洗淨 以刀劃三面 入蠻椒末少許 又揷蒜片四五片
用百沸湯入鹽 乘極熱而灌之〔苽先入缸中〕缸口 堅封翌日可食

늙지 않은 오이를 취하여 꼭지를 떼고 깨끗이 씻은 다음 삼면에 칼
집을 낸다. 그 사이에 고춧가루를 소량 넣고 또 마늘 4~5조각을 끼
워 넣는다. 물에 소금을 넣고 오래 끓여 매우 뜨거운 상태일 때에
항아리에 붓는다. (오이를 먼저 항아리에 넣는다.) 항아리 입구를
난단히 봉했다가 다음 날이면 먹을 수 있다.

설야멱雪夜覓

소고기 등심 600g, 참기름 3큰술, 간장 2큰술, 소금 1큰술, 들깨 1큰술

1 등심을 1cm 두께로 썰고 7~8cm 길이로 자른 다음 칼로 가볍게 두드려 칼
집을 많이 넣는다.

2 참기름 2큰술에 간장과 소금을 섞어서 고기에 고루 바르고 고기끼리 겹치
게 하여 재워둔다.

3 재운 고기에 양념이 스미면 긴 꼬치로 꿰어 석쇠에 뒤집으며 굽는다. 고기
가 뜨겁게 익으면 찬물에 푹 담갔다가 꺼내어 다시 굽기를 세 번 반복한다.

4 들깨를 곱게 빻아 참기름 1큰술에 섞은 것을 바르면서 불을 줄여 굽는다.

雪夜覓方

取牛背肉〔등심살〕切廣二寸許 長六七寸許 厚如手掌許
以刀或背或刃 輕輕搗軟挿串 和油鹽醬壓置 待其盡入 用
火炙之〔火若太熾 恐焦卽以薄灰盖之〕至肉極熱 取起急
浸於冷水中〔更炙如是者 凡三次〕又塗油荏而更炙之 極
軟味佳 一方 用眞麪 合諸物料 調油醬水 作薄糊塗而炙之
餘法上同 少加蒜汁 則尤軟美 而人或有厭臭者

소고기 등심살을 너비 2치, 길이 6~7치, 손바닥 두께로
썰어서 칼등이나 칼날로 가볍게 두드려 꼬치에 끼운다.
기름과 소금, 장을 흠뻑 묻혀 눌러두었다가 스며들면 불
에 굽는다(불이 너무 세면 태울지도 모르니 불에 재를
약간 덮는다). 고기가 뜨거워지면 들어내 급히 찬물에
담갔다가 다시 굽기를 세 차례 한다. 그런 다음 기름과
들깨를 발라 다시 구우면 매우 연하고 맛이 좋다. 또 다
른 방법은, 밀가루에 여러 재료를 섞고 기름과 장과 물
로 개어 엷은 죽처럼 만든 다음 그것을 고기에 발라 굽
는데, 나머지는 위의 방법과 같다. 마늘즙을 약간 곁들
이면 더욱 연하고 좋지만 사람들 중에는 더러 이 냄새를
싫어하는 경우도 있다.

우유죽 牛乳粥

우유 4컵, 물 4컵, 쌀 1컵, 소금 2작은술, 잣가루 1작은술

1 심말에 물 1½컵을 타서 휘저어 섞는다. 심말이 없으면 불린 쌀을 갈아서 가라앉혔다가 웃물을 따라내고 앙금을 쓴다.

2 우유에 물 2컵을 타서 약한 불로 끓이고 거품은 걷어낸다.

3 끓인 우유에 1의 심말이나 쌀 앙금을 넣고 저으며 죽을 쑤다가 한 번 끓어오르면 소금을 물 ½컵에 타서 조금씩 넣으면서 엉기지 않게 풀며 죽을 쑨다.

4 그릇을 따뜻하게 데워두었다 죽을 담고 잣가루를 살짝 뿌린다.

심말(쌀녹말) 만드는 법

1 불린 쌀을 분마기에 곱게 갈고 고운체에 걸러 가라앉힌다.

2 웃물을 따라내고 앙금을 걷어 한지에 널어 말렸다가 물기를 뺀 후 수득하게 말린다.

3 솥이나 팬을 달구고 불을 약하게 줄인 다음 깨끗한 한지를 깔고 수득한 쌀을 올려 저으면서 말린다.

4 절구에 빻아 고운체에 친다.

○牛乳粥內局法牛乳一升和水二合慢火煮三四沸去其

浮漚另用他器以水少許調心末二合若嫌稀調加減心末乘乳之

沸以匙掉和心末一沸後用鹽湯調味適其醎淡以磁器

火乾而注盛之作心末法取末以帛篩下三四次用之久用焙籠火

貯則致溲每五六日改作珍文法以米沉水用磨石磨之之水罷晒乾炒作鹽湯法鹽一升水二升同煎至七

八合用細篩篩之盛於淨器眼乳必傳冷啜之熱食即羅待其降沉下去淳取清用之

凡乳酪與酸物相反

牛乳粥內局法

牛乳一升 和水二合 慢火煮三四沸 去其浮溫 別用他器 以水少許 調心末二合〔看粥稀稠 加減
心末〕乘乳之沸 以匙掉 和心末一沸後 用鹽湯調味 適其醎淡 以磁器火乾 而注盛之 作心末法:
取米精春 沈水作末 用焙籠火乾 更春作末 以帛篩篩下三四次用之 久貯則致傷 每五六日 改
作妙 又法: 以米沉水 用磨石磨之 水飛晒乾又妙 作鹽湯法: 鹽一升 水二升 同煎 至七八合 用
細篩篩之 盛於淨器 待其滓沉下 去渧 取精用之服乳必停冷暖之 熱食卽壅 凡乳酪與酸物相反

우유 1되와 물 2홉을 섞어 약한 불로 3~4번 끓어오르도록 끓인 다음 떠오른 거품을 제거
한다. 또 다른 그릇에 약간의 물로 심말을 푼다(마치 된죽처럼 하는데 쌀가루로 가감한다).
우유가 끓어오르면 국자로 심말을 휘저어 한 번 끓으면 소금물로 간을 맞추고 불을 쬐어
말린 사기그릇에 담는다.

심말 만드는 방법: 심말은 가루를 아주 곱게 빻아 바구니에 담아 불에 말린다. 다시 절구에
　　　　　　　　빻고 여러 번 비단 체에 치기를 반복하여 만들어 쓴다. 오래 두면 상하니
　　　　　　　　매번 5~6일 만에 만들어 쓴다.
또 다른 방법: 쌀을 물에 담갔다가 맷돌에 갈아 수비하여 햇볕에 말린다.
염탕 만드는 방법: 소금 1되와 물 2되를 함께 끓여 7~8홉이 될 때까지 달여서 고운체에 내
　　　　　　　　리고 깨끗한 그릇에 붓는다. 찌꺼기가 가라앉기를 기다렸다가 찌꺼기를
　　　　　　　　제거한 다음 깨끗한 것만 취해 쓴다.

우유죽을 먹을 때에는 식기를 기다렸다가 먹어야 한다. 뜨거울 때 먹으면 체한다. 모든 우
유 제품과 신 음식은 안 맞는다.

연포갱軟泡羹

닭 ½마리, 소고기 200g, 두부 200g, 느타리버섯 50g, 표고버섯 4개, 석이버섯 8개, 생강 15g, 밀가루 4큰술, 달걀 2개, 청장 1큰술, 식용유 적당량, 소금 2작은술, 천초가루 ½작은술, 후춧가루 ½작은술 | **닭·소고기 양념:** 다진 파 2큰술, 다진 마늘 2작은술, 청장 1큰술, 참기름 1작은술, 후춧가루 조금

1 깨끗이 씻은 닭과 핏물 뺀 소고기를 함께 솥에 넣고 물을 넉넉히 부어 1시간 동안 푹 삶는다.

2 두부를 1cm 두께로 넓적하게 썰어 소금을 뿌리고 물기를 없앤다. 팬에 식용유를 넉넉하게 두르고 두부를 앞뒤로 노릇하게 지져내어 3cm 길이로 갸름하게 썬다.

3 표고버섯과 석이버섯은 따뜻한 물에 불려 곱게 채 썬다. 느타리버섯은 작게 찢는다. 생강은 채 썬다.

4 1의 삶은 고기를 건져 닭은 살을 잘게 찢고, 소고기는 얇게 저민 후 닭·소고기 양념으로 각각 양념한다. 고기 삶은 물은 면보에 걸러둔다.

5 달걀 1개를 풀어 4의 고기 삶은 물 2컵과 밀가루를 넣고 고루 젓는다.

6 달걀 1개는 얇게 지단을 부치고 말아서 채 썬다.

7 4에서 받아둔 고기 삶은 물 6컵을 끓인 다음 청장으로 간하고 2의 두부와 4의 닭과 소고기, 3의 느타리버섯, 표고버섯과 생강을 넣고 끓어오르면 5의 달걀 푼 것을 붓고 급히 휘저어 엉기게 한다.

8 그릇에 건지를 담고 국물을 떠서 부은 다음 달걀지단, 석이버섯을 얹고 천초가루와 후춧가루를 뿌린다.

○造軟羓羹法此羹宜食冬月牛肉不如猪肉猪肉不如雉
雉亦不如肥雌雞取雞淨又取牛肉一大匕多洗去血
並雞納雞中多不水爛烹另造豆腐而必堅膩方好以刀
切作匕而長八九分四方廣二三分略晒盬待少時矣
用雞蓋撑炭火上多添油煎豆腐令無不煮之面盬後
烹牛肉取出不用即下已煎豆腐於牛汁中亦下油醬
味通宜次下薑葱真茸藁古雁茸而必暗細切又以粉
肉汁少許調細蘿真麨而宜少切不宜多又多取雞卵
合調麨之肉而要以䵄多攪之急撥肉汁之中即急攪
粉令調通再煮五六沸要諸物料和合焙取食之而雞
絲絲壁裂方用雞卵分黃白油煮作薄匕以刀縷切並雞
肉絲布滿軟羓羹面次下小椒胡椒而方即煮
豆腐每三四匕縱捕於細竹籤作串浸汁中食之

造軟泡羹法

此羹宜食 冬月牛肉不如猪肉 猪肉不如雉 雉亦不如肥雌鷄 取鷄取淨 又取牛肉一大片 多洗去血 並鷄納鼎中 多下水爛烹 另造豆腐 而必堅壓 方好 以刀切作片 而長八九分 四方廣二三分 略晒鹽 待少時〔一法無鹽〕用鼎盖 撑炭火上 多添油 煎豆腐 令無不煎之面 然後先烹牛肉取出不用 即不已煎豆腐於肉汁中 亦下油醬 令味適宜 次下薑 葱 眞茸 蔂古 石茸 以必皆細切又以器取肉汁少許 調細羅眞麵 而宜少 切不宜多 又多取鷄卵破 合調麵之內 而要以匙多攪之急潑肉汁之中 亦卽急攪 務令調遍 再煮五六沸 要諸物料和合 始取食之 而鷄則絲絲擘裂 另用鷄卵 分黃白 油煮作薄片 以刀縷切 並鷄肉絲 布滿軟泡羹椀面 次下 川椒胡椒而供之 又方所煎豆腐每三四片 縱挿於細竹籤作串 浸汁中食之

이 국은 겨울에 먹어야 좋다. 소고기는 돼지고기만 못하고 돼지고기는 꿩고기만 못하고 꿩고기는 살찐 암탉만 못하다. 닭을 깨끗하게 씻고, 소고기 한 덩이는 여러 차례 씻어 핏물을 빼고 같이 넣어 푹 삶는다. 또 두부를 만드는데 단단히 만들어야 좋다. 두부를 편으로 자르는데 길이는 8~9푼, 너비는 사방 2~3푼으로 썰어 소금을 잠깐 뿌렸다가 (또는 소금을 쓰지 않는다) 솥뚜껑을 숯불 위에 놓고 기름을 둘러 노릇하게 지진다. 지져지지 않은 부분이 없어야 한다. 삶은 소고기는 꺼내어 쓰지는 않는다. 지진 두부를 고기국물에 넣고 간장으로 간을 맞춘 뒤 생강, 파, 참버섯, 표고버섯, 석이버섯을 같이 넣어 끓인다. 이는 꼭 곱게 채 썰어야 한다. 한편 또 다른 그릇에 고기 국물을 조금 떠서 밀가루를 섞어 가늘게 흐를 정도로 넣어야 하는데 많이 넣어서는 안 된다. 한편 달걀을 깨뜨려 밀가루즙에 넣고 수저로 많이 저어서 고기 장국에 재빨리 뿌리고 급히 저어 고루 퍼지도록 한다. 다시 5~6번 끓어오르고 준비한 여러 재료들이 고루 섞이면 먹기 시작한다. 국을 담을 때 위에 얹는 닭 살은 가늘게 찢는다. 달걀은 황백으로 나누어 기름에 얇게 부쳐 칼로 하늘하늘 늘어지게 채를 썬다. 연포국을 담은 위에 모두 얹고 천초와 후추를 뿌려 낸다. 또 다른 방법으로는 두부적 3~4조각을 꼬치에 끼워 국에 담갔다 먹기도 한다.

건율다식乾栗茶食/강귤차薑橘茶

건율다식

말린 밤가루 1컵, 꿀 4큰술, 소금 조금

1 밤을 깎아 얇게 채 썰고 말려 가루로 빻는다.

2 말린 밤 가루에 꿀을 섞고 소금을 조금 넣어 한 덩이가 되도록 뭉친다.

3 다식판에 반죽을 찍어낸다.

° 생밤을 삶아 껍질을 벗기고 으깨고 체에 내려 밤 고물을 만들어 쓸 수도 있다. 이때 는 꿀을 $\frac{1}{4}$ 분량으로 적게 넣어야 한다.

강귤차

굴 1개, 생강 5조각, 작설차 1큰술, 꿀 적당량

1 굴은 껍질을 벗기고 껍질 안의 흰 부분인 귤홍을 긁어모은다.

2 생강은 껍질을 벗기고 얇게 저며 썬다.

3 주전자에 귤홍, 생강, 작설차를 담고 물을 부어 10분 정도 끓인 다음 거른다.

4 차가 따뜻할 때 꿀을 타서 낸다.

乾栗茶食法
乾栗作末 和蜜 木板印出 如無乾栗 生栗薄薄飛削 晒極乾 碎
作細末用 尤佳

말린 밤을 가루로 만들어 꿀물과 섞어 다식판에 찍어낸다. 말
린 밤이 없다면 생밤을 아주 얇게 잘라 바짝 말린 후 부수어
서 가루를 곱게 만들어 쓰면 좋다.

薑橘茶法
橘紅三錢 生薑五片 雀舌茶一錢 同煎 如煎茶法 和蜜飮之 善
開食積痰滯而 不可長服

귤홍 3돈, 생강 5조각, 작설차 1돈을 함께 끓이고 꿀을 넣어
마신다. 음식 체증, 가래 끓는 것을 해소한다. 오래 마시는 것
은 좋지 않다.

칠향계 七香鷄

닭 1마리(1kg), 말린 도라지 100g, 파 100g, 생강 20g, 천초 1큰술, 청장 ½컵, 식초 ¼컵, 참기름 ¼컵
| **양념**: 청장 2큰술, 참기름 1큰술, 다진 마늘 조금

1 닭의 꽁지 밑으로 구멍을 내어 내장을 모두 빼고 깨끗이 씻는다.

2 도라지를 삶아서 찬물에 담가 쓴맛을 우려낸 다음 헹군다.

3 생강은 얇게 저며 썰고 파는 다듬어서 짧게 자른다.

4 닭 속에 준비한 일곱 가지 재료, 즉 도라지, 생강, 파, 천초, 청장, 식초, 참
기름을 채워 담고 실로 꿰매어 새어나오지 않게 한다.

5 사기 합이나 오지그릇에 4를 담고 남은 도라지와 파를 가장자리에 돌려 담
는다. 기름종이로 위를 싸맨 다음 사기 접시로 덮고 큰 솥에 넣어 2시간 이
상 중탕한다. 중간중간 물을 보충해서 솥이 달지 않도록 한다.

七香鷄法
陳肥雌鷄 去毛治淨 從下作穴 出其腸肚 另用桔梗煮浸去若味
一鉢 薑四五片 蔥一握 川椒一握 淸醬一鍾子 醋油各半鍾子 右
七味和雜納於鷄腹內 滓如有餘 同盛於砂瓦缸中 用油紙 封其
口 又以砂楪盖之 鼎水中湯 候熟食之 鷄味中第一上品也

살찐 묵은 암탉의 털을 뽑고 깨끗이 씻어 맨 아래쪽에 구멍을
내고 창자와 위를 꺼낸다. 삶아서 쓴맛을 뺀 도라지 1사발, 생
강 4~5조각, 파 1줌, 천초 1줌, 청장 1종지, 식초 ½종지, 기름
½종지의 일곱 가지를 닭 배 속에 채워 넣는다. 건지가 남으면
사기나 질 단지에 닭과 같이 담고 기름종이로 입구를 봉하여
사기 접시로 덮고 솥에 중탕하여 푹 익혀서 먹으면 닭 음식
중 제일 상품이라 할 수 있다.

규합총서

연대 1809년

저자 빙허각 이씨

소장 개인 소장, 서울대학교 규장각 소장

서지 정보 20.9×14.3cm, 90장, 한글 필사본(목판본의 경우 25×17cm, 29장, 친화실장판)

『규합총서』는 1809년(순조 9년) 빙허각 이씨가 가정살림에 관한 내용을 엮은 책이다. 명문가에서 태어나 실학자인 서유본과 결혼한 빙허각 이씨는 조선 후기의 대표적인 여류 학자로 손꼽힌다. 음식 문화사에서 빼놓을 수 없는 문헌인 『임원경제지』를 저술한 서유구가 빙허각 이씨의 시동생이다. 이러한 집안의 학문적 배경 아래 백과사전식 지식을 망라한 『규합총서』를 집필했다고 볼 수 있다.

'규합(閨閤)'은 여성들이 거처하는 공간을 가리키고, '총서(叢書)'는 한 질을 이루는 책을 말하니 『규합총서』는 여성의 일상에 요긴한 생활의 슬기를 모은 책이라는 뜻이다. 한글 필사본으로 전해져오다가 음식 관련 내용만 간추려 고종 6년(1869년)에 목판본으로 『간본(刊本) 규합총서』가 나오고, 이후 『부인필지』란 책도 나온다.

저자는 자신의 살림살이 경험뿐만 아니라 『본초강목』, 『산림경제』, 『동의보감』 등 여러 가지 책을 인용하였다. 옛 문헌을 꼼꼼하게 고증하고 자신의 경험까지 객관화하여 정리한 빙허각 이씨의 방식은 이 시기 실학자들의 저술 방식과 비슷하다.

서울에서 태어나 평생 서울에서 살아간 저자는 서울만의 조리법과 음식 문화를 실시간으로 고스란히 담아냈다. 빙허각 이씨가 총평한 서울 음식은 "맛깔나고 알뜰하고 어여쁜 솜씨"가 있는 음식이었다.

:: 건시단자

건시는 곶감의 다른 이름이다. 『규합총서』에 소개된 건시단자는 찹쌀가루로 떡을 빚는 일반적인 단자가 아니라 밤을 말린 황률가루를 다식 반죽처럼 만들고 말랑한 곶감으로 말아 모양을 낸 것이다. 요즘에도 곶감으로 호두를 말아서 먹기는 하지만, 밤가루를 쓰던 예전 방식과는 사뭇 다르다 할 수 있다.

:: 섞박지

여러 가지 재료를 한데 섞어 젓국으로 버무려 담근 김치이다. 『규합총서』에는 재료를 한데 버무리지 않고 양념을 끼었으면서 젓갈과 해물 등을 켜켜이 안치고 김칫국을 넉넉히 부어 익힌다고 하였다. 배추, 무, 갓, 조기젓, 준치젓, 밴댕이젓, 오이, 가지, 동아, 낙지, 전복, 소라, 굴, 청각 등을 넣어 현대의 김치보다 다양한 재료를 썼으며 그만큼 풍부한 맛과 영양을 갖췄다.

:: 화채

화채는 원래 음료지만 『규합총서』에서 화채로 소개된 음식은 생선 숙회인 어채이다. 생선, 소 내장, 해삼, 전복, 대하와 여러 가지 채소로 꽃처럼 화려하게 꾸며서 화채라는 이름이 붙은 듯하다. 어채는 3월부터 7월까지 쓰는데 맛이 청량할 뿐만 아니라 보기에 오색이 영롱하여 좋다고 하였다.

:: 약포

소고기 말린 것을 육포, 꿀을 넣어 말린 것을 약포라고 한다. 주로 포 뜬 고기를 말리지만 여기서는 다진 고기를 사용하여 노인용 찬으로 권했다. 채반에 넣어 말릴 때 자칫하면 포가 들러붙을 수 있는데, 『규합총서』에서는 나뭇잎에 붙여 꽃전처럼 펴서 말린다 했다. 이렇게 만들면 들러붙지도 않고 나뭇잎 모양도 낼 수 있어 좋다.

:: 향설고

지금의 배숙이나 배수정과와 비슷하지만 요즘처럼 연하고 단맛이 많은 배가 아니고 '문배'라는 신맛이 많고 몸이 단단한 배로 만든 화채이다. 새콤한 맛이 많이 났다 하며, 신맛이 덜할 때 오미자 물을 섞는 것이 특징이다.

건시단자 건시단즈

곳감 10개, 황률가루 1컵, 잣가루 ½컵, 꿀 5큰술

1 곶감의 한 면을 갈라 씨를 꺼내고 물렁한 살은 떠낸 다음 얇게 편다.

2 손질한 곶감에 한 장석 2큰술 분량의 꿀을 바르고 10분간 재워둔다.

3 황률가루와 꿀 3큰술을 섞어 말랑말랑하게 반죽한 다음 곶감 길이만큼의 둥근 막대 모양으로 빚는다.

4 곶감을 펼쳐 3을 올리고 둥글게 만 다음 손에 쥐고 틈이 없게 꼭꼭 눌러 여민다.

5 4의 곶감말이를 반으로 자르고 잣가루에 살짝 굴린다.

빛깔이 곱고 차진 곶감의 속과 껍질을 다 버리고 넓고 얇게 저며 사기대접에 담고 꿀에 재웠다가 황률을 소로 하여 양념하고 반듯반듯하게 만들어 곱게 틈 없이 싸서 잣가루를 묻힌다.

섞박지 셧박지

통배추 4통, 무 4개, 갓 1단, 실파 300g, 오이 4개, 가지 2개, 낙지 400g, 전복 4개, 소라 4개, 준치젓
300g, 조기젓 200g, 밴댕이젓 200g, 마늘 10통, 삭힌 고추 200g, 청각 200g, 물 6컵, 소금 적당량

400

1 배추는 각각 네 쪽으로 가르고 무는 껍질을 벗겨 3cm 두께로 둥글게 썬다. 갓과 실파도 다듬는다. 다듬은 채소를 소금물에 짜지 않게 이틀 정도 절여 둔다.

2 오이에는 소금물을 짜게 끓여서 부어두고, 가지는 갈라서 살짝 데쳐 말렸 다가 물에 헹군다.

3 마늘은 얇게 저미고 고추는 삭힌 것으로 준비한다. 청각은 생것을 쓰거나 말린 것이면 불린다.

4 젓갈들은 살을 크게 뜨고 나머지는 물 4컵을 붓고 끓여서 한지에 대고 밭친 다. 젓국에 물 2컵과 소금 1큰술을 섞어서 김칫국을 만든다.

5 낙지, 전복, 소라는 말끔히 씻어둔다.

6 절인 김칫거리들을 헹구어 물기를 뺀다.

7 항아리에 배추, 무를 깔고 가지, 오이, 젓갈, 해물을 얹은 다음 갓, 실파, 마 늘, 청각, 삭힌 고추를 뿌린다. 다시 같은 방법으로 켜켜이 채우고 배추 겉 잎, 무 껍질로 누른 다음 4의 김칫국을 붓고 잘 봉하여 2주 정도 익힌다. 먹 을 때 재료를 골고루 썰어 담는다.

가을부터 겨울까지 김장할 무렵, 껍질이 얇고 크며 연한 무와 좋은 갓, 배추를 너무 짜지 않게 각각 그릇에 절인다. 절인 지 4~5일 만에 맛있는 조기젓과, 준치, 밴댕이젓을 좋은 물에 많이 담가 하룻밤 재운다. 무도 껍질을 벗겨 길고 둥글게 썰고 배추, 갓은 적당히 썰어 물에 담근다. 오이는 절일 때 소금물을 끓여 더운 김이 날 때 붓고 녹슨 동전을 넣거나 놋그릇 닦은 수세미를 넣어두면 빛이 푸르고 싱싱해진다. 이것을 며칠 전에 내어 물에 담가 짠물을 우려낸다. 가지는 잿물 받친 재를 말리고 가지를 켜켜이 묻어 단단히 봉해서 땅에 묻어두면 갓 딴 것처럼 싱싱하니, 섞박지 담그는 날 내어 물에 담근다. 여물지 않은 동아는 과줄° 크기만 하게 베어서 껍질을 벗기지 말고 속은 긁어낸다. 젓갈은 지느러미, 꼬리를 없애고 비늘을 긁어낸다. 소라, 낙지는 머리의 골을 꺼내고 깨끗하게 씻는다. 무와 배추를 광주리에 건져서 물이 빠진 후에 독을 땅에 묻고 이것을 먼저 넣는다. 그리고 가지, 오이, 동아 등을 넣고 젓을 한 켜 깐 후, 청각과 마늘, 고추 등을 위에 많이 뿌린다. 그리고 고추와 채소를 떡 안치듯이 넣는다. 항아리에 국물을 넉넉히 채우고 절인 배춧잎과 무 껍질 벗긴 것으로 위를 두껍게 덮은 다음 가늘고 단단한 나무로 그 위를 가로질러 눌러둔다. 젓 담갔던 물이 적거든 찬물을 더 붓고, 좋은 조기젓국과 정한 굴젓국을 더 타서 간을 맞춘다. 굴젓국이 맛은 좋지만 너무 많이 넣으면 국물이 흐려지기 쉬우니 젓국이 2/3가 되면 굴젓국은 1/3만 섞어 독에 가득 붓고 두껍게 맨 다음 소래기나 방석으로 덮어둔다. 겨울이 되어 익으면 먹을 적에 젓과 생복, 낙지 따위는 바로 제때 썰고, 동아는 껍질 벗겨 썰면 빛이 옥처럼 깨끗하다. 고추와 마늘 분량은 각각 식성대로 넣는다. 날이 더울 때 담그면 국이 쉬고 채소는 설어서 좋지 못하니 절인 지 사나흘 만에 하고 방법을 어기지 않아야만 맛이 좋다.

° 꿀과 기름을 섞어 만든 과자로 현재의 약과와 비슷하다.

규합총서

화채 화치

숭어 1마리, 양 100g, 부아 100g, 돼지고기 100g, 천엽 50g, 대하 2마리, 전복 1개, 불린 해삼 1마리, 달걀 2개, 오이 ¼개, 미나리 30g, 표고버섯 4개, 쑥갓잎(또는 국화잎) 조금, 소금 적당량 | **겨자장**: 겨자가루 2큰술, 물 2큰술, 식초 2큰술, 설탕 1큰술, 소금 1작은술 | **초고추장**: 고추장 4큰술, 식초 3큰술, 물 2큰술, 설탕 2큰술, 생강즙 1작은술

1 숭어는 뼈를 바르고 포를 떠서 5cm 길이로 굵게 채 썬 다음 소금을 살짝 뿌려둔다.

2 천엽은 소금으로 주물러 씻고 양은 검은 껍질을 벗겨 씻은 다음 채 썬다.

3 부아와 돼지고기는 삶아서 채 썬다.

4 대하는 쪄서 껍질을 벗기고, 전복은 소금으로 문질러 씻어 데친다. 해삼도 불린 것으로 준비하고 세 가지 모두 어슷하게 저민다.

5 오이는 껍질 부분을 돌려 깎아 굵게 채 썰고 소금을 뿌렸다가 물기를 짠다. 표고버섯도 불려서 채 썬다. 미나리는 연한 줄기만 모아 5cm 길이로 자른다.

6 달걀은 황백으로 나누어 지단을 부치고 채 썬다.

7 숭어, 해물(대하, 전복, 해삼), 육류(천엽, 양, 부아, 돼지고기), 채 썬 채소(오이, 미나리, 표고버섯), 쑥갓 잎에 녹말을 묻혀 넉넉한 양의 끓는 물에 차례로 데쳐낸 다음 찬물에 헹군다. 데칠 때는 한 가지씩 작은 손잡이가 있는 망에 담아 끓는 물에 담갔다 건진다. 채소를 먼저 데치고 육류와 생선은 나중에 데친다.

8 준비한 재료를 큰 접시에 모둠으로 담고 겨자장이나 초고추장을 곁들인다. 초고추장은 분량의 재료를 섞어 만들고, 겨자장은 먼저 겨자가루와 물만 섞어 되직하게 갠 다음 넓은 대접에 얇게 펴 바르듯 담아 따뜻한 곳에 1시간 정도 발효시켰다가 겨자장 재료를 섞어 만든다.

물 좋은 숭어를 얇게 저며 녹말을 묻히고 가늘게 회처럼 썬다. 천엽, 양, 곤자소니°, 부아, 꿩, 대하, 전복, 해삼, 삶은 돼지고기를 모두 얇게 저며 가늘게 채 썬다. 빛 푸른 오이의 껍질을 벗기고, 미나리, 표고버섯, 석이버섯, 파, 국화잎, 생강, 달걀 황백 지단, 고추도 채를 친다. 채소와 고기는 생선과 마찬가지로 녹말을 묻혀 삶되 솥에 넣어 삶으면 복잡하니 한 가지씩 체에 담아 차례로 삶는다. 무채를 곱게 쳐서 연지 물을 들여 삶아 생선, 고기, 채소를 밑에 놓고, 노랗고 흰 달걀, 석이버섯, 대하, 국화잎 썬 것과 붉은 무 채, 생강, 고추 썬 것은 위에 담으면 맛이 청량하고 좋을 뿐더러 보기에 오색이 아롱지고 빛나서 눈에 산뜻하니 3월부터 7월까지 먹는다. 날이 추우면 너무 차갑다.

° 소의 창자 끝에 달린 기름기가 많은 부분.

약포 약포

소고기(우둔) 300g, 잣가루 적당량, 나뭇잎(동백이나 사철나무) 적당량 | **양념:** 진간장 4큰술, 꿀 3큰술, 다진 파 2큰술, 다진 생강 2작은술, 후추 ½작은술

1 고기는 연한 부위로 준비하여 기름기나 힘줄을 모두 제거하고 다진다.

2 고기에 양념을 넣고 한참 치대어서 끈기가 나도록 한다.

3 작고 힘이 있는 반반한 나뭇잎 위에 고기를 얇게 펴서 잎 모양대로 만들고 칼끝을 세워 나뭇가지 모양의 칼집을 넣는다. 여기에 잣가루를 뿌려 말리다가 반쯤 마르면 거둔다.

연한 고기를 기름기 없이 곱게 다지고 굵은체에 손으로 내려 힘줄을 없앤다. 참기름과 달인 장과 파, 생강, 후춧가루를 다진 고기와 한데 섞고 꿀을 조금 뿌려 한참 주물러 섞는다. 넓고 반반한 잎에 꽃전처럼 얇게 펴고 잣가루를 뿌려 반만 말려서 노인 반찬으로 쓴다.

향설고 향설고

배 4개, 생강 300g, 통후추 4큰술, 물 20컵, 꿀 1컵

1 생강을 말끔히 씻어 껍질을 벗기고 얇게 썬다.

2 찬물에 생강을 넣고 매운 맛이 우러나도록 40~50분 정도 끓인 다음 건지는 걸러낸다.

3 배를 8쪽으로 갈라 껍질을 벗기고 씨를 도려낸다.

4 통후추를 씻어서 배에 깊이 박는다.

5 2의 생강 달인 물에 배와 꿀을 넣고 끓인다. 불을 세게 하지 말고 천천히 달여 맑고 붉은빛이 돌 때까지 끓인다.

°배가 신 것일수록 붉은빛이 잘 돈다. 신맛이 덜하고 붉은 빛이 적으면 오미자 우린 물을 조금 탄다.

시고 단단한 문배의 껍질을 벗기고 꿀물을 달게 타서 통노구°에 붓는다. 문배에 통후추를 많이 박고 생강을 얇게 저며 넣어 숯불에 뭉근한 불로 달인다. 빛이 붉고 속속들이 꿀이 들어 씨까지 윤이 나면 쓰되 배가 시어야 빛이 붉고 곱다. 신맛이 적거든 오미자 국물을 약간 치면 좋다. 마른 정과에 곁들이려면 국물을 졸여 간간한 맛이 있게 하고, 수정과를 하려면 덜 졸여 국물을 넉넉히 한다. 계핏가루를 약간 타고 잣을 뿌려 쓴다.

°무쇠나 구리로 만든 솥을 말한다.

윤씨음식법

연대 1854년
저자 미상
소장 윤서석 소장
서지 정보 20×31cm, 75장, 한글 필사본

『윤씨음식법』은 조선 후기 한 가정에서 필사하여 혼인하는 딸에게 물려주던 조리서로 충남 부여의 조씨 댁 후손이 9대째 보관하던 것이다. 『윤씨음식법』이라는 제목도 원래는 『음식법[饌法]』이나 처음 발견한 이의 성씨를 따라 붙인 것이다. 이 책을 처음 발견한 중앙대학교 윤서석 명예교수는 한국 음식 문화의 대가로 손꼽힌다.

책에는 조리법과 함께 음식과 식재료에 대한 정보가 수록되어 있다. 「제과유독」, 「제채유독」, 「음식금기」 등의 소제목 아래에는 독이 있는 과실과 채소류, 금기 음식이 소개된다. 「효도찬합음식」이라는 부분에서는 찬합에 담기 좋은 음식의 종류 및 담는 법이 자세히 기록되었으며 「손님상차림음식」에는 열구자탕 중심의 상차림에 함께 오르는 음식 종류와 조리법도 기록하였다.

책의 마지막 부분에는 "아들딸 선선히 낳아 길러 성혼시킬 때나 벼슬에 등과하고 외지에 부임하여 큰손님을 대접할 때는 이대로 하고, 회갑연, 회혼례 같은 큰 잔치를 할 때의 음식도 이만큼만 하여라"라는 문구가 적혀 있는데, 이를 통해 한 가문의 음식법을 전수하고 식생활 예절을 전승하려 했던 의도를 엿볼 수 있다.

:: 포육다식/광어다식

고기나 생선으로 만든 포를 결대로 잘 부풀려 노인을 위한 반찬이나 안주로 내는 정성스러운 음식이다. 포는 그대로 자르면 질겨서 먹기 힘드니 두들기거나 보푸라기처럼 만들고 꿀과 참기름으로 조미하여 뭉친 다음 다식판에 찍는다. 포로 다식을 하려면 부드러운 보푸라기가 되도록 기름기나 힘줄은 다 발라내야 한다. 다식은 곡물이나 꽃가루에 꿀 반죽을 하여 다식판에 찍는 것을 뜻하지만, 옛날에는 재료와 관계 없이 다식판에만 찍어내면 다식이라 부른 듯하다.

:: 제육느르미

이 책에는 다양한 느르미가 등장한다. 소고기, 낙지, 꿩고기, 제육, 생선, 달걀을 이용한 조리법이 그것이다. 제육느르미는 돼지고기를 얇게 저미고 안에 돼지고기 다진 것을 소로 넣어 말고 기름에 지진 다음 간장물에 끓인 밀가루즙을 뿌려 풀기 있게 만든 음식이다.

느르미는 대부분 마지막에 풀기 있는 즙을 풀어 넣는 방식으로 만들었지만 차차 기름에 지지는 과정이 추가되며 누름적이라는 이름으로 불리게 된다. 이 책에는 '즙 풀어 넣기'와 '지지기'라는 두 가지 방법이 모두 사용되었다.

:: 섭자반

메밀가루를 가는 실이 날 정도로 흐르도록 반죽하여 끓는 기름에 드리워 멍석처럼 만들어내는 독특한 음식이다. 이런 조리 과정은 어느 조리서에도 나오지 않는 특이한 방법이며, 치자, 파래를 넣어 세 가지 색을 내는 등 재미있게 만들고자 했던 노력을 엿볼 수 있다. '자반'은 별미로 즐기는 마른 찬이나 특별한 음식으로 보조하는 반찬을 뜻하지만 섭자반은 간식으로 먹기에도 좋을 만하다.

:: 무선

무가 맛있을 때 아삭한 무 맛이 가장 잘 살도록 만든 채소 요리로, 즉석 초장아찌라고 볼 수 있다. 무를 얇게 썰어 살짝 데치는 것이 아삭함을 주는 요령이다. 양념을 채 썰어 한 켜씩 재우고 초간장을 가득 부어 재웠다가 먹게 하였다. 일반 장아찌보다 쉽게 만들 수 있으며 고기 음식에 잘 어울린다.

포육다식포육다식/광어다식광어다식

염포 200g, 어포 200g | **포 다식 양념:** 꿀 5큰술, 참기름 4큰술, 간장 1작은술, 잣가루 2큰술

1 염포를 가늘게 찢어 절구에 찧고 손으로 비벼 보푸라기를 만든다.

2 어포도 살을 잘게 찢어 절구에 찧어서 보푸라기를 만든다.

3 두 가지 보푸라기에 각각 포 다식 양념을 절반씩 넣고 한참 짓찧어 한 덩이로 만든다.

4 포 반죽을 다식판에 들어갈 만큼 떼어 넣고 엄지손가락으로 꼭꼭 눌러 찍어 낸다. 다식판 구멍마다 먼저 잣가루를 뿌리고 포 반죽을 담아 눌러도 된다.

° 염포는 소고기 안심이나 홍두깨살 등 기름기가 없는 살코기를 얇게 떠서 소금, 꿀, 후춧가루를 넣고 양념하여 주물러 말린다.

° 어포는 비리지 않은 흰 살 생선을 크고 얇게 떠서 소금, 생강즙, 후추, 술을 넣고 양념하여 주물러 펴서 말린다.

포육다식
염포 힘줄은 기름기 있어 해로우니 안심살로 말리고 찧어 건치다식° 박듯이 한다.

광어다식
빛 고운 추광어°° 살을 뜯고 찧어 기름, 장을 넣고 조금씩 맛보아가며 쳐 반죽하고 다식을 박는다. 좋은 강대구를 포 뜬 다음 다식판에 박아도 광어만 못하지 않다. 하얀 눈 같은 추광어를 종이로 싸두어 말려 안팎으로 두드려 제 모양 그대로 보푸라기가 생기게 두드려 가장자리로 힘줄과 속껍질을 베고 모두 도련하여 반듯하게 베어 넣기도 한다.

° 소금에 절여 말린 꿩고기로 만든 다식.
°° 광어포가 바짝 마르기 전에 망치로 두드려 부드럽게 만든 것.

제육느르미 제육느르미

돼지고기(안심) 500g, 두부 100g, 밀가루 4큰술, 부침용 식용유 적당량 | **고기 양념:** 술 1큰술, 생강즙 2작은술, 소금 2작은술, 후추 조금 | **소 양념:** 다진 파 2큰술, 다진 마늘 2작은술, 간장 1큰술, 생강즙 1작은술, 설탕 2작은술, 고춧가루 1작은술, 참기름 2작은술, 후춧가루 조금 | **느르미즙:** 물 1컵, 간장 1작은술, 밀가루 2큰술 | **고명:** 달걀 1개, 파 잎 10㎝, 석이버섯 2개, 고춧가루 1큰술, 잣가루 1큰술

1 돼지고기 400g을 손바닥만 하게 얇게 저미고 잔 칼집을 넣어 편편히 편 다음 고기 양념으로 밑간한다.

2 나머지 돼지고기 100g은 곱게 다지고 두부를 으깨어 섞어서 소 양념을 넣고 한참 치댄다.

3 1의 저민 고기를 펼쳐서 밀가루 칠을 하고 2의 소를 1㎝ 굵기로 길게 올려 만다. 말이의 끝부분은 밀가루 칠을 해서 붙인다.

4 가는 꼬치에 3을 4~5개씩 같이 끼운 다음 식용유를 두른 팬에 속까지 익도록 노릇하게 지져낸다.

5 고기 지졌던 팬에 물 1컵을 붓고 간장 간을 해서 끓이다가 밀가루를 타 걸쭉한 느르미즙을 만든다.

6 달걀은 풀어서 얇게 지단을 부쳐 채 썰고, 파 잎과 석이버섯도 곱게 채 썬다.

7 5의 느르미즙에 꼬치를 하나씩 담갔다가 꺼내어 그릇에 담고 위에 지단채, 파 채, 석이버섯 채를 얹고 고춧가루와 잣가루를 살짝 뿌린다.

꿩고기느르미와 돼지고기느르미는 고기 굵기대로 하되 살짝 두드린다. 난느르미는 달걀을 황백 지단으로 얇게 부친 다음 동아느르미 소처럼 소를 만들어 넣고 싼다. 4~6개씩 함께 꿰어 가장자리를 가지런히 자르고 청·홍·황색 종이로 감는다. 느르미즙은 따로 끓여 끼얹고 후추, 잣가루, 달걀 채와 석이버섯과 표고버섯 채 썬 것을 그 위에 뿌린다. 게 지진 채도 뿌리면 좋다. 생선과 달걀 느르미는 대나무 꼬치에 못 꿰니 가는 밀목에 꿴다.

섭자반 섭좌반

메밀가루 3컵, 물(반죽용) 3컵, 치자 ½개, 물(치자용) 2큰술, 파래 1큰술, 부침용 식용유 적당량,
소금 1작은술

1 메밀가루를 고운체에 친 다음 같은 양의 물에 소금을 타서 소금물을 만들
   어 부으면서 계속 한 방향으로 젓는다. 수저로 위에서 떨어뜨렸을 때 끊어
   지지 않고 가늘게 연이어 흘러내릴 정도로 저어야 한다.

2 치자는 반을 쪼개고 물 2큰술을 부어 노란색이 우러나오도록 둔다.

3 파래는 곱게 가루를 낸다.

4 1의 메밀 반죽을 고운체에 내린 다음 셋으로 나누어 하나는 그대로, 나머지
　는 각각 치자물과 파래가루를 잘 섞어 세 가지 색의 반죽을 만든다.

5 팬에 식용유를 3cm 깊이로 붓고 가열한다. 식용유가 끓어오르면 수저로 반
　죽을 떠서 눈높이로 들고 머리카락처럼 가늘게 흐르도록 하여 지름 3cm 정
　도가 되도록 돌려가며 화전처럼 둥글게 만든다. 여러 개를 한꺼번에 하지
　말고 조심스럽게 두어 개씩 지진다. 떠오르면서 바삭한 기가 생기면 망으
　로 건져 기름을 뺀다.

섭자반은 메밀가루를 고운체에 내리고 소금
물로 개어 숟가락으로 드리워 끊어지지 않을
정도로 한다. 기름을 솟아오르게 끓여 막 끓
어오르면 반죽을 숟가락으로 떠서 가늘게 머
리털처럼 줄기지게 드리워 기름 위에 이어
서 둥글게 서려놓는다. 크기가 꽃전만큼 되
면 대나무 쪼갠 것을 반반히 깎아 두 손으로
들고 가장자리를 마주 잡아 거두어 올려 모
양을 곱게 만들어 지지고 섊자°로 건진다. 함
께 못하여 하나씩 해야 하고 많이 하여 두꺼
우면 좋지 않다. 하얗게도 만들고 치자를 타
서 노랗게도 하고 파래를 말려 섞어 푸르게
도 만들 수 있다.

°튀김 건짐망의 옛말이다.

무선 무우선

무 800g, 대파 흰 부분 80g, 생강 30g, 홍고추 4개, 소금 2큰술 | **재움용 초간장:** 물 2컵, 식초 1컵, 간장 4큰술, 설탕 ½컵, 소금 1큰술

1 무는 8cm 길이로 토막 내고 길이대로 3mm 두께로 얇게 썰어 소금을 살짝 뿌린다.

2 끓는 물에 소금을 조금 넣고 무를 나누어 넣어 살짝 데친 다음 찬물에 헹구고 소쿠리에 건져 물기를 빼둔다.

3 생강, 파 흰 부분, 고추를 가늘게 채 썰어 섞는다.

4 단지에 무를 깔고 3의 채 썬 향신 채소를 뿌린다. 다시 무를 깔고 채소를 뿌리기를 켜켜이 반복하며 차곡차곡 담는다.

5 재움용 초간장 재료를 한데 섞고 끓였다 식힌 다음 4에 붓고 서늘한 곳에 재워두었다가 맛이 배면 먹는다.

좋은 무를 반듯반듯 저며 데치되 너무 무르지 않게 알맞게 데쳐 건진다. 초장을 맛있게 만들어 잣가루, 생강, 파의 흰 밑동, 고추를 가늘게 썰어 무 한 켜, 양념 한 켜씩 켜켜이 담고 초장을 부어 맛이 들면 먹는다.

음식방문

연대 1880년경
저자 미상
소장 개인 소장
서지 정보 20×21cm, 36장, 한글 필사본

『음식방문』은 제목 그대로 음식을 만드는 법을 기록한 책이다. 처음부터 내용을 정해놓고 한 번에 쓴 것이 아니라 80여 종의 음식을 만드는 법과 조리 시 유의사항을 먼저 적었고, 중간중간 염색법과 세탁법, 등불 밝히는 법, 얼룩 제거하는 법 등을 기록하였으며, 마지막에 음식에 관련된 내용이 다시 나온다.

당시 제철이 아닌 계절에는 식품을 수급하기가 쉽지 않았기 때문에 준시(납작하게 말린 감)나 황률 만드는 법, 과일이나 채소 보관법, 포육 말리는 법, 생선을 씻고 저장하는 법 등 식품 가공 저장법 17종이 기록되었다. 더불어 식품의 성질 및 효능, 식품의 독, 섭취 시 금기 사항, 장이나 식초를 담그는 길일 등에 대한 기록도 11가지 소개되었다.

되조미탕이나 임자자반처럼 『음식방문』에서만 볼 수 있는 독특한 음식도 있지만, 내용의 대부분은 『규합총서』나 『주식시의』와 거의 비슷하다.

:: 복어탕(화돈)

복어를 독 없이 손질하여 깨즙을 넣고 곤쟁이젓을 같이 먹도록 만든 특별한 생선국이다. 복어 살에는 독이 없고 간과 알, 피에는 독이 많아서 내장은 물론 가는 핏줄까지 말끔히 없애도록 당부했다. 달군 솥에 참기름을 두르고 복어를 볶은 다음 물을 부어 국물을 끓이도록 한 것이 일반 생선탕 조리법과 다르다. 또 거피한 깨즙을 넣어 같이 먹도록 하고 해독할 수 있는 미나리를 많이 넣도록 했다.

:: 변시만두

'편수'라고 부르는 만두로, 이전에는 중국어 발음 그대로 변시라 한 듯하다. 여름에 만드는 만두로 세 변이나 네 변이 있는 만두피를 맞붙여 빚으므로 둥근 만두피를 반으로 접어 양끝을 붙이는 만두와는 모양새가 다르다. 닭고기를 볶아 잣가루와 합쳐 소를 넣고 닭국에 끓여 먹는 담백하고 고소한 만두이다. 이후에는 호박이나 오이채를 넣어 소를 만드는 것으로 발전하였다. 만두피 반죽을 잘하여 아주 얇게 만들어야 한다고 쓰고 이를 '산승 빚듯'이라고 표현했는데 개피떡을 할 때처럼 반죽을 얇게 밀라는 뜻이다.

:: 임자자반

찹쌀 반죽에 깨를 듬뿍 넣고 간장으로 간하여 찐 다음 얇게 밀어서 기름에 지져 낸 고소한 찬이다. 찹쌀로 만드는 유과와 비슷하지만 단맛이 아닌 간장 간을 한다는 점, 기름에 튀기지 않고 화전 만들듯 지져서 쉽게 만들 수 있다는 점이 다르다. 끈적거리는 찰떡이라 썰 때는 마른 가루를 많이 묻혀야 한다.

:: 장김치

무, 배추, 오이 세 가지 채소에 해물로 전복을 넣고 간장으로 담근 궁중과 반가의 특별한 국물김치이다. 소금으로 담근 김치와는 전혀 다른 맛으로, 늘 해먹거나 한 번에 많이 만드는 김치가 아니라 명절이나 어른들을 모시는 잔치를 할 때 만들어 손님상에 올리는 김치이다. 사시사철 언제든 담글 수 있지만 여름에 담글 때는 오이를 살짝 데쳐 만들라는 요령을 일러두었다. 보통의 장김치는 해물을 쓰지 않으나 『음식방문』에서는 전복까지 넣어 더 고급스런 김치를 만들었다.

복어탕 화돈

복어 2마리(800g), 미나리 100g, 흰깨 ½컵, 물 8컵, 백반 5g, 참기름 1큰술, 소금 조금, 곤쟁이젓(또는 새우젓) 조금

1 복어는 입을 잘라내고 껍질을 벗긴 후 배를 갈라 알은 버리고 피를 깨끗하게 잘 긁어낸다. 수컷의 이리는 따로 떼어둔다.

2 1의 복어를 척추를 따라 쪼개고 뼈에 잔 칼집을 넣어 남은 핏기를 빼고 실핏줄도 모두 긁어낸 다음 토막을 내어 찬물에 여러 번 씻는다.

3 솥을 달구어 참기름을 두르고 토막 낸 복어를 조심스럽게 넣어 한 번 볶은 다음 물을 붓고 끓인다. 해독과 살충 작용을 하는 백반을 한 조각 넣는다.

4 미나리를 다듬어 10㎝ 길이로 손으로 뚝뚝 끊는다.

5 깨를 씻어 볶아서 분마기에 넣고 물을 조금씩 부어 으깬 다음 체에 걸러 깨
   즙을 받는다. 3의 끓는 국에 깨즙을 부어 더 끓이고 소금으로 간한다.

6 1의 따로 남겨둔 이리를 넣고 끓이다가 미나리를 넣고 불을 끈다.

7 그릇에 담아 곤쟁이젓을 곁들여 낸다.

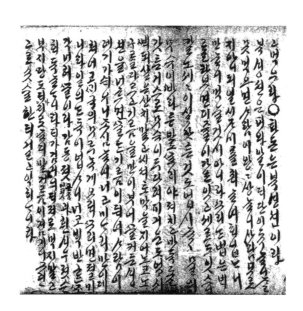

화돈은 복어이다. 복어는 피와 알이 대단히 독해서 잘못 먹으면 사람이 왕왕 상한다. 사람
이 모르지는 않으나 호기심에 화를 입으니 많이 먹을 것은 아니다. 끓이는 법은 배를 갈라
보면 핏줄이 가로로 있고 세로로도 있으니 칼로 세세히 실 같은 것도 없이 하여 물에 많이
빨아 등마루°를 쪼개어 젖히고 바둑돌 같은 것으로 많이 두드려 핏기도 없이 뺀다. 그러나
살은 상하지 말게 하고 씻어서 토막 낸다. 노구를 달구고 기름을 많이 부어 끓이다가 끓거
든 생선을 넣는데 끓는 기름이 튀어 사람이 데기가 쉬우니 조심하여 넣는다. 미나리를 많
이 데쳐 넣고 끓국에 무르녹게 오래 끓이면 아주 맛있다. 이리는 독이 없으니 넣고 백반 한
조각을 넣어 끓인다. 감동젓(곤쟁이젓)과 흰새우젓은 해독을 해준다. 대나무는 검게 될 것
이니 대젓가락으로 먹지 말고 부지깽이도 대나무 가지로 하지 않는다. 그을음이 검게 나기
때문에 솥을 바깥에 걸고 익힌다.

° 척추가 있는 두두룩하게 줄진 곳.

변시만두 변시만두

닭 1마리(1kg), 물 20컵, 파(육수용) 1대, 파(고명용) 적당량, 마늘 6쪽, 생강 1톨, 잣 6큰술, 청장 적당량 | **만두피:** 밀가루 4컵, 소금 2작은술, 물 12큰술 | **만두소 양념:** 다진 파 2큰술, 다진 마늘 1큰술, 간장 1큰술, 참기름 1큰술, 소금 ½큰술, 후춧가루 1작은술 | **초간장:** 간장 2큰술, 식초 1큰술, 물 1큰술, 설탕 ½큰술

1 닭의 내장을 빼고 깨끗이 씻은 다음 물을 부어 파, 마늘, 생강과 함께 푹 삶는다.

2 익은 닭은 건져 살만 뜯어 곱게 다지고 국물은 식혔다 걸러 닭 육수를 만든다.

3 밀가루를 끈기 나게 반죽하여 젖은 면보에 싸두었다가 부드러운 상태가 되면 아주 얇게 밀어서 삼면이 10㎝가 되도록 세모로 자른다. 네모로 만들어도 된다.

4 잣은 다져서 가루를 낸다.

5 닭 살에 만두소 양념을 모두 섞어 주무른 다음 냄비에 볶다가 닭 육수 $\frac{1}{2}$컵을 넣어 촉촉하게 만들고 잣가루를 섞어 만두소를 만든다.

6 3의 만두피에 5의 만두소를 한 수저 올린 뒤 세 귀를 모아 잡고 세 변에 물을 묻혀 아물려 만두를 빚는다.

7 2의 닭 육수에 청장으로 간을 맞추어 끓이다가 빚은 만두를 넣는다. 만두가 떠오르면 어슷하게 썬 파를 넣고 불을 끈다.

8 초간장을 곁들여 낸다.

변시만두는 닭을 백숙하여 살을 곱게 다져 힘줄 없게 하고, 잣가루, 후춧가루, 각색의 양념을 기름장으로 간하여 잠깐 볶는다. 밀가루를 고운체에 치고 반죽하여 산승 빚듯 하고 비치게 민 다음 귀나게 베어 귀로 싼다. 그리고 닭 삶은 물에 삶아 초장을 찍어 먹는다.

임자자반 임즈좌반

찹쌀가루 6컵(600g), 흰깨 2컵, 잣가루 1컵, 진간장 4큰술, 고춧가루 2큰술, 후춧가루 1작은술, 식용유 적당량

---

1 찹쌀가루를 곱게 체에 친다. 5컵은 반죽용으로, 1컵은 덧가루용으로 나눠 둔다.

2 흰깨를 물에 2시간 정도 불렸다가 박박 문질러 씻으며 뜨는 껍질을 버린다. 가라앉은 깨만 밭쳐 물기를 빼고 깊은 팬에 볶아 실깨를 만들고 절구에 빻아 가루를 낸다.

3 잣을 다져서 곱게 가루를 낸다.

4 반죽용 찹쌀가루에 간장을 넣어 손바닥으로 고루 비빈 다음 실깨가루, 잣가루, 고춧가루, 후춧가루를 함께 섞는다.

5 찜통에 젖은 보를 깔고 4의 쌀가루를 넣고 30분 정도 찐 다음 절구나 양푼에 담아 방망이로 한참 쳐서 한 덩이로 만든다.

6 덧가루용 찹쌀가루를 도마에 고르게 뿌린 다음 찐 떡을 올리고 다시 찹쌀가루를 덮어 2mm 두께로 민다.

7 6을 2.5×3cm 크기로 네모나게 썰고 채반에 넣어 말린다.

8 떡이 꾸덕꾸덕하게 마르면 팬에 식용유를 넉넉히 두르고 지진다.

찹쌀가루를 곱게 체에 쳐 전병 반죽만큼 반죽한다. 껍질 벗긴 깨를 볶아 듬뿍 넣고 검은 간장을 알맞게 치고 후추, 고추 이 세 가지를 다 곱게 가루 내어 조금씩 잣가루와 잘 섞어서 찐다. 매우 익게 하여 분가루를 놓아가며 얇게 밀고 썰어 전 지지듯이 한다.

장김치 장김치

애오이 4개, 무 400g, 배추 400g, 전복(또는 조갯살) 2개, 마른 청각 10g, 마늘 1통, 홍고추 1개, 생강 20g, 대파 흰 부분 2대, 진간장 3컵, 물 3컵, 설탕 1큰술, 소금 1큰술

1 오이를 소금물에 잠깐 데쳐내어 3cm 길이로 도톰하게 썰고 소금에 절인다.

2 무는 2.5×3cm 크기에 두께 0.5cm로 자르고 배추도 같은 크기로 잘라 진간장을 부어 1시간 정도 절인다.

3 전복은 끓는 물에 살짝 데치고 살을 분리하여 도톰하게 편으로 썬다.

4 청각은 불려서 3cm 길이로 자른다. 파는 3cm 길이로 채 썰고, 마늘과 생강, 고추도 곱게 채 썬다.

5 절인 무와 배추를 건져 소쿠리에 올려 물기를 빼고 절였던 간장 남은 것에 물을 타서 김치 국물을 만든다.

6 절인 무, 배추, 오이에 전복, 청각을 섞고 소금, 설탕으로 간을 맞춘 다음 채 썬 파, 마늘, 생강, 고추를 버무려 단지에 담고 누름돌로 누른다. 여기에 5의 김치 국물을 붓고 익힌다.

여름에는 어린 오이를 잠깐 데쳐 무와 배추, 이 세 가지를 장에 절여 숨을 죽인다. 숨이 죽거든 파, 생강을 썰어 생복이나 전복을 넓게 저미고 마른 청각, 마늘, 고추 양념을 켜켜이 올린다. 그리고 좋은 지령과 꾸미를 많이 넣어 다져 누르고 물을 알맞게 타 부어 익힌다. 전복이 없으면 조개를 혀만 베어 대신 넣어도 좋다.

주식시의

연대 1800년대 말
저자 연안 이씨
소장 대전선사박물관
서지 정보 14.5×25cm, 40장, 한글 필사본

은진 송씨 동춘당 송준길 가의 후손들에 의해 전해진 한글 필사본으로, 술을 만드는 법이 기록된 『우음제방』과 함께 전해졌다. 필사기나 서문, 필사자에 관한 기록은 전혀 없지만, 송준길의 후손인 지돈령부사 송영로의 부인 연안 이씨가 처음 기록한 것으로 보이며, 1800년대 중후반에 저술을 시작한 것으로 판단된다. 처음 쓴 이는 연안 이씨지만 이 책을 보완하고 다채롭게 꾸민 것은 후대의 며느리들이다. 연안 이씨 사후에도 며느리들이 대를 이어 『주식시의』를 가필하고 증보했다. 책을 펼쳐보면 다양한 글씨체를 만날 수 있는데, 이것이 바로 가필의 흔적이다.

『주식시의』에는 주식류, 찬물류, 병과류 및 음청류, 주류 등 음식을 만들고 재료를 다루는 법 95가지가 기록되었는데 열구자탕, 완자탕, 금중탕, 숭어찜, 붕어찜, 연계찜, 어채 등의 찬물류와 약식, 두텁떡, 승검초단자, 약과 등 병과류는 1800년대 궁중 의궤에 기록된 음식과 중복된다. 동춘당 송준길은 왕실과 매우 관련이 깊은 사람이었다. 조선 후기 왕비들이 대부분 그의 외손이라 할 정도여서 자연스럽게 궁중과 서로 음식 교류가 있었으리라 추측된다.

:: 요기떡

볶은 찹쌀가루와 다진 대추, 삶은 밤, 계핏가루, 생강가루를 한데 섞어 꿀로 반
죽하고 다식판에 박거나 만두과 모양으로 만든 다음 꿀에 재웠다가 잣가루를
묻힌 음식이다. '요긔떡 찬합소입'이라는 제목으로 기록하였으며, 찬합에 넣고
행차할 때 쓴다고 하였다. '요긔'는 요기(療飢)를 뜻하는 말로 시장기를 면할 정
도로 조금 먹는 것, '찬합소입'은 찬합에 넣을 수 있는 것을 말하니, 찬합에 담
아 외출할 때 들고 나가 출출하면 꺼내 먹는 음식이란 말이다.

:: 죽순채

죽순에 다진 소고기, 꿩고기, 표고버섯, 석이버섯을 갖은양념으로 버무리고 밀
가루를 섞어 볶은 음식이다. 옛날에는 죽순을 말리거나 아주 짜게 절여 썼다.
이 책에는 '먼 곳에서 오는 것은 물에 오래 담갔다 쓴다'라고 쓰여 있는데 죽순
의 산지로 유명한 남쪽 지역에서 온 것은 상하지 않도록 염장한 상태이기 때문
에 짠맛을 빼기 위해 물에 오랫동안 담가 쓰라고 한 것으로 보인다.

:: 도라지쩜

도라지는 예부터 무척 많이 쓰던 채소인데 생것보다는 말려서 쓰는 경우가 많
다. 도라지쩜은 굵은 도라지를 삶아 간장으로 간하고 반으로 갈라 납작하게 두
드린 다음 소고기 양념한 것을 소로 넣고 덮어 다시 도라지 모양으로 만든 뒤
밀가루와 달걀을 묻혀 지진 요리다. 이렇게 만든 도라지쩜을 갈비쩜에 넣거나
조치로 끓여 쓰는 방법도 소개하였다.

:: 호박나물술안주

어린 호박을 둥글게 썰어 볶다가 반쯤 익으면 새우젓국과 고추, 파 등으로 양념
한다. 요즘에도 반찬으로 많이들 애용하는 요리다. 돼지고기나 소고기, 송이버
섯을 부재료로 더 넣으면 좋다고 하며, 술안주로 극품(極品)이라고 소개하였다.

요기떡 요긔썩

찹쌀 2컵, 밤 10개, 대추 ½컵, 꿀 3큰술, 계핏가루 1작은술, 생강가루 ½작은술

1 찹쌀을 깨끗이 씻어 물기를 뺀 다음 마른 팬에 볶아서 가루로 만든다.

2 밤을 삶아 뜨거울 때 체에 내려 고물을 만든다.

3 대추는 씨를 빼고 다진다.

4 손질한 밤고물과 대추를 냄비에 넣고 꿀을 1큰술 섞어 주걱으로 개면서 되 직하게 조려낸 후 식힌다.

5 1의 볶은 찹쌀가루에 꿀 1큰술을 넣고 고루 비빈 후 4와 계핏가루, 생강가 루를 섞어 한 덩이가 되도록 오래 반죽한다. 반죽이 단단하면 꿀을 조금씩 넣으면서 농도를 맞춘다.

6 반죽을 작게 떼어 다식판에 찍거나 송편 모양으로 빚은 다음 가장자리를 집어 누르고 새끼 꼬듯 꼬아 붙여 만두과 모양으로 빚는다.

찹쌀을 볶아 가루로 만들고 살이 두꺼운 대추의 씨를 발라 다진다. 밤은 살이 많은 것으로 삶아 새옹°에 꿀을 치고 조려 작작 갠다. 찹쌀가루와 대추 다진 것, 밤 갠 것, 계피, 말린 생강가루를 한데 넣어 꿀반죽을 한다. 반죽을 뭉치기 좋을 만큼 절구에 찧어 다식판에도 박고 만두과 모양으로도 만든다. 꿀을 발라 재울 때 잣가루를 묻혀 찬합에도 넣고 먼 길 갈 때도 쓴다.

°놋쇠로 만든 작은 솥.

죽순채 죽순치

삶은 죽순 300g, 소고기 30g, 꿩고기 30g, 표고버섯 2개, 석이버섯 2개, 참기름 1작은술 | **고기·버섯 양념:** 청장 2작은술, 다진 파 2작은술, 다진 마늘 1작은술, 다진 생강 조금, 깨소금 1큰술, 참기름 1작은술, 후춧가루 조금 | **죽순 양념:** 참기름 2작은술, 깨소금 1큰술, 소금 1작은술 | **밀가루즙:** 밀가루 2큰술, 물 4큰술

1 삶은 죽순을 4~5cm 길이로 얇게 썰어서 물에 헹궜다 건진다.

2 소고기와 꿩고기를 굵게 다진다.

3 표고버섯은 불려서 기둥을 뗀 다음 채 썰고, 석이버섯도 손질하여 채 썬다.

4 죽순을 소금과 깨소금, 참기름으로 양념하여 팬에 볶는다.

5 다진 고기와 채 썬 버섯을 고기·버섯 양념으로 버무린 다음 참기름을 넉넉히 두른 냄비에 볶는다.

6 5에 4의 죽순을 넣고 같이 볶다가 밀가루즙을 붓고 고루 저어 마무리한다.

죽순을 물에 담갔다가 고기와 살이 단단한 꿩고기를 많이 다져 넣고 표고버섯, 석이버섯, 갖은양념에 참기름을 넉넉히 두르고 밀가루 약간을 물에 개어 넣고 볶아서 쓴다. 먼 곳에서 오는 죽순은 물에 오래 담갔다가 쓴다.

도라지찜 도랏찜

통도라지 10개, 소고기 100g, 밀가루 조금, 달걀 2개, 식용유 적당량 | **도라지 양념:** 간장 1큰술, 참기름 1큰술 | **고기 양념:** 간장 1큰술, 다진 파 2작은술, 다진 마늘 1작은술, 깨소금 2작은술, 참기름 1작은술, 후춧가루 조금 | **장국:** 표고버섯 3개, 다시마 8cm, 물 3컵, 청장 조금 | **밀가루즙:** 밀가루 1큰술, 장국 4큰술

1 굵은 도라지를 세로로 반 갈라 삶고 물에 하룻밤 담가두어 쓴맛을 우려낸다.

2 도라지를 건져서 물기를 없애고 3~4cm 길이로 썰어 도라지 양념으로 주물러 양념한다. 이것을 채반에 널어 잠깐 물기를 걷은 후 칼등으로 자근자근 두드려 납작하게 만든다.

3 소고기는 다져서 고기 양념으로 버무린다.

4 도라지 한쪽 면에 밀가루를 발라서 잘 털고 3을 얇게 붙인 다음 도라지를 마주 덮어 원래의 통도라지 모양을 만든다.

5 4에 밀가루를 입히고 달걀 푼 물에 담갔다 식용유를 두른 팬에 전처럼 지진다.

6 다시마와 표고버섯은 한입 크기로 잘라 물 3컵을 붓고 끓이다가 청장으로 간을 하여 장국을 만든다.

7 장국 4큰술을 따로 덜어내어 밀가루를 풀고 밀가루즙을 만든다.

8 장국에 5를 넣고 끓이다가 7을 풀어 넣고 잠깐 더 끓였다 낸다.

굵은 도라지를 삶고 물에 담가 우려 물기 없이 짠다. 간장을 뿌려 간간하게 주무르고 칼등으로 두드려 납작납작하게 하여 고기를 두드려 볶는다. 각색 양념, 수장°으로 간을 맞추고 볶은 고기를 반 가른 도라지 사이에 넣고 마주 덮어 다시 통도라지 모양으로 만든다. 밀가루를 묻히고 달걀을 묻혀 부친다. 갈비찜에도 넣어 쓰고 반상에 조치°°로 쓰려면 장국에 꾸미를 넣어 끓인 뒤 도라지 부친 것을 토막 지어 넣으면 된다. 또 조치로 쓰려면 표고버섯과 다시마 반듯하게 썬 것을 끓이다가 밀가루즙을 간하여 생강, 파, 양념을 넣고 후춧가루, 잣가루를 뿌려서 쓴다.

° 묽은 된장을 말한다.
°° 바특하게 끓인 찌개나 찜.

호박나물술안주 호박나물술안쥬

애호박 2개, 돼지고기 50g, 소고기 50g, 표고버섯 2개, 파 1대, 홍고추 1개, 새우젓 2큰술, 참기름 1큰술 | **고기 · 버섯 양념:** 다진 마늘 1큰술, 청장 1큰술, 참기름 1작은술, 깨소금 2작은술, 후춧가루 조금

1 애호박을 5mm 두께로 둥글게 썬다.

2 돼지고기는 저며 썰고 소고기는 다진다. 표고버섯은 채 썰어 모두 고기 · 버섯 양념으로 양념한다.

3 파와 고추는 굵게 다진다.

4 냄비에 참기름을 두르고 호박을 볶다가 2의 고기와 표고버섯을 넣고 함께 볶는다.

5 고기가 익으면 물을 조금 붓고 뚜껑을 덮어 반숙으로 익힌다.

6 새우젓으로 간을 맞추고 다진 파와 고추를 넣어 한 번 더 익힌다.

어린 호박을 동글게 썰고 볶는다. 기름 조금 붓고 호박을 넣고 물 조금 치고 솥뚜껑을 급히 덮고 불을 때어 반숙이 되도록 저어 반만 익거든 새우젓국을 치고 파, 고추, 양념을 갖추어 넣는다. 돼지고기를 저며 넣고 소고기는 두드려 넣으면 좋다. 젓국이 없거든 새우젓도 넣는다. 호박이 무르거든 술안주로 내면 극품이고 송이버섯도 넣으면 좋다.

이씨음식법

연대 1800년대 말
저자 미상
소장 개인 소장
서지 정보 한글 필사본, 총 24장

한 종갓집에서 전해 내려온 책으로 부녀자들이 직접 만들어보고 나중에 참고하거나 며느리에게 전해주기 위해 글로 남겨둔 것이다. 원래 제목은 『음식법』이지만 조선시대 조리서 중 같거나 비슷한 이름의 책이 워낙 많아 혼란을 피하기 위해 소장하고 있던 가문의 성씨를 따 『이씨음식법』이라 칭했다.

음식에 관한 내용은 모두 53종으로 그중에서 술에 관한 것이 15종, 국수에 관한 것이 4종, 찬물 14종, 떡과 한과가 18종, 화채와 차가 2종이다.

『이씨음식법』의 음식은 그 명칭이 일반적인 조리 방법과 맞지 않는 것이 꽤 많다. 비슷한 시기에 편찬된 『음식방문』(1800 중엽)에는 금중탕이 살찐 닭을 무와 박고지와 함께 오래 고은 것으로 기록되어 있는데, 이 책의 금중탕은 이름과 달리 제육전을 부치는 설명만 나와 자세한 설명이 누락된 것으로 보인다.

느르미의 조리법도 조금 달라졌다. 여기에 소개된 느르미는 『음식디미방』에 기록된 것처럼 밀가루즙을 끼얹어 만드는 방법이 아니라 구워서 꼬치에 끼우는 것으로 소개된다. 느르미가 점차 누름적의 형태로 변화하는 것을 확인할 수 있다.

:: 도미쩜

도미에 초고추장과 달걀을 발라 석쇠에 굽고 다시 갖은 채소와 함께 육수에 끓여 먹는 음식으로 그 장국에 국수를 곁들여 먹을 것을 권하였다. 생선을 끓이기 전에 먼저 구워서 단단하고 부스러지지 않을 뿐만 아니라 풍미가 더하도록 조리한 것이다. 궁중 음식중 도미면과 비슷하다.

:: 게장편

'편'이라는 말이 붙은 조리법은 떡이나 고기를 편편히 만들고 썰어서 조각낸 것을 뜻하는데 이 책의 게장편은 게살과 내장을 모아서 달걀에 풀어 양푼에 담아 쪄낸 알쩜을 편으로 썰었다. 게 손질법, 게 집게발의 살까지 찧고 걸러 알뜰하게 쓰는 법도 일러두었다. 예전에는 가마솥 밥의 뜸을 들일 때 양푼을 넣어 중탕하는 법으로 쩜을 하였다. 또 꽃게를 싱싱한 채로 쓰기가 힘들어서 게 요리는 거의 민물게인 참게로 만들었다. 참게는 꽃게보다 살은 적지만 내장과 알이 많아 익으면 주황빛이 나서 알쩜이 더욱 먹음직스럽게 보인다.

:: 소합병

찰떡에 꿀팥소를 넣고 고물을 뿌려 하나씩 낱개로 떨어지게 만든 떡이다. 궁중 음식 중에는 소를 넣고 합의 뚜껑을 덮듯이 안친다 하여 두텁떡 또는 합병이라 부르는 떡이 있는데, 궁중의 떡을 반가에서 모방하여 만든 것으로 보인다. 합병은 일일이 찹쌀가루 한 수저 놓고 소를 올리고 다시 찹쌀가루를 덮고 팥고물을 뿌려 쪄는 떡이지만 『이씨음식법』에서는 한지를 깔고 한 개씩 안치는 등, 조금 쉽게 만드는 법을 제안한다. 이 떡은 팥고물에 꿀, 계핏가루, 후춧가루를 넣고 한참 볶아서 쓰므로 떡고물이 잘 쉬지 않는다.

:: 알느르미

달걀을 부쳤다하여 알느르미로 이름 붙였다. 달걀 푼 것에 다진 고기를 많이 넣고 두툼하게 부쳤다 가름하게 썬 다음 다시 황백 지단으로 말아서 꼬치에 꿴 음식이다. 두툼하게 부치는 것이라 불 조절을 제대로 하지 않으면 고기는 설익고 달걀은 타는 수가 있어서 약한 불로 천천히 익혀야 한다. 지금은 달걀 푼 것에 파나 버섯을 넣고 둘둘 말아 지지는 달걀말이로 바뀌었다.

도미찜_{도미찜}

도미 1마리, 숙주 100g, 미나리 100g, 무 200g, 삶은 국수 4사리, 고기 장국 6컵 | **구이 기름장:** 참기름 2큰술, 소금 1작은술 | **구이 양념장:** 고추장 2큰술, 식초 1큰술 | **나물 양념:** 청장 1큰술, 다진 파 1큰술, 다진 마늘 2작은술, 참기름 2작은술, 소금 1작은술,

1 도미는 비늘을 긁어내고 배를 갈라 내장을 뺀다. 앞뒤로 어슷하게 칼집을 넣고 소금을 뿌려두었다가 물기를 닦아낸다.

2 참기름에 소금을 섞은 기름장을 손질한 도미에 바르고 은근한 불로 먼저 한 번 굽는다.

3 고추장에 식초를 갠 양념장을 구운 도미에 바르고 타지 않게 앞뒤로 더 굽는다.

4 숙주는 아래위의 지저분한 것을 떼어 다듬고, 미나리는 잎과 뿌리를 다듬어 각각 끓는 물에 데친다. 무도 4~5cm 길이로 굵게 채 썰어 끓는 물에 데친다. 손질한 숙주, 미나리, 무를 나물 양념으로 무친다.

5 굽이 낮은 큰 냄비의 가운데에 생선을 놓고 그 옆에 채소를 담은 뒤 고기 장국을 부어 끓인다.

6 충분히 끓으면 건지는 건져내어 먼저 먹고, 장국을 더 보충하여 끓이면서 삶을 국수를 풀어 데워 먹는다.

° 원문대로 고추장을 발라 구운 다음 달걀을 발라 다시 구우면 달걀이 잘 안 묻고 타 버려서 모양이 좋지 않아 재현에서는 생략하였다. 달걀을 쓴다면 밀가루를 먼저 바르고 달걀을 입혀 구워야 한다.

싱싱한 도미의 비늘을 긁어내어 깨끗이 씻고 좋은 초와 고추장을 개어 기름을 발라 석쇠에 굽는다. 익은 후 달걀을 씌워 지져내어 큰 냄비에 담아 팔팔 끓인다. 장국에 국수를 토렴하고 도미를 삶아 채소를 섞어 갖은양념을 하여 먹는다.

게장편^{게장편}

꽃게 2마리(또는 참게 4마리), 달걀 4개, 소금 1큰술, 참기름 조금 | **양념:** 다진 파 2큰술, 다진 마늘 2작은술, 깨소금 2작은술, 참기름 1큰술

1 게는 솔로 깨끗이 문질러 씻고 딱지를 뗀 다음 장과 살을 모두 긁어낸다. 다리 살도 발라둔다.

2 살을 발라내기 힘든 다리는 짧게 잘라 절구에 오래 찧고 물을 섞은 다음 고운체에 내린다.

3 2의 게 다리 거른 물과 1의 게살과 장을 양념 재료와 함께 섞는다.

4 달걀을 깨어 소금 간을 하고 흰자와 노른자가 잘 섞이도록 푼 다음 반만 덜어 3의 게장에 섞는다.

5 양푼에 참기름을 바르고 4를 붓는다. 그 위에 남은 달걀을 부어 중탕으로 익힌다.

6 뜨거운 그릇을 그대로 올리거나 한 김 식힌 후 뒤집어 쏟고 편으로 썰어 담아낸다.

장이 가득 찬 게의 딱지를 떼어 속을 모두 긁어내고 게 집게와 발은 절구에 찧어서 걸러 양념하여 섞는다. 양푼에 기름을 두르고 달걀을 깨어 잘 풀어 거른 것과 장을 섞는다. 이것을 양푼에 부어 펴고 그 위를 달걀로 덮어 중탕하여 익거든 네모지게 썬다.

소합병 소함병

찹쌀 5컵, 소금 1큰술, 거피팥 2컵, 대추 12개, 밤 8개 | **찹쌀 반죽 꿀물:** 꿀 3큰술, 물 3큰술 | **팥고물 양념:** 꿀 2큰술, 계핏가루 1큰술, 소금 1작은술, 후춧가루 1작은술 | **꿀소 양념:** 꿀 2큰술, 후춧가루 조금

1 찹쌀을 불린 뒤 소금과 함께 빻고 체에 내려 가루를 만들고 찹쌀 반죽 꿀물로 반죽한다.

2 거피팥을 물에 5시간 불렸다 말끔히 비벼 씻고 찜통에 푹 찐다. 찐 팥을 으깨고 굵은체에 내려 고물을 만든다.

3 달군 팬에 2를 볶다가 붉은색이 돌면 팥고물 양념을 넣고 잠깐 더 볶는다.

4 3을 1컵 덜어내어 고물용으로 남겨두고 나머지에 꿀소 양념을 섞어 한 덩어리로 뭉친다.

5 1의 반죽을 2cm 두께로 반반하게 펴고 3×4cm로 네모나게 자른다.

6 팥소를 5의 반죽 크기에 맞추어 떼어내고 반죽 윗면에 도톰하게 붙인다.

7 밤과 대추를 반듯반듯하게 썰어 팥소 위에 꼭꼭 눌러 박는다.

8 떡 하나가 올라갈 만한 크기의 한지에 기름을 바르고 4에서 덜어낸 보슬보슬한 팥고물을 뿌린 다음 떡 반죽을 올려 찜통에 30분 이상 찐다. 흰 가루가 보이지 않을 정도로 익으면 꺼낸다.

찹쌀가루를 꿀물에 반죽하고, 꿀소에 후추를 갈아 넣고 네모지게 잘라서 밤, 대추 고명을 반듯하게 썰어 박는다. 팥을 불렸다 볶아 후추, 계핏가루 넣고 꿀과 섞는다. 백지를 깔고 쪄내어 칼로 잘라서 쓴다.

알느르미 알느름이

꿩고기 150g, 소고기 150g, 달걀 5개, 식용유 적당량, 소금 조금 | **고기 양념:** 다진 파 3큰술, 다진 생강 1작은술, 잣가루 2큰술, 간장 1작은술, 소금 2작은술, 후춧가루 ½작은술

1 꿩고기와 소고기 연한 살을 다져 고기 양념으로 버무린 다음 달걀 2개를 풀어 넣고 고루 저으며 섞는다.

2 식용유를 두른 팬에 1의 반죽을 붓고 1cm 두께로 판판하게 만들어 약한 불에서 뚜껑을 덮어 익힌다.

3 지져낸 고기를 1.5cm 폭의 막대 모양으로 길게 썬다.

4 달걀 3개를 황백으로 나누어 소금 간을 한 후 잘 풀어서 지단 부치는 것처럼 팬에 붓고 바로 3을 위에 올려 끝에서부터 말아 감는다.

5 4~5cm 길이로 잘라 꼬치에 3개씩 끼운다.

달걀을 많이 깨어 푼 것에 꿩고기, 소고기, 파, 생강, 잣을 짓두드려 넣고 도톰하게 부쳐내어 소를 만든다. 달걀 황백을 각각 부쳐내어 반듯하게 썰어 소를 넣고 말아 꼬치에 꿰어 쓴다.

시의전서

연대 1800년대 말
저자 미상, 심환진 옮김
소장 개인 소장
서지 정보 17×24.7cm, 총 77장, 한글 필사본

『시의전서』는 저자와 연대를 확실히 알 수 없는 한글 필사본이다. 이 책은 1919년 심환진이 상주군수로 부임하여 그곳의 반가에 소장 중이던 요리책을 빌려서 상주군청의 괘지에 필사한 것이다. 심환진이 필사한 시기는 1919년경이지만 원본은 1800년 말엽에 편찬된 것으로 여겨진다.

이 책은 「음식방문」 상하 2권 1책으로 이루어졌다. 상권은 장, 김치, 밥, 미음, 원미, 죽, 응이, 찜, 선, 탕, 신선로, 회, 면, 만두, 전골, 간납(전유어), 구이, 포, 장육, 나물, 조치, 잡법, 약식, 화채로 구분하였고, 하권은 정과, 편, 조과, 생실과, 당속, 약주, 마른안주, 제물(祭物), 두부, 묵, 나물, 쌈, 엿, 감주, 찬합 넣는 법, 젓갈, 자반, 건어류, 생선류, 천어 잔생선 조리법, 채소, 염색, 서답법, 반상 도식으로 분류하여 기록했다.

음식명은 한자와 한글을 병기하였고, 감주와 식혜의 차이 등 부수적인 설명도 기록했다. 조리법별로 구체적으로 분류하여 음식을 정리하였고, 음식의 가짓수도 아주 많으며 만드는 법도 비교적 상세히 기록했다. 경상도 사투리가 자주 쓰이는 것으로 미루어 보아 당시 유력한 경상도 지역 양반집 음식 조리법으로 짐작된다.

책의 맨 뒷면에 기입된 반상 도식에는 오첩, 칠첩, 구첩의 반상 차림과 곁상으로 전골상이 딸린 술상, 신선로상과 입맷상을 차리는 반배도가 나온다.

원반에 차린 구첩반상에는 밥과 국이 놓이고 가운데에 생선조치, 양조치, 맑은 조치가 있다. 작은 종지에는 간장, 겨자, 초장이 놓였다. 반찬은 아홉 가지로, 고기구이, 생선구이, 쌈, 나물, 회, 수육, 전유어, 자반, 젓갈이 놓였으며 여기에 찬과 김치가 추가로 구성되었다. 칠첩반상은 구첩반상에서 조치 한 가지와 반찬에서 구이 한 가지, 전유어가 빠진 것이다. 오첩반상은 칠첩반상에서 조치 한 가지와 쌈과 회 두 가지, 찬과 겨자가 빠진 차림이다. 술상에는 마른안주와 진안주, 김치가 오르고, 정과와 생실과는 왼쪽에 놓인다. 곁상인 전골상에는 전골의 재료가 되는 나물, 날계란, 기름 종지와 장국 등을 올렸다. 혼례 또는 회갑 잔치가 진행되는 동안 축하받는 당사자들이 시장하지 않도록 따로 마련한 상을 입맷상이라 하는데 보통 국수가 주식이며 찬품으로 수육, 전유어, 수란, 탕평채를 올리고 찜과 장김치, 초장을 곁들인다. 이 책은 상차림별 음식 구성과 배치가 자세하게 기재되어 조선 후기 상차림 연구에 유용하다.

『시의전서』는 현존하는 옛날 음식 책 중 다양한 음식이 가장 잘 분류되어 정리된 책이다. 이 책은 근대 이후 음식이 변화되기 이전인 조선 말엽의 전통 음식을 살펴볼 수 있는 귀중한 사료로 평가된다.

:: 삼합미음

홍합, 해삼, 소고기를 찹쌀과 함께 푹 고아서 체에 걸러 만든 미음이다. 미음은
죽보다 훨씬 묽은 농도이며 노약자의 원기나 영양을 보충해주는 음식이다. 『시
의전서』에는 3년 묵은 장을 넣어 먹으면 노인과 어린이의 원기를 크게 보하고
병든 사람에게 유익하다고 하였다.

:: 장국밥

맛있고 질긴 부위의 소고기를 오랫동안 끓여 고깃국으로 만들고 밥을 말아 먹
는 국밥이다. 한 그릇에 영양을 고루 취하도록 소고기를 삶은 물은 국물로, 삶
은 고기는 건지로 쓰고 무와 삼색 나물을 얹어 먹도록 했다. 제사 후 음복 때 상
차리는 번거로움 없이 간단히 먹던 데서 유래한 것으로 보인다. 다진 고기를 구
워 단장(꿀을 넣어 달게 만든 간장)에 조린 약산적을 고명으로 더 넣으면 한결 맛있
는 국밥이 된다.

:: 호박문주

문주(紋珠)는 현재 쓰이지 않는 조리법으로 수증기로 찌는 음식을 뜻한다. 지금
의 선(膳)과 비슷하다 할 수 있으며 채소나 생선 등에 고기소를 넣고 쪄내어 초
간장에 찍어 먹는 음식이다. 궁중 연회식 의궤에는 1892년, 1901년, 1902년 연
회에 생선문주, 동과문주가 나타난다. 『시의전서』의 호박문주는 궁중 음식이
반가에 영향을 준 것으로 보인다.

:: 탕평채

매끄럽고 말갛게 비치는 녹두묵을 산뜻하게 즐기는 봄철 계절 음식이다. 아삭
하게 섭히는 숙주나물과 푸른빛의 미나리, 양념한 고기볶음을 무쳐 맛을 돋우
도록 하였다. 재료로 백·흑·청·홍·황의 오방색이 고루 쓰이고 양념으로 짠
맛·단맛·신맛·매운맛·고소한 맛의 오미가 모두 쓰여 치우침 없이 고루 어
우러졌다는 뜻을 가졌다.

::매작과

밀가루 반죽을 얇게 밀어서 하나씩 집어 먹기 쉽게 만든 유밀과이다. 칼집을 넣고 뒤집으면 틀어진 모양이 리본처럼 되는데 기름에 튀겼을 때 부풀어 올라 더 예쁘게 만들어진다. 꿀에 담갔다가 잣가루와 계핏가루를 뿌려서 내는 고소하고 향이 좋은 과자이다.

::만두

메밀가루로 만두피를 만들고, 소, 돼지, 꿩, 닭고기에 삶은 채소와 김치, 두부를 섞어 소를 만들어 빚은 만두이다. 당시에는 밀가루보다 메밀가루가 면이나 만두피로 많이 쓰였다. 메밀은 구수한 맛은 있으나 끈기가 생기지 않는 단점이 있어 끓는 물로 익반죽해야 말랑말랑해진다. 날반죽을 할 때 연한 두부를 넣는다는 점이 특이하다.

::갈비찜

잘게 썬 갈비에 소 내장인 양, 부아, 곱창과 함께 무, 버섯, 감칠맛을 더하는 다시마까지 넣고 갖은양념을 하여 무르게 끓여낸 고기찜이다. 고기가 주재료이지만 채소를 넉넉히 넣어 서로의 맛을 돋우도록 했다. 달걀지단으로 황백, 석이버섯으로 검정, 미나리로 청색 고명을 써 음식을 돋보이게 하였다.

::붕어찜

예부터 붕어는 오장을 보하고 소화가 잘되도록 하며 장을 튼튼히 하므로 가정에서 약선 음식을 만들 때 쓰는 훌륭한 식재료였다. 붕어찜은 붕어의 등을 갈라 고기소를 채우고 은근한 불로 오랫동안 끓여 찜처럼 먹는 음식이다. 붕어의 비린내도 없애고 가시도 부드럽게 하려고 백반과 식초를 조금 사용하는 것이 특이한 점이다. 마지막에 녹말물과 달걀 줄알을 쳐서 더욱 부드럽게 하였다.

삼합미음 숨합미음

마른 해삼 1개, 마른 홍합 8개, 소고기(우둔) 200g, 찹쌀 1컵, 물 4ℓ, 진장 적당량

1 찹쌀은 물에 불려둔다.

2 해삼을 불리고 깨끗이 씻어 1cm 폭으로 작게 자른다.

3 마른 홍합은 씻은 다음 방망이로 찧고 물을 부어 불린다.

4 깊은 냄비에 해삼, 홍합을 넣고 소고기는 5~6토막으로 잘라 넣어 2시간 이상 푹 곤다. 압력솥을 이용하면 재료들이 쉽게 물러 시간이 단축된다.

5 4의 재료가 무르면 불린 찹쌀을 넣고 쌀알이 퍼지도록 끓인다.

6 5를 체에 받쳤다가 다시 따뜻하게 데워 그릇에 담고 진장을 타서 간을 맞춘다.

북도 지방 해삼을 깨끗이 씻어 검은빛을 없애고, 동해 홍합은 털을 없애고 깨끗이 씻어 큰 탕관에 안친다. 기름기 없는 소고기를 큰 덩어리째로 같이 넣어 물을 붓고 숯불에서 곤다. 다 무르면 찹쌀 1되를 넣어 미음으로 끓여 체에 밭친다. 3년 묵은 장을 타 먹으면 노인, 아이, 병자에게 좋다.

장국밥 쟝국밥

소고기(양지머리) 600g, 물 6ℓ, 무 300g, 고사리 150g, 도라지 150g, 숙주 150g, 풋배추 150g, 대파 1대, 청장 2큰술, 식용유 적당량, 밥 4공기, 고춧가루 조금, 후춧가루 조금 | **고기 · 무 양념:** 청장 1큰술, 다진 마늘 2작은술, 참기름 1작은술, 후춧가루 조금 | **나물 양념:** 다진 파 2큰술, 다진 마늘 1큰술, 청장 3큰술, 참기름 2큰술, 깨소금 1큰술, 소금 1큰술 | **약산적:** 소고기 200g, 두부 60g, 간장 1작은술, 설탕 ½큰술, 소금 1작은술, 후춧가루 조금 | **약산적 조림장:** 물 ⅔컵, 간장 2큰술, 꿀 1큰술

1 솥에 넉넉한 양의 물을 끓이고 양지머리를 무르게 삶는다.

2 무를 3cm 길이로 토막 내어 1의 고기 삶는 데 넣어 끓이다가 너무 물컹해지 기 전에 꺼낸다.

3 삶은 양지머리는 얇게 한입 크기의 편으로 썰고 무는 2.5cm 크기에 0.5cm 두께로 썬 다음 고기와 무를 한데 합하여 고기 · 무 양념으로 양념한다.

4 고사리는 짧게 끊고 도라지는 찢어서 소금으로 주물렀다 찬물에 헹구어 쓴
   맛을 뺀 다음 각각 끓는 물에 데친다. 나물 양념의 반을 덜어 넣고 주무르
   다 식용유를 두른 팬에 볶는다.

5 숙주와 풋배추는 각각 삶아서 나머지 나물 양념을 모두 넣고 무친다.

6 약산적용 소고기를 다지고 두부를 으깬 다음 간장, 설탕, 소금, 후춧가루로
   양념하여 한 덩이로 만들고 납작하고 작은 반대기로 만들어 팬에 지진다.

7 약산적 조림장 재료를 모두 섞어 끓이다가 6을 넣고 조린다.

8 고기와 무 삶은 물을 면보에 걸러 청장으로 간하고 3의 국 건지를 넣어 끓인
   다. 대파는 송송 썬다.

9 밥을 대접에 담고 4의 나물을 고루 담은 다음 약산적을 올리고 8의 뜨거운
   장국을 떠 붓는다. 대파와 고춧가루, 후춧가루를 뿌린다.

좋은 쌀을 깨끗이 씻어 밥을 잘 짓는다. 고기 장국에 무를 넣어
끓이고 나물을 갖추어서 국에 마는데 밥은 훌훌하게 만다. 나물
을 갖추어 얹고 그 위에 약산적을 얹고 후춧가루와 고춧가루를
뿌린다.

호박문주 호박문쥬

애호박 3개, 소고기 200g, 표고버섯 4개, 석이버섯 4개, 달걀 1개 | **고기 · 버섯 양념:** 다진 파 1큰술, 다진 마늘 1작은술, 청장 1큰술, 참기름 ½큰술, 깨소금 2작은술, 소금 1작은술, 설탕 1작은술, 후춧가루 조금 | **초간장:** 간장 2큰술, 물 1큰술, 식초 ½큰술, 설탕 2작은술

1 애호박은 꼭지에서 2cm 떨어진 곳을 자르고 속을 파낸다.

2 소고기는 곱게 다지고 표고버섯은 불렸다 물기를 짜고 다진다.

3 석이버섯은 끓는 물에 불렸다가 문질러 씻어 돌을 제거하고 채 썬다.

4 달걀은 황백으로 나누어 지단을 부쳐 2cm 길이로 가늘게 채 썬다.

5 다진 소고기와 버섯을 섞어 고기·버섯 양념으로 버무린다.

6 5에 4의 지단을 섞고 속을 파낸 애호박 안에 차곡차곡 채워 넣는다.

7 애호박 꼭지를 원래대로 뚜껑처럼 맞추고 가는 꼬치로 찔러 빠지지 않게
  한 다음 김이 오른 찜통에 20~30분 동안 찐다.

8 찐 애호박을 알맞은 크기로 썰어 담고 초간장을 곁들인다.

° 찌지 않고 냄비에 담아 장국을 조금 부어 끓여도 된다.

호박문주 만드는 법은 주먹 크기 애호박의 꼭지 쪽을 찬칼로 깊
이 도려내고 속은 대강 긁어낸다. 소고기는 다지고 표고버섯,
석이버섯, 달걀은 채를 쳐서 섞어 양념으로 주무르고 호박 속에
넣어 꼭지를 다시 맞추어 통으로 찐 다음 초장을 곁들여 낸다.
찜처럼 국물이 좀 있게 냄비에 지져서 술안주로 쓴다.

탕평채탄평치

청포묵 200g, 돼지고기 80g, 소고기(우둔) 40g, 숙주 100g, 미나리 50g, 깨소금 조금, 고춧가루 조금 | **고기 양념:** 다진 파 2작은술, 다진 마늘 1작은술, 간장 1큰술, 참기름 1작은술, 설탕 1작은술, 깨소금 2작은술, 후춧가루 조금 | **무침 양념:** 간장 2큰술, 김 1장, 참기름 2작은술, 깨소금 1큰술, 고춧가루 1작은술

1 청포묵을 0.5㎝ 굵기로 가늘게 채 썬다. 묵이 굳은 경우에는 썰어서 끓는 물에 데쳤다 찬물에 차갑게 식힌다.

2 돼지고기는 삶아서 가늘게 채 썰고, 소고기는 다진 다음 각각 고기 양념을 하여 보슬보슬하게 볶는다.

3 숙주는 뿌리를 다듬고 씻어 끓는 물에 데친 다음 찬물에 헹군다. 미나리는 다듬어서 줄기만 3㎝ 길이로 잘라 끓는 물에 데친다.

4 무침 양념용 김은 바짝 구워서 부숴둔다.

5 간장에 김 부순 것, 참기름, 깨소금, 고춧가루를 넣고 무침 양념을 만든다.

6 청포묵, 돼지고기, 소고기, 숙주, 미나리를 한데 놓고 무침 양념으로 가만가만 뒤섞으며 무친다.

7 6을 우묵한 그릇에 담고 깨소금과 고춧가루를 살짝 뿌린다.

묵은 가늘게 채 치고 숙주, 미나리는 데쳤다 잘라 양념을 하여 무친다. 소고기는 다져서 볶고 삶은 고기는 채 친다. 김은 부수어 넣고 깨소금, 고춧가루, 기름을 간장에 섞어서 간을 맞추어 묵과 함께 무쳐 담는다. 위에 김을 잘게 찢어 얹고 깨소금, 고춧가루를 뿌린다.

매작과 _{미젹과}

밀가루 2컵, 물 7~8큰술, 소금 1작은술, 튀김용 식용유 6컵, 꿀 1컵, 계핏가루 조금, 잣가루 조금

1 밀가루를 체에 친다.

2 찬물에 소금을 타서 밀가루에 섞고 반죽이 한 덩이가 되도록 한참 주무른다.

3 반죽을 2mm 두께로 얇게 밀어 폭 2.5cm, 길이 7cm로 길게 자른 다음 칼끝으로 가운데에 세 줄의 칼집을 낸다. 가운데 칼집은 양쪽보다 조금 더 길게 낸다.

4 한쪽 끝을 가운데 칼집에 넣고 뒤집어 리본 모양을 만들어 반듯하게 매만진다.

5 4를 중온의 식용유에서 누릇하게 튀긴 후 건져 기름을 뺀다.

6 5를 꿀에 담갔다가 망에 건져 두었다가 꿀이 빠지면 계핏가루와 잣가루를 뿌린다.

밀가루를 찬물로 반죽하고 얇게 밀어 너비 9푼, 길이 2치로 자른다. 가운데에 고른 간격으로 3줄의 칼집을 내되 가운데 칼집을 길게 넣어 한 끝을 가운데 칼집으로 뒤집어 반듯하게 만져 지져내어 꿀에 담갔다가 계피와 잣가루를 뿌린다.

만두 만두

소고기 50g, 꿩고기 50g, 돼지고기 50g, 닭고기 50g, 숙주 150g, 미나리 70g, 무 100g, 두부 100g, 배추김치 100g, 잣 2큰술, 고기 장국 8컵 | **만두피:** 메밀가루 3컵, 소금 1작은술, 끓는 물 1컵 | **소 양념:** 다진 파 2큰술, 다진 마늘 1큰술, 간장 1큰술, 참기름 1큰술, 소금 ½큰술, 깨소금 1큰술, 고춧가루 1작은술, 생강즙 조금, 후춧가루 조금 | **초간장:** 간장 2큰술, 물 2큰술, 식초 2큰술, 고춧가루 조금

1 메밀가루를 고운체에 치고 소금을 넣은 끓는 물로 익반죽한다. 이때 오래 치대어 말랑말랑하게 만든다.

2 소고기, 꿩고기, 돼지고기, 닭고기를 곱게 다지고 소 양념의 ⅘분량을 덜어 넣어 양념해둔다.

3 숙주, 미나리는 다듬고 무는 채 썰어 각각 삶아서 물기를 짜고 다진다.

4 두부는 으깨고 배추김치는 다져 물기를 짠다.

5 2의 고기와 3의 다진 채소, 4의 두부, 김치를 섞어 남은 소 양념을 모두 넣고
주물러 만두소를 만든다.

6 1의 메밀 반죽을 밤톨만큼 떼어 둥글게 만들고 송편 빚듯이 손가락으로 오
목하게 눌러 소가 들어갈 만큼 구멍을 낸다. 구멍 안에 소를 한 숟갈씩 넣
고 잣도 한두 알씩 넣은 다음 둘레를 오므려 붙여 만두를 빚는다.

7 고기 장국을 끓이다 국물이 끓어오르면 만두를 넣고 뚜껑을 열어둔다. 만
두가 떠오르면 잠깐 더 끓였다 그릇에 담고 후춧가루를 뿌린다. 찍어 먹을
초간장을 곁들여 낸다.

메밀가루를 가는 명주 체에 치고 팔
팔 끓는 물을 알맞게 넣어 반죽한다.
생반죽을 하려면 연한 두부를 넣는다.
소에 넣는 고기는 소고기, 꿩고기, 돼
지고기, 닭고기를 쓴다. 미나리, 숙주,
무는 다 삶고 두부와 배추김치는 다지
고 고기도 다진다. 나물과 두부는 잘
짜서 쓰고 생강, 마늘, 고춧가루, 깨소
금, 기름을 넣어 간을 맞추어 양념한
다. 기름을 많이 넣고 아주 얇게 빚어
속에 잣을 2개 정도씩 넣고 고기 장국
에 삶는데, 팔팔 끓을 때 만두를 넣어
솥뚜껑을 덮지 않고 삶는다. 만두가
동동 뜨면 그릇에 건져 담고 후춧가루
를 뿌린다. 상에 공기를 놓고 초장에
고춧가루를 타서 곁들인다.

갈비찜 가리찜

갈비 1.2kg, 양(튀한 것) 300g, 부아 200g, 곱창 200g, 소금 2큰술, 밀가루 4큰술, 무 400g, 다시마 20㎝ 길이, 표고버섯 8개, 석이버섯 4개, 달걀 2개, 파 40g, 미나리40g | **부아 삶는 양념:** 대파 1대, 마늘 2쪽, 생강 2쪽, 술 2큰술 | **찜 양념:** 간장 1컵, 설탕 6큰술, 다진 파 4큰술, 다진 마늘 2큰술, 깨소금 2큰술, 참기름 2큰술, 후춧가루 1작은술

1 갈비는 기름기를 떼어내고 3㎝ 토막으로 자른다.

2 부아는 누린내가 안 나도록 파, 마늘, 생강, 술을 넣어 따로 삶는다.

3 곱창은 소금과 밀가루로 주물러 씻고 기름은 떼어낸다.

4 솥에 갈비, 손질한 양, 곱창을 넣고 물을 넉넉히 부어 삶는다. 도중에 무와 다시마를 넣는다.

5 무가 무르면 다시마와 함께 건져내고 갈비와 내장은 무르도록 더 삶는다. 무는 3×2×2cm 크기로 갸름하게 썰고 다시마와 삶은 내장도 비슷한 크기로 썬다. 갈비 삶은 육수는 식혀서 기름을 걷어낸다.

6 표고버섯은 불려서 네 쪽으로 자르고 미나리는 데쳐 3cm 길이로 자른다. 파도 3cm 길이로 자른다.

7 갈비에 미나리와 파를 제외한 모든 재료를 더하여 찜 양념 재료로 간하고 5의 육수 6컵을 붓고 끓인다. 국물이 자작해지면 미나리, 파를 넣고 뒤섞는다.

8 석이버섯은 채 썰고 달걀은 황백으로 나누어 지단을 부쳐 마름모꼴로 썬다.

9 완성된 갈비찜을 그릇에 담아 국물을 끼얹고 고명으로 달걀지단과 석이버섯 채를 뿌린다.

갈비를 잘게 1치 길이씩 잘라 삶되 튀한 양과 부아, 곱창, 통무, 다시마를 한데 넣어 무르게 삶았다 건진다. 갈비찜을 할 때 무는 탕무처럼 썰되 잘게 썰고 다른 고기도 그대로 썬다. 다시마는 골패 조각처럼 썰고 표고버섯, 석이버섯도 다 썬다. 파, 미나리도 잠깐 데쳐 넣어 갖은양념에 가루 섞어 주물러 볶아 쓰되 국물이 조금 돌게 하여 그릇에 담는다. 위에 달걀을 부쳐 석이버섯과 같이 채 쳐 뿌려 쓴다.

붕어찜 붕어찜

붕어(큰 것) 1마리, 소고기 100g, 두부 50g, 달걀 1개, 표고버섯 2개, 백반 3g, 식초 2큰술, 녹말 4큰술, 참기름 1큰술, 청장 1큰술, 물(국물용) 2컵, 물(녹말용) 4큰술 | **소 양념:** 청장 2작은술, 소금 1작은술, 다진 파 1큰술, 다진 마늘 2작은술, 깨소금 2작은술, 참기름 1작은술, 후춧가루 조금

1 붕어의 비늘을 긁고 등 쪽으로 칼집을 넣어 안의 내장을 모두 제거한 다음 깨끗이 씻어 물기를 닦는다.

2 소고기는 다지고 두부는 으깨고 표고버섯은 불렸다 다진 다음 소 양념을 고루 섞어 주무른다.

3 붕어 입에 백반을 물리고 배 속에 식초를 끼얹은 후 녹말을 고루 칠하고 속을 2로 가득 채운다. 다시 마무리 부분에 녹말을 묻히고 실로 묶어 소가 빠져나오지 않게 한다.

4 냄비에 참기름을 두르고 3의 붕어를 앞뒤로 살짝 지진 다음 물을 붓고 끓인다. 도중에 간장을 넣고 국물을 끼얹으며 약한 불로 끓인다.

5 녹말을 같은 양의 물에 타서 붕어찜 국물에 넣어 풀기 있게 만든다. 여기에 달걀을 풀어서 끼얹고 불을 끈다.

鮒魚 붕어찜

큰 붕어를 통으로 비늘을 긁고 칼로 등을 째어 속을 내고 어만두의 소처럼 만들어 배 속에 넣고 좋은 식초를 두어 술 붓고 붕어 입에 백반 조그마한 조각을 물린다. 녹말을 생선 배의 구멍 난 데 묻혀 실로 동여매고 물을 조금 부어 기름 장에 약한 불로 끓여내되 가루와 달걀을 풀어 쓴다.

반찬등속

연대 1913년
저자 밀양 손씨
소장 국립민속박물관
서지 정보 19.3×20.5㎝, 32장, 한글 필사본

『반찬등속』은 청주 지역의 진주 강씨 집안에서 전해 내려오는 요리책이다. 겉표지에는 '반춘ᄒᆞᄂᆞᆫ등속'이라고 한글로 적혀 있고, 그 옆에 나란히 한자로 '饌膳繕冊(찬선선책)'이라고 쓰여 있다. 책 앞표지에 '계축 납월 이십사일'이라는 필사 기록이 있는 것으로 보아 1913년 12월 24일 필사가 완료된 것으로 추정된다.

이 책은 짠지의 종류와 조리법을 자세히 기록한 것이 특징이다. 짠지[菹]는 재료를 소금으로 짜게 절여 오래 두고 먹는 김치류 중 하나인데, 고추나 고춧가루, 젓갈이 들어가면 김치, 그렇지 않으면 짠지라고 불렀다. 이 책을 보면 충청도 지역에서는 짜게 해서 먹는 장아찌나 조림도 통칭하여 짠지라 불렀음을 짐작할 수 있다. 마늘짠지에 홍합, 파짠지에 문어, 고춧잎짠지에 소고기를 함께 사용해 채소와 해산물을 두루 사용하는 것이 흥미롭다.

『반찬등속』은 20세기 초 충청도 지역의 음식 종류와 조리법을 살펴볼 수 있어 이 지역 식생활 연구의 기본 자료로 활용되고 있다.

:: 화병

인절미를 만든 다음 달걀지단과 실고추 고명으로 꽃처럼 장식하여 만드는 떡이
다. 이제껏 어디에서도 볼 수 없었던 독특한 떡인데, 집안 대대로 내려오는 진
주 강씨 집안만의 방법인 듯하다.

:: 깍두기

『반찬등속』에는 무로 담근 김치로 '깍독이'와 '갓데기' 두 종류가 나온다. 깍독
이는 무를 네모반듯하고 조그맣게 썰어서 소금에 절이고 고추와 마늘을 다져
소금물에 섞고 김치 국물을 만들어 무, 생강 채, 조기 다진 것을 많이 넣고 버무
린 김치이다. 갓데기는 무를 골패만 하게 네모로 썰며, 새우젓국이 들어가는 것
이 앞의 깍독이와 다르다.

:: 북어짠지

짠지는 밥과 함께 먹는 기본적인 밑반찬이다. 북어를 소금물과 꿀물에 차례로
담갔다 건진 다음 항아리에 북어, 파, 깨소금을 담고 간장을 부어 오래 두었다
가 먹는다.

:: 콩짠지

콩과 북어 대가리를 찢은 것을 무르게 삶고 간장으로 조린 반찬이다. 콩과 북어
를 같이 조려 맛도 좋고 영양도 풍부하다.

:: 육회

대개 기름기 없는 연한 소고기를 가늘게 채 썰어 간장이나 소금, 다진 파와 마
늘, 후춧가루, 깨소금, 꿀 등의 양념을 하고 잣가루를 뿌리는 방식이지만 『반찬
등속』에서는 고추장 양념으로 무친 것이 특이하다.

화병 화병

찹쌀 4컵, 홍고추 1개, 달걀 2개, 꿀 ½컵, 청태 고물 ½컵, 소금 1작은술

1 찹쌀을 5시간 이상 흠씬 불렸다 소금물을 뿌리면서 푹 쪄낸 다음 딱딱한 부분이 남지 않도록 절구에 찧는다.

2 달걀을 풀어 아주 얇게 지단을 부치고 곱게 채 썬다.

3 고추는 반 갈라 씨를 긁어내고 어슷하게 고운 채로 썰어 잠깐 말린다.

4 채 썬 달걀지단과 고추를 섞는다.

5 절구에 찧은 떡을 한입 크기로 갸름하게 썰어 꿀을 살짝 바른 뒤 4의 고물을 묻혀 가지런히 접시에 올린다.

6 청태 고물을 위에 살짝 뿌린다.

화병이라 하는 것은 인절미를 쌀 하나 없이 쳐서 인절미처럼 잘록잘록하게 만들고 또 좋은 고추를 실같이 채 썰고 또 달걀을 잘 부쳐 실같이 채 썬 다음 두 가지를 작달막하게 잘라서 인절미에 털같이 색을 섞어서 묻히고 푸른 콩고물을 곱게 만들어 그 인절미에다가 살짝 묻힌다.

깍두기싹독이

무 1kg, 조기 1마리, 황석어젓 70g, 마른 고추 6개, 마늘 2통, 생강 20g, 고춧가루 3큰술, 굵은소금 3큰술, 꽃소금 1큰술

1 조기는 전날 미리 비늘을 긁고 내장을 뺀 뒤 굵은소금 1큰술을 뿌려 하룻밤 절여둔다.

2 무를 2×1.5×1.5cm 크기로 잘라 굵은소금 2큰술을 뿌려 절인다.

3 황석어젓은 살을 저며서 굵게 다지고 절여둔 조기도 살을 떠서 다진다.

4 마른 고추는 갈라서 씨를 빼고 물에 불린 다음 분마기로 으깬다.

5 마늘은 절구에 굵게 찧고 생강은 채 썬다.

6 절인 무를 소쿠리에 쏟고 무 절인 물을 받아 준비한 양념 3과 5를 섞어 버무릴 양념을 만든다.

7 무에 4의 고추 으깬 것을 먼저 넣어 붉게 물을 들인 다음 6을 넣고 버무려 꽃소금으로 간을 맞추고 단지에 꼭꼭 눌러 담아 익힌다.

싹둑이는 무를 뇌모가 반듯하게 조꼬막
게 쓰러서 소곰에 졀리고 고초와 만으로
노도흐여 소곰물에 범벅호 석물을 딴
들고 무쌍거션흔데 으녀 놋고 성강을
잘게 채쳐서 고 伍조긔을 노흐디
만이느라

깍두기는 무를 네모반듯하고 조그맣게 썰어 소금에 절이고 고추와 마늘을 다져서 소금물에 섞어 물을 만든 다음 무 썬 것을 한데 모으고 생강을 잘게 채 쳐 섞고 또 조기를 다져서 많이 넣는다.

북어짠지 북어짠지

북어포(껍질 붙은 것) 2마리, 쪽파 30g, 진간장 2컵, 통깨 2큰술 | **소금물:** 물 4컵, 소금 2큰술 | **꿀물:** 물 4컵, 꿀 $\frac{1}{2}$컵

---

1 북어의 뼈와 머리를 제거하고 두드려 3~4cm 토막으로 자른다.

2 북어 토막을 소금물에 담갔다가 건져 물기가 다 빠지도록 눌러 짠다.

3 북어를 다시 꿀물에 담갔다가 건져 물기를 뺀다. 짜낸 꿀물은 버리지 말고 따로 모아둔다.

4 쪽파는 잎은 떼고 흰 줄기 부분으로 다듬어 북어 길이로 잘라 소금물에 살짝 절인다.

5 진간장과 3의 꿀물을 섞고 한소끔 끓였다 식혀둔다.

6 단지에 북어를 한 켜 놓고 파를 올리고 통깨를 뿌린다. 다시 북어, 파, 통깨 순으로 반복하여 담은 다음 돌로 누른다.

7 5의 식혀둔 장을 부어 일주일 정도 두었다가 먹는다.

북어산지라 북어조흔걸토막을잘게jj
러썰고어노두가리여바리고쳐음에소곰물에
오리쳐리고伍ᄉ즁에살물에담아ᄉ가단
지쇽에ᄌ레로놋퇴고북어두흔켜노퇴켜ᄉ신춤과
울터강이만쭐녀켜혼켜ᄉ퇴셔소곰도
켜식노흐라ᄉ노흔후에진간즁조곰부
어셔꼭봉ᄒ여두어ᄉ가오ᄅ만에쓰라

북어짠지는 북어 좋은 것을 토막을 잘게 자르고 뼈는 대가리와 함께 버린다. 처음에 소금물에 오래 절이고 나중에 꿀물에 담갔다가 단지 속에 차례로 넣되 북어 한 채를 놓고 참파 뿌리 부분만 잘라서 한 채를 놓되 깨소금도 한 채씩 놓는다. 다 놓은 후에 진간장을 조금 부어서 꼭 봉하여 오래 두었다가 쓴다.

콩짠지 콩짠지

흰콩(또는 검은콩) 2컵, 북어 대가리 2개, 물 6컵, 간장 1컵

1 콩을 씻어서 솥에 담고 콩이 잠길 만큼 물을 부어 끓인다. 끓어오르면 물을
버리고 다시 찬물 6컵을 부어 다시 끓인다.

2 북어 대가리를 씻고 잘게 뜯어서 1에 넣고 약한 불에서 흠씬 무르게 끓인
다. 도중에 뒤적인 다음에는 뚜껑을 열지 않는다.

3 콩이 무르면 간장을 붓고 불을 약하게 하여 계속 뒤적이며 조린 다음 차게
두고 쓴다.

콩짠지는 좋은 콩을 물에 씻어 그릇에 붓고 북어 대가
리를 찢어 한데 넣은 다음 꼭 덮어 불에 조리되 가끔
뒤적인다. 북어 대가리가 흠씬 무르거든 서늘하게 두
고 쓴다.

육회 육회

소고기(우둔이나 홍두깨살) 200g, 청주 ½컵 | **육회 양념:** 고추장 2큰술, 꿀 1큰술, 참기름 1큰술, 후춧가루 조금

1 소고기를 결 반대로 굵직하게 채 썬다.

2 1에 청주를 붓고 주물러 빨아 핏기를 뺀 다음 물기를 꼭 짠다.

3 고추장, 꿀, 참기름, 후춧가루를 섞고 고루 저어 육회 양념을 만들고 고기를 무친다.

육회는 쇠고기를 조히거(?)를 노흐되 잘게 써어써 죠흔 술 외와여서 꿀과 고초쟝과 쳥기(?)름 후초가루을 너어 시티 죠물너 써 머그라

육회는 소고기를 좋은 것으로 놓되 잘게 썰고 좋은 술에 빨아서 꿀과 고추장과 참기름, 후춧가루를 넣어서 바로 주물러 먹는다.

부인필지

연대 1900년대 초
저자 빙허각 이씨
소장 서울대학교 규장각 한국학연구원 외
서지 정보 16.5×25.5㎝, 32장, 한글 필사본

『부인필지』는 부인들의 필독서라는 뜻으로, 『규합총서』에서 음식과 의복 등 생활에 꼭 알아두어야 할 것을 추려서 1900년대 초에 순 한글로 기록한 책이다.

이 책은 상하권으로 나뉘었는데, 상권에는 음식에 관한 내용이 수록되어 있고 하권에는 의복, 방적, 잠상, 도침법, 세의법, 옷 좀 안 먹게 하는 법, 수놓는 법 등 일상생활에 필요한 내용이 서술되었다. 상권의 음식 부분을 자세히 들여다보면 음식 총론을 시작으로 약주, 장과 초, 밥과 죽, 다품, 침채, 어육품, 상극류, 채소류, 병과류, 과채수장법, 제과독(여러 과일의 독), 제유수취법(여러 기름 짜는 법)으로 분류하여 조리법과 식품을 조리하거나 섭취할 때의 주의 사항 등 식품에 관한 정보를 수록하였다.

『부인필지』에는 당시 유명한 외식 업체의 음식도 들어 있다. 동치미 설명 중에 '명월관 냉면', '명월 생치채'라는 음식이 등장하는데 명월관은 1906년경 개점한 최초의 조선요리옥이다. 조선이 망하고 일자리를 잃은 숙수나 나인들이 이곳에 들어와 음식을 만들었던 터라 궁중 음식을 맛볼 수 있는 음식점으로 알려지기도 했다.

::명월관 냉면

시원한 물김치에 말아 차갑게 먹는 국수이다. 명월관이라는 유명한 식당에서 파는 동치미말이국수로 소개하였다. 명월관에서 만드는 동치미는 무에 배를 많이 넣고 유자도 넣어 만드는데, 그 동치미에 돼지고기 편육, 달걀, 배, 잣을 고명으로 얹는 법이 소개되었다. 이 동치미 조리법은 궁중에서 배를 많이 넣고 담그는 동치미와 같으므로 궁중의 김치가 요릿집에 전파되었다고 볼 수 있다.

::똑도기자반

기름기가 없는 연한 살코기를 가늘게 채 썰어 달고 짭짤하게 조려낸 반찬이다. 고기즙이 다 빠지도록 볶은 다음 간장과 꿀을 넣어 조리고 실깨를 뿌린다. 특히 후춧가루와 계핏가루를 함께 넣으면 맛이 희한하다고 했다. 이 책에서는 실깨를 강정깨라고 표현했으며, 검은색 자반에 하얀 실깨를 섞어 멋을 내고 고소한 맛을 더했다.

::청국장

메주를 만들기 전 삶은 콩을 따뜻한 곳에 보온하고 실이 나게 띄워서 찌개를 끓이는 장으로 겨울철을 대비하는 속성 발효장이다. 보통은 콩 껍질을 벗기지 않고 그대로 삶는데 이 책에서는 맷돌에 콩을 타서 껍질을 벗기고 콩알 쪽을 쪼개는 점이 다르다. 또 다 띄운 장에 소고기, 고추, 다시마, 무 등의 건지를 아예 넣어두었다가 먹을 때 물만 부어 끓이게 했다. 번거로운 절차를 단숨에 해결한 지혜로운 비법이다.

::연안식해

말린 조갯살에 엿기름과 밥을 넣고 소금 간을 해서 발효시키는 반찬이다. 젓갈이 생선을 소금으로 짜게 만들고 장시간 발효시켜 어즙과 건지를 쓰는 것이라면, 식해는 생선을 속성 발효하여 살을 연하게 해서 먹는 방법이다. 빨리 발효시키기 위해서는 꼭 엿기름과 밥을 넣어야 한다. 생선은 물기를 없애고 말려서 써야 신맛이 덜하고 빨리 상하지 않는다. 보기 좋도록 붉은 대추와 하얀 잣을 섞고, 먹을 때 기름과 소금으로 간을 맞추도록 했다.

명월관 냉면 명월관 닝면

동치미 국물 8컵, 동치미 무 200g, 돼지고기 200g, 메밀국수 4사리, 배 ½개, 유자 ¼쪽, 달걀 2개, 잣 1큰술, 식초 조금, 꿀 조금

1 새콤하게 익은 동치미 국물을 준비한다.

2 돼지고기를 삶아서 단단하게 굳히고 얇게 편으로 썬다.

3 동치미 무를 얇게 썬다.

4 배는 얇게 저미고 유자는 채 썬다.

5 달걀을 풀어서 얇게 지단을 부쳐 곱게 채 썬다.

6 메밀국수를 삶아 면기에 담고 편육, 동치미 무, 배, 유자, 달걀지단, 잣을 소복하게 얹는다.

7 동치미 국물에 식초와 꿀로 단맛과 신맛을 맞춘 후 면기에 붓는다. 국물을 부을 때는 고명이 쏟아지지 않게 한쪽으로 조심스레 붓는다.

동치미 국물에 국수를 말고 무, 배, 유자를 얇게 저며 넣고 돼지고기를 썰고 달걀을 부쳐 채쳐 넣고 후추, 배, 잣을 넣은 것이 '명월관 냉면'이다.

*동치미
잘고 반들반들한 무를 꼬리까지 깎아 소금에 절였다가 하루 지난 다음 독에 넣는다. 오이지 절인 것을 넣고 배는 껍질을 벗겨 통째로 넣고 유자도 통째로 넣는다. 파의 밑동을 1치씩 썰어 쪼개고 생강과 파, 씨를 뺀 고추를 썰어 많이 넣은 다음 소금물 간을 알맞게 맞추어 가득 붓고 단단히 봉한다. 다 익어서 먹을 때 배와 유자는 썰고 동치미 국물에는 꿀을 타 석류와 잣을 띄워 먹는다. 또 꿩을 백숙으로 고아서 그 육수를 기름기 없이 하여 동치미 국물과 섞는다. 꿩 살을 찢어 넣으면 명월(관) 생치채라 한다.

부인필지

똑도기자반 쪽쪽이좌반

소고기(우둔) 400g, 간장 6큰술, 꿀 3큰술, 참기름 2큰술, 실깨(강정깨) 4큰술, 후춧가루 1작은술, 계 핏가루 1작은술

1 소고기를 0.3cm 두께로 얇게 저며 썰었다가 결 반대로 다시 채 썬다.

2 팬에 먼저 고기를 볶는다. 누렇게 육즙이 나오면 간장, 꿀, 참기름을 넣고 저으며 볶는다.

3 국물이 잦아들면 실깨, 후춧가루, 계핏가루를 넣고 섞는다.

° 실깨(강정깨)는 껍질을 벗겨 볶아낸 깨이다. 강정의 고물로 자주 사용된다.

우둔을 얇게 저미고 가늘게 썬 다음 또 가로로 썰어 번철에 볶으면 누런 즙이 다 빠질 것이니, 좋은 장을 치고 기름과 꿀을 넣어 고쳐 볶고 강정깨를 넣고 후춧가루, 계핏가루를 겸하여 넣으면 맛이 희한하다.

청국장 청국장

메주콩 5컵, 물 6ℓ, 소고기 200g, 무 200g, 다시마 20㎝, 마른 고추 5개

1 메주콩을 껍질이 갈라질 때까지 볶고 얼른 식혔다 비벼 껍질을 털어낸다.

2 볶은 콩을 솥에 안치고 물을 넉넉히 부어 삶는다.

3 콩 삶은 물은 따로 받아두고 콩은 바구니에 담아 두꺼운 보로 싸서 따뜻한 곳에서 띄운다.

4 3~4일이 지나 콩에 실이 나면 꺼낸다.

5 소고기는 3~4cm 토막으로 자르고 무도 같은 크기로 큼직하게 토막을 낸다. 다시마는 4cm 크기로 자르고 고추는 반으로 가른다.

6 솥에 띄운 콩을 담고 따로 받아둔 3의 콩 삶은 물을 붓는다. 소고기, 무, 다시마, 고추를 같이 담고 무를 때까지 약한 불에서 끓였다 식혀 차가운 곳에 보관해둔다.

° 찌개를 끓여 상에 낼 때는 만들어둔 청국장을 덜어 물이나 장국을 붓고 두부, 김치, 파 등을 더 넣어 뚝배기에 끓여 낸다.

콩을 볶아 맷돌에 타고 껍질을 털어내 없앤다. 물을 넉넉히 붓고 삶는데 삶은 물은 따라두고, 콩은 오쟁이°에 넣어 더운 곳에 둔다. 사나흘 후에는 끈끈한 실 같은 것이 생기는데 다시 솥에 넣고 콩 삶은 물을 붓고 달이되 소고기, 다시마, 고추와 무를 썰어 넣어 먹는다.

° 짚으로 만든 작은 섬.

연안식해 연안식혜

조갯살 300g, 멥쌀 1컵, 엿기름 ¾컵, 대추 10개, 잣 2큰술, 소금 ½컵, 참기름 조금

---

1 조갯살은 큰 것으로 골라 검은 내장은 발라내고 소금물에 깨끗이 씻은 다음 베수건으로 꼭 짠다.

2 조갯살을 채반에 널어 꾸덕꾸덕해지도록 말린다.

3 쌀을 씻어 밥을 고슬고슬하게 짓는다.

4 엿기름을 고운체에 치고 뜨거운 밥 위에 뿌려 고루 섞는다.

5 대추는 씨를 빼고 두세 쪽으로 나눈다.

6 4의 밥에 조갯살, 대추, 잣을 넣고 소금으로 간을 맞춘 다음 사기 단지에 꼭 꼭 눌러 담고 따뜻한 곳에 둔다.

7 3~4일 후 삭아 조갯살에 붉은빛이 돌면 덜어내어 참기름과 소금으로 간을 맞추어 먹는다.

큰 조개를 까서 내장을 빼고 깨끗이 씻어 베수건으로 쥐어짜 물기 없이 두어 잠깐 말려놓는다. 멥쌀은 깨끗이 씻어서 밥을 짓고 엿기름가루를 밥 분량에 맞추어 나누어 넣는다. 조개 말린 것을 넣어 사기 항아리에 담고, 좋은 대추 10개, 잣 한 줌을 같이 넣어 사나흘 뒤 조갯살 빛이 붉어지면 먹되 담을 때 기름과 소금을 조금씩 타면 좋다.

조선무쌍
신식요리제법

연대 1936년 증보판(초판 1924년)
저자 이용기
소장 궁중음식연구원
서지 정보 사륙판, 316면, 활자본, 컬러 도판

『조선무쌍신식요리제법』은 위관 이용기가 쓴 요리책이다. 조선에 둘도 없이 하나뿐인 최신 요리책이라는 뜻의 이 책은 1924년 출간된 이후 재판을 거쳐 1936년에는 서양 요리와 일본 요리를 보충한 증보판이 나오고, 이후 1943년까지 4판이 나올 정도로 인기 있는 책이었다.

저자인 이용기는 구전되던 조선 가요 1,400여 편을 집대성하여 『악부』를 편찬한 당대 지식인이었다. 그는 날건달, 바람둥이라는 평가를 받기도 했지만 풍류를 좋아하고 미식에 대한 관심도 남달랐던 것으로 보인다. 이 책에 나오는 조리법은 서유구가 쓴 『임원십육지』의 「정조지」 부분을 한글로 옮긴 내용이 많다. 그러나 음식에 조예가 깊은 저자가 음식의 유래나 다른 지역의 음식과의 비교, 달라지고 있는 음식의 양상들에 대해 자신의 견해도 분명히 밝히면서 재미있게 표현하였다. 그는 당시 최고의 요리책으로 손꼽히던 방신영이 쓴 『조선요리제법』(1921년, 3판)의 서문을 쓰기도 했다.

내용을 보자면 서문에 손님 대접하는 법 등이 나오고, 본문에 술·초·장·젓 담그는 법과 조리법별로 나뉘어 있다. 밥, 국, 창국, 김치, 장아찌, 떡, 국수, 만두, 나물, 생채, 부침, 찌개, 찜, 적, 구이, 회, 편육, 어채, 백숙, 묵, 선, 포, 마른 것, 자반, 볶음, 조림, 무침, 쌈, 죽, 미음, 응이, 암죽, 차, 청량음료, 기름, 타락, 두부, 화채, 숙실과, 유밀과, 다식, 편, 당전과, 정과, 점과, 강정, 미시, 엿 등의 조리법이 나온다. 그리고 후반부에 잡록과 부록으로 양념, 가루 만들기, 소금에 대한 내용이 순서대로 등장하고, 마지막 부분에 서양 요리, 일본 요리, 중국 요리 등 외국 요리 만드는 법이 소개되었다.

책의 표지에는 신선로와 함께 배추, 오이, 죽순, 사과, 배, 게, 조개, 꿩, 달걀 등 여러 가지 식재료가 컬러로 그려져 있어 당시 상에 자주 올랐던 식재료를 확인할 수 있다.

『조선무쌍신식요리제법』은 남성이 쓴 조리서로 전통적인 조리법에 새로운 조리법을 보태어 쓰고, 음식의 유래나 풍속, 외국인의 관점에서 본 한국 음식과 외국 음식의 수용 등 근대로 접어든 우리 음식의 변화 양상을 살펴볼 수 있는 귀중한 조리사 자료이다.

:: 비빔밥전유어

비빔밥을 재활용해서 먹는 법이다. 제사를 지내고 남은 음식을 비빔밥처럼 만들고 부쳐 음복하는 것인데 오래 두면 맛이 떨어진다. 나물을 잘게 썰고, 고기 산적도 다지듯이 썰고 밥도 섞어 비벼 완자전 부치듯 부쳐낸다. 밥과 나물이 이미 익어서 잘 뭉치지 않을 때는 달걀로 반죽하여 부치면 편하다. 대접할 때 장국과 함께 내면 비빔밥보다 낫다 했으며 특히 술 먹는 이에게는 요긴한 식사 대용이 된다고 소개하였다.

:: 보만두

밀반죽을 복주머니처럼 만들고 그 안에 아주 작게 만든 만두를 또 넣은 재미난 만두이다. 먹는 이가 젓가락으로 큰 만두를 벗겼을 때 안에 있는 작은 만두를 보고 감탄하는 모습을 적었다. 음식이란 입에 들어가기 전 눈으로 숨겨진 재미를 주는 법도 있음을 알려준다. 안에 넣는 만두는 만두피에 색을 들이고 물고기나 조개 모양으로 만들어 넣어서 먹을 때 마치 튀어나오는 것처럼 보이게 한다 하는 걸 보면 당시 부유한 집에서는 음식을 만들 때 기교를 많이 부린 듯하다.

:: 달래장아찌

봄에 나는 향이 좋은 달래를 기름에 볶고 양념장을 듬뿍 넣어 무친 즉석 장아찌이다. 달래는 뿌리에서 마늘같이 매운맛이 나며 독특한 향이 있는 향채라서, 송송 썰어 간장양념장과 함께 밥을 비비거나 된장찌개에 넣어 살짝 끓이면 입맛에서부터 봄을 느끼게 해준다. 향을 살려 조리하는 것이 관건이므로 오래 익히지 않는다.

:: 국수비빔

국수에 김치, 편육, 고기볶음, 버섯볶음, 미나리, 해삼, 전복, 전유어 등을 넣고 고춧가루를 뿌린 뒤 간장양념장으로 비빈 음식이다. 식초와 꿀을 넣어 달콤하고 새콤한 맛도 나도록 하였다. 재료는 비빔밥에 들어가는 재료와 비슷하지만 더 많은 종류가 들어간다. 다소 과하다 싶을 정도인데, 귀한 재료가 여러 가지 들어가야 더 귀한 음식이라 여기는 풍조가 있는 시대라서 그런 듯하다.

::상추쌈

옛날 상추는 대가 굵고 길게 솟아나서 잎이 위까지 같이 자란다. 쌈으로 상추만 쓰지 않고 쑥갓, 세파, 깻잎, 방아, 고수풀을 곁들이도록 했으며 밥은 비빔밥으로 하는 것이 제일 좋다고 하였다. 고추장을 쌈장으로 하는 법으로 웅어, 도미, 새우, 두부, 소고기 등 여러 가지를 골고루 넣는 법을 소개하고 상추쌈을 김과 같이 먹어도 좋다고 하였다.

::닭김치

여름철에 오이깍두기를 담가 삶은 닭을 함께 섞고 얼음을 띄워 시원하게 먹는 음식이다. 계저(雞菹), 즉 닭김치라고도 했지만 닭은 김치가 될 수 없으니 잘 익은 오이김치 국물에 닭 삶은 물과 건지를 넣어 영양을 보충하는 김치라고 하겠다. 궁에서는 '생치과전지'라 하여 오이지에 꿩고기 삶은 것을 같이 먹도록 한 김치도 있었다.

::짠지무침

통무를 아주 짜게 절여두면 짠지가 숙성되어 노르스름하면서 아삭거린다. 너무 짜기 때문에 곱게 채 썰어 물에 우려낸 다음 다시 물을 붓고 국물에 짠맛이 나게 하여 식초를 타서 시원하게 먹는다. 또 갖은양념을 넣고 조물조물 무쳐 먹으면 입맛 없는 여름에는 훌륭한 반찬이 된다.

::아욱죽

잘 끓인 아욱국에 쌀을 넣고 끓여 여름철 입맛을 돋우며 몸을 보신하는 죽이다. 아욱은 누각을 부수고도 심을 만한 영양 있는 채소라는 뜻으로 '파루초(破樓草)'라 불렸는데, 이것으로 끓인 국은 시골에서 산모가 미역이 없을 때 대신 먹을 수 있을 정도로 몸을 보한다고 소개하였다. 아욱은 대나 잎이 억세어 부드럽게 먹으려면 으깨듯 씻어야 하는데 이 책에는 맑게 끓이는 게 좋으니 으깨지 말라 하였다. 토장국은 된장과 고추장을 같이 써야 구수하며 감칠맛이 더하다. 새우나 기름기 있는 고기, 곱창, 넙치 등 아욱국의 재료를 다양하게 썼다.

비빔밥전유어 부빔밥전유어

밥 4공기, 소고기(산적용 우둔) 100g, 달걀 3개, 무 100g, 도라지 100g, 고사리 100g, 미나리 80g, 콩나물 60g, 숙주 60g, 소금 ½작은술, 참기름 1큰술, 밀가루 4큰술, 식용유 적당량 **| 산적 양념:** 다진 파 1½큰술, 다진 마늘 2작은술, 간장 2큰술, 설탕 1큰술, 참기름 ½큰술, 깨소금 ½큰술, 후춧가루 ½작은술 **| 나물 양념:** 다진 파 3큰술, 다진 마늘 2큰술, 청장 4큰술, 참기름 3큰술, 깨소금 2큰술 **| 초간장:** 간장 2큰술, 물 2큰술, 설탕 2작은술, 깨소금 2작은술

1 나물 양념 재료를 모두 섞어 나물 양념장을 만든다.

2 비빔밥 나물을 준비한다. 무는 채 썰고, 콩나물, 숙주, 미나리는 각각 삶아서 물기를 꼭 짠 후 1의 나물 양념을 2작은술씩 넣고 무친다. 도라지와 고사리는 불렸다 3cm 길이로 자른 다음 나머지 양념으로 무치고 식용유를 두른 팬에 부드럽게 볶는다.

3 도톰하게 썬 소고기를 산적 양념으로 밑간한 뒤 식용유를 두른 팬에 지졌다 한 김 식히고 잘게 다진다.

4 고슬고슬한 밥에 소금과 참기름을 조금 넣어 밑간한 다음 2의 나물과 3의 다진 소고기를 얹고 깨소금을 뿌려 젓가락으로 밥알이 뭉치지 않게 비빈다.

5 비빈 밥을 수저로 둥글게 떠서 밀가루를 뿌리고 달걀 푼 물에 담갔다가 식용유를 두른 팬에 부친다. 상에 올릴 때 초간장을 곁들여 낸다.

° 나물은 종류대로 다 넣지 않아도 되지만 흰색, 푸른색, 갈색의 삼색이 들어가는 것이 좋다.
° 전을 부칠 때 부서질 염려가 있으면 미리 밀가루와 달걀을 넣어 반죽할 수도 있다.

▲부빔밥전유어 【骨董飯煎油魚】

부빔밥을 되직하게 가진것을다너코 한드러서 그릇에퍼노코 숫가락으로반쯤써서 밀가루를좀간 뭇쳐 전계란씨워 납작하게지져서 채반에 벌려노앗다가 한김난후에 대접에담아노코 장국파한데 먹는데 그저부빔밥보다낫고 고소하기칭냥업나니 혹 술안주도하는사람은 속을잘멕구랴는인물이니라

비빔밥을 갖은 재료를 다 넣고 되직하게 만들어서 그릇에 퍼놓는다. 숟가락으로 반 정도 떠서 밀가루를 살짝 묻혀 물을 섞지 않은 달걀을 씌우고 납작하게 지진다. 채반에 벌려놓아 살짝 식은 후에 대접에 담아놓고 장국과 함께 먹는다. 비빔밥보다 맛이 좋고 매우 고소하다. 혹 술안주로 하는 사람은 속을 든든하게 하려는 사람이다.

보만두 보쌈만두

소고기 200g, 돼지고기 100g, 배추김치 100g, 두부 100g, 녹말가루 조금 | **만두피:** 밀가루 6컵, 소금 2작은술, 물 1½컵 | **만두소 양념:** 다진 파 2큰술, 다진 마늘 1큰술, 청장 2작은술, 깨소금 1큰술, 참기름 1큰술, 소금 1큰술, 후춧가루 조금 | **초간장:** 간장 2큰술, 물 2큰술, 식초 2큰술, 설탕 2작은술

---

1 소고기와 돼지고기는 다지고 두부는 으깨어 물기를 짠다.

2 배추김치는 속을 깨끗이 털고 잘게 다져서 국물을 꼭 짠다.

3 1에 만두소 양념을 넣고 잘 치대어 반죽한 다음 김치를 섞어 소를 만든다.

4 소금물을 만들어서 밀가루에 붓고 말랑하게 반죽하여 젖은 보로 싸둔다.

5 4의 밀가루 반죽의 절반을 덜어내어 작은 만두를 빚는다. 반죽을 대추 알만
 하게 조금씩 떼어 둥글게 굴린 다음 양손 엄지로 오목하게 누른 뒤 소를 얹
 고 가장자리를 오므려 작은 조개 모양으로 빚는다.

6 남은 밀가루 반죽을 넓게 밀어서 녹말가루를 얇게 뿌리고 그 위에 작은 만
 두들을 붙지 않게 가루 칠을 해서 넣고 보자기처럼 오므려 싼다.

7 물에 삶거나 쪄내어 초간장을 곁들여 먹는다.

▲보만두 【秋饅頭 보섬만두】

이만두는별것아니라 원만두와가티만들되 썩잘게만들고 한수십개쌀만치 만두빗든걸로 널게보자처럼 방망이로 얄게미러노코 그가음데다가 수십개만두를 말은감자가루를 드러붓지안케붓쳐가며 느코션후에 부리를접어붓든지 주머니우구리듯하야 물이드러가지안토록 아물이고 씨거나삼거나하야 먹을제 썹질을벗기면 여러개만두가쓰다저 나오는것을 이상이알산더러 맛이좀나듯하니라 이전에모양으로 음식을만드든집에서는적은만두를 각색물을드려 소를느코 다식판처럼 붕어나조개모양으로 만드러 그판에박어내여보자처럼싸서 곱게쩌서 큰합에 국물파합세담아서 손님안례대접할제 젓가락으로 한쪽을벗기면 붕어가튀여나와 형용이 산고기가물는것가라서 보기에 이상스럽게하야먹나니 이러케하야먹든집이 오날은 낙개만두나 먹는지 알수업노라

이 만두는 별것은 아니고 원래의 만두처럼 만들지만 아주 잘게 많이 만드는 것이다. 만두피를 방망이로 얇게 밀어 보자기처럼 넓게 만들고 그 가운데에 빚어둔 작은 만두 수십 개를 감자녹말을 묻혀 붙지 않게 넣고 싼다. 가장자리를 접어 붙이거나 복주머니처럼 오므려 붙여 물이 들어가지 않도록 아물리고 찌거나 삶는다. 먹을 때 껍질을 벗기면 여러 개의 만두가 쏟아져 나오는 것이 재미있고 맛도 더 나는 듯하다. 이전에 이렇게 만든 집에서는 작은 만두에 각색 물을 들여 소를 넣고 다식판처럼 붕어나 조개 모양으로 만든 판에 박아낸 다음 보자기처럼 싸서 곱게 쪘다. 큰 합에 국물과 함께 담아서 손님에게 대접할 때 젓가락으로 한쪽을 벗기면 붕어가 튀어나오는데 그 모양이 마치 붕어가 살아서 물속을 다니는 것 같아 재미있게 먹기도 하였다. 그러나 오늘날은 그런 집에서 메밀만두나 먹는지 알 수 없다.

달래장아찌 달내장앗지

달래 200g, 볶음용 식용유 1큰술 | **양념장:** 간장 2큰술, 고춧가루 1큰술, 깨소금 2작은술, 설탕 2작은술

---

1 달래는 다듬고 씻어 물기를 뺀 다음 동그란 뿌리는 칼로 두드리고 줄기는 4cm 길이로 자른다.

2 팬에 식용유를 두르고 뜨거울 때 달래를 넣어 말갛게 될 때까지 볶아낸다.

3 간장에 깨소금, 설탕, 고춧가루를 섞어 양념장을 만들고 볶은 달래를 얼른 무친다.

🔺 **달내쟝앗지**

달래를 뿌리와 옥지를쌔되 동군데 순을 죠곰남
기고싸서씨순후 물이말으거든 냄비에 기름을붓
고 달래물너어북가서 기름이 달래에드러가 빗이
맑앗거든 쓰다서 설당치고 진쟝과 쌔소곰파 고
추가루치고 버무려 먹으면 맛도죠코 물러서죠흐
니라 달래를된쟝찌개에 너어도 죠호니라
항용하는것은 날걸로 진쟝에녀코 고명하야먹
나니라

달래를 뿌리와 꼭지를 따되 둥근 곳의 순을 조금 남기고 다듬어 씻은 후 물기를 말린다. 냄비에 기름을 붓고 달래를 볶아서 기름이 달래에 배어들어 빛이 맑아지면 꺼내 설탕, 진장, 깨소금, 고춧가루를 치고 버무려 먹으면 맛도 좋고 물러서 좋다. 달래를 된장찌개에 넣어도 좋다.
보통은 날것으로 진장에 넣고 양념하여 먹는다.

국수비빔 국수부빔, 麪骨薰

국수 500g, 소고기(우둔) 120g, 무김치 100g, 배 100g, 삶은 양지머리 60g, 삶은 돼지고기 60g, 잣 1작은술, 미나리 100g, 생선 100g, 불린 해삼 1개, 전복 1개(100g), 달걀 2개, 표고버섯 2개, 석이버섯 4개, 밀가루 2큰술, 소금 적당량, 식용유 적당량 | **무김치 양념:** 참기름 1큰술, 설탕 2작은술 | **고기 양념:** 간장 1½큰술, 소금 조금, 다진 파 2작은술, 다진 마늘 1작은술, 깨소금 1큰술, 참기름 2작은술, 후춧가루 조금씩 | **양념장:** 간장 5큰술, 참기름 3큰술, 꿀 3큰술, 깨소금 2큰술, 고춧가루 1~2큰술, 후춧가루 조금, 잣 적당량

1 삶은 양지머리와 돼지고기를 한입 크기로 얇게 썬다.

2 무김치는 굵게 채 썰어 무김치 양념으로 무친다. 배도 채 썬다.

3 미나리는 3cm 길이로 잘라 센 불에서 소금 간을 하여 기름에 살짝 볶는다.

4 소고기는 곱게 다져서 고기 양념으로 버무린 다음 반은 보슬보슬하게 볶아 놓고, 나머지 반은 잣을 한 알씩 넣어 둥글게 완자를 빚는다.

5 생선은 소금, 후추를 뿌리고 밀가루와 달걀 1개 푼 것을 차례대로 묻혀 팬에 지졌다가 굵게 썬다.

6 4의 소고기 완자도 남은 밀가루와 달걀에 담갔다가 건져 굴리면서 지진다.

7 전복은 삶아서 불린 해삼과 함께 굵게 채 썰어 살짝 볶는다.

8 달걀 1개를 풀어 얇게 지단을 부친다.

9 표고버섯과 석이버섯은 불렸다 손질하여 곱게 채 썰어 기름에 살짝 볶는다.

10 넉넉한 양의 끓는 물에 국수를 넣고 심이 없도록 삶아 찬물에 여러 번 헹구고 채반에 건져 사리를 만든다.

11 삶은 국수에 양념장을 고루 비벼 간을 맞춘 다음 큰 그릇에 담아 1의 편육을 얹고 그 위에 준비한 김치, 볶은 고기, 채소, 해물, 전 등의 고명을 골고루 얹는다.

° 생강을 가늘게 채 쳐 넣거나 양념장에 식초를 넣어 무쳐도 맛이 좋다.
° 무김치는 김장 때 작은 통무를 소금물에 담가 익혀서 먹는 동치미나 무를 얇게 썰어 새콤하게 담근 물김치를 쓰면 된다.
° 국수는 고명이 모두 준비된 후에 삶아야 붇지 않는다.

국수를더운물에 헤여조리에 전저노코 무김치
나 나박김치와 배와숙육과 저육썰고 미나리를잘
라 기름에복가썰고 정육을잘게익여 고명에쌀쌀
하게 복가다시난도하고 가진전유어를 잘게썰고
속에 원잣느어 완자만드러 노코 알고명과 파와표
고와 버섯과석이를채처 기름에복고 해삼전복을
물으게하야 써러노코 장과기름과쑬과 쎄소곰과
호초가루와 실백과초가루를 채처 모다부뷘후
에 그릇에담고 위에다 가완자와 채친고명을 더언
저쓰되 생강조곰채쳐느커나 조혼초를 조곰치면
맛이조흐니라
국수는발이 잘고 질긴것이조코 쑬을느어야 국
수가부드러우니라
국수를물에쌀면 부러못쓰나니 기름을처서버무
리면자연풀어지나니라

▲국수부빔 [麪骨薰]

국수를 더운 물에 헹구어 조리에 건져놓는다. 무김치나 나박김치, 배와 수육과 돼지고기를 썰어놓고, 미나리를 잘라 기름에 볶았다 썰고, 소고기는 잘게 다져 짭짤하게 볶은 다음 다시 다져둔다. 여러 가지 전유어를 잘게 썰고 속에 통잣을 넣어 완자를 만들고 달걀 고명과 파, 표고버섯, 석이버섯을 채 쳐 기름에 볶는다. 해삼과 전복을 무르게 하여 썰어놓는다. 간장, 기름, 꿀, 깨소금, 후춧가루, 잣, 고춧가루를 넣고 함께 비벼 그릇에 담고 위에 완자와 채친 고명을 얹어 낸다. 생강을 조금 채 쳐 넣거나 좋은 식초를 조금 치면 맛이 좋다.

국수는 발이 가늘고 질긴 것이 좋으며 꿀을 넣어야 국수가 부드러워진다.

(삶은) 국수를 물에 빨면 불어서 못 쓴다. 기름을 치고 버무리면 자연히 풀어진다.

°비빔을 한문으로는 '골동(骨董)'이라 한다. 골동이라는 표현은 여러 가지가 한데 섞였을 때 쓰는데 골동면, 골동반, 골동갱 등의 명칭이 대표적인 예이다. 이 책에는 '동(董)' 자가 '훈(薰)' 자로 쓰였는데 비슷한 한자를 잘못 쓴 듯하다.

상추쌈 생치쌈, 萵苣包

쌈: 상추 · 실파 · 갓 · 깻잎 · 방아잎 · 고수잎 · 김 적당량 | **밥:** 비빔밥 또는 흰밥 4공기 | **웅어고추장조림:** 웅어(또는 도미, 새우) 200g, 소고기 30g, 두부 50g, 고추장 3큰술, 송송 썬 대파 2큰술, 설탕 1큰술, 참기름 1큰술 | **소고기고추장볶음:** 소고기 50g, 고추장 ½컵, 물 4큰술, 다진 파 1큰술, 잣 1큰술, 참기름 1큰술, 식용유 적당량

1 쌈 채소는 흐르는 물에 여러 번 씻어 채반에 건져둔다.

2 밥은 나물을 넣은 비빔밥으로 하거나 없으면 흰밥을 준비한다. 비빔밥으로 준비할 때는 흰밥에 고사리, 표고버섯, 미나리, 오이, 도라지, 죽순, 콩나물, 숙주 등의 나물 중 삼색을 고루 맞추어 넣고 참기름, 소금, 깨소금을 넣어 비빈다.

3 웅어는 비늘을 긁고 뼈째 1cm 폭으로 썰어두고 웅어고추장조림용 소고기 30g을 잘게 썬다.

4 3의 소고기를 볶다가 물을 1컵 붓고 고추장을 풀어 끓이다 끓어오르면 썰어둔 웅어를 넣는다. 물이 거의 졸아들 때쯤 두부를 잘게 썰어 넣고 송송 썬 대파, 설탕, 참기름을 넣어 타지 않게 저으면서 자작하게 조린다.

5 고추장볶음용 소고기 50g은 잘게 다져 식용유를 두른 팬에 보슬보슬하게 볶다가 고추장과 물을 넣고 저으면서 바특하게 끓인다. 파와 잣을 넣고 조금 더 끓이다가 불을 끄고 참기름을 뿌린다.

6 준비한 재료를 각각 그릇에 담아 원하는 대로 쌈을 싸서 먹는다.

▲생 치 쌈 [生雉包]

쌈은 생치입히 주장이나 젓나기전에 그팁이업는걸로 졍하게써서서 나쵸셧슬졔 기름을 멧숫가락치고 건지면 기름이 생치에울나 물애는 한방울도업나니 그리하야먹으면 부드럽고체하지를아니한다하나니라 생치위에노아 먹는것은 쑥갓파세파와 상갓파세입과 방아입과 고수풀과 다싯성대로 생치에겻드러먹나니라 밥은 부빈밥을싸먹는것이 졔일이요 그다음은 흰밥을싸먹는것이 죠코고초장은 굵든지가늘든지 슴슴하게하는대 웅어나도미나새우나 두부를넛는것이니 웅어나새우는 잘게의여서녀코 졍육파 파와설당과기름을치고 눌지안케져어가며 의히라 생물쏠뚝이나 마른쏠뚝이 불리게나 너어도죠흐되 쓰는 매운고초장에 살고기를만이난도하야녀코 파와실백녀코 기름만이치고쓰러서 쌈에먹는것도 매우죠흐나 매운것을먹으면 입아구니얼얼하야 견딜수가업나니라 생치쌈에김을두엇다가 구워서 쌈위에언저먹어도죠흐니라

쌈은 상추가 가장 흔하다. 줄기에 유액이 나기 전에 벌레 안 먹은 것으로 골라 깨끗하게 씻고 마지막 씻을 때 기름을 몇 숟가락 치고 건져내면 기름이 상추에 묻어 물에는 기름이 한 방울도 남지 않을 것이다. 그렇게 먹으면 부드럽고 체하지 않는다고 한다. 상추 위에 놓아 먹는 것은 쑥갓, 세파°, 갓, 깻잎, 방아, 고수풀이다. 모두 식성대로 상추에 곁들여 먹는다. 밥은 비빔밥을 싸 먹는 것이 제일이고 그 다음은 흰밥을 싸 먹는 것이 좋다. 고추장은 굵든지 가늘든지 짜지 않게 해야 하는데 웅어나 도미, 새우나 두부를 넣는다. 웅어나 새우는 잘게 이겨서 넣고 소고기와 파, 설탕, 기름을 치고 눋지 않게 저어가며 익힌다. 생물 꼴뚜기나 마른 꼴뚜기 불린 것을 넣어도 좋다. 또는 매운 고추장에 살코기를 많이 다져 넣고 파와 잣을 넣고 기름을 많이 치고 끓여서 쌈을 싸 먹는 것도 매우 좋다. 그러나 매운 것을 먹으면 입이 얼얼하여 견딜 수가 없다.

상추쌈에 김을 두었다가 구워서 쌈 위에 얹어 먹어도 좋다.

°아주 가는 파.

닭김치 닭김치, 鷄葅

오이 10개, 소금(절임용) 4큰술, 소금(국물용) 2큰술, 고춧가루 4큰술, 다진 마늘 4큰술, 닭 ½마리, 얼음 적당량

1 오이를 소금으로 문질러 씻어 3~4㎝ 길이로 자르고 네 쪽으로 가른다.

2 1의 오이에 소금 4큰술을 뿌려 2시간가량 절여두었다가 소쿠리에 건져 물기를 뺀다.

3 2의 절인 오이에 고춧가루와 다진 마늘을 버무려 담고 물 3컵에 소금 2큰술을 삼삼하게 타서 오이가 잠기도록 붓는다.

4 닭의 내장과 기름을 떼어내고 생강 1쪽을 넣어 푹 삶았다 건져 살만 바른다. 닭 육수는 면보에 걸러 기름기를 제거하고 차게 둔다.

5 3의 오이깍두기 국물이 새콤하게 익으면 닭 육수와 일대일 비율로 섞고 부족한 간은 소금으로 맞춘 뒤 차게 둔다.

6 그릇에 닭 살과 오이깍두기를 담고 5의 국물을 부어 낸다. 얼음과 함께 담아내도 좋으나 이때는 간을 조금 세게 해야 한다.

닭김치 [鷄葅]

외싹둑이를 이긴고초가루에 당가익거든 닭을 살마 내장파 써를버리고 게정 뜻뜻이하야 싹둑이에버무려 어름에채엿다가 먹나니라

고춧가루 이긴 것으로 오이깍두기를 담가 익힌다. 닭을 삶아 내장과 뼈를 버리고 게살 뜯듯이 하여 깍두기에 버무려 얼음에 재웠다가 먹는다.

짠지무침 짠무김치무침

무짠지 400g, 고춧가루 2큰술 | **무침 양념:** 다진 파 1큰술, 다진 마늘 2작은술, 참기름 1큰술, 간장 2작은술, 설탕 2큰술, 깨소금 1큰술, 후춧가루 조금

1 무짠지를 곱게 채 썰고 찬물에 여러 차례 씻어낸 다음 물에 담가 하룻밤 두어 짠맛을 뺀다.

2 짠맛 뺀 무짠지를 꼭 짜서 물기를 없애고 고춧가루로 먼저 주물러 빨갛게 물을 들인다.

3 2를 무침 양념으로 한참 주물러 맛이 골고루 배게 무친다.

▲ 짠무김치무침

라 짠지를 잘게 썰어 물에 여러 날 울려 가지고 장파 기름 깨소금 호초가루 고초가루를 치고 무치나니

짠지를 잘게 썰어 물에 여러 날 우려 짠맛을 빼고 장과 기름, 깨소금, 후춧가루, 고춧가루를 넣어 무친다.

아욱죽 아욱죽, 葵粥

쌀 1컵, 아욱 300g, 곱창 100g, 소고기 50g, 물 3ℓ, 마른 새우 15g, 된장 2큰술, 고추장 2작은술 , 밀가루 적당량, 소금 적당량

1 쌀은 죽 쑤기 1시간 전에 깨끗이 씻어 불려둔다.

2 아욱의 잎을 떼고 굵은 줄기를 꺾어 껍질을 벗긴 다음 물을 조금 붓고 바락 바락 주물러 씻어 푸른 물을 뺀다.

3 소고기는 기름기가 있는 고기를 택하여 납작납작 썰고, 곱창은 밀가루와 소금으로 주물러 깨끗이 씻어낸 다음 붙어 있는 기름은 떼고 2cm 길이로 토막 낸다. 손질한 소고기와 곱창을 솥에 넣고 물을 부어 끓인다.

4 면보에 싸서 방망이로 두드린 마른 새우를 3의 장국에 넣고 같이 끓인다.

5 4의 장국에 된장과 고추장을 풀고 아욱을 넣어 아욱국을 끓인다.

6 아욱이 익어 부드러워지면 1의 불린 쌀을 넣고 불을 약하게 줄여 서서히 끓인다.

7 쌀이 퍼져 아욱과 잘 어우러지면 불을 끄고 그릇에 담는다.

▲아 욱 죽 [葵粥]

아욱은 파루초(破樓草)라하나니 전에는 국을 쇠릴제 아욱을북북으개여 푸른집을 여러번씨서 버리고 쓸나 도리여국물이걸직하고 빗이푸른 고로 요사이는 다 듬은후에 으개지말고 그냥씨서 서 쇠리는것이 국물이말고조흐니라 몬저맛바튼된 장에다 고초장을조곰석고 걸러부은후에 연한기 름세고기를썰고 파와기름을치고 중세우를 정하게 끌나헌겁에싸서 방망이로두다려너코 곱창을왼니 로너 엇다가 아욱파모다쓰리되 닯도록쇠려야 맛 이조코 곱창은익거든 다시써러너을저니라 생선 넙치도 토박처 이국에너어먹기도하나니라 아욱 이 몸에보한다하기로 시골서는 산모가미역 대선에 아욱을먹는다하나니라 아욱다듬는법은 입사퀴밋헤 잇는가는줄기는 질겨못먹으니 쌔버리고 굵은원줄기에 쑥쑥부러 지는줄기를 이리저리썩거가며 썹질을벳겨 한데 너어쇠리면맛이 더욱조흐니라 아욱이란것은 국이나죽만쇠리지 다른소용은업 기로사람의성질이 물고슴슴한체를하면 아욱장앗 지라일컷나니라 아욱과미역은 젓국에 는못만드나니라

아욱은 파루초라고 한다. 전에는 국을 끓일 때 아욱을 북북 으깨어 푸른 즙을 여러 번 씻어 버리고 끓였다. 이렇게 하면 도리어 국물이 걸쭉하고 빛이 푸르기 때문에 요즘은 다듬은 후에 으깨지 않고 그냥 씻어서 끓이는데, 이러면 국물이 맑고 좋다. 먼저 맛 좋은 된장에다 고추장을 조금 섞고 걸러 부은 후에 연하고 기름기 있는 고기를 썰어 파와 기름을 친다. 깨 끗한 중간 크기 새우를 골라 헝겊에 싸서 방망이로 두드려 넣고 곱창을 통으로 넣었다가 아욱과 모두 다 끓인다. 닳도록 끓여야 맛이 좋다. 곱창은 익거든 다시 썰어 넣어야 한다. 생선 넙치도 토막 내 이 국에 넣어 먹기도 한다. 아욱이 몸을 보한다고 하기 때문에 시골에 서는 산모가 미역 대신에 아욱을 먹는다고 한다.

아욱 다듬는 법은 잎사귀 밑에 있는 가는 줄기는 질겨서 못 먹으니 따 버리고 굵은 원줄기에 뚝뚝 부러지는 줄기를 이리저리 꺾어가며 껍질을 벗겨 한데 넣어 끓이면 맛이 더욱 좋다.

아욱이란 것은 국이나 죽만 끓이지 다른 소용은 없기 때문에 사람의 성질이 무르고 심심한 사람을 아욱장아찌라고 일컫는다.

아욱과 미역은 젓국으로는 못 만든다.

조선요리제법

연대 1942년(초판 1917년, 우리나라 음식 만드는 법 1954년)
저자 방신영
소장 궁중음식연구원
서지 정보 12.8×18.4cm, 499면, 활자본

『조선요리제법』은 이화여자전문학교 가사과 교수인 방신영이 우리 음식을 집대성
하여 근대식 음식 조리법 기술 형태로 쓴 책이다. 1917년 초판이 간행되었고 이듬
해『만가필비조선요리제법』(1918, 신문관)이란 이름의 책이 나왔다.『주부의 동무 조
선요리제법』(1936, 광익서관) 등 수정 증보판이 여러 차례 간행되었고, 해방 이후에는
『우리나라 음식 만드는 법』(1954, 청구문화사)이란 제목으로 발간되었다. 1917년부터
1962년까지 수차례 판본이 증보 · 개정된 만큼 총 판매 부수가 수십만 부에 이르며
여성들에게 상당히 널리 이용되었다.

　저자인 방신영은 요리연구가이자 교육자로 1929년부터 이화여자전문학교 가
사과 교수를 지냈다.『조선요리제법』이외에도『음식관리법』,『고등요리실습』,『동
서양과자제조법』,『다른 나라 음식 만드는 법』등 많은 조리 교육 교재를 펴냈다.
『우리나라 음식 만드는 법』의 서문에서 그는 계몽운동에 힘쓰던 애국지사 최광옥
(1879~1911)이 우리 여성 사회에 큰 도움이 되라는 유언을 남겼는데, 이를 받들고자
어머니가 음식 조리법에 대해 일러주는 대로 꾸준히 기록하여 책으로 펴내게 되었
다고 집필 동기를 밝혔다.

『조선요리제법』 개정증보판(1942)은 총 61장으로 구성되어 있으며 「어린 아이 젖 먹이는 법」으로 된 마지막 장을 제외하면 음식을 주로 다루는 부분은 전체 60장이다.

특이한 점은 56장에 '숩'이라는 항목으로 서양의 수프 만드는 법을 수록했다는 점이다. '시금치숩', '고기숩', '닭숩', '조개숩', '굴숩', '계란우유숩' 등 우유를 넣은 크림수프와 육수를 기본으로 한 수프 형태의 조리법을 적어놓았다.

1957년에 간행된 『우리나라 음식 만드는 법』에는 요일별 식단표, 반상, 탄생 후 삼일, 삼칠일, 백일상 식단표, 돌상과 돌상차림 식단표, 성탄절 식단표, 간식 식단표, 연중 식단표, 교자상, 회갑상, 안주상 식단표가 제시되기도 했다.

『조선요리제법』은 1900년대 전반기에 걸쳐 정리된 것으로, 수록된 음식물 이름 및 조리 관련 어휘는 우리말 어휘사 연구에도 소중한 자료가 되며, 이 시기의 사회상을 엿볼 수 있다. 이 책은 전통에 바탕을 둔 우리 음식 조리법을 과학적으로 계량화하여 정리함으로써 한식의 조리과학적인 발전에 기여하였으며, 현대 요리책의 시조인 만큼 한국 식생활사 연구에 귀중한 문헌으로 손꼽힌다.

::영계찜(닭찜)

『조선요리제법』도 30여 년이 지나『우리나라 음식 만드는 법』으로 제목이 바뀌며 조리법도 바뀌었다. 닭찜이 그 예이다. 닭찜 또는 연계찜으로 부르던 것이 '영계찜'으로 바뀌고 닭 토막을 삶다가 물러지면 밀가루즙을 넣어 걸쭉하게 만들던 것이 나중에는 밀가루를 쓰지 않는 것으로 변했다. 재료 또한 처음에는 단순했지만 추후 감자, 당근, 숙주를 넣어 더 맛있고 푸짐해 보이게 했으며 달걀을 지단으로 부쳐 음식 위에 장식했다.

::구절판(밀쌈)

밀쌈을 먹는 여러 가지 방법을 소개하였는데 그중 구절판은 여덟 가지 재료를 작고 얇게 부친 밀전병에 싸서 먹는 음식이다. 오방색 재료를 골고루 써서 한눈에 보이도록 화려하게 담아 멋과 정성이 드러난다. 밀전병은 소금 간을 하고 잘 풀어 체에 걸러 만들고, 가운데 겹쳐 담을 때 서로 붙지 않게 하는 법도 친절히 일러두었다. 당시에는 검정색 식재료로 천엽을 많이 썼는데 요즘은 손질법도 힘들고 재료를 쉽게 구할 수가 없어 잘 안 쓴다.

::비빔밥

고슬고슬하게 지은 밥 위에 고기볶음과 나물, 튀각, 달걀지단을 색색으로 올리고 뜨거운 장국을 끼얹어 먹도록 하였다. 이전에는 아예 밥을 비벼서 내놓은 듯한데 이 책에는 예쁘게 담은 모양을 보면서 직접 비벼 먹는 것이 좋다 하였다. 나물은 콩나물, 숙주, 미나리, 무로 다른 비빔밥에 비해 간단하다. 배 채를 얹는 것도 잘 쓰지 않던 방식인데 촉촉하면서도 단맛을 준다. 섭산적을 고명으로 올려 맛있게 보이도록 했으며, 고춧가루를 뿌려 장국으로 축여 먹는 법도 특이하다.

::고추장찌개

옛날에는 고추장이 지금처럼 윤기가 나며 달지 않았다. 일반 음식을 만드는 고추장은 메주를 많이 섞은 것이라 된장 같은 구수하고 텁텁한 맛을 냈고, 초고추장용은 찹쌀과 엿 성분을 많이 넣어 담갔다. 고추장찌개는 소고기와 버섯을 건지로 하여 매우면서도 들큰한 국물로 밥맛이 나게 하는 여름 음식이다. 주로 서울 지방에서 많이 해 먹었는데 호박, 오이, 미역, 북어 등 쉽게 구할 수 있는 재료들이 찌개 건지가 되었다.

::숙주채

하얀 숙주에 푸른 미나리 줄기를 더하여 새콤하게 무쳐내는 채소 반찬이다. 숙주는 녹두나물이라고도 부르던 것으로, 찬 성질을 가진 음식이어서 고기 음식이나 여러 재료를 섞어 만드는 음식에는 숙주가 꼭 같이 쓰였다. 섭는 즐거움을 줘서 즐겨 쓰던 전통 식재료이지만 요즘은 쓰는 경우가 많이 줄었다. 숙주를 아삭하게 데치는 방법도 소개했는데 데친 뒤 찬물에 바로 헹구라고 하였다.

::잡채

잡채는 여러 가지 나물을 섞어 만든 음식이지만 고기, 해물도 많이 섞는다. 지금은 잡채 하면 녹말국수인 당면이 먼저 떠오르지만 초기에는 당면 없이 색이 다른 여러 가지 나물을 섞어서 만들었다. 지금과 같은 잡채는 1920년대부터 만들어졌다. 중국 음식에서 쓰던 전분으로 만든 펀타오에서 영향을 받아 1920년대 당면 공장이 세워졌는데, 이때부터 당면 넣은 잡채가 유행한 것이다.

이 책에 나오는 잡채의 재료는 당면, 숙주, 미나리, 버섯, 해삼, 전복, 돼지고기, 황화채, 황백 지단, 배이다. 중국 음식의 양장피 잡채에 들어가는 재료들과 비슷하며, 지금의 잡채 재료와는 많이 다르다. 특히 배를 채 쳐 넣고 노란 원추리 꽃을 말린 황화채를 넣는 것이 특이하다.

::잡과병

멥쌀가루에 색이 다른 과일들을 섞어 설기떡으로 만든 것이다. 여러 가지 과일이 들어가서 잡과라 하였다. 과일들은 생과보다는 설탕이나 꿀에 재운 귤이나 매실, 말린 대추, 수분이 적은 밤과 곶감을 사용했다. 흰 쌀가루 사이로 노란색, 푸른색, 붉은색, 흰색, 검은색의 오방색이 골고루 섞여 먹음직스럽게 보인다. 멥쌀은 끈기가 없어서 물을 주어 체에 내려야 떡이 설익거나 부서지지 않는다. 설탕은 떡에 단맛도 주지만 녹아서 떡이 부서지지 않게 하는 역할도 한다.

::수정과

생강 끓인 물에 곶감을 넣어 달콤하게 먹는 음료이다. 정과는 과일 등을 꿀이나 설탕에 윤기 나게 조려낸 한과류인데, 수정과는 국물까지 먹기에 수(水) 자가 붙었다. 곶감이 딱딱하므로 따뜻한 국물에 넣으라거나, 곶감에 잣을 끼워 멋을 내는 방법을 소개하면서 잣의 뾰족한 쪽으로 끼우라고 자세히 일러두었다.

영계찜 닭찜

닭 1마리(800g), 숙주 200g, 당근 80g, 감자 2개, 표고버섯 2개, 석이버섯 2개, 달걀 1개, 물 4컵, 식용유 적당량 | **양념:** 다진 파 2큰술, 다진 마늘 1큰술, 간장 5큰술, 참기름 2큰술, 설탕 2큰술, 후춧가루 조금

1 닭의 내장을 빼고 깨끗이 손질하여 작게 토막을 친다.

2 양념을 잘 섞어 손질한 닭에 절반만 넣고 주물러둔다.

3 숙주는 머리와 뿌리를 자르고 살짝 데친다.

4 감자와 당근은 껍질을 벗겨 도톰하게 골패 모양으로 썬다.

5 표고버섯은 불려서 기둥을 떼고 2~4쪽으로 자르고 석이버섯은 끓는 물에 데쳤다 껍질을 긁어내고 비벼 씻어 검은 물을 뺀 후 작게 찢는다.

6 달걀은 황백으로 나누어 지단을 부치고 마름모 모양으로 썬다.

7 냄비에 식용유를 두르고 닭을 넣어 볶다가 겉면이 노릇하게 익으면 물을 부어 끓인다. 닭이 익으면 감자, 당근, 표고버섯을 넣고 남은 양념을 부어 끓인다. 국물이 졸고 닭과 감자에 간이 들면 숙주와 석이버섯을 넣는다.

8 합에 담아 달걀지단을 얹는다.

5. 영 계 찜 (여름철)

재 료 (한합 분량)

	영 계 한마리	당 근	중것 반개
숙 주 (메친것)(반보시기)	감 자 중것한개	석 이	두조각
마 늘 한쪽	표 고 두조각	호추가루	조금
계 란 한개	깨소금 한큰사시	실 백	한큰사시
파 두뿌리	기 름 한큰사시	간 장	네큰사시
물 세홉			

1 영계에다가 더운물을 끼얹어가면서 털을 뜯고 신문지에 불붙여서 잔 솜털을 그슬리고 내장을 빼내고 자금자금하게 토막을 쳐서 갖은 고명을 해서 불에 올려놓고(살짝 볶다가 물을 부을것),

2. 숙주를 아래위를 따고 살짝 비쳐서 꼭 짜놓고,

3. 감자와 당근은 껍질을 벗겨 골패쪽 모양으로 얇게 썰고,

4. 표고, 석이를 정하게 씻어서 골패쪽만큼씩 썰고,

5. 이 여러가지 재료들을 전부 다 닭에 함께 섞어서 잘 끓여 푹 졸여가 지고 간을 맞추어 만든후 합에 담고 계란지단을 골패쪽 처럼 썰어 얹고 실백을 뿌릴 것이다

재료(합 1개 분량)

영계 1마리, 당근 중간 것 1/2개, 숙주 데친 것 1/2보시기, 감자 중간 것 1개, 석이 2조각, 마늘 1쪽, 표고 2조각, 후춧가루 조금, 달걀 1개, 깨소금 1큰술, 잣 1큰술, 파 2뿌리, 기름 1큰술, 간장 4큰술, 물 3홉

1. 영계에 더운물을 끼얹어가면서 털을 뜯고 신문지에 불을 붙여 잔 솜털을 그을리고 내장을 빼내고 작게 토막을 쳐서 갖은 고명을 해서 불에 올려놓고 살짝 볶다가 물을 붓고,
2. 숙주를 아래위 따고 살짝 데쳐서 꼭 짜놓고,
3. 감자와 당근은 껍질을 벗겨 골패 모양으로 얇게 썰고,
4. 표고, 석이를 깨끗하게 씻어서 골패 크기만큼씩 썰고,
5. 이 여러 가지 재료를 전부 다 닭에 함께 섞어서 잘 끓여 푹 졸이고 간을 맞추어 만든 후 합에 담아 달걀지단을 골패 모양으로 썰어 얹고 잣을 뿌린다.

구절판 밀쌈

소고기(우둔) 150g, 오이 1개, 당근 1개, 표고버섯 4개, 석이버섯 30g, 천엽 300g, 달걀 3개, 잣 2큰술, 식용유 적당량, 소금 조금 | **밀전병:** 밀가루 1컵, 물 1컵, 소금 $\frac{1}{2}$작은술 | **간장 양념:** 간장 3큰술, 다진 파 1큰술, 다진 마늘 2작은술, 설탕 $1\frac{1}{2}$~2큰술, 깨소금 1작은술, 참기름 1큰술, 후춧가루 조금 | **소금 양념:** 소금 1큰술, 참기름 1큰술, 깨소금 2작은술 | **초간장:** 간장 2큰술, 물 2큰술, 식초 2큰술, 설탕 2작은술

1 우둔을 아주 가늘게 채 썰어 간장 양념의 반을 덜어 넣고 주물렀다 볶는다.

2 오이는 5cm 토막으로 잘라 씨 부분을 긁어내고 곱게 채 썰어 소금에 살짝 절였다가 꼭 짠 다음 식용유를 두른 팬에 파랗게 볶는다.

3 당근도 오이처럼 곱게 채 쳐서 팔팔 끓는 물에 데쳤다 건져 소금 양념을 조금 넣고 양념한다.

4 표고버섯은 불려서 얇게 저민 다음 곱게 채 썰고 간장 양념을 조금 넣어 무쳤다 식용유를 두른 팬에 잠깐 볶는다.

5 석이버섯은 뜨거운 물에 불렸다 잘 비벼 씻고 실처럼 가늘게 채 썰어 간장 양념으로 양념한 다음 식용유를 두른 팬에 잠깐 볶는다.

6 천엽은 한 장씩 떼어 소금으로 주무른 다음 깨끗하게 씻는다. 씻은 천엽을 돌돌 말고 채 친 뒤 남은 소금 양념을 모두 넣고 주물렀다가 식용유를 두른 팬에 잠깐 볶는다.

7 달걀은 흰자와 노른자로 나누어 잘 풀어서 얇게 지단을 부쳐 5cm 길이로 가늘게 채 썬다.

8 밀가루에 같은 양의 물을 붓고 소금 간을 해서 덩어리 없이 잘 풀고 체에 거른다. 식용유를 두른 팬에 한 수저씩 떠 넣고 둥글고 아주 얇은 밀전병을 부친다.

9 밀전병을 접시 가운데에 올린다. 이때 들러붙지 않도록 한 장을 놓을 때마다 국화잎이나 미나리잎, 쑥갓잎 등을 끼우며 놓는다. 밀전병 둘레에 준비한 고기와 채소들을 색색으로 맞추어 돌려 담고 잣을 사이사이에 놓는다. 초간장을 곁들여 낸다.

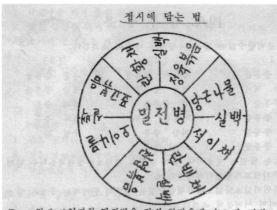

◎ 밀 쌈

밀가루를 묽게 반죽하여 전병을 묻힐때에 작은접시만큼식 번철에 붙이고 국

화 잎사귀와 봉선화 꽃을 색맞혀 박아서 한푼 운두만큼 얇게 붙이고 깨물실

해서 볶아가지고 설당과 재피가루를 약간 치고서 짓찧어 밀불인것에 놓을만큼

길음하게 뭉쳐서 놓고 셋에 접어 꼭 뿌쳐서 합에 담아놓고 꿀이나 설당을 찌

어 먹도록 할지나라

또 애호박이나 외를 얇게 저며서 잘게 채를 썰어가지고 소금을 약간 뿌려

대강만 절여가지고 꼭 짜서 번철에 기름을 약간 바른후 잠간 볶아놓고

석이를 끊는 물에 담아서 정하게 씻어서 채쳐가지고 정한 보자에 꼭 짜서

물기 없이 하여 번철에 기름을 조금 바르고 대강 볶아놓고

표고와 버섯과 목이도 잘물러서 채쳐서 물을 꼭 짜서 접시에 약간만 밭으고 볶

연한 살고기를 잘게 저며서 다시 가늘게 채쳐서 기름을 약간만 볶아놓고

아서 간장 파 이긴것 호초, 깨소금을 넣고 다시 볶아서 접시에 담아놓고

풍근파를 채쳐서 잠간 기름에 볶아놓고

이상 여러가지 만들어놓은 약념들을 접시에 모양있게 색맞후어 놓고

밀전병을 적은 접시만큼식 붙여서 접시에 놓고

고추장 찌개를 맛있게 쩌놓고

먹을 사람들 앞에 빈접시한개식 놓아주면 먹을 사람이 전병 한 조각을 집

어놓고 또 여러가지 고명해서 놓은것을 마음대로 집어놓아 전병으로 싸서 고

추장을 찍어 먹나니라

접시에 담는 법

ㄱ. 그림에 보임같이 밀전병을 접시 한가운데 놓는데 전병조각 사이지
이 마다 국화잎사귀 혹은 미나리잎이나 또는 쑥갓잎을 따서 밀전병 가
장자리에 걸쳐서 한개를 놓고 그위에 전병을 놓고 또 잎사귀를 한개 놓
고 이렇게 차국차국 놓아 그놓은 전병의 운두가 5센치 쯤 올라오도록
차국차국 놓으라.

ㄴ. 준비해 놓은 여러가지의 나물과 볶은 고기는 그림과 같치 색을 미
추어 둘려담고,

ㄷ. 나물 사이 사이에는 실백을 모양있게 놓아 보기 좋게하고,

ㄹ. 맛있는 초장을 만드러 놓으라.

구절판을 먹는 법

1. 빈접시를 하나씩 가지고 밀전병을 잎사귀 있는 곳에서부터 저가락으로 한조각을 집어 접시에 놓고,

2. 그다음에는 각가지의 채를 조곰식 밀전병 우에다 놓고,

3. 초장을 채 한가운데 조곰 떠놓고 저가락으로 전병을 싸서 먹는것이다.

4. 겨울철이 들면 밀전병 대신 알지단(황, 백각각)을 부처서 쓰기도 한다.

　[비고] ㄱ. 철을 따라서 재료는 다르게 할수있고,
　　　　ㄴ. 색은 아무조록 곱게 마추라.
　　　　ㄷ. 이것은 술안주로 하지만 술 없을 때에도 색다른 취미로 나물 대신 반찬 할수 있는 것이다.
　　　　ㄹ. 벌려놓은 자리가 아홉곳 인고로 구절판이라고하는 것이다.

밀가루를 묽게 반죽하여 전병을 부칠 때 작은 접시 크기만큼씩 번철에 부치고 국화 잎사귀와 봉선화꽃을 색 맞추어 박아서 한 푼 두께로 얇게 붙인다. 깨는 껍질을 벗겨 볶은 다음 설탕과 계핏가루를 약간 뿌리고 찧는다. 이것을 밀전병 붙인 것에 놓을 만큼 기름하게 뭉쳐(밀전병 가운데) 놓고 밀전병의 한쪽으로 소를 감싸듯 접은 뒤 그 위에 다른 쪽을 겹쳐 접어 꼭 붙여서 합에 담아놓고 꿀이나 설탕을 찍어 먹도록 한다.

또 애호박이나 오이를 얇게 저며서 잘게 채를 썰고 소금을 약간 뿌려 대강만 절였다 꼭 짜서 번철에 기름을 약간 두른 후 살짝 볶고, 석이를 끓는 물에 담가 깨끗하게 씻고 채 친 다음 깨끗한 보자기에 꼭 짜서 물기 없이 하여 번철에 기름을 조금 바르고 대강 볶아둔다. 연한 살코기를 얇게 저미고 다시 가늘게 채 쳐서 기름을 약간만 바르고 볶은 뒤 간장, 다진 파, 후춧가루, 깨소금을 넣고 다시 볶아서 접시에 담아놓고 양파를 채 쳐서 기름에 살짝 볶아놓는다. 이상 여러 가지 만들어둔 양념들을 접시에 모양 있게 색 맞추어 놓고 밀전병을 작은 접시 크기로 부쳐서 접시에 놓고 고추장찌개를 맛있게 끓여둔다. 먹을 사람들 앞에 빈 접시 한 개씩 놓아주면 먹을 사람이 전병 한 조각을 집고 또 여러 가지 고명해서 놓은 것을 마음대로 집어 전병으로 싸서 고추장찌개를 찍어 먹는다.

비빔밥 _{부빔밥}

흰밥 3공기, 소고기 150g, 무 200g, 콩나물 100g, 숙주 100g, 미나리 100g, 다시마 10㎝, 배 ½개, 달 걀 1개, 참기름 1큰술, 식용유(튀김용) 1컵, 식용유(볶음용) 적당량, 고춧가루 조금, 소금 ½작은술 | **고기 양념:** 간장 2큰술, 설탕 1큰술, 다진 파 1큰술, 다진 마늘 2작은술, 깨소금 2작은술, 참기름 1작 은술, 후춧가루 조금 | **나물 양념:** 청장 1큰술, 참기름 1큰술, 소금 1큰술, 깨소금 1큰술, 다진 파 1큰 술, 다진 마늘 2작은술

1 소고기 100g은 결 반대로 가늘게 채 썰고 50g은 다져서 고기 양념으로 각 각 양념한다. 채 썬 고기는 볶고, 다진 고기는 납작하게 반대기를 만들어 팬에 기름을 두르고 누릇하게 지져 섭산적을 만든다.

2 무는 채 썰어서 냄비에 담고 물을 조금 부은 다음 뚜껑을 덮어 익힌다. 무 가 투명해지면 나물 양념의 ⅓을 덜어서 넣고 볶는다.

3 콩나물과 숙주는 삶았다 건져 나물 양념을 각각 나누어 넣고 무친다.

4 미나리는 3㎝ 길이로 자르고 소금을 뿌려 살짝 절였다가 물기를 짠 다음 식 용유를 두른 냄비에 살짝 볶는다.

5 다시마는 마른 행주로 소금기를 털어내고 끓는 기름에 바삭하게 튀겨내어 잘게 부순다.

6 배는 도톰하게 저미고 채 썬다.

7 달걀은 황백으로 나누어 얇게 지단을 부쳐 2㎝ 길이로 가늘게 채 썬다.

8 밥을 고슬고슬하게 지어 소금과 참기름으로 살짝 간한다.

9 그릇에 밥을 반쯤 담고 그 위에 준비한 고기볶음과 나물을 색색으로 맞추 어 올린다. 달걀지단, 배 채, 섭산적을 고명으로 얹고 고춧가루를 살짝 뿌 린다.

° 뜨거운 장국을 곁들여 국물을 부으며 촉촉하게 밥을 비벼 먹는다.

◎부 빔 밥

재료

쌀	한되	고기	반의반근
무	한개	다스마	조금
콩나물		계란	한개
숙주		간장	반종자
미나리나물		기름	한숫가락
깨소금	한종자	고추가루	조금
배	두개	소금	반숫가락

고기는 채쳐서 파 이겨 넣고 간장, 기름파 깨소금, 호초 합게 섞어서 볶아
놓고 또 섭산적을 두어조각 만들어놓고

무를 채쳐서 나물 볶고

콩나물 볶아놓고 (무, 콩, 숙주나물 볶은 것, 나물 볶는 법에서 읽을것)

숙주도 대쳐서 물혀놓고

미나리는 한치 길이식 썰어서 정하게 씻어서 소금에 잠간 절엿다가 꼭짜가
지고 번철에 기름을 조금 바르고 볶아서 놓고

다스마는 말은 행주로 잘 문질러서 모래를 정하게 떨고 기름을 펄펄 끓이
고 붓어서 잠간 지져 끄내고

계란은 노란자위와 흰자위 따루 얇게 붙여서 닷분 길이로 썰어서 채치고 배
를 한푼 두께로 저며서 채치고

밥을 고슬고슬하게 지어서 대접에 반쯤 담고 여러가지 만든것들을 가추가
추 색스럽게 밥 우에 올려놓고 계란 채천것파 섭산적을 잘게 썰어서 얹고

뜨거운 장국 국물을 먹을때 부어서 고추가루를 섞어 먹나니 미리 비비놓는
것보다 이렇게 하는것이 매우 취미잇고 맛도 좋고 보기도 좋으니라

재료

쌀 1되, 고기 ¼근, 무 1개, 다시마 조금, 콩나물(생으로 1사발), 달걀 1개, 숙주(생으로 1사발), 간장 ½종자, 미나리나물(썬 것 생으로 1사발), 기름 1숟가락, 깨소금 1종자, 고춧가루 조금, 배 2개, 소금 ½숟가락

고기는 채 쳐서 파를 다져 넣고 간장, 기름과 깨소금, 후춧가루를 함께 섞어서 볶아둔다. 또 섭산적을 두어 조각을 내둔다. 무를 채 쳐서 나물을 볶고 콩나물을 볶아놓고(무, 콩, 숙주나물은 나물 볶는 법에서 읽을 것), 숙주도 데쳐서 무쳐놓는다. 미나리는 1치 길이씩 썰어서 깨끗하게 씻고 소금에 잠깐 절였다가 꼭 짜서 번철에 기름을 조금 바르고 볶아둔다. 다시마는 마른 행주로 잘 문질러서 모래를 깨끗하게 털어내고 펄펄 끓인 기름에 넣어서 잠깐 튀겨 꺼낸다. 달걀은 노른자와 흰자를 따로 얇게 부쳐서 5푼 길이로 썰어서 채 친다. 배는 1푼 두께로 저며서 채 친다. 밥을 고슬고슬하게 지어서 대접에 반쯤 담고 여러 가지 만든 것들을 가지가지 색깔 맞추어 밥 위에 올리고 달걀 채 친 것과 섭산적을 잘게 썰어서 얹는다. 먹을 때 뜨거운 장국 국물을 부어서 고춧가루를 섞어 먹는데, 미리 비벼놓는 것보다 이렇게 하는 것이 매우 취향에 맞고 맛도 좋고 보기에도 좋다.

고추장찌개 고추장찌개

소고기 100g, 표고버섯 6개, 느타리버섯 50g, 물 4컵, 고추장 3~4큰술, 다진 마늘 1큰술, 대파 2대,
참기름 1작은술 | **고기 양념:** 다진 마늘 2작은술, 청장 1작은술, 참기름 1작은술, 후춧가루 조금

1 소고기는 납작납작 잘게 썰고 고기 양념으로 양념한다.

2 표고버섯은 불려서 결대로 찢고, 느타리버섯은 끓는 물에 데치고 물기를
짜서 굵게 찢는다.

3 냄비에 참기름을 두르고 양념한 소고기를 먼저 볶다가 버섯도 넣어 같이
볶고 물을 부어 끓인다.

4 국물이 끓어오르면 고추장을 풀어 넣고 다진 마늘을 넣는다.

5 불을 약하게 하여 서서히 끓이다가 파를 2cm 길이로 썰어 넣고 불을 끈다.

◎ 고추장찌개

재료
고추장 두숫가락
고기 二十匁
표고 세조각
파 두뿌리
물 한홉
기름 한방울

뚝배기에 고추장을 넣고 파 이겨 넣고 기름 치고 표고를 정하게 씻어 잘게 썰어 넣고 고기를 잘게 이겨 넣든지 채를 썰어 넣든지 하고 물 치고 끓이나니라

재료
고추장 2숟가락, 파 2뿌리, 고기 20문, 물 1홉, 표고버섯
3조각, 기름 1방울

뚝배기에 고추장을 담고 파를 이겨 넣은 다음 기름을 두
른다. 표고버섯을 깨끗하게 씻어 잘게 썰어 넣고, 고기
를 잘게 다져 넣든지 채를 썰어 넣든지 하여 물을 붓고
끓인다.

숙주채 숙주채

숙주 200g, 미나리 50g, 식용유 적당량, 고춧가루 조금 | **나물 양념:** 식초 1½큰술, 설탕 1큰술, 다진 파 1큰술, 깨소금 1큰술, 소금 2작은술

1 숙주는 뿌리를 떼고 다듬어 잘 씻어서 끓는 물에 넣었다가 줄기가 투명해지면 꺼내어 찬물에 헹구고 물기를 뺀다.

2 미나리는 잘 다듬고 씻어서 3cm 길이로 자르고 식용유를 두른 팬에 넣어 소금을 살짝 뿌리고 재빨리 볶아낸다.

3 숙주와 미나리를 한데 섞고 나물 양념을 끼얹어 살살 버무린다.

4 그릇에 담고 고춧가루를 뿌린다.

◎숙주 채

재료

숙주 한대접(데친것)
미나리 한보시기(기름에 볶은것)
깨소금 한수가락
파 한뿌리

소금 반수가락
기름 두방울
초 두방울

숙주를 꼬리를 따고 펄펄 끓는물에 넣어 잠간 뒤집어서 이삼분 후에 즉시 끄내어 냉수에 담앗다 건저 채반에 놓고 미나리를 다듬어서 한치길이씩 썰어 소금에 저렷다가 꼭 짜서번철에 기름을 한수가락쯤 붓고 잠간 볶아내여 식히고 파는 가늘게 채치고 다 한께 담고 석은후 간은 소금파 초를 놓어서 맛후어 접시에 담고 고추가로를 뿌려놓나니라

재료
숙주(데친 것) 1대접, 소금 ½순가락, 미나리(기름에 볶은 것) 1보시기, 기름 2방울, 깨소금 1순가락, 식초 2방울, 파 1뿌리

숙주는 꼬리를 따고 펄펄 끓는 물에 잠깐 데쳐서 2~3분 후에 즉시 꺼내어 찬물에 담갔다가 건져 채반에 놓는다. 미나리를 다듬어서 1치 길이로 썰어 소금에 절였다가 꼭 짜서 번철에 기름을 1순가락쯤 붓고 잠깐 볶아내어 식히고, 파는 가늘게 채쳐 다 함께 담아 섞은 후 소금과 식초로 간하여 접시에 담고 고춧가루를 뿌린다.

잡채 잡채

소고기 100g, 돼지고기 100g, 당근 50g, 숙주 200g, 미나리 100g, 표고버섯 4개, 느타리버섯 100g, 목이버섯 10개, 대파 50g, 전복 1개(100g), 불린 해삼 1개, 배 ½개, 달걀 1개, 당면 50g, 잣가루 조금, 실고추 조금, 식용유 적당량 | **볶음 양념**: 다진 파 1큰술, 다진 마늘 ½큰술, 간장 3큰술, 설탕 1큰술, 깨소금 1큰술, 참기름 1큰술, 후춧가루 조금 | **당면 양념**: 간장 1큰술, 참기름 1큰술, 설탕 2작은술 | **무침 양념**: 간장 2작은술, 참기름 1큰술, 설탕 1큰술

1 소고기와 돼지고기는 가늘게 채 썰고 볶음 양념으로 양념하여 볶는다.

2 당근은 가늘게 채 썰고 숙주는 뿌리를 떼어 각각 소금물에 살짝 데친다.

3 미나리는 다듬어서 3cm 길이로 자르고 소금을 조금 뿌려두었다가 꼭 짜 식용유를 두른 팬에 볶는다.

4 표고버섯, 느타리버섯, 목이버섯은 불려서 채 썰어 볶음 양념으로 양념한 다음 식용유를 두른 팬에 살짝 볶는다.

5 파는 4cm 길이로 자르고 채 썰어 살짝 볶아낸다.

6 전복은 끓는 물에 데치고 살을 떼어내어 얇게 저민 뒤 채 썬다. 불린 해삼도 3cm 길이로 채 썰어 볶음 양념으로 양념하여 볶는다.

7 배는 얇게 저며 채 썰고 설탕을 뿌려둔다.

8 달걀은 황백으로 나누어 얇게 지단을 부쳐 채 썬다.

9 끓는 물에 당면을 넣고 펄펄 끓여 알맞게 익힌 다음 얼른 찬물에 헹군다. 익힌 당면을 10cm 길이로 자르고 당면 양념으로 무친다.

10 고기, 당근, 숙주, 미나리, 버섯, 파, 전복, 해삼을 한데 섞어 무침 양념으로 양념한 다음 당면을 넣고 한데 섞어 무친다.

11 그릇에 담고 배 채와 달걀지단, 실고추를 얹은 뒤 잣가루를 뿌린다.

◎잡 채 (사철)

재료 十二人分

재료	분량
당면	반근
우육	반근
저육	二十匁(반의반근)
석이	다섯개
표고	여섯개
목이	얼개
배	한개
파	두개(큰것)
미나리	한단
전복	한개
해삼	두개
숙주	한사발
섭당	한종자
소금	한수가탁
실백	조금
계란	한개
실고추	조금
간장	한종자반
황화채	약간
깨소금	한종자

1, 숙주는 꼬리를 따서 펄펄 끓는물에 잠간데쳐서 즉시 냉수에 건지어 채
반에 바쳐놓고 (숙주는 펄펄 끓는물에 넣어서 숨만 죽었다가 곧 끄낼것)

2, 파는 한치 길이로 썰어서 국게 채쳐 기름에 잠간만 볶아놓고

3, 미나리는 정하게 씻어서 한치 길이식 잘라 소금에 약간 저려서 꼭 짜
가지고 기름에 볶아놓고 (미나리를 끓는물에 한수가닥 씩 넣어서 잘섞어 볶을것)

4, 석이, 표고, 목이, 황화채는 물에 불려서 채쳐서 기름에 볶고

5, 해삼은 물에 삶아서 얇게 저며 가지고 채치고

6, 고기는 잘게 채썰어서 간장과 파 조곰이겨 넣고 호초 치고 섞어서 남
비에 볶아놓고

7, 저육은 채썰어서 볶아놓고

8, 당면은 펄펄 끓는 물에 넣어서 회긋회긋한것이 없서지거든
한줄기 집어 씹어보아 속에 단단한것이 없거든 끄내어 냉수에 넣고 식혀
서 즉시 채반에 건저서 대강 칼로 썰어서 (삶은 당면을 도마에 놓고 새
썰어질것)

9, 전복은 오래 얇아서 얇게 저며서 채치고

10, 계란은 황백청을 얇게 부처 채처놓고

11, 배는 얇게 저며서 채쳐서 놓은후 당면만 남겨놓고 전부를 한대 섞고
한 간장으로 간을 잘맞후 당면을 넣고 설당을 치고 섞어서 접시에 담고 맨
우에는 석이, 표고, 계란 채친것들을 색스럽게 뿌리고 잣가루를 뿌려놓나니라

재료(12인분)

당면 $\frac{1}{2}$근, 숙주 1사발, 소고기 $\frac{1}{2}$근, 해삼 2개, 돼지고기 20돈($\frac{1}{4}$근), 전복 1개, 석이버섯 5개, 미나리 1단(기름에 지져서 1보시기), 표고버섯 6개, 파 $\frac{1}{2}$단(기름에 지져서 1보시기), 목이버섯 10개, 배(큰 것) 2개, 달걀 1개, 실고추 조금, 잣 조금, 간장 1$\frac{1}{2}$종자, 소금 1숟가락, 황화채 약간, 설탕 1종자, 깨소금 1종자

1. 숙주는 꼬리를 따서 펄펄 끓는 물에 잠깐 데쳤다 즉시 찬물에 건져 채반에 받쳐놓고(숙주는 펄펄 끓는 물에 넣어서 3분 동안만 두었다가 곧 꺼낼 것)
2. 파는 한 치 길이로 썰어서 굵게 채쳐 기름에 잠깐만 볶아놓고
3. 미나리는 깨끗하게 씻어서 한 치 길이씩 잘라 소금에 약간 절였다 꼭 짜서 기름에 볶아놓고(번철에 기름 1숟가락쯤 두르고 미나리를 넣어서 잘 섞어 볶을 것)
4. 석이버섯, 표고버섯, 목이버섯, 황화채는 물에 불려서 채 치고 기름에 볶고
5. 해삼은 물에 삶았다 얇게 저며 채 치고 전복도 삶아서 얇게 저며 채 친다.
6. 소고기는 잘게 채 쳐서 간장과 파를 조금 다져 넣고 후춧가루를 뿌린 뒤 섞어서 냄비에 볶아놓고
7. 돼지고기는 채 쳐서 볶아놓고
8. 당면은 펄펄 끓는 물에 넣고 펄펄 끓여서 희끗희끗한 것이 없어지거든 한 줄기 집어 씹어보아 속에 단단한 것이 없거든 곧 꺼내어 찬물에 식혀 즉시 채반에 건지고 대강 칼로 썰어서(삶은 당면을 도마에 놓고 세 토막으로 자르면 대강 썰어진 것)
9. 달걀은 황백 지단을 얇게 부쳐 채 쳐놓고
10. 배는 얇게 저며서 채 친 후 당면만 남겨두고 전부 한데 섞어 진한 간장으로 간을 잘 맞춘다. 이후에 당면을 넣고 설탕을 뿌린 뒤 섞어서 접시에 담는다.
11. 맨 위에는 석이버섯, 표고버섯, 달걀 채 친 것들을 색깔 맞추어 뿌리고 잣가루를 뿌려놓는다.

잡과병 잡과병

쌀 5컵, 소금 1큰술, 물 ½컵, 밤 10개, 귤병(귤이나 유자를 설탕에 절인 것) 40g, 청매(매실을 설탕에 절인 것) 20g, 대추 12개, 곶감 2개, 설탕 5큰술

1 쌀은 3~4시간 이상 불려서 물기를 뺀 다음 소금을 넣고 가루로 빻는다. 쌀가루에 물 2~3큰술을 넣고 비벼서 고운체에 내린다.

2 밤은 껍질을 벗겨 4~6쪽으로 나누고, 대추도 씨를 빼고 4쪽으로 썬다.

3 곶감은 꼭지를 떼고 4쪽으로 나누어 씨를 뺀 다음 굵직하게 썬다.

4 귤병과 청매는 굵게 썬다.

5 과일을 모두 섞고 설탕으로 버무려 1의 쌀가루와 섞은 다음 찜통에 젖은 면보를 깔고 쏟아 판판하게 만들고 30분 동안 찐다.

6 쪄낸 떡을 꺼내어 잘 붙도록 모아서 한 덩이로 만들어 식힌 후 도톰하게 썬다.

◎ 잡 과 병

재료
백미 두되　밥 다섯홉
귤병 다섯　대추 세홉
청매 열개　설탕 반근

귤병과 청매는 잘게 썰고 밤은 껍질 벗겨서 세쪽에 썰고 대추는 씨 빼서 둘에 썰고 설탕은 체에 쳐서 놓고 백미란 가는 체에 쳐서 (떡가루 만드는 것은) 여러가지 양념과 설탕을 섞어서 시루에 그대로 다 쏟아서 시루본을 단단히 바르고 쪄서 뜸들여가지고 적당히 베어서 먹나니라
곡감이나 침시를 잘게 썰어 넣고 해도 맛이 좋으니라

재료
백미 2되, 밤 5홉, 귤병 5개, 대추 3홉, 청매 10개, 설탕 ½근

귤병과 청매는 잘게 썰고 밤은 껍질을 벗겨 세 쪽으로 자르고 대추는 씨를 빼서 둘레를 썬다. 설탕은 체에 쳐둔다. 백미를 고운체에 쳐서(떡가루 만드는 방법에서 볼 것) 여러 가지 양념과 설탕을 섞어 시루에 그대로 다 쏟아놓는다. 시루본을 단단히 발라 쪄서 뜸 들이고 적당히 베어서 먹는다. 곶감이나 침시°를 잘게 썰어 넣고 만들어도 맛이 좋다.
°떫은맛을 우린 감.

수정과 수정과

생강 100g, 물 10컵, 설탕 2컵, 곶감 10개, 계핏가루 1작은술, 잣 1큰술

1 생강은 껍질을 벗기고 얇게 썬 다음 냄비에 담고 물을 부어 중간 불에서
30~40분 정도 매운맛이 우러나게끔 끓인다.

2 생강을 건져내고 설탕을 넣어 다시 끓인다.

3 생강물이 미지근할 때 곶감을 넣는다.

4 화채 그릇에 곶감을 두 개씩 담고 수정과를 부어 계핏가루를 뿌린 뒤 잣을
띄운다.

°배를 얇게 저며 넣기도 한다.

◎ 수정과

재료 (三人짠)

곡감 여섯개　　생강　한톨(밤톨만 한것)
설당 반보시기　물　　다섯보시기
실백 반종자　　계피가루　조금

생강을 껍질 벗기고 정하게 씻어서 얇게 저며 물을붓고 설당을넣고 끓여 가지
고 체에처서 항아리에 담고 손붓기 좋을만큼 따뜻하게 식혀가지고 곡감을 넣
고 딱 봉하여 두엇다가 각각 그릇에 담고 곡감은 두개식 담고 계피가루를약
간뿌리고 실백을 띄워서 상에 놓나니라
또 한가지 법은 곡감을 꼬챙이에서 빼어서 꿰엿든 구멍을 가운대로 두고서
마주잡고 눌러 동글납작하게 만들고 실백을 꽂나니 뾰족한편을 속으로 들어보내고
꼬챙이로 구멍을 뚫고 실백을 꽂나니 곡감 사면 옆으로 네끝을
으는법은 우에 법파 딱같이 하고 먹을때에 참배를 얇게 저며서 넣어놓나니라

재료(3인분)
곳감 6개, 생강 1톨(밤톨만 한 것), 설탕 ½보시기, 물 5보시기, 잣 ½종자, 계핏가루 조금

생강을 껍질 벗겨 깨끗하게 씻고 얇게 저민 다음 물을 붓고 설탕을 넣어 끓였다 체에 내려 항아리에 담는다. 손을 담가도 좋을 만큼 따뜻하게 식혀서 곳감을 넣고 꼭 봉해두었다가 각각 그릇에 담는다. 곳감은 2개씩 담고 계핏가루를 약간 뿌린 뒤 잣을 띄워서 상에 놓는다. 또 한 가지 방법은 곳감을 꼬치에서 빼어서 꿰었던 구멍을 가운데로 두고서 마주 잡고 눌러 동글납작하게 만들고 잣을 꽂는데 곳감 옆면 네 곳을 꼬치로 구멍을 뚫고 꽂는다. 뾰족한 쪽을 속으로 들여보내고 박는다. 담는 법은 위에서 한 법과 똑같이 하고 먹을 때에 참배를 얇게 저며서 넣어둔다.

연대 1957년

저자 한희순, 황혜성, 이혜경

소장 궁중음식연구원

서지 정보 14.7×20.8cm, 256면, 활자본

마지막 왕족의 음식을 담당했던 한희순 상궁과 제자인 황혜성 교수가 함께 저술한 궁중 요리책이다. 초판이 1957년 8월에 대한가정학회 간행으로 학총사에서 출판되었고, 11월에 책 가격을 낮추어 보급판으로 재판되었다.

한희순 상궁은 13세에 덕수궁 주방 나인으로 입궁하여 고종, 순종, 윤비를 모셨으며 1955년부터 숙명여자대학교 가정학과에 특별강사로 임용되어 1967년까지 궁중 음식을 강의하였다. 1944년 당시 숙명여자대학교 조교수였던 황혜성이 낙선재에서 한희순 상궁을 만나 궁중 음식을 배우면서 궁중 음식을 계량화하고 조리법을 정리하였고, 그 내용을 바탕으로 1957년 『이조궁정요리통고』를 발간하였다. 이후 황혜성은 궁중 음식이 한국의 식문화를 대표할 만한 훌륭한 문화유산이라 여겨 궁중 음식 보고서를 작성하였고, 1971년 한희순 상궁은 중요무형문화재 38호 조선 왕조 궁중 음식 기능보유자로 지정되었다. 황혜성은 본격적인 궁중 음식 전수를 위해 궁중음식연구원을 설립하였고, 1972년 한희순 상궁이 별세하면서 2대 기능보유자로 지정되었다. 이후 황혜성은 궁중 음식 관련 문헌을 조사 연구하여 궁중 음식 문화에 대한 학문적인 배경과 실제적인 조리법 전수에 큰 역할을 하였다.

『이조궁정요리통고』의 처음 부분에 수라상, 낮것상(가벼운 점심상), 큰상, 돌상, 제사, 능행 및 사냥 때 상차림과 음식 구성, 그리고 진설도를 그려 설명하였고, 궁중에서 사용하는 상과 기명(器皿, 그릇)의 종류도 간략하게 서술했다. 그다음 부분에는 궁중 음식을 주재료별로 분류하고 다시 조리법별로 소분류하여 만드는 법을 상세히 기록하였다. 그 뒤에는 후식류라는 대분류 아래 유밀과, 다식, 숙실과, 정과, 강정, 화채의 조리법을 적었다. 그다음으로 기본 조미료, 양념, 고명, 각종 가루 만드는 법, 젓갈 담그는 법, 묵과 두부 만드는 법을 설명하였고, 부록으로 식품, 요리 용어, 식습관 등 궁중 용어 해설을 덧붙였다.

이 책의 머리말에는 조선시대 이후 궁정 요리의 전모가 궁궐 사람 몇몇에게만 구전되고 시간이 지나면서 그마저 사라져가는 것을 안타까워하며 연구를 통해 우리 요리의 민족적 감정을 살리고자 하는 의도가 적혀 있다. 우리 전통 음식이 외국 음식의 영향으로 변모하기 시작한 즈음에 출간하여 우리 음식의 근본을 세우고 그 전통을 잇고자 한 것이다.

『이조궁정요리통고』는 한말 궁중에서 만들던 음식을 계량화하여 근대의 조리법으로 기술해 대중에게 궁중 음식의 조리법과 풍속을 소개했다. 궁중 음식이 오늘날까지 이어질 수 있는 초석이 된 책이라 볼 수 있겠다.

:: 전복초

마른 전복을 얇게 저며 소고기 조림장에 달콤하고 윤기 나게 조린 대표적인 궁중 진미이다. '초'라는 이름은 국물 없이 단간장에 윤기 나게 조린 해물이나 고기조림에 붙인다. 마지막에 녹말물을 풀어 풀기와 윤기를 내는데, 녹말은 원래 녹두녹말을 썼다. 궁중에서는 전복초나 홍합초, 해삼초를 만들어 짜지 않게 만든 누름적이나 화양적을 돌려 담고 가운데 소복하게 올리도록 하였다. 요즘은 마른 것을 쉽게 구할 수 없어 생복으로 하는데 살짝 데친 다음 조려야 덜 오그라든다.

:: 대하찜

대하에 해삼, 송이버섯, 소고기를 더하고 잣으로 고소한 즙을 만들어 무친 음식이다. 해물은 비린내가 나지 않게 양파나 파를 넣고 끓인 물에 익혀 집어 먹기 편한 크기로 썰었다. 고기는 납작하게 썰어 양념하여 볶아냈다. 당시 가장 고급 재료로 여기던 대하와 버섯을, 또 다른 귀한 재료 잣으로 버무렸으니 궁중 최고의 맛이라 할 수 있다. 잣즙은 크림처럼 만들어야 하므로 참기름을 더하여 으깨고 육수를 조금씩 부으면서 한 방향으로 한참 저었다. 간은 간장으로 하였다.

:: 떡볶이

멥쌀가루에 물을 뿌리고 시루에 쪄내어 한참 쩧으면 끈기 있는 떡이 되고, 이 떡덩어리를 길게 늘이면 가래떡이 된다. 정월 설에는 가래떡으로 떡국을 끓여 먹고, 찜도 하고, 산적과 볶음도 한다. 떡볶이는 굵은 가래떡을 4쪽으로 갈라 말랑하게 데쳐내고 소고기와 채소를 더하여 볶는 음식이다. 지금은 고추장을 넣은 빨간 떡볶이를 먼저 연상하지만 옛날에는 고기와 채소 볶음을 섞어 간장으로 간한 음식이었다.

채소는 흰색, 푸른색, 노란색, 검은색 재료를 넉넉히 쓰며 특히 정월에는 호박고지를 넣어 푸른색 재료로 썼다. 이 시대에는 양파, 당근 같은 채소도 쉽게 구할 수 있을 때라 음식에 많이 쓰인 것으로 보인다.

:: 젓국지

조기젓국으로 국물을 만든 궁중의 배추 통김치이다. '지'는 예부터 김치를 부르던 말이다. 김치는 지역에 따라 간을 다르게 하는데 추운 북쪽에서는 간이 싱겁고 국물이 많은 김치를, 더운 남쪽에서는 간이 세고 국물이 적은 김치를 만든다. 또 중부나 북부는 새우젓이나 조기젓을 쓰지만 남부는 멸치젓이나 갈치젓처럼 진한 젓갈을 썼다. 궁중은 중부이고 서해 쪽으로 접해 있다 보니 조기젓국과 새우젓을 많이 썼다. 궁중 김치인 젓국지는 간이 짜지도 싱겁지도 않으며 조기젓국을 부어 국물도 적당히 있게 만들었고 맵지도 않게 하였다.

:: 도미면

도미 한 마리를 토막 내어 지지고 탕거리 고기 삶은 것과 미나리초대, 천엽전, 황백 지단, 버섯을 큰 냄비에 돌려 담아 전골처럼 끓이는 음식이다. 당면을 넣어 '면'이라는 용어를 붙였지만, 음식의 형태로 따지자면 도미전 전골이다. 재료를 돌려 담고 굽이 낮은 전골틀에 은행, 호두, 잣을 장식해서 놓으니 신선로와 끓이는 용기만 다르다고도 볼 수 있다. 화로 위에서 계속 끓이면서 먹도록 했으며, 당면은 처음부터 넣지 않고 나중에 국물을 더 부어가며 넣어 별미로 즐기도록 했다.

:: 너비아니

한국의 대표적인 고기 요리이자 흔히 즐기는 불고기의 원형이라 볼 수 있다. 소고기를 넓적하고 두툼하게 썬 모양에서 너비아니라는 이름을 따온 것으로 보인다. 두툼하게 썬 고기를 앞뒤로 잔칼질하여 연하게 만든 다음 간장, 파, 마늘, 설탕, 후추, 깨소금, 참기름을 섞은 양념장으로 주물러 재워두었다가 숯불에 구워낸다. 직화로 구우므로 수분이 빨리 없어져 쉽게 탈 수 있으니 양념장에 물을 섞어야 한다. 너비아니 양념장을 만들 때 물 대신 배를 많이 갈아 넣어 육질을 연하게 하고 수분을 더 보충하기도 했는데, 이 책에서는 배를 쓰지 않았다.

전복초 전복초

전복 4개(전복 살 200g), 소고기 80g, 참기름 ½큰술, 물 1컵, 잣가루 조금 | **고기 양념:** 간장 1큰술, 설탕 2작은술, 다진 파 2작은술, 다진 마늘 1작은술, 생강 ½작은술, 후춧가루 조금 | **조림장 양념:** 간장 2큰술, 물 ½큰술, 설탕 1큰술, 깨소금 1작은술, 후춧가루 조금 | **녹말물:** 녹말가루 2작은술, 물 2큰술

1 전복은 솔로 문질러 깨끗이 손질하고 끓는 물에 잠깐 데쳐내어 살을 분리한다. 내장을 떼고 살을 넓고 얇게 저며 썬다.

2 소고기는 납작납작하게 썰어 고기 양념으로 버무린다.

3 냄비에 물 1컵과 2의 고기를 넣고 끓이다가 끓어오르면 조림장 양념을 붓고 더 끓인다. 고기가 익으면 전복을 넣고 뒤적거리며 조린다.

4 전복에 간이 들고 국물이 잦아들면 녹말물을 만들어 넣고 고루 젓는다. 풀기가 생기고 윤기가 나면 불을 끄고 참기름을 섞어 잠시 뒤적인다.

5 그릇에 담고 잣가루를 뿌린다.

A 전복초

재료 건전복   대(犬) 1 개
      소고기   30 匁
      진간장   2t. s
      녹말가루   조금
      실백(잣가루)   조금
      설탕(설탕은 물을 좀붓고 녹힌것을 쓴다)
      양념(후추가루, 깨소금, 참기름)

조리법

건전복은 물이나 온수(溫水)에 담가서 푹 불려서 가생이를 도리고 가운데 살을 될수있는대로 엷게 저민다.

소고기는 납작납작 썰어서 양념(간장, 설탕, 후추가루, 깨소금)하여 물을 부어 끓인다. 여기에 저며놓은 전복을 함께 넣고 조린다. 물이 거진 졸았을때에 진간장과 설탕을 넣고 다시 끓인다.

빛갈이 거뭇거뭇 해지면 녹말가루를 물에 풀어서 넣고 그 다음에 참기름을 넣는다. 빛갈이 까맣해 되고 줄깃줄깃하며 윤택이 나면 잘 된 것이다.

전복초를 잡느름적 또는 어산적과 어울려 담고 잣가루를 뿌린다.

생복으로 초를 만들때에는 생복을 삶아서 약식원료를 조금넣고 검은 빛을 내게 한다.

550

재료

마른 전복(큰 것) 1개, 소고기 30문°, 진간장 2작은술, 녹말가루 조금, 잣(잣가루) 조금, 설탕(설탕은 물을 좀 붓고 녹인 것을 쓴다), 양념(후춧가루, 깨소금, 참기름)

조리법

마른 전복은 찬물이나 따뜻한 물에 담가서 푹 불린 다음 가장자리를 도려내고 가운데 부분의 살을 될 수 있는 대로 얇게 저민다. 소고기는 납작납작 썰어서 간장, 설탕, 후춧가루, 깨소금으로 양념하고 물을 부어 끓인다. 여기 저며놓은 전복을 함께 넣고 조린다. 물이 거의 졸았을 때 진간장과 설탕을 넣고 다시 끓인다. 빛깔이 거뭇거뭇해지면 녹말가루를 물에 풀어서 넣고 그 다음에 참기름을 넣는다. 빛깔이 까맣게 되고 쫄깃쫄깃하며 윤기가 나면 잘된 것이다. 전복초를 잡누름적 또는 어산적과 함께 담고 잣가루를 뿌린다. 생복으로 초를 만들 때는 생복을 삶아서 약식 원료를 조금 넣고 검은빛이 나게 한다.

° 문(匁)은 일본의 중량 단위이다. 1문은 1돈과 같으며 3.75g이다.

대하찜대하찜

대하 5마리(400g), 대합 5개(500g), 소고기(우둔) 80g, 소고기 육수 1컵, 양파 30g(또는 대파 1대), 불린 해삼 1마리(100g), 송이버섯 2개 | **고기 양념:** 간장 2작은술, 설탕 1작은술, 다진 파 · 다진 마늘 · 깨소금 · 참기름 · 후춧가루 조금씩 | **잣즙:** 잣가루 ½컵, 간장 2큰술, 참기름 1큰술, 다진 파 1큰술, 다진 마늘 ½큰술, 설탕 ½큰술, 깨소금 ½큰술

1 대하는 등을 갈라 내장을 빼내고 대합은 소금물에 담가 해감해둔다.

2 양파나 파를 작게 썰어서 소고기 육수에 넣고 끓이다가 대하와 대합을 넣고 데친다.

3 대합의 입이 벌어지면 건져 살을 떼어 저미고, 대하도 꺼내어 껍질을 벗기고 살을 저민다. 국물은 체에 밭쳐 잣즙 만들 때 쓴다. 불린 해삼은 저민 대합과 비슷한 크기로 저민다.

4 소고기는 납작납작하게 썰어 고기 양념으로 양념하고, 송이버섯은 길이로 납작하게 썰어 고기 양념으로 양념하여 각각 볶아낸다.

5 3의 해물 데친 국물 4큰술에 잣즙 재료를 모두 섞고 수저로 한참 저어서 잣즙을 만든다.

6 준비한 대하, 대합, 양파, 소고기, 송이버섯을 합하여 5의 잣즙으로 버무린다.

° 해삼 불리기 : 말린 해삼을 씻어 물에 끓였다 식히기를 5~6차례 반복하면 해삼이 7~8배 크기로 불어난다. 해삼이 충분히 불면 아래쪽 가운데 길이로 칼집을 넣고 갈라 내장을 빼내고 깨끗이 씻는다.

G 대하찜

재료	대하(大蝦)	10마리
	소고기	50匁
	잣가루	반컵
	해삼	4개
	진간장	1홉
	송이	4개
	옥총(또는파)	조금
	양념(간장, 참기름, 잣가루, 깨소금, 설탕, 파, 마늘)	
	대합조개(大蛤)	4개

조리법

대하(大蝦)와 해삼, 대합조개(大蛤)를 썰어서 파를 넣고 고기국에 끓인다.

소고기와 송이는 납작납작 썰어서 념(간장, 후추가루, 깨소금, 참기름, 설탕, 파, 마늘)하여 볶는다.

진간장에 참기름, 잣가루, 설탕, 후추가루, 파, 마늘을 넣고 개어서 즙을 만든다. 이즙에 대하, 해삼, 조개, 송이, 소고기등을 함께 넣고 버무려서 그릇에 담고 잣가루를 뿌린다.

재료

대하 10마리, 소고기 50문, 잣가루 ½컵, 해삼 4개, 진간장 1합, 송이버섯 4개, 양파 또는 파
조금, 양념(간장, 참기름, 잣가루, 깨소금, 설탕, 파, 마늘), 대합 4개

조리법

대하와 해삼, 대합을 썰어서 파를 넣고 고깃국에 끓인다. 소고기와 송이버섯은 납작납작 썰
어서 간장, 후춧가루, 깨소금, 참기름, 설탕, 파, 마늘로 양념하여 볶는다. 진간장에 참기름,
잣가루, 설탕, 후춧가루, 파, 마늘을 넣고 개어서 즙을 만든다. 이 잣즙에 대하, 해삼, 조개,
송이버섯, 소고기 등을 함께 넣고 버무려서 그릇에 담고 잣가루를 뿌린다.

떡볶이 떡볶이

가래떡 500g, 소고기 100g, 표고버섯 2개, 숙주 100g, 미나리 60g, 호박고지(불린 것) 50g, 당근 40g, 양파 ½개, 달걀 1개, 식용유 적당량 | **떡 양념:** 간장 2큰술, 설탕 1큰술, 참기름 1큰술, 깨소금 1큰술 | **소고기·표고버섯 양념:** 간장 2큰술, 다진 파 1큰술, 다진 마늘 2작은술, 설탕 1큰술, 깨소금 2작은술, 참기름 1작은술, 후춧가루 조금 | **나물 양념:** 간장 1작은술, 다진 파 2작은술, 다진 마늘 1작은술, 깨소금 2작은술, 소금 1작은술, 참기름 1작은술 | **마무리 양념:** 간장 2작은술, 설탕 2작은술, 참기름 1큰술, 깨소금 1작은술

1 가래떡을 4cm 토막으로 자르고 네 쪽으로 갈라 끓는 물에 말랑하게 데쳐서 떡 양념으로 버무려둔다.

2 소고기는 다지고 표고버섯은 불려서 채 썬 다음 소고기·표고버섯 양념으로 버무린다.

3 숙주는 다듬어 끓는 물에 데쳐내고 미나리도 줄기만 골라 파랗게 데쳐 4cm 길이로 자른다.

4 호박고지를 불려서 굵게 채 썰고, 당근도 0.5cm 폭으로 나박하게 채 썰어 끓는 물에 데친 다음 각각 나물 양념을 하여 기름에 볶는다.

5 양파는 채 썰어 기름에 말갛게 볶는다.

6 달걀을 황백으로 나누고 얇게 지단을 부쳐 채 썬다.

7 팬에 2를 넣고 보슬보슬하게 볶다가 물을 조금 부어 더 끓인다. 바글바글 끓으면 1의 양념한 떡을 넣어 볶는다. 이어서 준비한 나물을 모두 넣고 간을 다시 보아 마무리 양념으로 간을 맞춘다.

8 그릇에 담고 달걀지단을 위에 뿌린다.

E 떡볶이

재료 흰떡   10개

　　소고기   반근

　　숙주   10匁

　　미나리 (또는 시금치)   1 단

　　표고

　　당근

　　옥총

　　애호박오가리

　　계란

　　양념(간장, 설탕, 참기름, 깨소금, 후추가루, 파, 마늘)

조리법

소고기를 보드럽게 다져서 양념 (간장, 설탕, 후추가루, 깨소금, 참기름, 파, 마늘)에 잰다.

숙주와 미나리는 살작 데쳐놓고 표고, 당근, 옥총, 애호박, 오가리등은 채로 썰어서 참기름에 따로따로 볶아놓는다.

흰떡은 4cm기리로 짜르고 다시 사절(四切)하여 끓는물에 삶는다.

소고기 잰것을 볶다가 흰떡 삶은것을 한데넣고 소고기와 함께 버무린다. 흰떡에 고기간이 완전히 배게되면 기름에 볶아놓은 채소들을 함께넣고 간을 맞추고 국물기를 적게하여 볶는다. 이것을 그릇에 담고 알지단을 채로 썰어서 뿌린다.

재료

흰 떡 10개, 소고기 ½근, 숙주 10문, 미나리 또는 시금치 1단, 표고버섯, 당근, 양파, 호박고지, 달걀, 양념(간장, 설탕, 참기름, 깨소금, 후춧가루, 파, 마늘)

조리법

소고기를 보드랍게 다져서 간장, 설탕, 후춧가루, 깨소금, 참기름, 파, 마늘에 재운다. 숙주와 미나리는 살짝 데쳐놓고 표고버섯, 당근, 양파, 호박고지 등은 채 썰어서 참기름에 각각 따로 볶아놓는다. 흰 떡은 4㎝ 길이로 자르고 다시 네 쪽으로 갈라 끓는 물에 삶는다. 소고기 재운 것을 볶다가 흰 떡 삶은 것을 한데 넣고 소고기와 함께 버무린다. 흰 떡에 고기 간이 완전히 배면 기름에 볶아놓은 채소들을 함께 넣어 간을 맞추고 국물을 자작하게 하여 볶는다. 이것을 그릇에 담고 달걀지단을 채로 썰어서 뿌린다.

젓국지 젓국지

통배추 5통, 소금(절임용) 1.5kg, 물 10ℓ, 무 3개(5kg), 배 1개, 밤 6개, 갓 500g, 미나리 500g, 청각 50g, 대파 200g, 다진 마늘 200g, 다진 생강 100g, 고춧가루 400g, 낙지 2마리, 굴 1컵, 조기젓국(황새기젓) 200g, 새우젓 ½컵, 멸치 육수 4컵, 양지머리 육수 8컵

---

1 물 10ℓ와 소금 1kg을 섞은 소금물에 네 쪽으로 가른 배추를 담그고 줄기 쪽에 소금을 더 뿌려 5시간 이상 절인다.

2 조기젓의 살은 떠서 작게 자르고 뼈는 물을 붓고 끓인 다음 한지에 밭쳐 맑은 젓국을 받아둔다.

3 무 2개는 채 썰고, 1개는 넓적하고 네모지게 썬다.

4 배는 채 썰고, 밤은 납작하게 썬다. 갓, 미나리, 청각은 다듬어 4cm 길이로 자른다. 파는 어슷하게 썬다.

5 고춧가루에 멸치 육수 1컵과 양지머리 육수 1컵을 섞어 붓고 불린다.

6 낙지는 깨끗이 손질하여 짧게 자르고 굴도 소금물에 씻어둔다.

7 절인 배추를 맑은 물에 여러 번 헹군 다음 엎어놓아 물기를 뺀다.

8 3의 무채에 5의 불린 고춧가루를 비벼서 붉은 물을 들인 다음 새우젓, 조기젓, 갓, 미나리, 청각, 파, 마늘, 생강을 모두 섞어 버무린다.

9 8에 배와 밤, 낙지, 굴을 넣고 소금으로 간을 맞추어 소를 만든다.

10 배추 갈피에 9의 소를 조금씩 고루 채워 넣고 겉잎으로 싸서 항아리에 차곡차곡 담는다.

11 3에서 큼직하게 썰어둔 무에 소금을 조금 넣어 간하고 김치 버무린 그릇에 남은 양념으로 버무려 통배추 사이사이에 채워 넣는다.

12 남은 양지머리 육수와 멸치 육수를 한데 합하고 걸러낸 조기젓국을 섞어 김치 국물을 만든다. 간이 부족하면 소금으로 맞춘 다음 항아리에 부어 익힌다.

G 젓국지

재료	배추		중(中)	10통
	무우			5개
	갓, 미나리			3단
	굴, 낙지, 조기			100匁
	젓국			3합
	파, 마늘, 생강, 청각, 고추			
	밤			1합
	배			2개
	소금			4합

조리법

배추통김치 만드는법과 같으나 젓국지에는 굴, 낙지, 조기등 첨응해서 함께넣고 양지머리를 삶아서 멸치국 끓인거와 함께 섞어서 배추가 잠기도록 붓고 꼭 봉해 놓는다.

재료

배추 중간 크기 10통, 무 5개, 갓 · 미나리 3단, 굴 · 낙지 · 조기 100문, 젓국 3합, 파 · 마늘 · 생강 · 청각 · 고추, 밤 1합, 배 2개, 소금 4합

조리법

배추 통김치 만드는 법과 같으나 젓국지에는 굴, 낙지, 조기 등을 더해서 함께 넣고 양지머리를 삶아서 멸치국 끓인 것과 함께 섞어서 배추가 잠기도록 붓고 꼭 봉해놓는다.

도미면도미면

도미 1마리, 곰탕거리(사태, 곤자소니, 양, 부아) 600g, 우둔 200g, 천엽 100g, 등골 60g, 쑥갓 100g, 미나리 50g, 당면 100g, 달걀 4개, 불린 해삼 1개, 표고버섯 4개, 목이버섯 4개, 석이버섯 3개, 은행 8알, 호두 4개, 잣 1작은술, 밀가루 ½컵, 청장 2큰술, 식용유 적당량, 소금 조금, 후추 조금 | **고기 양념:** 청장 5큰술, 다진 파 3큰술, 다진 마늘 1큰술, 참기름 2큰술, 후춧가루 1작은술 | **당면 양념:** 청장 2작은술, 참기름 2작은술

1 도미는 비늘을 긁고 반으로 갈라 양면의 살을 떠내고 4~5cm 폭으로 어슷하게 저며 소금과 후추를 뿌린다.

2 살을 발라낸 도미 뼈에 소금, 후춧가루를 뿌려 타지 않게 굽는다.

3 곰탕거리는 넉넉한 물에 넣고 무르게 삶아 얄팍하게 썰고 고기 양념의 반을 덜어서 양념한다. 육수는 면보에 걸러둔다.

4 우둔의 반은 얄팍하게 썰고 반은 다져서 나머지 고기 양념으로 양념하고 둥글게 완자를 빚는다.

5 천엽은 잔 칼집을 많이 넣고, 등골은 가운데를 펴서 6cm 길이로 자른다.

6 달걀 2개를 풀어 섞는다. 준비한 도미 살, 천엽, 등골, 완자는 밀가루와 달걀물을 차례로 입혀 기름에 지진다. 완자를 제외한 전은 모두 골패 모양으로 썬다.

7 달걀 2개는 황백으로 나누어 지단을 부치는데, 흰자의 반을 덜어 석이버섯 다진 것과 섞어 검은 지단을 부친다. 미나리는 줄기를 꼬치에 꿰어 밀가루, 달걀을 묻히고 팬에 누르며 초대(미나리적)를 지진다. 세 가지 색 지단과 초대를 골패 모양으로 썬다.

8 해삼은 도톰하게 저미고, 표고버섯과 목이버섯은 불려서 알맞게 자른다. 쑥갓은 5cm 길이로 자른다.

9 은행은 기름에 볶아 속껍질을 벗기고, 호두는 끓는 물에 불려 속껍질을 벗긴다.

10 당면은 물에 불려 12cm 길이로 자르고 당면 양념으로 밑간한다.

11 전골 냄비에 곰탕거리와 얇게 썬 고기를 깔고 위에 구운 도미 뼈를 얹는다. 그 위에 도미전을 생선 모양대로 얹는다. 가장자리에 6, 7에서 준비한 전들을 색을 맞추어 돌려 담고, 해삼, 버섯도 담는다. 고명으로 은행, 잣, 호두를 올려 장식한다.

12 3에서 받아둔 곰탕거리 육수 6컵에 청장으로 간을 맞추고 재료가 잠기도록 11에 부어 끓인다.

13 한참 끓으면 건지를 덜어 먹다가 당면과 쑥갓을 넣고 장국을 더 부어 계속 끓이며 먹는다.

ㄹ 도미면

재료 도미   1 마리

　　　소고기(우둔육)   반근

　　　당면   10 匁

　　　곰탕거리(사태, 곤자손이, 양, 부아)   1 근

　　　천엽   30 匁

　　　등골   〃

　　　미나리, 쑥갓   1 단

　　　계란   4 개

　　　해삼   4 개

　　　표고, 석이   3 개

　　　목이   5 개

　　　은행, 호두, 실백

　　　양념(간장, 설탕, 참기름, 깨소금, 후추가루, 파, 마늘)

　조리법

도미는 비눌을 긁고 내장을 빼고 반으로 갈라서 5～6cm 길이로 잘라서 소금을 뿌리고 밀가루와 계란을 씌워서 지진다.

(도미를 통으로 할때에는 불근장을 치고 구워서 하면 국물이 지저분하지 않고 좋다)

곰탕거리는 삶아 썰어서 양념(간장, 후추가루, 깨소금, 파, 마늘)에 잰다.

우둔육은 반을 갈라서 얇팍얇팍 썰어서 양념(간장, 설탕, 후추가루, 깨소금, 참기름, 파, 마늘)을 하고, 나머지 반으로는 다져서 양념하야 봉오리(완자)를 지지고 미나리, 천엽, 등골로는 전유아를 지진다.

굽이 넓은 남비에 고기잰거와 곰곰탕거리잰것, 생미나리, 파, 각색전유아를 조금씩 깔고 지저놓은 도미를 부서지지 않게 주의해서 담고 그위에 나머지 전유아, 표고, 석이, 목이, 해삼둥을 넣고 은행, 호두, 실백, 봉오리, 알지단 같은 것을 줄을 맞추어 돌려 놓고 장국물에 간을 맞추어서 이 남비에 붓고 끓인다. 한소큼 끓인 다음에 쑥갓과 당면을 넣고 끓이면서 먹도록 한다.

재료

도미 1마리, 소고기(우둔) ½근, 당면 10문, 곰탕거리(사태, 곤자소니, 양, 부아) 1근, 천엽 30문, 등골 30문, 미나리 · 쑥갓 1단, 달걀 4개, 해삼 4개, 표고버섯 · 석이버섯 3개, 목이버섯 5개, 은행, 호두, 잣, 양념(간장, 설탕, 참기름, 깨소금, 후춧가루, 파, 마늘)

조리법

도미는 비늘을 긁고 내장을 빼고 반으로 갈라 5~6㎝ 길이로 잘라서 소금을 뿌리고 밀가루와 달걀을 씌워서 지진다. (도미를 통으로 쓸 때에는 묽은 장을 치고 구워서 만들면 국물이 지저분해지지 않고 좋다.) 곰탕거리를 삶아 썰어서 간장, 후춧가루, 깨소금, 파, 마늘로 양념해서 재운다. 우둔은 반을 가르고 얄팍얄팍 썰어서 간장, 설탕, 후춧가루, 깨소금, 참기름, 파, 마늘로 양념하고, 나머지 반은 다져서 양념하여 완자를 지진다. 미나리, 천엽, 등골로는 전유어를 지진다. 굽이 넓은 냄비에 고기 재운 것과 곰탕거리 재운 것, 생 미나리, 파, 각색 전유어를 조금씩 깔고 지져놓은 도미가 부서지지 않도록 주의해서 담은 뒤 그 위에 나머지 전유어, 표고버섯, 석이버섯, 목이버섯, 해삼 등을 넣은 다음 은행, 호두, 잣, 완자, 달걀지단 같은 것을 줄을 맞추어 돌려놓고 장국의 간을 맞추어서 이 냄비에 붓고 끓인다. 한소끔 끓인 다음에 쑥갓과 당면을 넣고 끓이면서 먹도록 한다.

너비아니 너비아니

소고기(등심이나 안심) 600g, 잣가루 1큰술 | **양념장:** 간장 4큰술, 물 4큰술, 설탕 2큰술, 다진 파 2큰술, 다진 마늘 1큰술, 깨소금 1큰술, 참기름 1큰술, 후춧가루 1작은술

1 소고기를 결의 반대 방향으로 4~5㎜ 두께가 되도록 도톰하게 저미고 여러 번 잔칼질한다.

2 양념장 재료를 한데 섞어 양념장을 만든다.

3 고기에 한 장석 양념장을 끼얹은 다음 함께 주물러 재워둔다.

4 석쇠를 달구어 고기가 타지 않게 뒤집으며 굽고 뜨거울 때 잣가루를 뿌려 낸다.

B 너비아니

재료	
소고기(안심, 등심)	1근
간장	3t.s
설탕	2t.s
후추가루	1t.s
깨소금	2t.s
참기름	2t.s
파, 마늘(다진 것으로)	조금

조리법

안심이나 등심 등의 연한 고기를 될수 있는대로 엷게 저며서 칼로 자근자근 다져서 간장과 양념(설탕, 후추가루, 참기름, 깨소금, 파, 마늘)을 넣고 고루 주물러서 재어두었다가 식사하기 직전에 구어서 더운 것을 낸다.

재료

소고기(안심, 등심) 1근, 간장 3작은술, 설탕 2작은술, 후춧가루 1작은술, 깨소금 2작은술, 참기름 2작은술, 파 · 마늘(다진 것으로) 조금

조리법

안심이나 등심 등의 연한 고기를 될 수 있는 한 얇게 저며서 칼로 자근자근 다지고 간장과 설탕, 후춧가루, 참기름, 깨소금, 파, 마늘로 양념하여 고루 주물러서 재워두었다가 식사하기 직전에 구워서 더운 것을 낸다.

궁중 연회식
의궤

연대 1630년~1902년
소장 한국학중앙연구원 장서각, 서울대학교 규장각

조선의 궁궐에서는 경사, 이를테면 왕·왕비·대비의 회갑, 탄신, 사순(四旬), 오순
(五旬), 망오(望五, 41세), 망육(望六, 51세) 등의 생신날과, 존호(尊號)를 받거나 왕이 기
로소(耆老所)에 들어갔을 때 허락을 받고 큰 연회를 베풀었다.

왕실 잔치는 연회의 규모와 의식 절차에 따라 진풍정(進豊呈), 진작(進爵), 진연
(進宴), 수작(受爵) 등으로 불렀다. 행사를 마치고 나면 문자 기록과 현장 그림이 합
쳐진 일종의 결과 보고서를 작성하여 의궤(儀軌)라는 책으로 남겨, 이후 비슷한 왕
실 잔치가 있을 때 참고하거나 후대에 귀감이 되도록 하였다. 현재 남아 있는 왕실
잔치를 기록한 책은 『진연의궤(進宴儀軌)』, 『진찬의궤(進饌儀軌)』, 『진작의궤(進爵儀
軌)』 등 총 19종이다. 1630년(인조 8년) 3월에 인조가 어머니인 인목대비를 위해 인
경궁에서 연 진풍정을 기록한 『풍정도감의궤(豊呈都監儀軌)』부터 1902년(광무 6년)
고종의 61세와 즉위 40년을 축하하는 잔치를 기록한 『진연의궤』까지, 즉 조선 후기
부터 대한제국 초기까지의 연회식 의궤가 남아 있다.

의궤에는 행사의 논의 과정, 진행 상황, 참여자 명단, 행사에 쓰인 물건 값과 인
건비, 음식 내용 등이 적혀 있고, 행사 현장의 모습과 각종 기물이 그림으로 그려져

당시 왕실 잔치의 모습을 상상해볼 수 있다. 실제 이러한 기록을 토대로 오늘날 조선 왕실의 잔치를 재현해내기도 했다.

의궤 안에 「찬품(饌品)」이라는 항목에는 행사에 쓰인 음식 내용이 적혀 있다. 행사명과 함께 주빈이나 왕실의 가장 큰 어른을 위한 상의 이름과 그 상에 오른 음식이 무엇인지 제일 먼저 기록되었다. 음식 내용뿐 아니라 음식을 준비하는 장소와 규모, 상과 식기의 종류, 그리고 음식에 꽂는 꽃인 상화(床花)까지도 자세히 기입되었다. 자세한 조리법은 나와 있지 않지만 각 음식명 밑에 작은 글씨로 재료명과 분량이 적혀 있어 어떻게 만든 것인지 미루어 짐작할 수 있다. 또한 조선 초 조리서인 『산가요록』(1450년경)이나 안동 장씨 부인이 한글로 쓴 조리서 『음식디미방』(1670년경), 『이조궁정요리통고』(1957) 등 앞에서 소개한 옛 음식 관련 문헌과 비교하며 의궤 속 궁중 음식을 재현할 수도 있다.

:: 각색화양적

조선시대 궁중 잔치 기록에 많이 나오는 음식이다. 1719년(숙종 45년)부터 1902
년(광무 6년)의 의궤까지 궁중 잔치에 여러 차례 올라왔다. 궁중의궤의 화양적을
살펴보면 소고기뿐 아니라 돼지, 꿩, 닭, 오리고기를 쓰기도 하고 등골, 두골,
양, 천엽, 곤자소니, 우설 등의 내장과 숭어, 전복, 해삼, 낙지 등 해산물, 그리
고 석이버섯, 동아, 파 등을 다양하게 이용하였다. 꽂이에 꿰는 재료에 따라 각
색화양적(화양적), 낙지화양적, 천엽화양적 등으로 다양하게 불렸다.

:: 초계탕

닭에 소고기 안심 등 육류와 전복, 해삼, 달걀, 도라지, 표고버섯, 미나리 등을
넣어 만든 탕이다. 한희순 상궁이 알려준 음식 중에는 이름이 비슷한 초교탕이
라는 음식이 있다. 닭 살에 도라지, 미나리, 버섯, 소고기와 밀가루를 넣어 닭
육수로 끓이는 이 조리법은 현재의 초교탕으로 변화된 듯하다. 다른 고조리서
에는 닭을 삶을 때 식초를 넣고 끓이는 방법으로 소개되기도 하였다.

:: 전치수

꿩을 펼쳐서 통째로 구운 음식으로 의궤에는 전치적(全雉炙), 생치전체소(生雉全
體燒)라는 이름으로 나온다.『규합총서』,『임원십육지』,『시의전서』를 보면 꿩을
백지로 싸거나 물을 발라가면서 통째로 굽다가 다시 기름장을 바르고 구워 잣
가루를 뿌린 것이라고 하였다. 꿩 대신 닭을 통째로 구운 연계수, 연계전체소도
있었다.

:: 승기아탕

우리 음식 중 이름조차 희미하게 사라져버린 음식 중 하나가 승가기(勝佳妓, 勝
歌妓)이다. 궁중 잔치 기록에는 승기아탕(勝只雅湯)이라 나왔고,『규합총서』에
는 승기악탕(勝妓樂湯)으로 나왔는데, 닭으로 만들고 '춤과 노래보다 더 좋은 탕'
이라는 뜻이며 왜관 음식이라고 했다.『조선요리학』에서는 도미점이라 하였고
『해동죽지』에서는 도미국수와 흡사하다 했으며『이조궁정요리통고』에서는 도
미면이라 불렀다.
1887년『진찬의궤』에 나오는 승기아탕은 풍로에 냄비를 올려 만드는 전골 음

식으로 숭어, 전복, 해삼, 소 안심, 물오리 등과 채소류를 넣고 왜된장으로 간하여 후촛가루, 계피, 건강, 고촛가루, 생강 등의 향신채와 함께 끓인 음식이다. 도구나 재료로 보아 일본의 스키야키를 받아들이면서 승기아탕이라 이름을 붙인 것으로 추측된다.

:: 열구자탕

신선로는 연회의궤에 빠지지 않고 등장하는 대표적인 궁중 음식이다. 본래 신선로는 화통이 붙은 냄비의 이름이었지만 차차 음식명으로 자리 잡았다. 음식의 원래 이름은 열구자탕(悅口資湯, 悅口子湯)이며 '입에 맞는 맛있는 탕'이라는 뜻이다. 『의궤』에는 열구자탕 외에도 탕신설로(湯新設爐), 면신설로(麵新設爐)라고도 하였고, 음식 발기[件記]에는 한글로 '신션로'라고 쓰여 있다.
열구자탕은 잔치에 올라가는 맛있는 고기와 전류, 채소류가 한 그릇 안에서 끓어 우러난 국물과 갖가지 건지를 함께 먹는 음식이다.

:: 각색병

왕의 잔칫상에서 중심이 되는 화려한 음식이 바로 떡이다. 의궤의 「찬품」에도 '각색병(各色餅)'이라는 고임떡이 맨 처음 등장한다. 고임떡을 만들 때 밑에는 편편한 떡을 쌓아 올리고 위에는 고명떡 또는 웃기떡이라 하는 작고 예쁜 떡을 올린다. 보통 웃기떡으로는 기름에 지진 화전, 찹쌀가루를 반죽하여 맛있는 소를 넣고 송편 모양으로 빚어 기름에 튀겨낸 주악, 그리고 잣, 대추채, 밤채 고물을 묻힌 단자 등 색색의 떡을 올린다.
고임떡인 각색병은 1척 5촌(약 48㎝)을 고였는데 백미병, 점미병, 삭병, 밀설기, 석이병, 각색절병(절편), 각색주악, 각색사증병, 각색단자병을 두루 이용하여 쌓아 올렸다. 고임떡은 멥쌀, 찹쌀, 잡곡, 과일, 천연 색 재료, 꿀 등이 아름다운 색상으로 서로 조화를 이루며 조형미와 균형미를 보여주니, 가히 음식으로 만드는 예술 작품이라 할 수 있다.

각색화양적 各色花陽炙

소고기(우둔) 100g, 돼지고기 100g, 전복 1개, 불린 해삼 1개, 마른 표고버섯 2개, 통도라지 100g, 등골 1보, 양 200g, 곤자소니 200g, 움파 5단, 밀가루 ½컵, 달걀 3개, 식용유 적당량 | **고기·해물 양념:** 간장 3큰술, 설탕 1½큰술, 다진 파 1큰술, 다진 마늘 ½큰술, 깨소금 ½큰술, 참기름 ½큰술, 후춧가루 ½작은술 | **채소 양념:** 다진 파 4작은술, 다진 마늘 2작은술, 깨소금 2작은술, 소금 1작은술, 참기름 2 작은술

1 소고기와 돼지고기는 1cm 두께의 손바닥 크기로 썰고 칼등으로 가볍게 두드려 연하게 만들고 고기 · 해물 양념을 조금 덜어 양념한다. 팬에 넣고 겉만 익혔다 꺼내어 폭 0.7cm, 길이 6cm의 막대 모양으로 썰고 다시 팬에서 속까지 익힌다.

2 전복은 살을 발라내고 깨끗이 손질하여 소금물에 살짝 데친 뒤 얇게 썰고 고기 · 해물 양념으로 양념하여 식용유를 두른 팬에 살짝 볶는다.

3 해삼은 불렸다 6cm 길이의 연필 굵기로 썰어 고기 · 해물 양념으로 양념하고 식용유를 두른 팬에 살짝 볶는다.

4 마른 표고버섯은 되도록 큰 것으로 골라 물에 불렸다가 0.8cm 폭으로 썬다.

5 통도라지는 고기와 같은 크기로 썰어 소금물에 살짝 데치고 채소 양념을 덜어 양념하여 팬에 볶은 다음 넓은 그릇에 펴서 식힌다.

6 움파는 6cm 길이로 잘라 2등분하여 채소 양념으로 양념한다.

7 양과 곤자소니는 푹 삶아서 6cm 길이의 연필 굵기로 썰고 남은 고기 · 해물 양념으로 양념하여 식용유를 두른 팬에 살짝 볶는다.

8 등골은 갈라 펴서 소금, 후춧가루를 뿌렸다가 밀가루를 묻힌 다음 달걀 푼 것을 입혀 전을 부쳐서 고기와 같은 크기로 썬다.

9 꼬치에 준비한 재료의 색을 맞추어 번갈아 꿰고 끝을 가지런히 다듬어 접시에 돌려가면서 고인다.

各色花陽炙一器
牛臀 一部 吉更 五斗 猪肉 半脚 胖 五兩 昆者巽 五部 背骨 二部 全鰒 十箇 海蔘 三十箇 生葱 十丹 蔈古 五十箇 眞油 五升 胡椒末 二兩 實荏子末 鹽 各 一升 荎末 實柏子 各 五勺 艮醬 二升

우둔 1부, 도라지 5두, 돼지고기 ½조각, 양 5량, 곤자소니 5부, 등골 2부, 전복 10개, 해삼 30개, 파 10단, 표고버섯 50개, 참기름 5승, 후춧가루 2량, 깨소금 1승, 녹말 · 잣 각 5작, 간장 2승

초계탕 醋鷄湯

닭 1마리(800g, 닭 살 200g), 소고기(안심) 200g, 곤자소니 100g, 부아 100g, 불린 해삼 1마리, 전복 1개, 무 100g, 표고버섯 3개, 도라지 50g, 등골 100g, 미나리 50g, 달걀 2개, 밀가루 ⅓컵, 잣 1작은술, 물 10컵, 청장 1큰술 | **국거리 양념:** 청장 3큰술, 참기름 1½큰술, 후춧가루 조금

1 닭과 소고기, 손질한 곤자소니, 부아를 함께 넣고 물을 부어 무르게 삶는
  다. 이때 불린 해삼, 전복, 무도 함께 삶는다. 익은 정도를 살펴 무와 닭, 해
  삼, 전복 등을 먼저 익은 순서대로 꺼내고, 곤자소니와 부아는 나중에 꺼낸
  다. 국물은 식혀 기름을 걷는다.

2 닭은 살코기만 발라 굵게 찢고 소고기는 얄팍하게 썬다. 곤자소니, 부아, 해삼, 전복은 어슷하게 저민다. 무는 2.5×3.5㎝ 크기의 골패 모양으로 얄팍하게 썬다. 손질한 삶은 재료들을 국거리 양념의 ⅔분량으로 무친다.

3 표고버섯은 불려서 골패 모양으로 썰고, 도라지는 찢어서 3㎝ 길이로 썰어 소금으로 주물러 씻었다가 데친 다음 남은 국거리 양념으로 무친다.

4 등골은 가운데 칼집을 넣어 갈라 펼치고 소금과 후추로 밑간한 다음 밀가루를 묻혔다 달걀 푼 물에 담가 전을 지진다. 전이 식으면 2.5×3.5㎝의 골패 모양으로 썬다.

5 미나리는 잎을 떼고 다듬어 가는 꼬치에 위아래를 번갈아 꿰어 네모지게 한 장으로 만든다. 밀가루를 양면에 고루 묻히고 달걀 푼 물에 담갔다가 팬에 누르면서 지진 다음 식혀 2.5×3.5㎝ 크기의 골패 모양으로 썬다.

6 달걀은 황백으로 나누어 지단을 부쳐 식힌 다음 2.5×3.5㎝ 크기의 골패 모양으로 썬다.

7 기름을 걷은 고기 삶은 육수에 청장으로 간을 하고 끓이다가 양념해둔 건지와 등골전, 미나리초대, 지단 등을 넣어 다시 끓인다.

8 그릇에 건지를 고루 건져 담아 뜨거운 장국을 붓고 잣을 뿌린다.

醋鷄湯一器
軟鷄 一首 牛內心肉 半半部 桔梗 五錢 海蔘 十箇, 全鰒 一箇 鷄卵 十箇 大腸 二部 昆者巽 三部 蔈古 艮醬 各 三勺 實栢子 一勺

닭 1마리, 소 안심 ¼부, 도라지 5전, 해삼 10개, 전복 1개, 달걀 10개, 대장 2부, 곤자소니 3부, 표고버섯·간장 각 3작, 잣 1작

전치수 全雉首

꿩 2마리, 달걀 2개, 실고추 조금 | **꿩고기 양념:** 다진 파 4큰술, 다진 마늘 2큰술, 생강즙 2작은술, 참기름 1큰술, 소금 1큰술, 깨소금 1큰술, 후춧가루 조금 | **기름장:** 참기름 1큰술, 소금 1작은술

1 꿩은 배를 가르고 활짝 펼쳐 내장을 제거한 뒤 핏기를 말끔히 긁어내고 깨끗이 씻어 마른 수건으로 닦아낸다.

2 손질한 꿩에 꿩고기 양념을 골고루 발라 30분 이상 재운다.

3 2를 젖은 한지로 싸서 직화로 물을 바르면서 서서히 구워 속까지 익힌다.

4 속이 익은 듯하면 한지를 벗기고 기름장을 붓으로 바르며 굽는다.

5 달걀은 황백으로 나누어 지단을 부쳐 곱게 채 썬다.

6 구운 꿩에 달걀지단과 실고추를 뿌려 담아낸다.

全雉首一器
生雉 七首 真油 五合 生薑 二勺 生葱 半丹 荏子 一合五勺 胡椒末 三勺 實栢子 二勺 塩 二合

꿩 7마리, 참기름 5홉, 생강 2작, 파 ½단, 깨 1홉 5작, 후춧가루 3작, 잣 2작, 소금 2홉

승기아탕 勝只雅湯

숭어 1마리, 오리 살 200g, 소고기 200g, 두골 100g, 곤자소니 100g, 양깃머리 200g, 삶은 전복 1개, 불린 해삼 1개, 목이버섯 4개, 황화채 10g, 숙주 200g, 미나리 100g, 생강즙 2작은술, 밀가루 1컵, 달걀 5개, 잣 1작은술, 은행 8개, 밤 4개, 호두 4개, 식용유 적당량, 계핏가루 · 고춧가루 · 후춧가루 · 생강가루 조금씩 | **장국:** 물 6컵, 왜된장 4큰술 | **고기 양념:** 청장 3큰술, 참기름 1큰술, 다진 마늘 1큰술, 후춧가루 ½작은술

1 숭어를 포를 떠서 소금, 후추, 생강즙을 뿌린 다음 밀가루를 고루 입히고 달걀 1개를 푼 물에 담갔다가 식용유를 두른 팬에 지진다.

2 오리고기와 소고기는 얇게 저며 각각 고기 양념 재료 ⅓씩을 넣고 버무린다.

3 두골은 얇게 저며 밀가루를 묻히고 달걀 1개를 푼 물에 담갔다 꺼내 전을 지진다.

4 곤자소니와 양깃머리는 무르게 삶고 얇게 썰어 남은 고기 양념으로 양념한다.

5 전복과 해삼은 얇게 썬다.

6 목이버섯과 황화채는 불려서 알맞게 자른다.

7 숙주는 다듬어 끓는 물에 데친다.

8 미나리는 줄기를 꼬치에 가지런히 끼우고 밀가루를 묻힌 뒤 달걀 1개를 푼 물에 담갔다 꺼내 식용유를 두른 팬에 지지고, 달걀 2개는 황백으로 나누어 지단을 부쳐 골패 모양으로 자른다.

9 은행은 기름에 볶아 속껍질을 벗기고 호두는 뜨거운 물에 담갔다가 속껍질을 벗긴다. 밤은 도톰하게 썬다.

10 재료를 모두 합에 담아놓고 전골냄비에 기름을 두른 뒤 2의 고기를 볶다가 전복, 해삼을 넣고 왜된장을 물에 풀어서 붓는다. 국물이 끓어오르면 달걀 지단, 미나리초대와 숭어전 등을 차례로 넣으면서 익힌다.

11 국물에 계핏가루, 고춧가루, 후춧가루, 생강가루를 식성대로 넣어서 간하고, 건지와 국물을 함께 떠서 먹는다.

勝只雅湯一器 ○南飛風爐內下朱漆小圓盤戶曹

頭骨各一部昆者與二部全甑三箇海蔘二十箇胖領半半郡木耳黃花菜各五錢菉

豆長音眞油菉古眞末各一升雞卵三十箇生葱二丹生薑半夕水芹五丹實栢子一

○秀魚一尾水鴨一首牛內心肉

合爛棗倭土醬谷二合實胡桃實銀杏各一

合桂皮末乾薑末胡椒末苦椒末各一夕

勝只雅湯一器

南費 風爐 內下 朱漆小圓盤 戶曹

秀漁 一尾 水鴨 一首 牛內心肉 頭骨 各 一部 昆者巽 二部 全鰒 三個 海蔘 二十個 胖領 半半部 木耳 黃花菜 各 五錢 菉豆長音 眞油 蔈古 眞末 各 一升 鷄卵 三十箇 生葱 二丹 生薑 半勺 水芹 五丹 實栢子 一合 煨栗 倭土醬 各 二合 實胡桃 實銀杏 各 一合 桂皮末 乾薑末 胡椒末 苦椒末 各 一勺

냄비와 풍로는 내하°에서 준비하고, 주칠소원반은 호조°°에서 마련한다.

숭어 1마리, 물오리 1마리, 소 안심 · 두골 각 1부, 곤자소니 2부, 전복 3개, 해삼 20개, 양깃머리 ½부, 목이버섯 · 황화채 각 5전, 숙주 · 참기름 · 표고버섯 · 밀가루 각 1승, 달걀 30개, 파 2단, 생강 ½작, 미나리 5단, 잣 1홉, 밤 · 왜된장 각 2홉, 실호도 · 실은행 각 1홉, 계핏가루 · 건강가루 · 후춧가루 · 고춧가루 각 1작

° 內下, 왕이 물건을 내려주는 것.
°° 戶曹, 음식과 관련된 일을 맡은 관아.

열구자탕 悅口資湯

우둔 300g, 두부 30g, 달걀(전용) 4개, 달걀(지단용) 2개, 식용유 적당량, 청장 · 소금 · 후춧가루 · 밀가루 조금씩 | **탕거리:** 물 4ℓ, 사태 300g, 곤자소니 200g, 양 200g, 무 300g, 당근 100g, | **전거리:** 등골 100g, 간 100g, 천엽 3장, 흰 살 생선 100g, 미나리 50g, 석이버섯 3개, 마른 표고버섯 6개, 마른 해삼 1개, 전복 2개 | **고명:** 은행 10개, 호두 8개, 잣 1큰술 | **탕거리 양념:** 청장 4작은술, 다진 파 4작은술, 다진 마늘 2작은술, 참기름 2작은술, 후춧가루 조금 | **완자 양념:** 청장 2작은술, 설탕 1작은술, 다진 파 2작은술, 다진 마늘 1작은술, 참기름 1작은술, 깨소금 1작은술, 후춧가루 조금

1 사태는 찬물에 2시간 정도 담가 핏물을 빼고, 곤자소니는 소금으로 주물러 씻은 다음 끓는 물에 1시간 30분 정도 삶는다. 도중에 무와 당근을 신선로 폭만큼 길게 토막 내어 넣고 20분 정도 삶았다 건진다.

2 사태와 곤자소니가 익으면 건져서 납작납작하게 썰고 탕거리 양념의 반을 덜어 고루 무친다.

3 우둔 중 절반은 얇고 잘게 썰어서 남은 탕거리 양념 반으로 고루 무친다.

4 양은 소금으로 문질러 씻고 끓는 물에 데쳐서 검은 막을 전복 껍질로 긁어 낸 다음 끓는 물에 삶아 건지고 얇게 저며 썬다.

5 삶은 무와 당근은 납작하게 썬다.

6 1의 고기 삶은 육수는 기름을 걷고 청장과 소금으로 간을 맞춘다.

7 등골은 가운데 부분에 손가락을 넣어 위에서 아래로 한 장으로 펴고 적당한 길이로 잘라 소금을 뿌린 다음 밀가루를 고루 묻히고 달걀 푼 물을 입혀서 전을 지진다.

8 간은 얇은 막을 벗기고 얇게 떠서 물에 씻어 건졌다가 밀가루와 달걀 푼 물을 입혀서 전을 지진다.

9 천엽은 한 장씩 떼서 소금을 뿌려 주무른 다음 물에 씻어서 잔 칼집을 낸다. 후춧가루를 뿌리고 밀가루와 달걀 푼 물을 입혀서 전을 지진다.

10 생선 살은 크고 얇게 떠서 소금과 후춧가루를 뿌리고 밀가루와 달걀 푼 물을 입혀서 전을 지진다.

11 미나리는 잎을 떼고 줄기를 가지런히 꼬치에 꿰어 칼등으로 두드린 다음 밀가루와 달걀 푼 물을 입혀서 미나리초대를 부친다.

12 달걀을 황백으로 나누어 소금을 조금 넣고 고루 풀어서 노른자로는 황색 지단을 부치고, 흰자는 반으로 나누어 흰 지단과 석이버섯을 다져 넣은 석이지단을 부친다.

13 준비한 전과 달걀지단은 신선로의 폭의 길이인 약 4×3cm 크기로 네모지게 썬다.

14 마른 표고버섯은 물에 불려서 기둥을 떼고 2~3cm 폭으로 썰고, 마른 해삼은 2~3일 전부터 물에 여러 번 삶았다 불려서 신선로 폭으로 길이를 자르고 편으로 썬 다음 팬에 살짝 볶는다.

15 전복은 깨끗이 씻어 끓는 물에 데치고 내장을 떼어낸 뒤 크게 편으로 썬다.

16 남은 소고기 우둔을 곱게 다지고 두부를 곱게 으깬 다음 섞어서 완자 양념으로 양념하고 지름 1cm 크기의 완자를 빚는다. 밀가루를 고루 묻힌 다음 달걀 푼 물을 입혀 팬에 기름을 두르고 전처럼 지진다.

17 호두는 반쪽으로 갈라 따뜻한 물에 담갔다가 건져 꼬치로 속껍질을 말끔히 벗기고, 은행은 팬에 식용유를 두르고 볶았다가 바로 마른 행주로 싸서 비벼 속껍질을 벗기며, 잣은 뾰족한 쪽의 고깔을 떼어내고 깨끗이 한다.

18 신선로 틀 맨 아래 바닥에 무, 당근 등의 채소를 깔고 삶은 탕거리 건지를 판판히 놓은 다음 그 위에 3의 생고기 양념한 것을 놓는다. 다음 전 종류와 버섯, 지단, 초대를 색을 맞추어 돌려 담는다.

19 잣, 호두, 은행, 완자를 고루 얹고 6의 뜨거운 장국을 부은 뒤 가운데 화통에 불을 지펴 끓인다.

悅口資湯一器

牛內心肉 半部 背骨 昆者異 各 一部 腑花 八分一胖 十分一 生
雉 半首 秀魚 半尾 全鰒 一箇 海蔘 五箇 鷄卵 十五箇 菁根 二
箇 蔈古 實銀杏 實胡桃 綠末 艮醬 各 二合 水芹 二丹 生葱 半
丹 眞末 三合 眞油 一升 實栢子 二勺 胡椒末 一勺

소 안심 ½부, 등골·곤자소니 각 1부, 부아 $\frac{8}{10}$, 양 $\frac{10}{10}$, 꿩 ½마리,
숭어 ½마리, 전복 1개, 해삼 5개, 달걀 15개, 무 2개, 표고버섯
·은행·실호두·녹말·간장 각 2홉, 미나리 2단, 파 ½단, 밀
가루 3홉, 참기름 1승, 잣 2작, 후춧가루 1작

각색병各色餅 중
각색단자各色團餈

쑥구리단자: 찹쌀가루 2컵, 데친 쑥 20g, 물 1큰술, 꿀 1큰술 | **팥고물:** 거피팥 ⅔컵, 소금 ½작은술 | **소:** 팥고물 ⅓컵, 꿀 1작은술, 계핏가루 조금 | **대추단자:** 찹쌀가루 2컵, 밤 6개, 대추 12개, 대추 다진 것 2 큰술, 물 1큰술 | **석이단자:** 찹쌀가루 2컵, 다진 석이버섯 1~2큰술, 물 1큰술, 꿀 1큰술, 잣가루 ⅔컵, 물(소금물용) 1컵, 소금 1작은술

쑥구리단자

1 찹쌀을 깨끗이 씻어 일고 5시간 이상 불려 물기를 뺀 다음 소금을 넣어 가루로 빻는다.

2 끓는 물에 소금이나 소다를 넣고 쑥을 데쳤다가 찬물에 헹군다.

3 거피팥을 충분히 불렸다 씻어 물기를 뺀 다음 찜통에 면보를 깔고 푹 쪄서 무르게 한다. 여기에 소금 간을 하여 체에 내리고 고물을 만든다.

4 팥고물 ⅓컵에 꿀과 계핏가루를 넣고 반죽하여 지름 2cm의 막대 모양으로 소를 만든다.

5 찹쌀가루에 물 1큰술을 뿌린 다음 찜통에 젖은 면보를 깔고 찐다.

6 쪄낸 떡에 데친 쑥을 섞고 절구에 넣어 꽈리가 일도록 찧는다. 도마에 소금물을 바르고 떡을 쏟아 1cm 두께로 펼치고 막대 모양의 소를 얹은 다음 말아서 꿀을 바르면서 늘린다. 새알 모양으로 끊어서 고물을 묻힌다.

대추단자

1 찹쌀가루에 다진 대추를 섞어 고루 버무린 다음 물 1큰술을 뿌린다. 찜통에 젖은 면보를 깔고 찐다.

2 밤은 속껍질을 벗겨 곱게 채 썰고 대추는 씨를 발라내고 곱게 채 썬다. 밤과 대추 썬 것을 섞어 고물로 쓴다.

3 쪄낸 떡을 절구에 넣어 꽈리가 일도록 찧은 다음 대추 알만큼씩 떼어 고물을 묻힌다.

석이단자

1 찹쌀가루에 다진 석이버섯을 섞어 고루 버무린 다음 물 1큰술을 뿌린다. 찜통에 젖은 면보를 깔고 찐다.

2 쪄낸 떡을 절구에 넣어 꽈리가 일도록 찧는다.

3 물 1컵에 소금 1작은술을 녹여 소금물을 만들고 도마에 바른 다음 떡 찧은 것을 1cm 두께로 펴서 꿀을 바른다.

4 3을 2.5×3cm 폭으로 썰고 잣가루를 고루 묻힌다.

各色餅一器

高一尺五寸 白米餅 白米 四斗 粘米 一斗 黑豆 二斗 大棗.實生栗 各 七升 粘米餅 粘米 三斗 綠豆 一斗 二升 大棗 實生栗 各 四升 乾柿 四串 藥餅 粘米 一斗 五升 黑豆 六升 大棗 實生栗 清 各 三升 桂皮末 三兩 蜜雪只 白米 五升 粘米 大棗 各 三升 實生栗 清 各 二升 乾柿 二串 實栢子 五合

石耳餅 白米 五升 粘米 清 各 二升 石耳 一斗 大棗 實生栗 各 三升 乾柿 二串 實栢子 三合

各色切餅 白米 五升 膃脂 一椀, 梔子 一錢 艾 五合 甘苔 二兩

各色助岳 粘米 眞油 各 五升 黑豆 熟栗 實荏子 各 二升 松古 十片 梔子 三錢 艾 五合 甘苔 二兩 實栢子 二合 清 一升 五合

各色沙蒸餅 粘米 眞油 各 五升 辛甘草 五合 實栢子 二合 清 一升 五合

各色團子餅 粘米 五升 石耳 大棗 熟栗 各 三升 艾 實栢子 各 五合 清 一升 五合 桂皮末 三錢 乾薑末 二錢

588

각색병(1척 5촌)

백미병: 멥쌀 4말, 찹쌀 1말, 검은콩 2말, 대추 7되, 밤 7되

점미병: 찹쌀 3말, 대추 4되, 밤 4되, 건시 4곶, 녹두 1말 2되

삭병: 찹쌀 1말 5되, 검은콩 6되, 대추 3되, 밤 3되, 꿀 3되, 계핏가루 3냥

밀설기: 찹쌀 3되, 멥쌀 5되, 대추 3되, 밤 2되, 건시 2곶, 꿀 2되, 잣 5홉

석이병: 찹쌀 2되, 멥쌀 5되, 대추 3되, 밤 3되, 건시 2곶, 꿀 2되, 잣 3홉, 석이버섯 1말

각색절병: 멥쌀 5되, 연지 1주발, 치자 1돈, 쑥 5홉, 김 2냥

각색주악: 찹쌀 5되, 참기름 5되, 검은콩 2되, 꿀 1되 5홉, 잣 2홉, 숙율 2되, 참깨 2되, 송고
　　　　 10편, 치자 3돈, 쑥 5홉, 김 2냥

각색사증병: 찹쌀 5되, 꿀 1되 5홉, 잣 2홉, 참기름 5되, 승검초 5홉

각색단자병: 찹쌀 5되, 대추 3되, 꿀 1되 5홉, 계핏가루 3돈, 잣 5홉, 석이버섯 3되, 숙율 3되,
　　　　 쑥 5홉, 말린 생강가루 2돈

고문헌

- 『가기한중일월(可記閑中日月)』, 찬자 미상, 궁중음식연구원소장, 1886년경.

- 『가정주부필독(家庭主婦必讀)』, 이정규, 경성부 명저보급회, 1939.

- 『간편조선요리제법(簡便朝鮮料理製法)』, 이석만, 삼문사, 1934.

- 『거가필용(居家必用)』, 찬자 미상. 1560.

- 『경도잡지(京都雜誌)』, 유득공, 조선 후기.

- 『계미서(癸未書)』, 찬자 미상, 궁중음식연구원 소장, 1554.

- 『고등가사교본』, 방신영, 금룡도서, 1958.

- 『고등요리실습』, 방신영, 장충도서. 1958.

- 『구황촬요(救荒撮要)』, 진휼청, 1554.

- 『규곤요람(閨壺要覽)』, 찬자 미상, 고려대학교 중앙도서관 및 연세대학교 중앙도서관 소장, 1896.

- 『규합총서(閨閤叢書)』, 빙허각 이씨, 1809.

- 『농가월령가(農家月令歌)』, 정학유, 1843.

- 『농상집요(農桑輯要)』 고려본(高麗本) 및 원조정본(元朝正本), 맹기(孟祺)·창사문(暢師文)·묘호겸(苗好謙) 외, 서울역사박물관, 1273.

- 『다른 나라 음식 만드는 법』, 방신영, 국민서관, 1957.

- 『도문대작(屠門大嚼)』, 허균 지음·고전번역원 옮김, 한국고전종합DB, 1611.

- 『도애시집(陶厓詩集)』, 홍석모, 1847.

- 『동국세시기(東國歲時記)』, 홍석모, 1849.

- 『동서양과자제조법』, 방신영, 봉문관, 1924.

- 『동의보감(東醫寶鑑)』, 허준, 1610.

- 『반찬등속』, 밀양 손씨, 국립민속박물관 소장, 1913.
- 『본초강목(本草綱目)』, 이시진, 1596.
- 『부인필지(婦人必知)』, 빙허각 이씨, 1915.
- 『사계의 조선요리(四季의 朝鮮料理)』, (주)아지노모토(味の素), 1934.
- 『사계의 조선요리(四季의 朝鮮料理)』, 김유복, 조선문화건설협회, 1946.
- 『산가요록(山家要錄)』, 전순의, 1450년경.
- 『산림경제(山林經濟)』, 홍만선, 1715.
- 『성소부부고(惺所覆瓿藁)』, 허균, 1613.
- 『소문사설(謏聞事說)』, 이시필, 1720년경.
- 『수운잡방(需雲雜方)』, 김유, 1540년경.
- 『시의전서(是議全書)』, 찬자 미상, 1800년대 말.
- 『식료찬요(食療纂要)』, 전순의, 1460.
- 『열양세시기(洌陽歲時記)』, 김매순, 1819.
- 『요록(要錄)』, 찬자 미상, 1680년경.
- 『우리나라 만드는 법』, 방신영, 청구문화사, 1952.
- 『우리음식』, 손정규, 삼중당, 1948.
- 『음식디미방(閨壼是議方)』, 장계향, 1670년경.
- 『음식방문』, 찬자 미상, 1880년경.
- 『음식방문니라』, 숙부인 전의 이씨, 조환웅 고택 소장, 1891.
- 『음식법(飮食法)』, 찬자 미상, 1800년대 말.
- 『음식보(飮食譜)』, 진주 정씨, 1700년대.
- 『의방유취(醫方類聚)』, 전순의 외 집현전 학자 및 의관, 1445.
- 『의약론(醫藥論)』, 세조, 1463.
- 『이조궁정요리통고(李朝宮廷料理通攷)』, 한희순·황혜성·이혜경, 학총사, 1957.
- 『임원십육지(林園十六志)』, 서유구, 1827.
- 『잡지』, 찬자 미상, 궁중음식연구원 소장, 1721.
- 『제민요술(齊民要術)』, 가사협, 6세기 전반.
- 『조선무쌍신식요리제법(朝鮮無雙新式料理製法)』, 이용기, 영창서관, 1943.
- 『조선왕조실록』, 성종실록(202권) 성종 18년(1487) 4월 27일 병신(丙申) 첫 번째 기사, 右贊成孫舜孝進 《食療撰要》(우찬성(右贊成) 손순효(孫舜孝)가 《식료찬요(食療撰要)》를 올렸다.), 1487.
- 『조선요리(朝鮮料理)』, 손정규, 경성서, 1940.
- 『조선요리대략』, 황혜성, 숙명여자대학 가사과, 1950.
- 『조선요리법(朝鮮料理法)』, 조자호, 광한서림, 1939.
- 『조선요리제법(朝鮮料理製法)』, 방신영, 신문관, 1917.

- 『조선요리학(朝鮮料理學)』, 홍선표, 조광사, 1940
- 『주방문(酒方文)』, 하생원, 1600년대 말엽.
- 『주식시의(酒食是儀)』, 연안 이씨, 1800년대 말.
- 『중등요리실습』, 방신영, 장충도서, 1958.
- 『증류본초(證類本草)』, 당신미, 960년~1279년경.
- 『증보산림경제(增補山林經濟)』, 유중림, 1766.
- 『지봉유설(芝峰類說)』, 이수광, 1614.
- 『최씨음식법(催氏飮食法)』, 해주 최씨, 1660년대경.
- 『침구택일편집(鍼灸擇日編集)』, 전순의 · 김의손, 1445.
- 『할팽연구(割烹硏究)』, 경성여자사범학교 가사연구회, 선광인쇄주식회사, 1937.
- 『해동죽지(海東竹枝)』, 최영년, 장학사, 1925.

고문헌 번역 단행본

- 가사협 지음 · 윤서석 옮김, 『제민요술(齊民要術)-국역본』, 민음사, 1993.
- 김유 지음 · 윤숙경 옮김, 『수운잡방 주찬』, 신광출판사, 1998.
- 밀양 손씨 지음 · 권선영 옮김, 『반찬등속 중 조리서의 내용 소개』, 휴먼컬처아리랑, 2014.
- 방신영 지음 · 윤숙자 옮김, 『조선요리제법』, 백산, 2011.
- 방신영 지음 · 조후종 옮김, 『조선요리제법』, 열화당, 2011.
- 빙허각 이씨 지음 · 윤숙자 옮김, 『규합총서』, 질시루, 2003.
- 빙허각 이씨 지음 · 이효지 옮김, 『부인필지』, 교문사, 2010.
- 빙허각 이씨 지음 · 정양완 옮김, 『규합총서』, 보진제, 2006.
- 서유구 지음 · 보경문화사 옮김, 『임원경제지 영인본』, 보경문화사, 1983.
- 서유구 지음 · 이효지 외 옮김, 『임원십육지(林園十六志) 정조지(鼎俎志)』, 교문사, 2007.
- 유중림 지음 · 농촌진흥청 옮김, 『증보산림경제』, 수원, 2003.
- 유중림 지음 · 이강자 외 옮김, 『증보산림경제 국역』, 신광출판사, 2003.
- 이시필 지음 · 백승호 외 옮김, 『소문사설, 조선의 실용지식 연구노트: 18세기 생활문화 백과사전(18세기 지식)』, 휴머니스트, 2011.
- 이용기 지음 · 옛음식연구회 옮김, 『다시 보고 배우는 조선무쌍신식요리제법』, 궁중음식연구원, 2001.
- 장계향 지음 · 경북대학교출판부 옮김, 『음식디미방』, 경북대학교출판부, 2011.
- 장계향 지음 · 백두현 옮김, 『음식디미방 주해』, 글누림, 2006.
- 장계향 지음 · 황혜성 외 옮김, 『다시 보고 배우는 음식디미방』, 궁중음식연구원, 1999.
- 전순의 지음 · 김종덕 옮김, 『우리나라 최초의 식이요법서 식료찬요』, 예스민, 2006.
- 전순의 지음 · 농촌진흥청 농촌자원개발연구소 옮김, 『고농서국역총서 8 산가요록(山家要錄)』, 농촌진

홍청, 2004.

- 전순의 지음 · 농촌진흥청 농촌자원개발연구소 옮김, 『고농서국역총서 9 식료찬요(食療纂要)』, 농촌진
  흥청, 2005.
- 전순의 지음 · 농촌진흥청 연구진 옮김, 『식료찬요_조선시대 편찬된 한국 최고의 식이요법서』, 진한
  엠앤비, 2014.
- 전순의 지음 · 한복려 옮김, 『다시 보고 배우는 산가요록』, 궁중음식연구원, 2007.
- 전의 이씨 지음 · 송철의 옮김, 『음식방문니라』, 선우, 2013.
- 정학유 지음 · 박미숙 옮김, 『농가월령가』, 서예문인화. 2014.
- 찬자 미상 · 남상해 옮김, 『선조들의 음식문화 백과 식경(食經)』, 자유문고, 2002.
- 찬자 미상 · 대전역사박물관 옮김, 『조선 사대부가의 상차림』, 대전역사박물관, 2012.
- 찬자 미상 · 대전역사박물관 옮김, 『조선 사대부가의 상차림』, 휴먼컬처아리랑, 2015.
- 찬자 미상 · 박록담 옮김, 『한국의 전통주 주방문 세트』, 바룸, 2015.
- 찬자 미상 · 안동시 옮김, 『온주법: 의성 김씨 내앞 종가의 내림 술법』, 안동시, 2012.
- 찬자 미상 · 우리음식지킴이회 옮김, 『음식방문』, 교문사, 2014.
- 찬자 미상 · 우리음식지킴이회 옮김, 『주방문』, 교문사, 2013.
- 찬자 미상 · 윤서석 외 옮김, 『음식법』, 아쉐뜨아인스미디어, 2008.
- 찬자 미상 · 윤숙자 옮김, 『요록』, 질시루, 2008.
- 찬자 미상 · 이효지 옮김, 『시의전서(우리음식지킴이가 재현한 조선시대 조상의 손맛)』, 신광출판사, 2004.
- 찬자 미상 · 한복려 옮김, 『가가호호요리책 잡지』, 나눅출판사, 2016.
- 찬자 미상 · 한복려 외 옮김, 『음식방문–음식 만드는 법을 주로 기록한 조선시대 생활백과』, 교문사,
  2014.
- 홍만선 지음 · 유중림 옮김, 『산림경제(山林經濟) 국역본』, 솔, 1997.

식문화 관련 단행본

- 강인희 외, 『한국 식생활 풍속』, 삼영사, 1982.
- 강인희, 『한국식생활사』, 삼영사, 2000.
- 김태정, 『쉽게 찾는 우리 나물』, 현암사, 1998.
- 김태정, 『쉽게 찾는 우리 약초(민간편)』, 현암사, 1998.
- 김태정, 『쉽게 찾는 우리 약초(한방편)』, 현암사, 1998.
- 손낙범, 『한국고대할팽법』, 원문사, 1975.
- 유태종, 『식품보감』, 문문당, 1988.
- 유태종, 『한국음식대관 1권-한국음식의 재료』, 한국문화재보호재단, 1997.
- 윤숙경, 『우리말 조리어 사전』, 신광출판사, 1996.

- 이성우,『고대 한국식생활사 연구』, 향문사, 1978.
- 이성우,『한국고식문헌 집성 고조리서(Ⅰ-Ⅶ)』, 수학사, 1992.
- 이성우,『한국식경대전(韓國食經大典)』, 향문사, 1981.
- 이효지,『한국의 김치문화』, 신광출판사, 2000.
- 이효지,『한국의 음식문화』, 신광출판사, 1998.
- 이훈종,『민족생활어사전』, 한길사, 1992.
- 한국민속사전 편찬위원회,『한국민속대사전』, 민족문화사, 1991.
- 한국정신문화연구원,『한국민족문화대백과사전』, 한국정신문화연구원, 1991.
- 한복려 외,『쉽게 맛있게 아름답게 만드는 한과』, 궁중음식연구원, 2000.
- 한복려,『쉽게 맛있게 아름답게 만드는 떡』, 궁중음식연구원, 1999.
- 황혜성 외,『한국음식문화대관 6권』, 한국문화재보호재단, 1997.
- 황혜성 외,『한국의 전통음식』, 교문사, 1991.
- 황혜성,『한국요리 백과사전』, 삼중당, 1976.

학회지 논문

- 김귀영·이성우,「『온주법(溫酒法)』의 조리(調理)에 관한 분석적(分析的) 고찰(考察)」,《한국식생활문화학회지》제3권 제2호, 1988, 143~151쪽.
- 김귀영·이성우,「『음식보(飮食譜)』의 조리(調理)에 관한 분석적(分析的) 고찰(考察))」,《한국식생활문화학회지》제3권 제2호, 1988, 135~142쪽.
- 김귀영·이춘자·박혜원,「『임원십육지』의 곡물 조리가공 (밥·죽)에 관한 문헌비교 연구(Ⅰ)」,《동아시아식생활학회지》제8권 제4호, 1998, 360~378쪽.
- 김미희·유명님·최배영·안현숙,「『규합총서』에 나타난 농산물 이용 고찰」,《한국가정관리학회지》제21권 제1호, 2003, 113~127쪽.
- 김성미·이성우,「『이씨(李氏)음식법』의 조리에 관한 분석적 고찰」,《한국식생활문화학회지》제5권 제2호, 1990, 193~205쪽.
- 김성미·이성우,「『주방(酒方)』의 조리가공에 관한 분석적 고찰」,《한국식생활문화학회지》제5권 제4호, 1990, 415~423쪽.
- 김업식·한명주,「『규합총서(閨閤叢書)』에 수록된 부식류의 조리법에 관한 고찰」,《한국식생활문화학회지》제23권 제4호, 2008, 438~447쪽.
- 김업식·한명주,「『조선무쌍신식요리제법(朝鮮無雙新式料理製法)』에 수록된 부식류의 조리법에 관한 고찰 ⑴ _ 탕(국), 창국, 지짐이, 찌개, 찜, 조림,초, 백숙, 회, 편육」,《한국식생활문화학회지》제23권 제4호, 2008, 427~437쪽.
- 김업식·한명주,「『음식디미방』,『규합총서(閨閤叢書)』,『조선무쌍신식요리제법(朝鮮無雙新式料理製法)』에

수록된 시대적 흐름에 따른 부식류의 변화」,《한국식생활문화학회지》제24권 제4호, 2009, 366~375쪽.

· 김윤조, 「『경도잡지』연구」,《동양한문학연구》제32호, 2011, 183~206쪽.

· 김은미 · 유애령, 「『주방문(酒方文)』의 조리학적 고찰」,《한국식품조리과학회》제28권 제6호, 2012, 675~693쪽.

· 김준희 · 임현철 · 오왕규, 「『조선무쌍신식요리제법(朝鮮無雙新式料理製法)』에 수록된 떡의 종류 및 조리법에 관한 고찰」,《한국외식산업학회지》제10권 제4호, 2016, 55~67쪽.

· 김희선, 「어업기술의 발전 측면에서 본 『음식디미방』과 『규합총서』 속의 어패류 이용 양상의 비교 연구」,《한국식생활문화학회지》제19권 제3호, 2004, 273~284쪽.

· 노기춘, 「『산림경제(山林經濟)』의 인용문헌(引用文獻) 분석고(分析考)」,《서지학연구》제19호, 2000, 287~320쪽.

· 박미자, 「『음식법(饌法)』의 조리학적 고찰」,《대한가정학회지》제34권 제2호, 1996, 283~302쪽.

· 박옥주, 「빙허각(憑虛閣) 이씨(李氏)의 『규합총서(閨閤叢書)』에 대한 문헌학적 연구」,《한국고전여성문학연구》제1권 제0호, 2000, 271~304쪽.

· 박채린, 「신창 맹씨 종가 『자손보전』에 수록된 한글조리서 『최씨음식법』의 내용과 가치」,《한국식생활문화학회지》제30권 제2호, 2015, 137~149쪽.

· 박채린 · 이진영, 「신창맹씨 종가의 문헌(『자손보전』)에 수록된 『최씨음식법』의 조리법을 통한 조선 중기 음식문화 고찰-점류 및 면병과류를 중심으로-」,《한국식생활문화학회지》제30권 제5호, 2015, 552~561쪽.

· 배영환, 「19세기 대전 지역 음식 조리서의 국어학적 연구_『우음제방』과 『주식시의』를 중심으로」,《언어학연구》제25호, 2012, 107~132쪽.

· 백두현, 「『음식디미방(규곤시의방)』의 내용과 구성에 대한 연구」,《영남학》제1권 제0호, 2001, 249~280쪽.

· 서종학, 「『구황촬요』와 『신간구황촬요』에 관한 고찰」,《국어학》제15호, 1986, 163~194쪽.

· 신승운, 「조선초기의 의학서 『식료찬요』에 대한 연구」,《서지학연구》제40호, 2008, 121~151쪽.

· 윤서석 · 조후종, 「조선시대 후기의 조리서인 『음식법』의 해설 Ⅰ」,《한국식생활문화학회지》제8권 제1호, 1993, 79~84쪽.

· 윤서석 · 조후종, 「조선시대 후기의 조리서인 『음식법』의 해설 Ⅱ」,《한국식생활문화학회지》제8권 제2호, 1993, 159~165쪽.

· 윤서석 · 조후종, 「조선시대 후기의 조리서인 『음식법』의 해설 Ⅲ」,《한국식생활문화학회지》제8권 제3호, 1993, 301~308쪽.

· 이솔 · 지명순 · 김향숙, 「『반찬등속』에 기록된 김치의 식문화적 고찰」,《한국식품조리과학회지》제30권 제4호, 2014, 486~497쪽.

· 임명선, 「『구황촬요 (救荒撮要)』의 어학적 연구」,《수련어문논집》제6호, 1978, 105~129쪽.

· 정혜경, 「『음식디미방』과 『규합총서』와의 비교를 통한 『주식시의』 속 조리법 고찰」,《한국식생활문화

학회지》 제28권 제3호, 2013, 234~245쪽.

• 주영하, 「조선요리옥의 탄생: 안순환과 명월관」,《단국대학교 동양학연구원 〈동양학〉》 제50호, 2011, 141~162쪽.

• 차경희, 「『도문대작(屠門大嚼)』을 통해 본 조선 중기 지역별 산출 식품과 향토음식」,《한국식생활문화학회지》 제18권 제4호, 2003, 379~395쪽.

• 차경희, 「『주식시의(酒食是儀)』에 기록된 조선후기 음식」,《한국식생활문화학회지》 제27권 제6호, 2012, 553~587쪽.

• 한복려·김귀영, 「18세기 고문헌 『잡지』에 기록된 조리에 관한 문헌적 고찰」,《한국식생활문화학회지》 제27권 제3호, 2012, 301~315쪽.

• 한복려, 「『산가요록』의 분석 고찰을 통해서 본 편찬 연대와 저자」,《농업사연구》 제2호 제1권, 2003, 13~29쪽.

• 현윤옥·김갑영, 「조선시대 중기의 수산물 이용에 관한 문헌고찰_『음식디미방(飮食知味方)』, 『증보산림경제(增補山林經濟)』, 『규합총서(閨閤叢書)』를 중심으로」,《한국가정과학회지》 제11권 1호, 2008, 35~48쪽.

관련 사이트

• 고려대학교 해외한국학자료센터 http://kostma.korea.ac.kr/
• 국립중앙박물관 http://www.museum.go.kr/
• 국립중앙박물관 외규장각 의궤 http://uigwe.museum.go.kr/
• 네이버 뉴스라이브러리 http://newslibrary.naver.com/
• 서울대학교 규장각 한국학연구원 http://e-kyujanggak.snu.ac.kr/
• 서울대학교 규장각 한국학연구원 의궤 종합정보 http://kyu.snu.ac.kr/center/
• 왕실도서관 장서각 디지털 아카이브 http://yoksa.aks.ac.kr/
• 토대연구DB- 조선시대 필사본 조리서의 용어 색인
  http://ffr.krm.or.kr/base/td003/foodresult_list.html
• 한국고전번역원 종합DB http://db.itkc.or.kr/
• 한국민족문화대백과사전 http://encykorea.aks.ac.kr/
• 한국역사정보통합시스템 http://www.koreanhistory.or.kr/
• 한국전통지식포털 http://www.koreantk.com/
• 한국콘텐츠진흥원 문화콘텐츠닷컴 http://www.culturecontent.com/
• 한국학 자료포털 http://www.kostma.net/
• 한국학중앙연구원 장서각 http://jsg.aks.ac.kr/
• 한국학중앙연구원 한국학전자도서관 http://lib.aks.ac.kr/
• 한국학중앙연구원정보포털 http://rinks.aks.ac.kr/
• 한식재단 아카이브 http://archive.hansik.org/